図解 土木応用力学

例題と演習

森野安信 著

市ヶ谷出版社

まえがき

本書は，土木構造物を設計するための基礎として書かれたもので，大学初級および専門学校向けの基礎課程の教科書を目指したものである。このため，本書は，次のような特徴をもった教科書として編修してある。

1. 本書は，**1項目を見開き2ページにまとめた**。多数の演習を必要とするはりの計算などは，**具体的な数値によって理解を深められるよう一つの項目**とし，取組みの容易なものから考え方の複雑なものまでを整理して取り上げてある。そのうえ詳細な手順の解説を加え，学生の自学自習の手助けともなるよう配慮した。

2. 数学の準備が十分でない学生を対象として，三角関数，微分・積分などを用いるときは解説を加え，「土木応用力学」での利用方法を**例題・演習問題（計約200題）で数値から理解**できるようにした。

3. 特に本書では，力学の概念の理解を助けるため，**図解中心に編修（図数450余図）**してある。このことは，**視覚的に学ぶことを助け**，図から一般式を理解できるように配慮した。一般式には具体的な数値を代入して計算し，**数値によって力学の概念を理解**できるようにしてある。

以上の数値に基づく「土木応用力学の体系の理解」の編修方針は，技術士　加藤光治先生の助言によるところが大きい。紙面をお借りして，深く感謝申し上げたい。

2005年11月

森　野　安　信

目　次

序　章　「土木応用力学」を学ぶにあたって

序・1　土木構造物の部材には軸がある ･･･ 2
序・2　はりの部材には，強い方向と弱い方向がある ･････････････････････････････ 2
序・3　丸太材から取り出す，最大耐荷力の断面形状と最小たわみの断面形状 ･･･････ 3
序・4　柱は弱い方向に曲がって折れる ･･･････････････････････････････････････ 4
序・5　力・荷重・反力・外力，つりあい式 ･････････････････････････････････････ 5

第1章　力と変形

1・1　力と変形の概要 ･･･ 8
1・2　1点に作用する力の計算による合成 ････････････････････････････････････ 10
1・3　1点に作用する力の図による合成 ･･････････････････････････････････････ 12
1・4　1点に作用しない力の計算による合成 ･･･････････････････････････････････ 14
1・5　1点に作用しない力の図による合成 ････････････････････････････････････ 16
1・6　つりあいの3式 ･･ 18
1・7　土木構造物に作用する基本的な荷重の分類 ･････････････････････････････ 20
1・8　土木構造物に作用する荷重の取扱い ･･･････････････････････････････････ 22
1・9　土木構造物に作用する水圧・土圧 ･････････････････････････････････････ 24
1・10　鋼材の性質 ･･･ 26
1・11　コンクリート材料の性質 ･･ 28
第1章演習問題の解説・解答 ･･ 30

第2章　外力と応力

2・1　基本的な土木構造物の線形化 ･･･ 36
2・2　複雑な土木構造物の線形化 ･･･ 38
2・3　土木構造物を支える支点の反力数 ･････････････････････････････････････ 40
2・4　不静定構造と静定構造の反力の計算 ･･･････････････････････････････････ 42
2・5　静定構造物の支点反力の計算演習 ･････････････････････････････････････ 44
2・6　特殊な構造物の支点反力の計算 ･･･････････････････････････････････････ 46
2・7　部材に生じる断面力の種類 ･･･ 48
第2章演習問題の解説・解答 ･･ 50

第3章　静定ばりの計算

- 3・1　集中荷重を受ける単純ばりのせん断力と曲げモーメントの計算 …………… 56
- 3・2　等分布荷重を受ける単純ばりのせん断力と曲げモーメントの計算 …………… 58
- 3・3　三角分布荷重を受ける単純ばりのせん断力と曲げモーメントの計算 ………… 60
- 3・4　ニューマーク法によるはりの計算 ……………………………………………… 62
- 3・5　片持ばりのせん断力と曲げモーメントの計算 ………………………………… 64
- 3・6　張出しばりのせん断力と曲げモーメントの計算 ……………………………… 66
- 3・7　ゲルバーばりのせん断力と曲げモーメントの計算 …………………………… 68
- 3・8　間接荷重ばりのせん断力と曲げモーメントの計算 …………………………… 70
- 第3章演習問題の解説・解答 ……………………………………………………………… 72

第4章　移動荷重を受ける静定ばりの計算

- 4・1　影響線による単純ばりの反力とせん断力の計算 ……………………………… 80
- 4・2　影響線による単純ばりの曲げモーメントの計算 ……………………………… 82
- 4・3　影響線による片持ばりのせん断力と曲げモーメントの計算 ………………… 84
- 4・4　影響線による張出しばりのせん断力と曲げモーメントの計算 ……………… 86
- 4・5　影響線によるゲルバーばりのせん断力と曲げモーメントの計算 …………… 88
- 4・6　影響線による間接荷重ばりのせん断力と曲げモーメントの計算 …………… 90
- 4・7　移動荷重を受ける単純ばりの最大せん断力の計算 …………………………… 92
- 4・8　移動荷重を受ける単純ばりの最大曲げモーメントの計算 …………………… 94
- 4・9　移動荷重を受ける単純ばりの絶対最大曲げモーメントの計算 ……………… 96
- 第4章演習問題の解説・解答 ……………………………………………………………… 98

第5章　部材断面の性質

- 5・1　断面一次モーメントによる図心の計算 ………………………………………… 104
- 5・2　図心の計算の演習 ………………………………………………………………… 106
- 5・3　断面二次モーメントと断面相乗モーメント …………………………………… 108
- 5・4　断面二次モーメントと断面相乗モーメントの計算 …………………………… 110
- 5・5　組合せ部材断面の断面二次モーメントの計算 ………………………………… 112

5・6　断面相乗モーメントと部材軸の回転 …………………………………… 114
　5・7　断面係数の計算 …………………………………………………………… 116
　5・8　断面二次半径と核点の計算 ……………………………………………… 118
　第5章演習問題の解説・解答 …………………………………………………… 120

第6章　はりの設計

　6・1　はりに生じる曲げ応力 …………………………………………………… 126
　6・2　はりに生じる曲げ応力度 ………………………………………………… 128
　6・3　はりに生じる曲げ応力度の計算 ………………………………………… 130
　6・4　水平せん断力と垂直せん断力 …………………………………………… 132
　6・5　単純な断面に生じる最大せん断応力度 ………………………………… 134
　6・6　組合せ部材のはりに生じるせん断応力度の計算 ……………………… 136
　6・7　はりの設計手順 …………………………………………………………… 138
　6・8　仮橋の設計計算 …………………………………………………………… 142
　6・9　はりの耐力計算 …………………………………………………………… 144
　6・10　はりに生じる主応力度に対する検討 …………………………………… 146
　第6章演習問題の解説・解答 …………………………………………………… 148

第7章　静定トラス・ラーメンの計算と設計

　7・1　トラスの構造 ……………………………………………………………… 156
　7・2　節点法によるトラスの部材力の計算 …………………………………… 158
　7・3　断面法によるトラスの部材力の計算 …………………………………… 160
　7・4　トラスの部材力の計算演習 ……………………………………………… 162
　7・5　影響線によるトラスの部材力の計算 …………………………………… 164
　7・6　トラス部材の断面設計 …………………………………………………… 166
　7・7　片持ラーメンの計算 ……………………………………………………… 168
　7・8　はり型ラーメンの計算 …………………………………………………… 170
　7・9　門型ラーメンの計算 ……………………………………………………… 172
　7・10　ラーメンの部材断面の設計計算 ………………………………………… 174
　第7章演習問題の解説・解答 …………………………………………………… 176

第8章　土木構造物の解析

- 8・1　モールの定理 ··· 184
- 8・2　モールの定理による単純ばりのたわみ角とたわみの計算 ······ 186
- 8・3　モールの定理による片持ばりのたわみ角とたわみの計算 ······ 188
- 8・4　モールの定理によるたわみ・たわみ角の計算演習 ············· 190
- 8・5　微分方程式により求めるはりの弾性曲線の式 ··················· 192
- 8・6　微分方程式により求める片持ばりの弾性曲線の計算 ············ 194
- 8・7　微分方程式により求める単純ばりの弾性曲線の計算 ············ 196
- 8・8　重ね合せの原理による不静定構造物の計算手順 ················· 198
- 8・9　片持ばり静定基本系の不静定ばりの計算 ························ 200
- 8・10　単純ばり静定基本系の不静定ばりの計算 ······················· 202
- 8・11　重ね合せの原理による不静定ばりの計算演習 ··················· 204
- 第8章演習問題の解説・解答 ·· 206

第9章　たわみ角法によるラーメンの計算

- 9・1　たわみ角法の考え方 ·· 216
- 9・2　たわみ角法の基本式と節点方程式 ································ 218
- 9・3　節点方程式によるラーメンの計算 ································ 220
- 9・4　節点方程式による連続ばりの計算 ································ 222
- 9・5　節点方程式によるラーメンの計算演習 ··························· 224
- 9・6　層方程式によるラーメンの計算と連立方程式の近似解法 ······ 226
- 9・7　水平荷重を受ける2階ラーメンの計算 ··························· 230
- 第9章演習問題の解説・解答 ··· 232

付　録 ··· 235

- 1　本書出題順変数記号一覧（236）
- 2　ギリシア文字（239）
- 3　本書で取り上げた公式一覧（239）
- 4　本書で用いた数学の基礎の要点（245）
- 5　三角関数表（253）

索　引 ·· 254

序章
「土木応用力学」を学ぶにあたって

序・1　土木構造物の部材には軸がある　……………………………… 2
序・2　はりの部材には，強い方向と
　　　　弱い方向がある　……………………………………………… 2
序・3　丸太材から取り出す，最大耐荷力の
　　　　断面形状と最小たわみの断面形状　…………………………… 3
序・4　柱は弱い方向に曲がって折れる　……………………………… 4
序・5　力・荷重・反力・外力，つりあい式　…………………………… 5

2　序　章　「土木応用力学」を学ぶにあたって

- 土木応用力学を学習することで，自動車荷重，土木構造物自身の自重，水圧，土圧などのほか，地震荷重や風荷重などの荷重の作用に対して，安全で経済的な構造物を作ることができる。
- 土木構造物は，道路，鉄道，鉄塔など公共性の高いものが多く，安全性だけでなく，環境との調和が求められるため，土木構造物のデザインも重要である。
- ここでは，土木応用力学という科目がどんな取り組みをするのか考えてみよう。

序・1　土木構造物の部材には軸がある

　図(1・1)は，高速道路の立体化に広く用いられている橋脚を示したものである。橋脚において，部材BD，部材EFのような水平方向の部材を**はり**といい，部材BA，部材ED，部材DCのような鉛直方向の部材を**柱**という。

　各部材には，図(1・2)のように，各部材の断面の図の中心を通る**軸**があり，はりは軸と直角方向の力を受け，柱は軸と平行方向の力を受ける。

　また，橋脚の構造としての表現は軸線で代表し，図(1・3)のように，土木構造物として線形構造物に**力**が作用するように表現し，構造計算上，この線形構造物について**力のつりあい**を考えて，橋脚各部材に作用する力を求める。

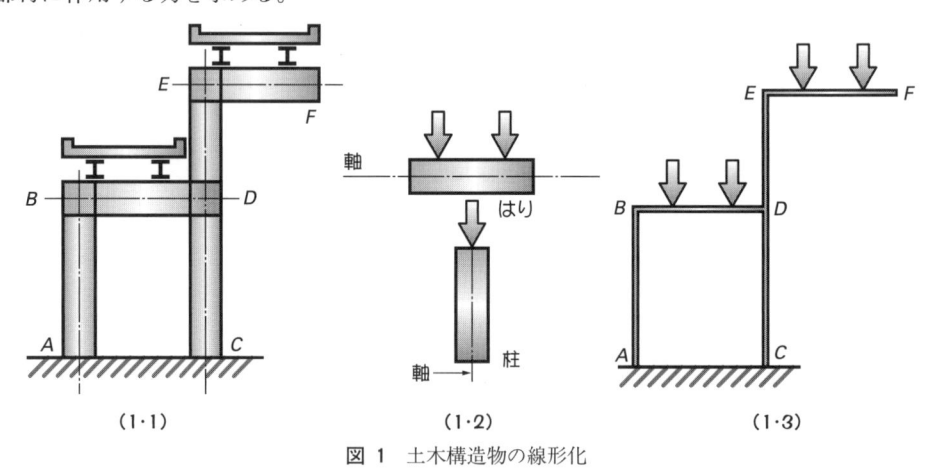

図1　土木構造物の線形化

序・2　はりの部材には，強い方向と弱い方向がある

　図(2・1)は，$b=6\,\mathrm{cm}$，$h=12\,\mathrm{cm}$の断面で長さ120 cmのはりである。この部材を図(2・2)のよう

に，幅b=6 cm，高さh=12 cmとして用いた場合と，図(2･3)のように高さh=6 cmとし，同じ大きさの荷重を同じ位置に作用させるとき，縦置きの図(2･2)を基準とすると，横置きの図(2･3)のはり中央の**たわみ**は，縦置きの4倍の大きさとなり，はりの**耐荷力**（強さ）は0.5倍となる。

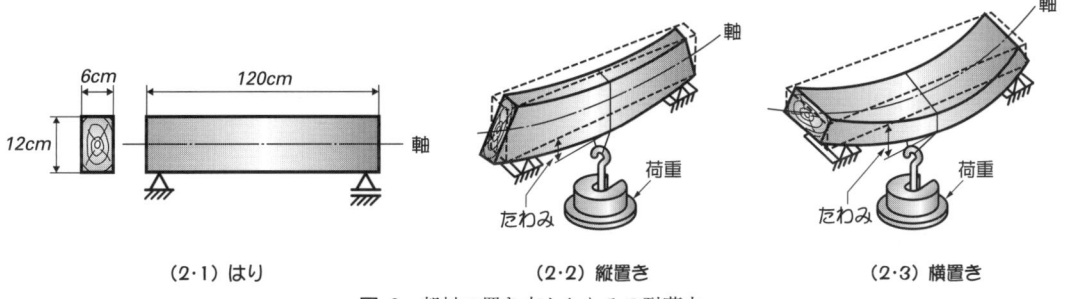

(2･1) はり　　　　(2･2) 縦置き　　　　(2･3) 横置き
図2　部材の置き方とたわみの耐荷力

同一断面をもつ部材でも，縦方向に長い縦置きとすると，横置きの場合に比較し，たわみは1/4倍，耐荷力は2倍となる。

土木応用力学では，このように，部材の用い方について，計算により数値で強いとか弱いとかや，たわみやす

表1　たわみと耐荷力

	縦置きのはり	横置きのはり
最大たわみ	1	4
耐荷力	1	0.5

いとかたわみにくいなど，部材断面のもつ性質を学ぶ。土木構造物の橋やダムなどは，耐荷力は十分にあるか，たわみは制限以内かなどを判断の基準として設計する。

序・3　丸太材から取り出す，最大耐荷力の断面形状と最小たわみの断面形状

直径10 cmで長さ120 cmの丸太材から，長方形（矩形）のはりを切り出す。最大の耐荷力となる断面寸法は，図3のように，横：縦が$1:\sqrt{2}$となる長方形で，たわみを最小とする断面形状の断面寸

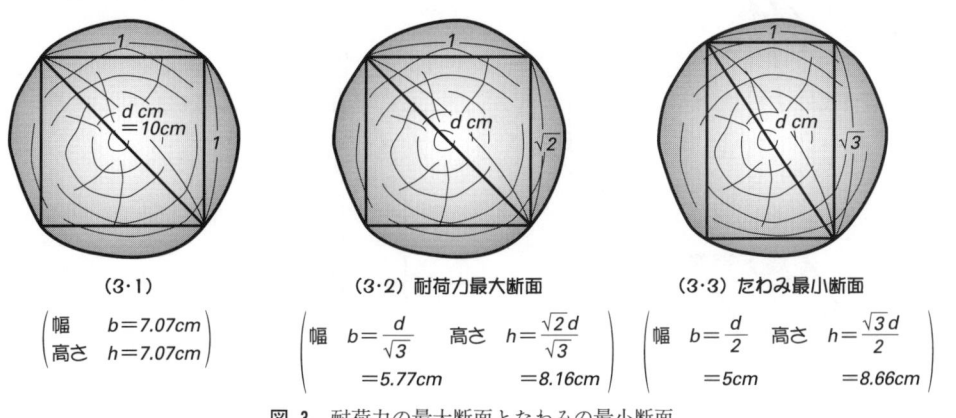

(3･1)　　　　　　　　(3･2) 耐荷力最大断面　　　　　　　　(3･3) たわみ最小断面

$\begin{pmatrix} 幅 & b=7.07\text{cm} \\ 高さ & h=7.07\text{cm} \end{pmatrix}$　　$\begin{pmatrix} 幅 & b=\dfrac{d}{\sqrt{3}} & 高さ & h=\dfrac{\sqrt{2}d}{\sqrt{3}} \\ & =5.77\text{cm} & & =8.16\text{cm} \end{pmatrix}$　　$\begin{pmatrix} 幅 & b=\dfrac{d}{2} & 高さ & h=\dfrac{\sqrt{3}d}{2} \\ & =5\text{cm} & & =8.66\text{cm} \end{pmatrix}$

図3　耐荷力の最大断面とたわみの最小断面

4　序　章　「土木応用力学」を学ぶにあたって

表 2

	$1:1$	$1:\sqrt{2}$	$1:\sqrt{3}$
たわみ	1	0.80	0.78
耐荷力	1	1.09	1.06

法は，横：縦が $1:\sqrt{3}$ となる長方形である。

　横：縦が $1:1$ の正方形断面を基準にすると，耐荷力と，はりとしたときの中央のたわみの比は，表2のようになる。

　土木応用力学では，限られた材料を用いて，目的に適合する最も合理的な断面形状を求める計算方法（最適設計）を学ぶ。こうした構造物の最適な部材断面形状を計算することを，一般に**設計**という。設計では耐荷力に安全な断面を求め，たわみに対しての安全性をチェックするという順序で行う。

序・4　柱は弱い方向に曲がって折れる

　柱は細長いほど折れやすく，太く短いほど折れにくい。柱が圧縮力の作用を受けて曲がる現象を**座屈**という。

　一般に，座屈により破壊する柱を**長柱**，座屈しないで，圧力によってつぶされて破壊（**圧座**）する柱を**短柱**という。長柱は，断面が対称でない場合，必ず変形抵抗の最小の方向に折れ曲がり破壊する。このように柱では，座屈という現象を考慮して耐荷力を計算して安全性を確認する。

　エッフェル塔や東京タワーのような鉄骨を組み立てた柱やピラミッドなどの構造は，横と縦とは

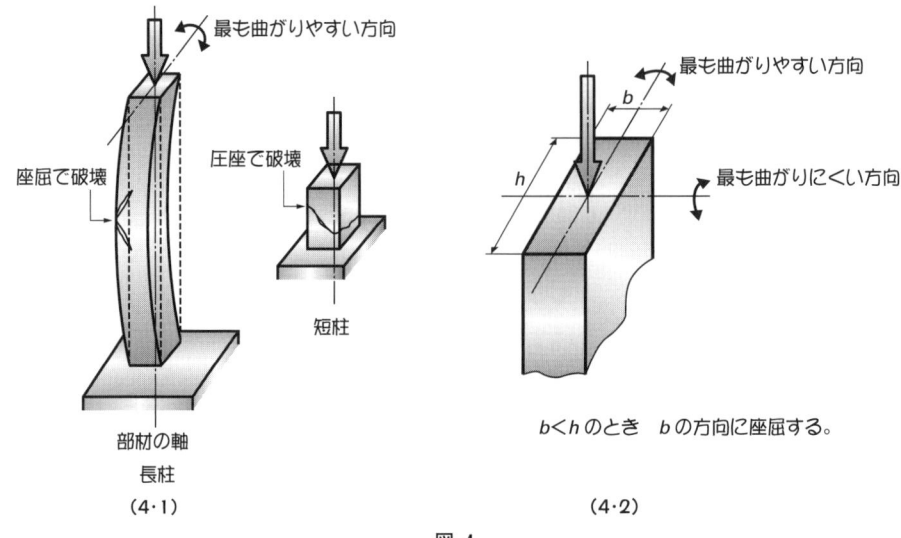

(4・1)　　　　　　　　　　　　　　　　(4・2)

図 4

全く同じ寸法で，正方形を基準に設計されている。これは，座屈しやすいほうを一方向としない工夫である。塔の構造では，円形を基準にすれば，座屈の方向性はなくなる。こうした事情もあって，最近の電波塔などで高いものは，円形のものが作られるようになっている。

図5は，公共施設である電波塔が，縦横比が異なり倒壊する方向が決まっているもので，こうしたタワーは一般には建設が困難である。

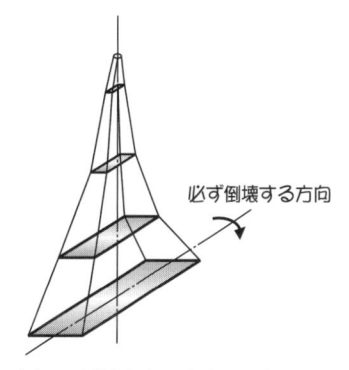

図 5 倒壊方向の定まったタワーは建設は困難

序・5　力・荷重・反力・外力，つりあい式

力 P〔N〕は，質量 m〔kg〕に加速度 α〔m/s²〕を掛けたもので，$P=m\alpha$〔N〕で定義される。地球上のあらゆる物体は，地球の重力の加速度 $g=9.8\,\text{m/s}^2$ を受けている。いま，質量 $m=100\,\text{kg}$ の石に働く力（または**荷重**）を P とすると，

$$P=mg=100\times 9.8=980\,\text{N}=0.98\,\text{kN}$$

となる。力は一般に図6のように，石の重心を作用点とし，下向きに980Nの大きさで作用する。力の大きさはある長さで表しその方向は矢印で表す。このように，力は**作用点**，**大きさ**，**方向**により図示することができる。

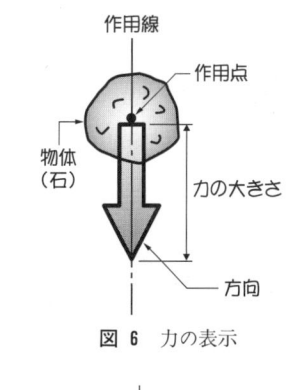

図 6 力の表示

いま，図(7・1)に示すようなバネばかりに，図(7・2)のように鮭の重量を計ると，バネが伸びて目盛を示す位置の針が50Nを指した。

鮭は下向きに50Nの力で作用する。このとき，人の腕は下向きに作用する力50Nを支えるため，上向きに50Nの力で引き上げて静止させる。この状態を力学的に表すと，図(7・3)のようである。鮭の重力は**力の作用**であり，人の腕力は**力の反作用**という。また，反作用による力のことを**つりあいの力**という。

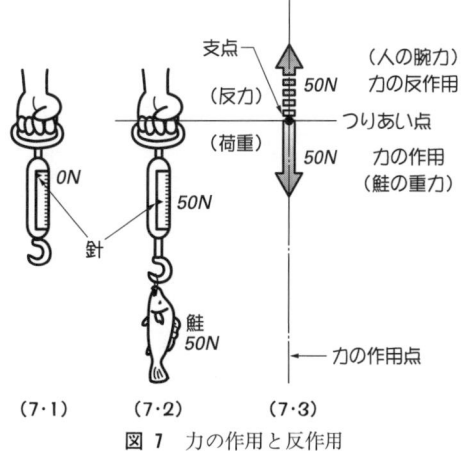

構造物が各種の荷重の作用を受けても，安定して静止しているときは，荷重の作用と大きさが等しく反対方向の力で支えている。構造物の支える点を**支点**といい，反作用による力をつりあいの力とか**反力**とかいう。このような反力と荷重を総称して**外力**という。

図 7 力の作用と反作用

第 1 章
力と変形

1・1　力と変形の概要	8
1・2　1点に作用する力の計算による合成	10
1・3　1点に作用する力の図による合成	12
1・4　1点に作用しない力の計算による合成	14
1・5　1点に作用しない力の図による合成	16
1・6　つりあいの3式	18
1・7　土木構造物に作用する基本的な荷重の分類	20
1・8　土木構造物に作用する荷重の取扱い	22
1・9　土木構造物に作用する水圧・土圧	24
1・10　鋼材の性質	26
1・11　コンクリート材料の性質	28
第1章演習問題の解説・解答	30

1・1 力と変形の概要

- ここでは，土木応用力学の基本となる力の表示方法，つりあいの状態，力と変形との関係を理解しよう。

(1) 力の三要素

力(P)は，次の3つの要素で表示するベクトル（方向をもつ量）である(図1・1)。

① 力の作用点
② 力の大きさ
③ 力の方向

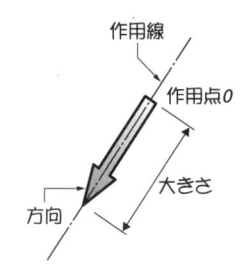

図1・1　力の三要素の表示

(2) 力のつりあい状態

つるまきバネに力 P [kN] が作用すると，P の作用する方向に，つるまきバネは伸びて変形し，静止する状態になる。力 P を受けた状態で静止するとき，**力のつりあい状態**にあるという。

図(1・2・2)のように，つるまきバネは，元の状態に戻ろうとする弾性の性質があり，つるまきバネには，力 P と大きさが等しく反対向きの力 $-P$ が働いている。この力を**つりあいの力**という。

(1・2・1) もとの状態　　　(1・2・2) 力のつりあい状態
図1・2　力のつりあい状態

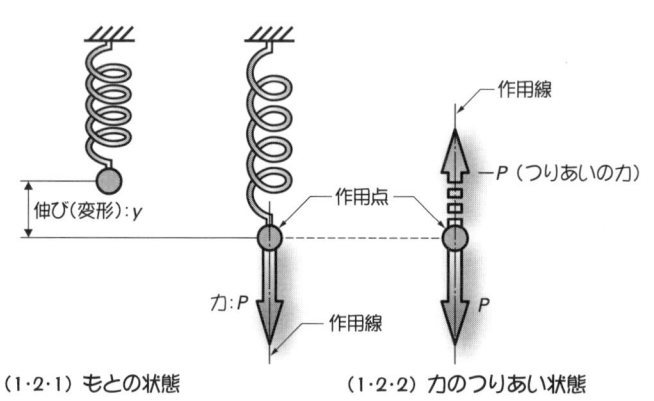

(3) 力と変形の関係式

つるまきバネに力 P を作用させたときの伸びが y のとき，2倍の力 $2P$ を作用させると伸びが $2y$ となる。一般に，力(P)とその変形量(y)とは比例する。この関係を**フックの法則**という。このときの比例定数をバネ定数 k [kN/cm] という。

$$P = k \cdot y \qquad\qquad (1・1)（力と変形の関係式）$$

例題・1

$P_1=20$ kN, $\theta_1=30°$, $P_2=10$ kN, $\theta_2=240°$とするとき，図1・3に示すように，力P_1, P_2がO点から遠ざかる方向に作用する場合，P_1, P_2を表示せよ。ただし，θはx軸から反時計回りに測定し，力5 kNを1 cmとして大きさを表示する。

解答 x, y座標軸に30°と240°に作用線を引き，$P_1=4$ cm (20 kN), $P_2=2$ cm (10 kN)の大きさをとり，O点より遠ざかる方向に表示する。

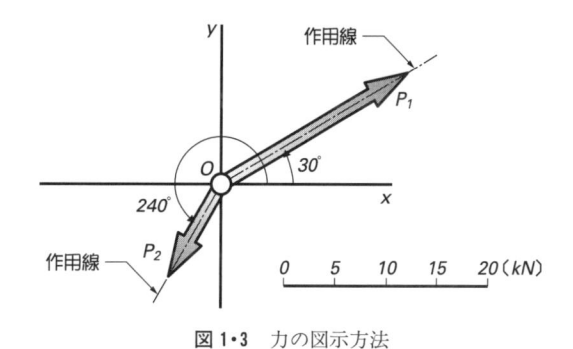

図1・3 力の図示方法

例題・2

フックの法則に基づき，次の各値を求めよ。

① 力$P=2$ kNをあるつるまきバネに作用させたら$y=1$ cm伸びた，このつるまきバネのバネ定数k〔kN/cm〕を求めよ。

② バネ定数$k=1$ kN/cmのバネを直列に2本接続したときの合成されたバネのバネ定数k_1，並列に2本接続したとき合成されたバネの定数k_2を求めよ。また，$P=20$ kNを作用させたときの各合成バネの伸びy_1, y_2を求めよ。

解答 ① フックの法則$P=ky$より，$P=2$ kN, $y=1$ cm
$2=k\times 1$ $k=2$ kN/cm

② つるまきバネを2本直列に接続すると2倍伸び，2本を並列に接続すると1/2の伸びとなる。一般に，n本直列に接続するとバネ定数はk/n，n本並列に接続するとnkとなる。よって$k_1=k/2=\underline{0.5\text{ kN/cm}}$, $k_2=2k=\underline{2\text{ kN/cm}}$となり，$y_1=P/k_1=20/0.5=\underline{40\text{ cm}}$, $y_2=P/k_2=20/2=\underline{10\text{ cm}}$

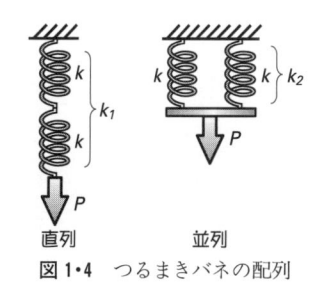

図1・4 つるまきバネの配列

演習問題・1

1 O点から遠ざかる方向に，$P_1=30$ kN, $\theta_1=120°$, $P_2=15$ kN, $\theta=45°$を表示せよ。ただし，5 kNを1 cmとする。

2 バネ定数$k=0.2$ kN/cmに5 kNの力を作用させたときの伸びを求め，このバネを3本直列に接続したときの伸びを求めよ。

3 バネ定数$k=0.5$ kN/cmのつるまきバネに，鉛直下向きにある力を作用させたところ，6 cm伸びた，このときつりあいの力の大きさと方向を求めよ。

(解説・解答：p.30)

1・2　1点に作用する力の計算による合成

- 土木構造物の部材は斜め方向に配置される場合が多く，こうした斜部材に作用する力を計算するとき，水平成分と鉛直成分とに分解して考える。各成分は，力 P に，水平成分には$\cos\theta$を鉛直成分には$\sin\theta$を掛けて分解することを理解しよう。

（1）力の分解

力は，原点Oを作用点とし，大きさP，方向θ（シータ）で表される。この力のx軸方向の水平成分H，y軸方向の鉛直成分Vとに分解することができる。図1・5において，力Pを斜辺OAとする直角三角形で，底辺OB＝H，高さAB＝Vとすると，各成分は次のようになる。

$$\left.\begin{array}{l} H=\mathrm{OB}=P\cos\theta \\ V=\mathrm{OA}=P\sin\theta \end{array}\right\} \quad (1・2)（力の分解）$$

（2）力の合成

原点Oを作用点とする2力P_1とP_2の合成は，力P_1とP_2をx，y軸方向に分解して，H_1，V_1，H_2，V_2を求めたのち各方向別に合計する。（合計はΣ（シグマ）の記号を用いる。）

$$\left.\begin{array}{l} \Sigma H = H_1+H_2 \\ \Sigma V = V_1+V_2 \end{array}\right\} \quad (1・3)（各方向の成分の和）$$

次に，図（1・6・2）に示すように，水平成分の合計をΣH，鉛直成分の合計をΣVとする三角形の斜辺として，合力Rをピタゴラスの定理で求め，その角θを求める。

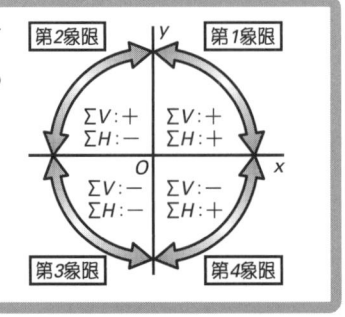

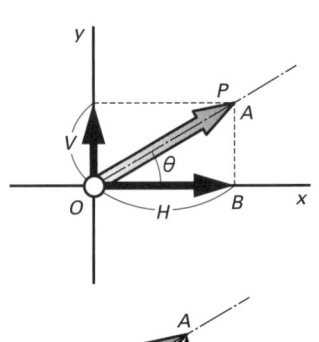

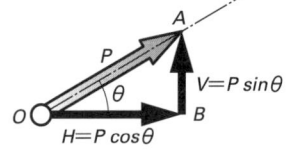

$$\left.\begin{array}{l} R=\sqrt{(\Sigma H)^2+(\Sigma V)^2} \\ \tan\theta=\dfrac{\Sigma V}{\Sigma H}\left(\text{または}\theta=\tan^{-1}\dfrac{\Sigma V}{\Sigma H}\right) \end{array}\right\} \quad (1・4)（力の合成）$$

図 1・5　力の分解

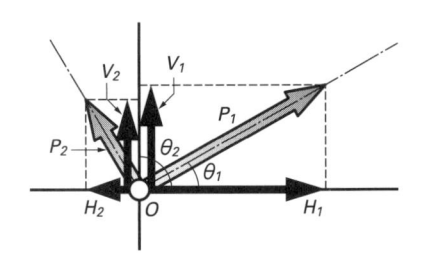

(1・6・1) 力の分解

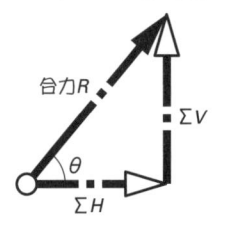

(1・6・2) 力の合成

図 1・6　力の合成

θの値と合力Rの作用する座標位置は，ΣHとΣVの符号の組合せにより，第1～第4象限の値をとる。

第2象限　$\Sigma V:+$　$\Sigma H:-$	第1象限　$\Sigma V:+$　$\Sigma H:+$
第3象限　$\Sigma V:-$　$\Sigma H:-$	第4象限　$\Sigma V:-$　$\Sigma H:+$

例題・3

図1・7のように，力$P=20$ kNが$\theta=30°$の方向に作用するとき，x, y軸方向の成分を求めよ。

解答 式（1・2）（力の分解）より，$P=20$ kN，$\theta=30°$とすると，

x軸方向の成分　$H=P\times\cos\theta=20\times\cos30°$
$=20\times0.8660=\underline{17.32 \text{ kN}}$

y軸方向の成分　$V=P\times\sin\theta=20\times\sin30°$
$=20\times0.5=\underline{10 \text{ kN}}$

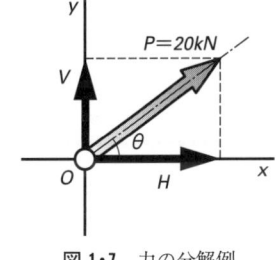

図1・8 力の分解例

例題・4

図1・8のように，2つの力$P_1=10$ kN，$\theta_1=120°$，$P_2=30$ kN，$\theta_2=30°$に作用するとき2つの力のx軸方向の成分の合計ΣH，y軸方向の成分の合計ΣVを求め，2つの力の合力Rと合力Rの作用する方向θを求めよ。

解答 ① P_1, P_2をx, y軸方向の成分に分解する（公式（1・2）より）。

$H_1=P_1\times\cos\theta_1=10\times\cos120°=-5$ kN
$V_1=P_1\times\sin\theta_1=10\times\sin120°=+8.660$ kN
$H_2=P_2\times\cos\theta_2=30\times\cos30°=+25.98$ kN
$V_2=P_2\times\sin\theta_2=30\times\sin30°=+15$ kN

② x, y軸方向の成分の合計を求める（公式（1・3）より）。

$\Sigma H=H_1+H_2=-5+25.98=\underline{+20.98 \text{ kN}}$
$\Sigma V=V_1+V_2=+8.660+15=\underline{+23.66 \text{ kN}}$

③ P_1, P_2の合力Rと方向θを求める（公式（1・4）より）。

$R=P_1+P_2=\sqrt{(\Sigma H)^2+(\Sigma V)^2}=\sqrt{20.98^2+23.66^2}$
$=\underline{31.62 \text{ kN}}$

$\tan\theta=\dfrac{\Sigma V}{\Sigma H}=\dfrac{+23.66}{+20.98}=1.128$　　$\theta=\tan^{-1}(1.128)=\underline{48°26'32''}$（第1象限）

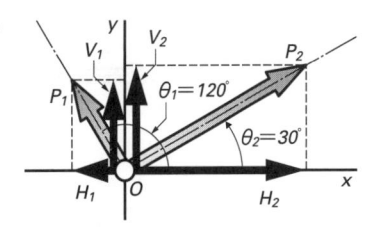

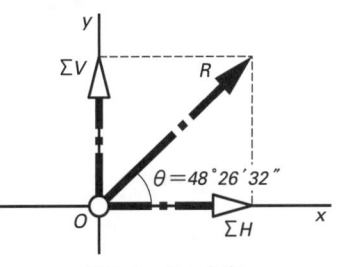

図1・8 力の合成

演習問題・2

1. 力Pが，原点Oから$\theta=225°$の方向に$P=100$ kNが作用するとき，各方向の成分H, Vを求めよ。
2. 原点Oに水平成分の合計$\Sigma H=-100$ kN，鉛直成分の合計$\Sigma V=-200$ kNが作用するとき，合力Rと，その作用する方向θを求めよ。
3. 力P_1, P_2が，原点Oに$\theta_1=300°$，$P_1=100$ kN，$\theta_2=45°$，$P_2=200$ kNが作用するとき，x, yの各軸方向の成分の合計ΣHとΣVを求め，2力の合力Rと合力の方向θを求めよ。

（解説・解答：p.30）

1・3　1点に作用する力の図による合成

> ● 図解によって力を合成することで，力の関係を視覚的に捉える訓練ができ，直感力を養うのに有効である。ここでは定規を用いて平行線を引くことで，合力を求める。

(1) 1点に作用する2力の合成

1点に作用する2力の合成は図($1・9・1$)に示すように，力P_1とP_2を2辺とする平行四辺形の対角線としてその合力Rが求まり，その方向θはx軸から図上で分度器で測定する。ここでは，スケールを用いて合力Rを測定し，分度器を用いてθを測ると，次のようになる。

$$R = 26.25 \text{ kN} \qquad \theta = 230°30'$$

また，平行四辺形と同様に図($1・9・2$)のように，P_1の力の先端から力P_2を平行移動して合成することで合力Rと方向θが求まる。

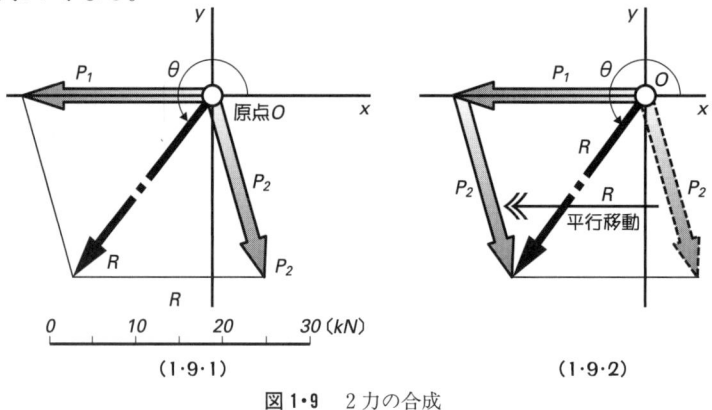

図1・9　2力の合成

(2) 1点に作用する3力の合成

1点に作用する3力の合成は，平行四辺形で求められるが，一般に図1・10①，②，③，④のように，力P_1の先端に力P_2を平行移動してP_1+P_2を求め，さらに，P_1+P_2の先端に力P_3を平行移動して$P_1+P_2+P_3$をつくり，このP_3の先端と原点Oを結び，合力Rと方向θを求める。

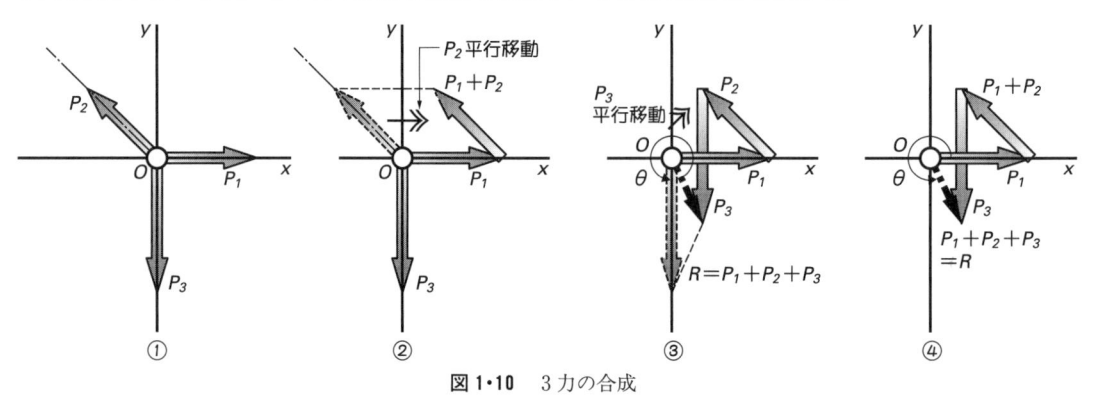

図1・10　3力の合成

例題・5

図1・11に示す3力の合成を図解により求めよ。また，この結果を計算により確かめよ。

解答
① 図解により合力を求める。

P_1, P_2, P_3を合成すると，P_3の先端が原点Oと一致する。このため，合力 $R = P_1 + P_2 + P_3 = 0$ となり，P_1, P_2, P_3はつりあいの関係にある。これを示すと図1・12となる。

② 計算により合力を求めるには，公式(1・2)より，各軸の成分の合計を求める。

$\Sigma H = P_1\cos\theta_1 + P_2\cos\theta_2 + P_3\cos\theta_3$
$= 20 \times \cos 30° + 20 \times \cos 150° + 20 \times \cos 270°$
$= 17.32 - 17.32 + 0 = 0$

$\Sigma V = P_1\sin\theta_1 + P_2\sin\theta_2 + P_3\sin\theta_3$
$= 20 \times \sin 30° + 20 \times \sin 150° + 20 \times \sin 270°$
$= 10 + 10 - 20 = 0$

$R = \sqrt{(\Sigma H)^2 + (\Sigma V)^2} = \sqrt{0^2 + 0^2} = 0$

合力が0ということは，この3力はお互につりあいの力である。

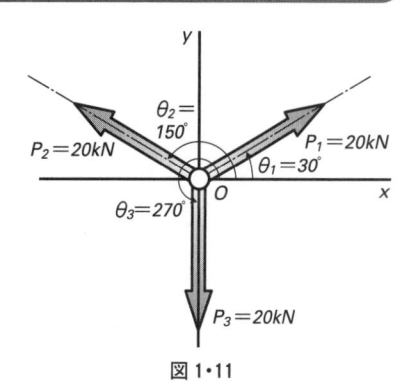

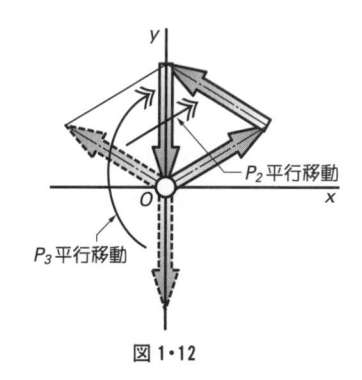

図1・11

図1・12

演習問題・3

1. 図(1・13・1)，(1・13・2)の各力を合成し，スケール(定規)と分度器を用いて，合力R〔kN〕と方向θ〔度〕を図解で求めよ。

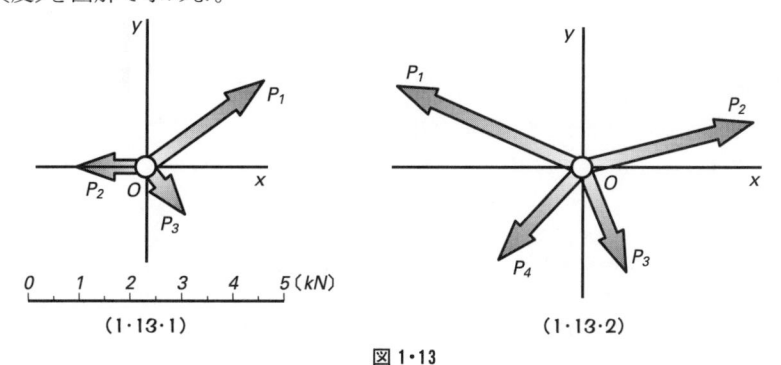

(1・13・1)   (1・13・2)

図1・13

2. 図1・14のような2力P_1, P_2の合力とつりあう力を定規と分度器を用いて図解で求めよ。ただし，つりあう力は，P_1, P_2の合力と大きさが等しく，反対方向の力として求められる。

(解説・解答：p.31)

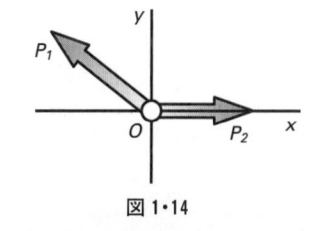

図1・14

1・4　1点に作用しない力の計算による合成

> ・平行な力や，1点に作用しない力を合成するときは，各力による回転力（モーメント）の合計が合力によるモーメントと等しいとした式から，合力の作用位置を求める。また，合力が0となる一対の力によるモーメントを偶力という。

（1）回転力（力のモーメント）

力のモーメント M は，図1・15のように，力 P に，ある点からの距離 l を掛けて求めた**回転力**である。モーメントの符号は，時計回りを正，反時計回りを負と考える。

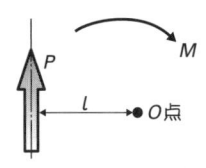

$$M = P \times l \quad \cdots\cdots (1\cdot5)(モーメント)$$

図1・15　モーメント

（2）偶　力

偶力 M は，図1・16のように，合力が0となる大きさが等しく，反対向きの一対の力による回転力で，次式で表す。

$$M = P \times e \quad (偶力)$$

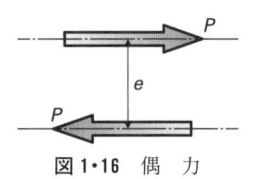

図1・16　偶　力

（3）平行な2力の合成

図1・17のように，平行な2力 P_1，P_2 の合力 R と，点Oからのその作用位置 x を求める。

① 合力 R の計算（上向き正）

$$R = P_1 + P_2$$

② O点に関する P_1，P_2 の力のモーメントの合計 ΣM の計算

$$M_1 = +P_1 \times l_1, \quad M_2 = +P_2 \times l_2$$

$$\Sigma M = M_1 + M_2 = P_1 l_1 + P_2 l_2$$

③ 合力 R のO点に関する力のモーメント M_0 の計算

$$M_0 = +R \times x$$

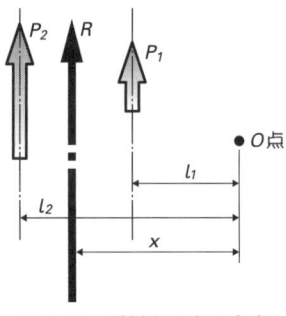

図1・17　平行な2力の合成

④ 作用位置 x の計算

各力のO点に関する力のモーメントの合計 ΣM と，M_0 とは等しい。

$M_0 = \Sigma M$ より，$R \times x = P_1 l_1 + P_2 l_2$ となり，$x = \dfrac{P_1 l_1 + P_2 l_2}{R}$ となる。

このような関係は，平行な2力に限らず，一般的な力の合成に適用できる。

$$\left. \begin{array}{l} 合力 \quad R = P_1 + P_2 + \cdots\cdots + P_n \\ 作用位置 \quad x = \dfrac{\Sigma M}{R} = \dfrac{P_1 l_1 + P_2 l_2 + \cdots\cdots + P_n l_n}{R} \end{array} \right\} \quad \cdots\cdots (1\cdot6)(力の合成)$$

例題・6

図1·18の各力によるO点のモーメントまたは偶力を求めよ。

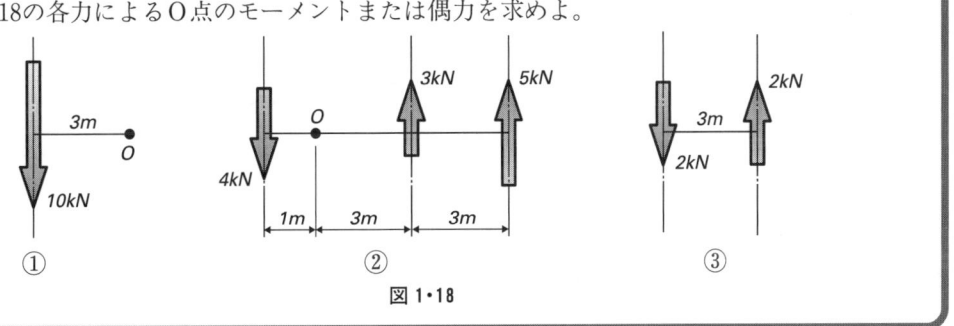

図1·18

解答
① 点Oに関するモーメント　$M_O = -10 \times 3 = \underline{-30 \text{ kN·m}}$
② 点Oに関するモーメント　$M_O = -4 \times 1 - 3 \times 3 - 5 \times 6 = \underline{-43 \text{ kN·m}}$
③ 偶力（反時計回り）　$M = -2 \times 3 = \underline{-6 \text{ kN·m}}$

例題・7

図1·19に示す，平行する3力P_1，P_2，P_3の合力と合力の作用位置を計算により求めよ。

解答　O点は，任意点であり，どの点でもよいので，P_3上にとると，図1·19のように，O点からの距離は，$l_1 = 6$ m，$l_2 = 4$ m となる。公式（1·5）（上向き正，下向き負）

合力 $R = P_1 + P_2 + P_3 = -3 - 2 - 1 = \underline{-6 \text{ kN}}$

合力の作用位置

$$x = \frac{\Sigma M}{R} = \frac{P_1 \times l_1 + P_2 \times l_2 + P_3 \times l_3}{R} = \frac{-3 \times 6 - 2 \times 4 - 1 \times 0}{-6} = \frac{-26}{-6} = \underline{4.33 \text{ m}}$$

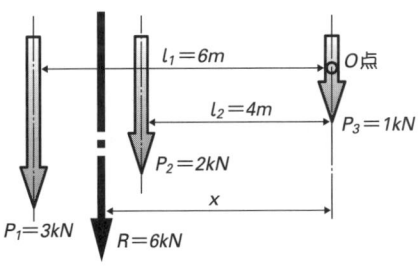

図1·19

演習問題・4

図1·20の合力とその作用位置を計算により求めよ。

（解説・解答：p.31）

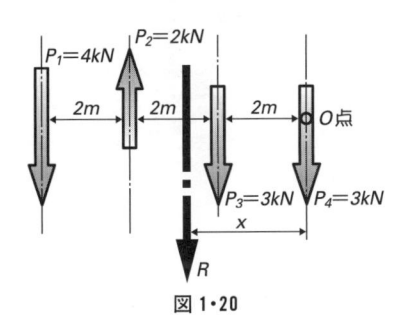

図1·20

1・5　1点に作用しない力の図による合成

> ● 1点に作用しない力を合成する方法には，計算によるほか，図解により求める方法がある。ここでは，図解による合成の作図法を取り扱う。

（1）1点に作用しない力の合成

図1・21のような，3力の力の合成をする手順は，図（1・22・1），（1・22・2）のようである。

① 適当な位置に，力の多角形としてP_1，P_2，P_3を平行移動して描き，その始点と終点を結び合力Rを求める。

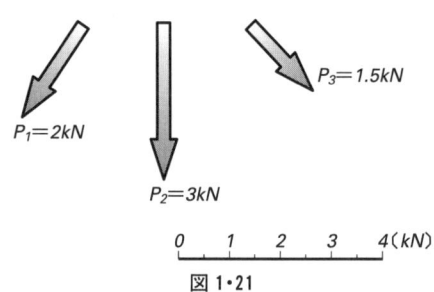

② 力の多角形の近くの任意点にOを取り，O点と，各力P_1，P_2，P_3の始点と終点を結び放射線a，b，c，dとする。

③ このa，b，c，dと平行な線で，各力P_1，P_2，P_3の作用線で区分された区間Ⅰ，Ⅱ，Ⅲ，Ⅳを図（1・22・2）のように連結する。

④ 最初のa線と最終のd線の延長上の交点が合力Rの作用点で，合力Rの方向は，力の多角形の合力Rと平行となる作用線上の方向である。この結果，図1・22の力の多角形と連力図が描ける。

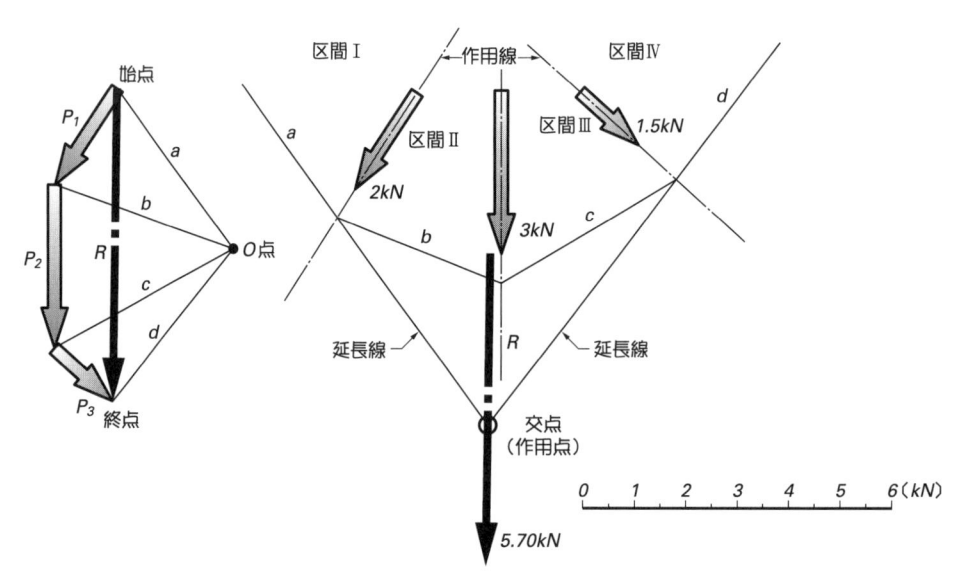

図1・21

（1・22・1）力の多角形と合力　　（1・22・2）連力図と作用位置
図1・22　1点に作用しない力の合成（図解）

1・5 1点に作用しない力の図による合成

例題・8

図1・23に示す平行する3力を図解により合成し、合力 R と作用位置を求めよ。

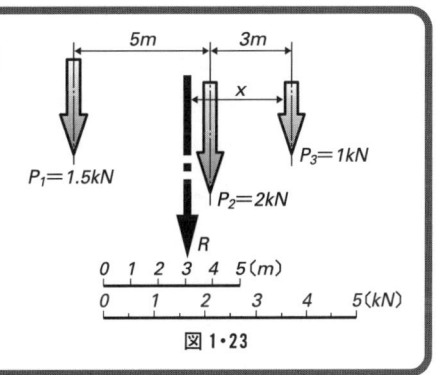

図1・23

解答 図1・24のように、力の多角形を描き、合力を求め、O点からの放射線a、b、c、dを描く。各区間を放射線と平行な線で連結して、a線とd線との延長上の交点から、作用位置 x を求める。

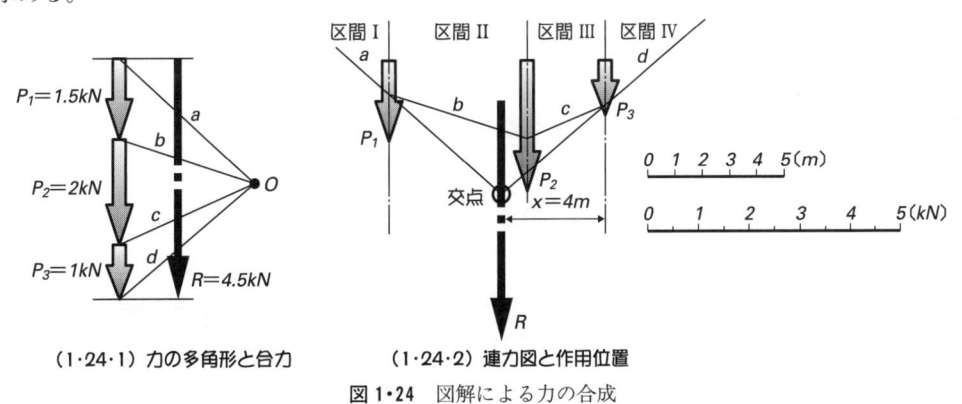

(1・24・1) 力の多角形と合力　　(1・24・2) 連力図と作用位置
図1・24　図解による力の合成

よって、合力　$R = \underline{4.5\,\text{kN}}$

作用位置　P_3 より左に　$x = \underline{4\,\text{m}}$

演習問題・5

1. 図1・25の4力の合力 R とその作用位置を、図解により P_4 の位置からの距離として求めよ。
2. 図1・26の4力の合力 R とその作用位置の交点を図解により求めよ。

(解説・解答：p.31, 32)

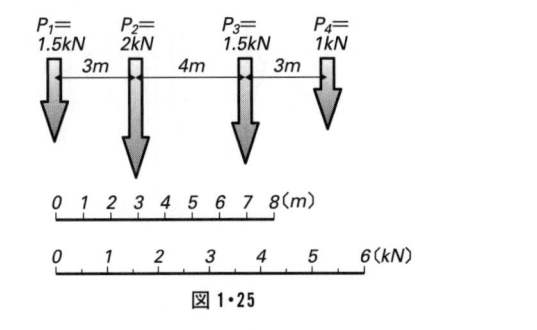

図1・25 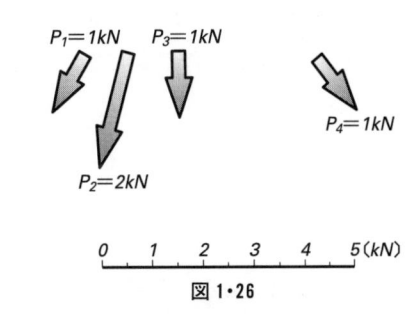　　　　図1・26

1・6 つりあいの3式

> ● 力が相互につりあいの状態にあるとき，水平方向の力の合計 $\Sigma H=0$，鉛直方向の力の合計 $\Sigma V=0$，任意の点に関する力のモーメントの合計 $\Sigma M=0$ の関係がある。

（1）つりあいの3式

物体に力が作用し，力が相互につりあいの状態にあるとき，物体は静止している。静止するためには，各方向の力の合計が0であると同時に，力のモーメントの合計も0でなければならない。この関係式を示すと次のようである。

$$\left.\begin{array}{l}\Sigma H=0\\ \Sigma V=0\\ \Sigma M=0\end{array}\right\} \quad\quad\quad\quad\quad\quad\quad\quad\quad (1\cdot 7)(つりあいの3式)$$

式（1・7）を**つりあいの3式**といい，土木構造物の構造計算に広く用いられる。

（2）1点に作用する場合のつりあいの力と方向の計算

1点に作用する場合のつりあいの力は，1点に作用する合力 R と大きさが等しく，方向 θ が反対の向きの力で表される。つりあいの力 $=-R$〔kN〕。つりあいの力の方向は $(\theta+180°)$ である。

（3）1点に作用しない場合のつりあいの力とその作用位置の計算

1点に作用しない場合のつりあいの力は，合力 R と大きさが等しく，反対の向きの力で，その作用位置は合力の作用位置 x〔m〕に等しい。

（4）1点に作用しない場合のつりあいの力と作用位置の計算例

つりあいの力とその作用位置は，合力 R と作用位置を求め，合力 R の向きを反対にすればよい。図1・27のような，平行な3力のつりあいの力とその作用位置 x を求める。

① 合力の計算

$R=P_1+P_2+P_3=-1.5-2.0-2.0=-5.5$ kN

② O点から合力 R の作用点までの距離 x の計算

公式（1・6）より

$$x=\frac{\Sigma M}{R}=\frac{-1.5\times 7-2\times 4-2\times 0}{-5.5}=\frac{-18.5}{-5.5}=3.36\text{ m}$$

よって，つりあいの力は上向き5.5 kNで，その作用位置はO点より左3.36 mである。

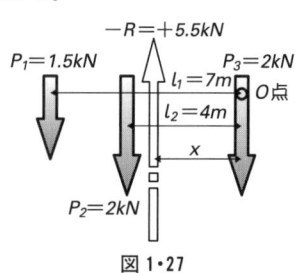

図1・27

1・6 つりあいの3式

例題・9

図1・28に示す1点に作用する2力P_1, P_2につりあう力Rの大きさと，方向θを計算により求め，図示せよ。$P_1=2$ kN，$\theta_1=45°$，$P_2=2$ kN，$\theta_2=120°$とする。

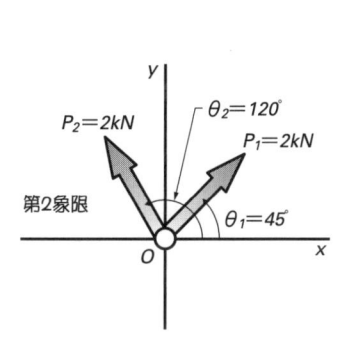

図1・28 例題9の図

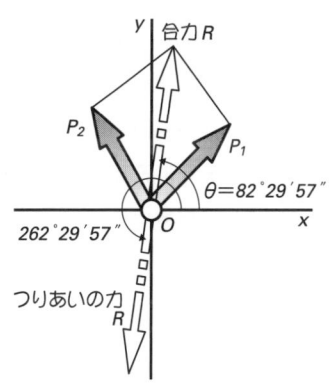

図1・29 例題9の解答図

解答 ① 水平方向，鉛直方向の成分の合計ΣH，ΣVを求める（公式(1・2)，(1・3)より）。

$\Sigma H = P_1\cos\theta_1 + P_2\cos\theta_2 = 2\times\cos45° + 2\times\cos120° = 2\times0.7071 + 2\times(-0.5)$
$= +0.4142$ kN

$\Sigma V = P_1\sin\theta_1 + P_2\sin\theta_2 = 2\times\sin45° + 2\times\sin120° = 2\times0.7071 + 2\times0.8660$
$= +3.146$ kN

② 合力の計算（公式(1・4)より）

$R = \sqrt{(\Sigma H)^2 + (\Sigma V)^2} = \sqrt{0.4142^2 + 3.146^2} = 3.173$ kN

$\theta = \tan^{-1}\dfrac{\Sigma V}{\Sigma H} = \tan^{-1}\dfrac{+3.146}{+0.4142} = \tan^{-1}7.595 = 82°29'57''$ （第1象限）

③ つりあいの力Rは，$\underline{-3.173 \text{ kN}}$で，方向は，$82°29'57'' + 180° = \underline{262°29'57''}$である。

演習問題・6

1. 図1・30の3力のつりあいの力とその作用する方向を計算により求めよ。
2. 図1・31の4力のつりあいの力とその作用位置を図解により求めよ。

（解説・解答：p.32）

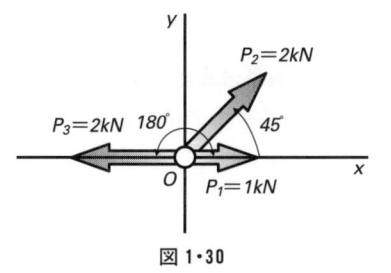

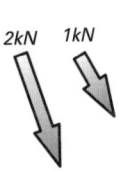

図1・30

図1・31

1・7 土木構造物に作用する基本的な荷重の分類

- 土木構造物に作用する荷重には各種の荷重があるが，ここでは，最も基本となる活荷重と死荷重および集中荷重と分布荷重について取り上げる。

（1） 土木構造物に作用する基本的な荷重

土木構造物に作用する**荷重**には，人，自動車，列車のように移動する荷重と，土の圧力や水の圧力などのように深さに比例する荷重がある。このほか，構造物自身の重量および，風圧や地震力など自然の荷重などがある。ここでは，構造計算に関係の深い荷重を学習する。

（2） 活荷重と死荷重

活荷重は，人，自動車，列車など構造物を移動することができるもので，構造物の設計では，最も不利な位置に移動させて計算する。

死荷重は，柱，はり，壁，天井，屋根など構造物自身の重量を荷重とするもので，その作用位置は，部材の配置されている位置である。

（3） 集中荷重と分布荷重

集中荷重は，構造物上のある1点に作用すると考える荷重のことで，図（1・32・1）のように，一つの力としてP〔kN〕で表示する。自動車や列車の輪荷重が想定できる。

分布荷重は，構造物の単位長さあたりに分布して作用する荷重のことで，図（1・32・2）のように，1mあたりの重量としてw〔kN/m〕で表示する。水圧，土圧，死荷重などが想定できる。

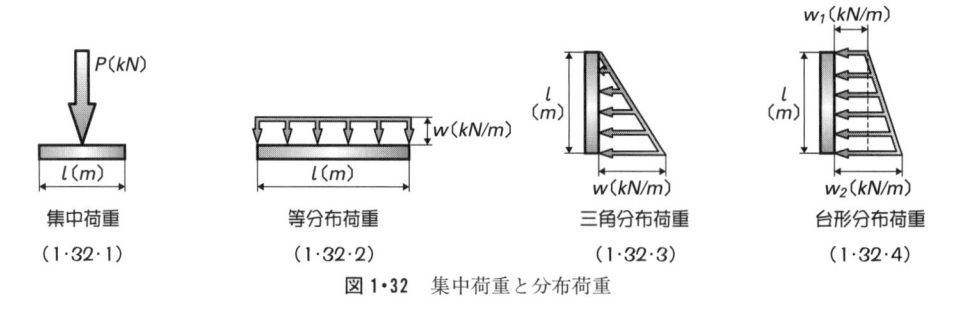

集中荷重	等分布荷重	三角分布荷重	台形分布荷重
（1・32・1）	（1・32・2）	（1・32・3）	（1・32・4）

図1・32 集中荷重と分布荷重

（4） 分布荷重の換算荷重

分布荷重は，分布荷重の面積を求め集中荷重に加算する。これを**換算荷重**P〔kN〕とし，その作用位置は図形の中心とする。分布荷重の分布区間長をl〔m〕とすると，各分布荷重の換算荷重は次のようである。

① 等分布換算荷重 $P = w \times l$　　② 三角分布換算荷重 $P = w \times \dfrac{l}{2}$

③ 台形換算荷重 $P = $ 等分布換算荷重 + 三角分布換算荷重 $= w \times l + (w_2 - w_1) \times \dfrac{l}{2}$

例題・10

図1·33のように，幅$b=0.4$ m，厚さ$t=0.1$ m，長さ11 mの板を支間$l=10$ mのはりとしてかけ渡し，質量100 kgの人が通るとき，このはりに作用する荷重を計算せよ。ただし，木板の単位重量は，γ（ガンマ）$=8$ kN/m³（鋼道路橋示方書）である。

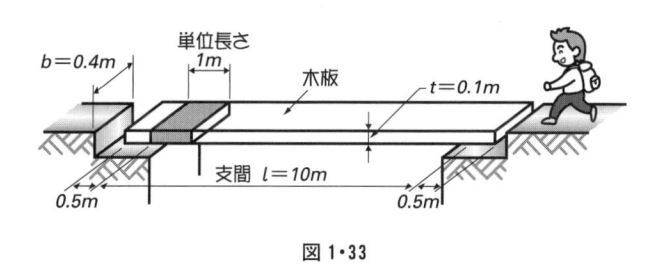

図 1·33

解答 （1）死荷重の計算

木板は死荷重として，支間方向単位長さ1 mあたりの荷重とする等分布荷重w〔kN/m〕で表す。

$$w＝幅×厚さ×木板の単位重量＝b×1×t×\gamma$$
$$＝0.4\text{ m}×0.1\text{ m}×8\text{ kN/m}^3＝0.32\text{ kN/m}$$

よって，木板の死荷重は$w=\underline{0.32\text{ kN/m}}$となる。したがって，換算荷重$P=w×l=0.32×10=3.2$ kNとなる。

（2）活荷重の計算

質量$m=100$ kgの人を集中荷重P〔kN〕として計算する。重力の加速度$g=9.8$ m/s²として，

$$P＝重力の加速度×質量＝g×m$$
$$＝9.8\text{ m/s}^2×100\text{ kg}＝980\text{ N}$$
$$＝0.98\text{ kN}$$

以上，(1)，(2)を単純化して表すと，図1·34のようになる。活荷重P〔kN〕はAB間のどの位置にでも移動できる。

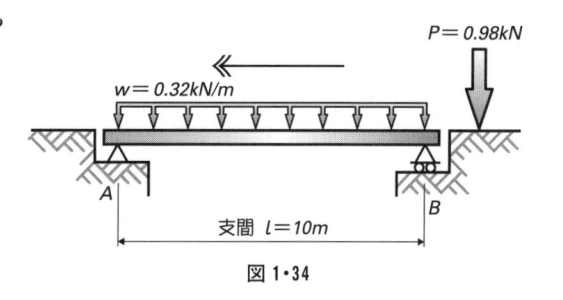

図 1·34

演習問題・7

直径$d=0.4$ mで断面積A（0.1256 m²）の丸太を，支間8 mとしてかけ渡し，質量100 kgの人が質量40 kgのものをかついで通るとき，このはりの死荷重w〔kN/m〕と活荷重P〔kN〕を求めよ。ただし，丸太の単位重量8 kN/m³，重力の加速度9.8 m/s²とする。

（解説・解答：p.32～33）

1・8 土木構造物に作用する荷重の取扱い

- 土木構造物を設計するとき，道路橋示方書に基づくことが多い。ここでは，同示方書に基づく荷重の分類とその取扱いを取り上げる

(1) 土木構造物に作用する荷重

土木構造物には，自動車や列車を支える道路や橋梁，水圧を受ける水槽，ダム，土圧や水圧を受ける擁壁，シールド，土留壁，堤防などがある。こうした構造物の設計の基本的な考え方は橋梁設計に用いられ道路橋示方書に基づくといわれている。

こうした土木構造物は，自動車，列車，水圧，土圧，風，地震，雪など外部からの力に対して十分に安全な構造としなければならない。各種の外部からの力の大きさ，方向，地域性（地震など地域によりその評価は異なる）などにより評価し，構造上経済的でかつ安全性を確保しなければならない。

土木構造物を設計するときの外部からの力のことを総称して**荷重**という。

(2) 荷重の形状による分類

荷重はその形状ごとに，表1・1のように表示する。

表1・1 荷重の形状

形　　状	記号	単　位	表示	代表的な荷重
集　中　荷　重	P	N, kN	↓	輪荷重，衝突荷重
等　分　布　荷　重	w	N/m, kN/m	↓↓↓↓	構造物の自重
三角・台形分布荷重	w	N/m, kN/m	↓↓↓↓	水圧，土圧

(3) 設計のための荷重の分類

設計にあたり，道路橋示方書では，表1・2のように荷重を分類する。

表1・2 設計荷重の種類（道路橋示方書）

設計荷重	代 表 的 な 荷 重
主 荷 重	死荷重(自重)，活荷重(輪荷重)，衝撃荷重(振動)，土圧，水圧
従 荷 重	風荷重，温度荷重，地震荷重，雪荷重
特殊荷重	地震変動，支点移動，波圧，遠心荷重(曲線部)，衝突荷重

(4) 死荷重の計算に用いる材料の単位重量 γ (kN/m³)

表1・3 (1)（道路橋示方書）

材　　料	単位重量 [kN/m³]
鋼	77
鋳鉄	71
アルミニウム	27.5
鉄筋コンクリート	24.5

表1・3 (2)（道路橋示方書）

材　　料	単位重量 [kN/m³]
プレストレストコンクリート	24.5
木材	8.0
アスファルト舗装	22.5
瀝青材（防水用，目地）	11.0

例題・11

図1·35に示す各構造部材の，長さ1mあたりの重量として等分布荷重w〔kN/m〕を求め，その部材の全荷重P〔kN〕を求めよ。ただし，単位重量は道路橋示方書の数値を用いよ。

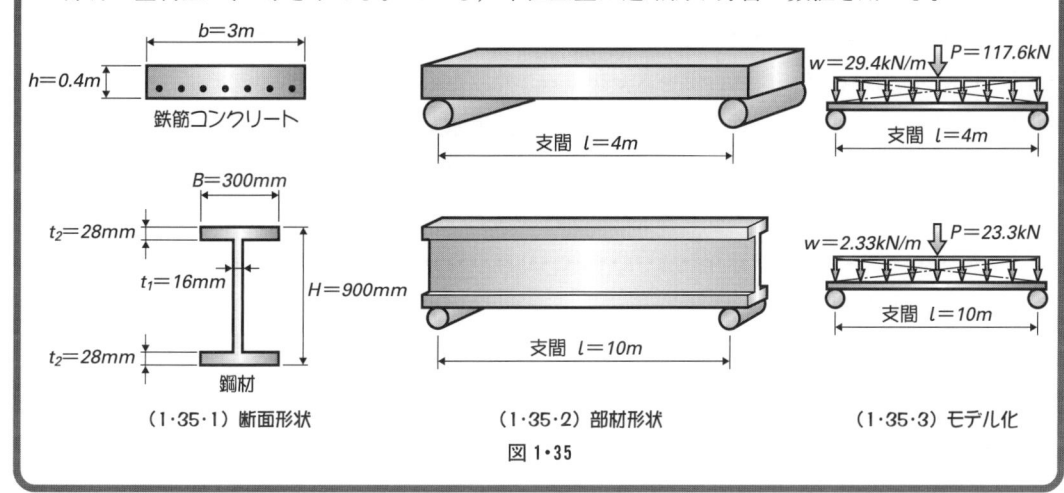

図1·35

解答 (1) 鉄筋コンクリートの単位重量γ（ガンマ）$=24.5$ kN/m^{3}である。図1·35の鉄筋コンクリートの断面積に，単位重量を掛けて，等分布荷重w〔kN/m〕を求める。

① 断面積　$A=$幅×高さ$=b\times h=3\times 0.4=1.2$ m^2

② 等分布荷重　$w=$断面積×単位重量$=A\times\gamma=1.2\times 24.5=\underline{29.4\text{ kN/m}}$

③ 等分布換算荷重　$P=$等分布荷重×支間$=w\times l=29.4\times 4=\underline{117.6\text{ kN}}$

(2) 鋼材（H形鋼）の単位重量は，$\gamma=7.7$ kN/m^{3}である。図1·35の鋼材の断面積に，単位重量を掛けて，等分布荷重を求める。m単位で計算する。

① 断面積　$A=2\times B\times t_2+(H-2\times t_2)\times t_1=2\times 0.3\times 0.028+(0.9-2\times 0.028)\times 0.016$
$=0.0168+0.0135=0.0303$ m^2

② 等分布荷重　$w=$断面積×単位重量$=A\times\gamma=0.0303\times 77=\underline{2.33\text{ kN/m}}$

③ 等分布換算荷重　$P=$等分布荷重×支間$=w\times l=2.33\times 10=\underline{23.3\text{ kN}}$

演習問題・8

1　図1·36の木材の死荷重w〔kN/m〕と等分布換算荷重P〔kN〕を求めよ。ただし，$\gamma=8.0$ kN/m^{3}とする。

2　図1·37の，橋梁床版の死荷重w〔kN/m〕と等分布換算荷重P〔kN〕を求めよ。ただし，アスファルト舗装$\gamma_1=22.5$ kN/m^3，鉄筋コンクリート床版$\gamma_2=24.5$ kN/m^{3}とする。また，wはアスファルト舗装と鉄筋コンクリート床版の死荷重を合計した値である。

（解説・解答：p.33）

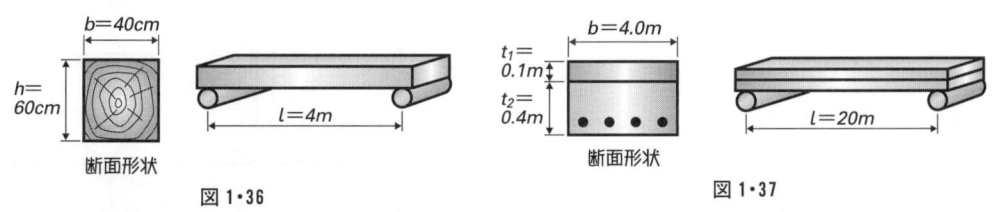

図1·36

図1·37

1・9 土木構造物に作用する水圧・土圧

- 水の圧力は深さに比例して大きくなる。また、水の圧力は全方向に均一に作用する。一般に、真水の単位重量は$w=9.8$ kN/m³、海水では$w=10.1$ kN/m³としてよい。土の圧力は深さに比例して大きくなる。土は、土の種類により、鉛直方向と水平方向の大きさは異なる。

（1） 水圧による荷重

ダム、水槽、防波堤、地下構造物などは、水の圧力を荷重として、この荷重に耐えるように設計される。

水圧p〔kN/m²〕またはp〔kPa〕は、水の単位重量w〔kN/m³〕と水深H〔m〕に比例して大きくなる。

$$p = w \cdot H \quad \cdots\cdots (1\cdot8)（水圧）$$

たとえば、水深$H=10$ mの水圧は$w=9.8$ kN/m³とすると$p=9.8\times10=98$ kN/m²となる。

水圧は、水の性質として、あらゆる方向に対して、水深に比例して作用する。図1・38に示す、容器の各面には、それぞれ水深に応じた水圧が発生する。

$p_1 = 9.8\times10 = 98$ kN/m²（下向き），
$p_2 = 9.8\times8 = 78.4$ kN/m²（上向き），
$p_3 = 9.8\times9 = 88.2$ kN/m²（横向き）

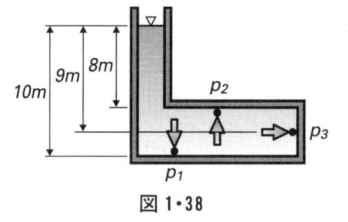

図1・38

（2） 土圧による荷重

トンネル、擁壁、基礎などの構造物は、土の圧力を荷重として、この荷重に耐えるように設計される。土の鉛直土圧P_V〔kN/m²〕は、深さH〔m〕に比例し、γ〔kN/m³〕を土の単位重量とすると、$P_V=\gamma H$として求まり、水平土圧P_H〔kN/m²〕は、鉛直土圧P_Vに土圧係数K_0を掛けて求める。

$$\left. \begin{array}{l} 鉛直土圧 \quad P_V = \gamma H \\ 水平土圧 \quad P_H = K_0 \gamma H \end{array} \right\} \quad \cdots\cdots (1\cdot9)（土圧）$$

土圧係数は、土の性質や密度により異なるが、普通0.3～0.6程度とすることができる。

（3） 分布荷重の集中荷重への換算

図1・39のように、水深H〔m〕のダム底面の水圧は$p=wH$で、ダムの単位幅（1 m）あたりに作用する換算荷重を求める。全水圧P〔kN〕は、三角分布換算荷重は、次式で求める。その作用位置は、水面より$2H/3$である。

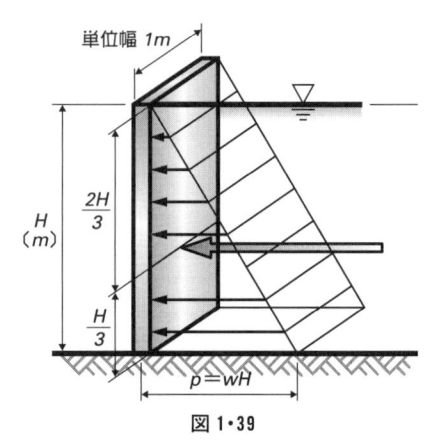

図1・39

全水圧＝三角分布換算荷重 P

$$= 水深 \times 水圧 \times \frac{1\,\mathrm{m}}{2} = H \times wH \times \frac{1}{2} = \frac{wH^2}{2} \quad \cdots\cdots (1\cdot10)\,(全水圧)$$

例題・12

水深 3 m，長さ 10 m のせきがある。このせきの，水底の水圧 p〔kN/m²〕を求め，せきの長さ 1 m あたりに作用する全水圧 P〔kN/m〕，およびその作用位置を求めよ。

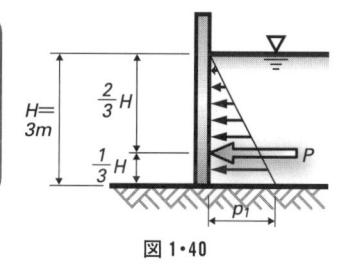

図 1・40

解答 ① 式（1・8）より，水の単位重量 $w = 9.8\,\mathrm{kN/m^3}$ として，深さ 3 m の水圧 p〔kN/m²〕とすると，

$p = wH = 9.8 \times 3 = \underline{29.4\,\mathrm{kN/m^2}}$

② 長さ 1 m あたりに作用する全水圧 P は，図 1・40 の三角形の面積に，長さ 1 m の三角柱の体積として求める。式（1・10）より，

$$全水圧 P = \frac{水深 \times 水底の水圧}{2} = \frac{H \times p}{2} = \frac{H \times wH}{2} = \frac{wH^2}{2} = \frac{9.8 \times 3^2}{2} = \underline{44.1\,\mathrm{kN}}$$

③ 全水圧 P の作用点は，三角形の重心位置で，底面から $1/3H = (1/3) \times 3 = 1$ m の位置に作用する。

例題・13

図 1・41 のように，高さ $H = 6$ m の擁壁の水平土圧 p_H，水平荷重 P_H と水平荷重の作用位置を求めよ。ただし，土の単位重量 $\gamma = 18\,\mathrm{kN/m^3}$，土圧係数 $K = 0.3$ とする。

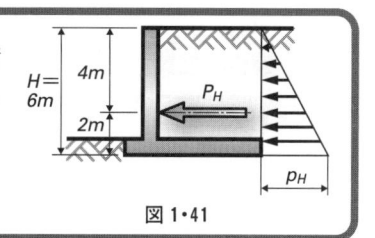

図 1・41

解答 ① 式（1・9）より，水平土圧 p_H〔kN/m²〕は，

$p_H = 土圧係数 \times 土の単位重量 \times 深さ = K \times \gamma \times H = 0.3 \times 18 \times 6 = \underline{32.4\,\mathrm{kN/m^2}}$

② 擁壁の長さ 1 m あたりの水平荷重 P_H〔kN〕は，

$$P_H = \frac{水平土圧 \times 深さ \times 1\,\mathrm{m}}{2} = \frac{p_H \times H \times 1}{2} = \frac{32.4 \times 6 \times 1}{2} = \underline{97.2\,\mathrm{kN}}$$

③ P_H の作用位置は，下から 2 m，上から 4 m の位置である。

演習問題・9

1 幅 8 m，深さ $H = 4$ m のせきがあるとき，せきの水底の水圧 p〔kN/m²〕を求め，せき幅 1 m あたりの全水圧 P〔kN/m〕と，全水圧 P の作用位置を底面からの高さとして答えよ。

2 高さ $H = 8$ m の擁壁に作用する，底面の土圧 p_H〔kN/m²〕と，長さ 1 m あたりの水平荷重 P_H〔kN/m〕および P_H の作用位置を，底面からの高さとして答えよ。ただし，土の単位重量 $\gamma = 19\,\mathrm{kN/m^3}$，土圧係数 $K = 0.5$ とする。

（解説・解答：p.33）

1・10 鋼材の性質

> • 土木構造物の材料として多く用いられる鋼材の変形量は，荷重の大きさに比例するものとして取扱う。こうした比例関係をフックの法則といい，土木構造設計の最も基本的な関係式である。

（1） 応力・応力度とひずみ・ひずみ度

図1・42のように，断面積A，部材長さlの棒鋼を荷重Pで引っ張ったとき，ひずみ（伸び）がyであった。ある断面で棒鋼を仮想的に切断すると，断面には荷重Pと大きさPで，方向が反対のつりあいの力が生じる。この部材に生じるつりあいの力を**応力**といい，部材の単位面積あたりの応力を**応力度**σ（シグマ）という。また，部材の単位あたりの伸びを**ひずみ度**ε（イプシロン）という。

$$応力度 \quad \sigma = \frac{応力}{断面積} = \frac{P}{A} \quad \cdots\cdots (1 \cdot 11)（応力度）$$

$$ひずみ度 \quad \varepsilon = \frac{ひずみ}{部材長さ} = \frac{y}{l} \quad \cdots\cdots (1 \cdot 12)（ひずみ度）$$

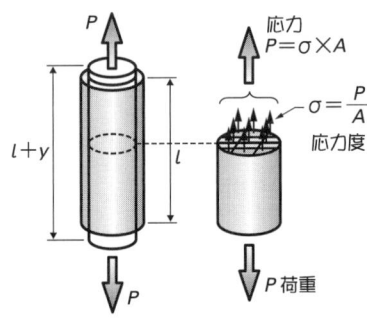

図1・42

（2） 鋼材の性質

土木構造的に広く用いられる軟硬の供試体を引張試験すると，応力度σとひずみ度εは図1・43のグラフのような関係となり，引張力で破断する。応力度σとひずみ度εとが比例する比例限界点以下の荷重で構造物を設計することが多い。このときの比例定数を**弾性係数**または**ヤング係数**といい，$E(2.0 \times 10^5)$〔N/mm²〕が用いられる。この応力度とひずみ度の関係を**フックの法則**という。

$$\sigma = E \cdot \varepsilon \quad \cdots\cdots (1 \cdot 13)（フックの法則）$$

式(1・13)に，式(1・11)，式(1・12)を用いて，フックの法則は$P = EA \times (y/l)$または$y = Pl/(EA)$と表すこともできる。

（3） 温度応力度と温度荷重

部材の両端が壁に固定された部材では，温度の上昇で部材が伸びようとしても伸びられないため，ひずみyを押込むための温度応力度σが生じる。

部材の線膨張係数$\alpha = 12 \times 10^{-6}$は，鋼材，コンクリートとともに同じ値とする。いま，温度t_1からt_2℃に上昇したときの温度応力度σは，

$$\sigma = E \cdot \alpha (t_2 - t_1) \quad \cdots\cdots (1 \cdot 14)（温度応力度）$$

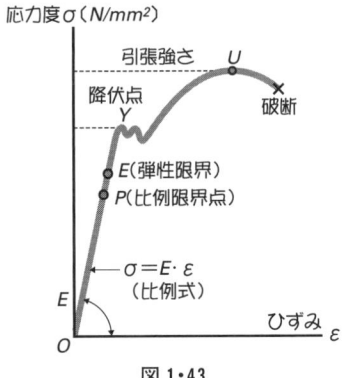

図1・43

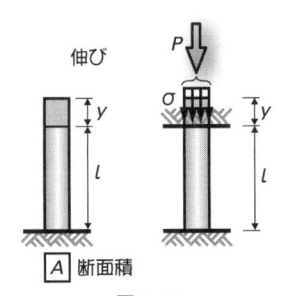

図1・44

例題・14

次の各問に答えよ。ただし、鋼材のヤング率 $E = 2.0 \times 10^5 \text{ N/mm}^2$ とする。

(1) 長さ $l = 3$ m、断面積 $A = 10 \text{ mm}^2$ の鋼線を引張荷重 P で引っ張ったところ、ひずみが $y = 30$ mm であった。このときの引張力 P〔kN〕の大きさを求めよ。

(2) 長さ $l = 4$ m、断面積 $A = 20 \text{ mm}^2$ の鋼線を $P = 10$ kN で引っ張ったときの鋼線の伸び y〔mm〕を求めよ。

(3) 一辺が 20 cm のコンクリートの台座に荷重 $P = 800$ kN の圧縮荷重が作用したとき、コンクリートの台座に生じる応力度（圧縮応力度）を求めよ。

(4) 荷重 $P = 100$ kN で、ある鉄筋を引っ張ったところ 100 N/mm² の引張応力度が生じた。このときの鉄筋の断面積 A〔mm²〕と鉄筋の直径 d〔mm〕を求めよ。

解答 (1) 公式（1・13）より、$A = 10 \text{ mm}^2$、$E = 2.0 \times 10^5 \text{ N/mm}^2$、$y = 30$ mm、$l = 3000$ mm を代入すると、引張力 P〔kN〕は

$$P = EA \cdot \frac{y}{l} = 2 \times 10^5 \times 10 \times \frac{30}{3000} = 20000 \text{ N} = \underline{20 \text{ kN}}$$

(2) 公式（1・13）より、$l = 4000$ mm、$A = 20 \text{ mm}^2$、$P = 10000$ N を代入すると、ひずみ y は

$$y = \frac{Pl}{EA} = \frac{10000 \times 4000}{2 \times 10^5 \times 20} = \underline{10 \text{ mm}}$$

(3) 公式（1・11）を用いる。断面積 $A = 200 \text{ mm} \times 200 \text{ mm} = 40000 \text{ mm}^2$、荷重 $P = 800000$ N とすると、圧縮応力度 σ_c は

$$\sigma_c = \frac{P}{A} = \frac{800000}{40000} = \underline{20 \text{ N/mm}^2}$$

(4) 公式（1・11）を用いる。鉄筋の断面積 A と直径 d を求める。荷重 $P = 100000$ N、$\sigma = 100$ N/mm² とすると、$A = P/\sigma = 100000/100 = \underline{1000 \text{ mm}^2}$、直径 d とすると、$A = \pi d^2/4$（π：パイ）の関係から直径を求めると $d = \sqrt{4A/\pi}$ となる。$\pi = 3.14$ として、$d = \sqrt{1.274A}$

$$d = \sqrt{\frac{4A}{\pi}} = \sqrt{1.274A} = \sqrt{1.274 \times 1000} = \sqrt{1274} = \underline{35.7 \text{ mm}}$$

演習問題・10

1. 断面積 $A = 40000 \text{ mm}^2$、ヤング係数 $E_c = 3.0 \times 10^4 \text{ N/mm}^2$、線膨張係数 $\alpha = 12 \times 10^{-6}$ とする。気温が 15℃ から 20℃ になったとき、両端固定柱に生じる温度応力度 σ〔N/mm²〕および、温度荷重 P〔kN〕を求めよ。

2. 次の各問に答えよ。
   ① 長さ 3 m の針金を引っ張って 1 cm 伸びたとき、ひずみ度 ε を求めよ。
   ② 荷重 20 kN で、D16（$A_s = 1.986 \text{ cm}^2$）の鉄筋を引っ張ったときの応力度 σ〔N/mm²〕を求めよ。

（解説・解答：p.33）

1・11 コンクリート材料の性質

- コンクリートはひび割れするため引張力に抵抗できないので，コンクリートの引張部を鉄筋で補強して，鉄筋コンクリート構造として用いる。鉄筋とコンクリートの弾性係数比は15：1として取扱うことができる。

（1） コンクリートの性質

コンクリートの供試体を圧縮して，応力度とひずみ度の関係を描くと，図1・45に示すように直線区間をもたないため，厳密には応力度とひずみ度は比例しない。しかし，土木構造物の設計では，最大圧縮応力度U〔N/mm^2〕の1/3の点Pと原点Oを結ぶ直線として，コンクリートのヤング係数E_cを，コンクリートの設計基準強度に応じて$E_c=2.35\times10^4$～3.8×10^4 N/mm^{2}と定めている。そして，鋼材と同様にフックの法則がなりたつものとして取り扱う。

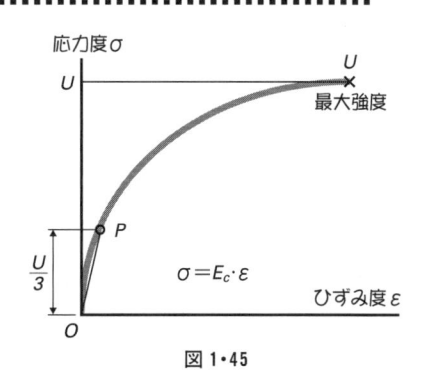

図1・45

（2） 鉄筋コンクリート構造の考え方

コンクリートは，引張力に対して抵抗できないと考えて設計する。これは，コンクリートは乾燥収縮後ひび割れを生じるためである。

しかし，コンクリートは圧縮強さが大きいため，構造として柱やはりの部材の圧縮力を受け持ち，引張力に対して鉄筋で補強する鉄筋コンクリート構造として用いることができる。

したがって，鉄筋は，コンクリートの引張部分に配置する必要がある。

（3） 鉄筋コンクリート部材の組合せ

鉄筋のヤング係数E_s，コンクリートのヤング係数E_cとすると，ヤング係数比$n=E_s/E_c=15$とすることが，設計示方書に定められている。このヤング係数比は，柱の荷重分担でみれば，鉄筋断面積1 mm^{2}と，コンクリート15 mm^{2}と等値であることを示している。一般に，鉄筋とコンクリートが共同して荷重を受ける柱などの部材では，鉄筋の断面積をn（=15）倍してコンクリート断面積$A_c{'}$に換算する。また，コンクリートの断面積に1/15を掛けて鉄筋の断面積に換算（$A_s{'}$）する。

コンクリート換算断面積　$A_c{'}=A_c+15\times A_s$
鉄筋換算断面積　$A_s{'}=A_c/15+A_s$
コンクリート応力度　$\sigma_c=P/A_c{'}$
鉄筋応力度　$\sigma_s=P/A_s{'}$

………………………………（1・15）（換算面積）

（4） 鉄筋とコンクリートのひずみ度の計算

荷重Pの作用で，鉄筋とコンクリートは同じひずみ度εを有するので，各部材の応力度は，公式(1

・13）より，$\sigma_s = E_s\varepsilon$，$\sigma = E_c\varepsilon$ となり，各部材の分担する力は，
$P_s = A_s \times E_s\varepsilon$，$P_c = A_c \times E_c\varepsilon$

したがって，荷重 $P = P_s + P_c$ の関係から，$P = A_s E_s \varepsilon + A_c E_c \varepsilon$ となる。よって，共通するひずみ度は，

$$\varepsilon = \frac{P}{A_s E_s + A_c E_c} \quad \cdots\cdots (1\cdot16) \text{（合成部材の共通ひずみ度）}$$

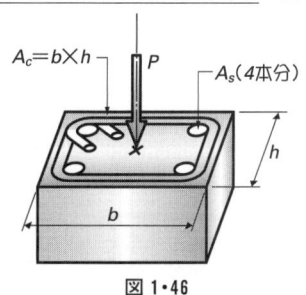

図1・46

例題・15

図1・47は，荷重 $P = 800\,\text{kN}(800\,000\,\text{N})$ が作用する鉄筋コンクリート柱で，$b = 30\,\text{cm}$，$h = 30\,\text{cm}$，8D25（40.54 cm²）をもつ，鉄筋コンクリート柱である。次の各値を求めよ。ただし，$E_s = 2\times 10^5\,\text{N/mm}^2$，$E_c = 1.3\times 10^4\,\text{N/mm}^2$

① コンクリート換算断面積
② 鉄筋換算断面積
③ 鉄筋応力度
④ コンクリート応力度
⑤ コンクリート分担荷重
⑥ 鉄筋分担荷重

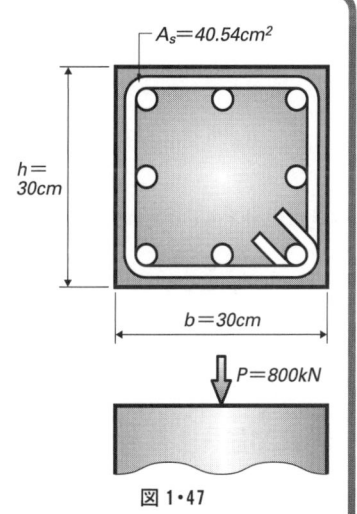

図1・47

解答 コンクリートの断面積　$A_c = b \times h = 30 \times 30 = 900\,\text{cm}^2 = 90\,000\,\text{mm}^2$

① コンクリート換算断面積　$A_c' = A_c + 15 A_s = 900 + 15 \times 40.54 = 1\,508.1\,\text{cm}^2 = \underline{150\,810\,\text{mm}^2}$

② 鉄筋換算断面積　$A_s' = A_c/15 + A_s = 900/15 + 40.54 = 100.54\,\text{cm}^2 = \underline{10\,054\,\text{mm}^2}$

③ 鉄筋応力度　$\sigma_s = \dfrac{P}{A_s'} = \dfrac{800\,000}{10\,054} = \underline{79.57\,\text{N/mm}^2}$

④ コンクリート応力度　$\sigma_c = \dfrac{P}{A_c'} = \dfrac{800\,000}{150\,810} = \underline{5.30\,\text{N/mm}^2}$

⑤ コンクリートの分担荷重　$P_c = \sigma_c \times A_c = 5.30 \times 90\,000$
　　　　　　　　　　　　　　　　　$= 477\,000 = \underline{477\,\text{kN}}$

⑥ 鉄筋の分担荷重　$P_s = \sigma_s \times A_s = 79.57 \times 4054 = 323\,000$
　　　　　　　　　　　　　　　$= \underline{323\,\text{kN}}$

検算　$P_s + P_c = 477 + 323 = 800\,\text{kN} = P$　となる。

演習問題・11

図1・48に示す，鉄筋コンクリート柱の共通のひずみ度 ε を求め，鉄筋の応力度 $\sigma_s = E_s\varepsilon$，コンクリートの応力度 $\sigma_c = E_c\varepsilon$ を求めよ。ただし，$E_s = 2\times 10^5\,\text{N/mm}^2$，$E_c = 1.3\times 10^4\,\text{N/mm}^2$，$n = 15$，$A_s = 4\text{D}19$（11.46 cm²）とする。

（解説・解答：p.34）

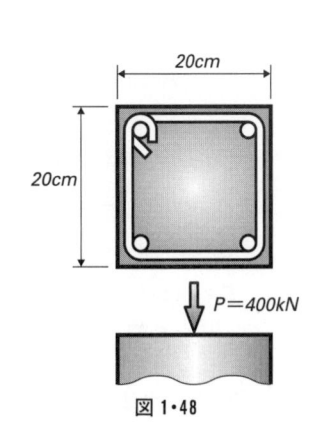

図1・48

第1章演習問題の解説・解答

演習問題・1　力と変形の概要　(p.9)

[1] 図1・49のように表示できる。

[2] $P=ky$ より，$5=0.2\times y$　　$y=\underline{25\text{ cm}}$
　　3本を直列にすると，バネ定数は　　$3\times k$
　　となり，3倍伸びるから　　$25\times 3=\underline{75\text{ cm}}$

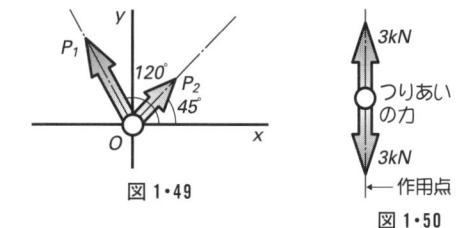

[3] 作用させた力の大きさ　$P=k\times y=0.5\times 6$
　　　　　　　　　　　　　　$=3\text{ kN}$

つりあいの力の大きさは，図1・50のように，作用させた力の大きさ $\underline{3\text{ kN}}$ に等しく反対方向の力であるので $\underline{\text{鉛直上向き}}$ の方向に作用する。

演習問題・2　1点に作用する力の計算による合成　(p.11)

[1] 公式(1・2)を適用する。
　　$H=P\cos\theta=100\times\cos 225°=\underline{-70.71\text{ kN}}$
　　$V=P\sin\theta=100\times\sin 225°=\underline{-70.71\text{ kN}}$

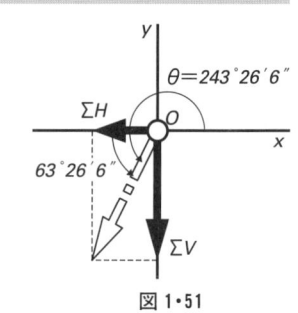

[2] 公式(1・4)を適用する。
　　$R=\sqrt{(\Sigma H)^2+(\Sigma V)^2}=\sqrt{(-100)^2+(-200)^2}=\underline{223.6\text{ kN}}$
　　$\tan\theta=\dfrac{-200}{-100}=2.0$　　$\theta=\tan^{-1}2.0=63°26'6''$

図のように，x軸からの角　$180°+63°26'6''=\underline{243°26'6''}$（第3象限）

[3] 公式(1・2)，公式(1・3)を適用して，x，y軸の方向の分力を求める。
　　$\Sigma H=P_1\cos\theta_1+P_2\cos\theta_2=P_1\cos 300°+P_2\cos 45°$
　　　　$=100\times 0.5+200\times 0.7071=\underline{+191.4\text{ kN}}$
　　$\Sigma V=P_1\sin\theta_1+P_2\sin\theta_2=P_1\times\sin 300°+P_2\times\sin 45°$
　　　　$=100\times(-0.8660)+200\times 0.7071=\underline{+54.82\text{ kN}}$

公式(1・4)より，合力Rと方向θを求める。
　　$R=\sqrt{(\Sigma H)^2+(\Sigma V)^2}=\sqrt{191.4^2+54.82^2}=\underline{199.1\text{ kN}}$
　　$\tan\theta=\dfrac{\Sigma V}{\Sigma H}=\dfrac{+191.4}{+54.82}=3.49$

　　$\theta=\tan^{-1}3.49=\underline{74°0'40''}$（第1象限）

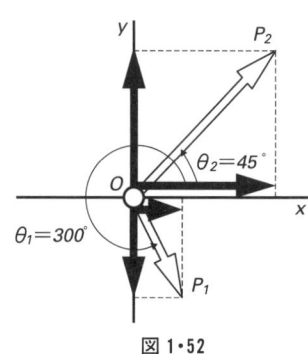

演習問題・3　1点に作用する力の図による合成　(p.13)

[1]

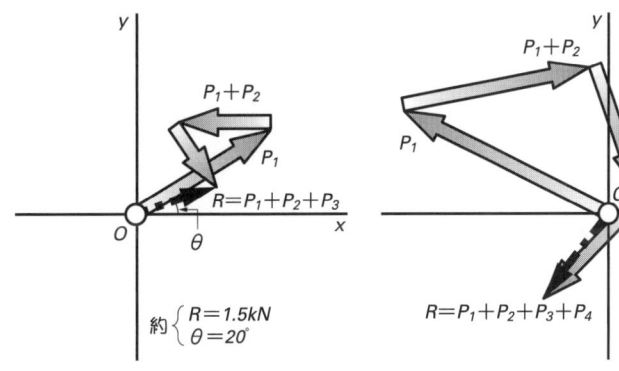

図1・53

約 $\begin{cases} R = 1.5 \text{kN} \\ \theta = 20° \end{cases}$

約 $\begin{cases} R = 1.7 \text{kN} \\ \theta = 230° \end{cases}$

[2]

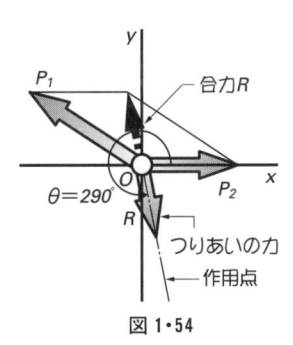

つりあいの力は，合力Rと同一作用線上の力で，O点から合力Rと反対向きで大きさは等しい。

図1・54

演習問題・4　1点に作用しない力の計算による合成　(p.15)

合　力　$R = P_1 + P_2 + P_3 + P_4 = -4 + 2 - 3 - 3 = \underline{-8 \text{ kN}}$

作用位置　$x = \dfrac{\Sigma M}{R} = \dfrac{P_1 l_1 + P_2 l_2 + P_3 l_3 + P_4 l_4}{R} = \dfrac{-4 \times 6 + 2 \times 4 - 3 \times 2 - 3 \times 0}{-8} = \dfrac{-22}{-8} = \underline{2.750 \text{ m}}$

演習問題・5　1点に作用しない力の図による合成　(p.17)

[1]

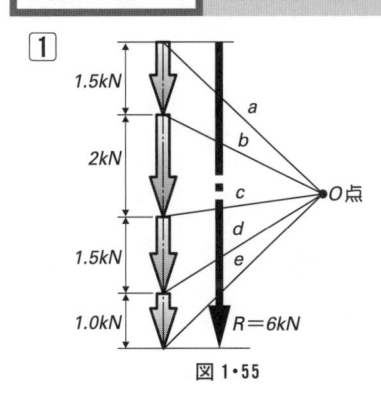

図1・55

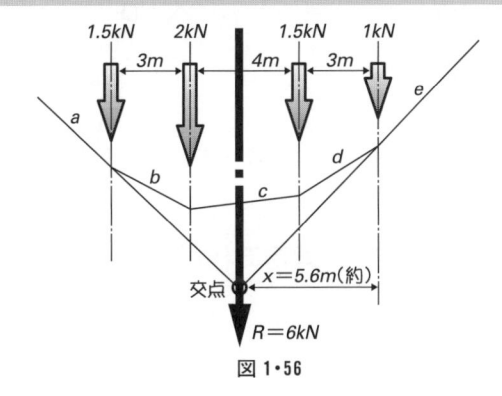

図1・56　$x = 5.6 \text{m}$(約)

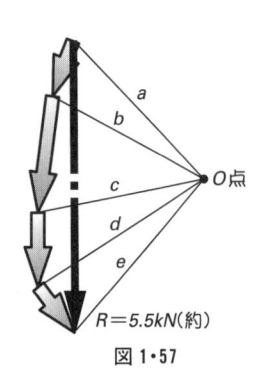

図1・57

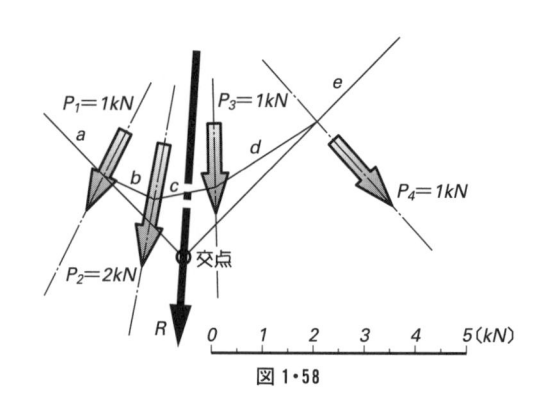

図1・58

演習問題・6　つりあいの3式　(p.19)

1 ① 水平方向，鉛直方向の合計を求める。

$\Sigma H = P_1\cos\theta_1 + P_2\cos\theta_2 + P_3\cos\theta_3 = 1\times\cos0° + 2\times\cos45° + 2\times\cos180°$

$= 1\times 1 + 2\times 0.7071 + 2\times(-1) = +0.4142 \text{ kN}$

$\Sigma V = P_1\sin\theta_1 + P_2\sin\theta_2 + P_3\sin\theta_3 = 1\times\sin0° + 2\times\sin45° + 2\sin180°$

$= 1\times 0 + 2\times 0.7071 + 2\times 0 = +1.414 \text{ kN}$

② 合力Rと方向θの計算

$R = \sqrt{(\Sigma H)^2 + (\Sigma V)^2} = \sqrt{0.4142^2 + 1.414^2} = \underline{1.473 \text{ kN}}$

θは，$\Sigma H : +$，$\Sigma V : +$で，第1象限の角である。

$\theta = \tan^{-1}\dfrac{\Sigma V}{\Sigma H} = \tan^{-1}\dfrac{+1.414}{+0.4142} = \tan^{-1}3.414 = \underline{73°40'27''}$

2

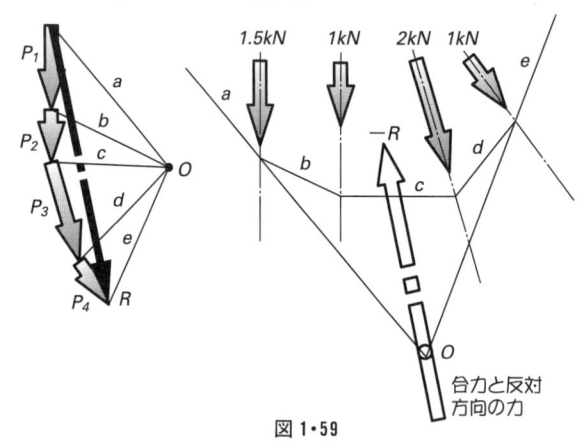

図1・59

演習問題・7　土木構造物に作用する基本的な荷重の分類　(p.21)

① 死荷重の計算

（等分布荷重）　$w = $ 丸太の断面積 × 単位重量 $= 0.1256\times 8 = \underline{1.0048 \text{ kN/m}^2}$

等分布換算荷重 $= w\times l = 1.0048\times 10 = \underline{10.048 \text{ kN/m}}$

② 活荷重の計算

(集中荷重) $P=$重力の加速度×人と荷物の質量$=9.8×140=1372$ N$=\underline{1.372\text{ kN}}$

演習問題・8　土木構造物に作用する荷重の取扱い　(p.23)

[1] 断面積　$A=b×h=0.4×0.6=0.24\text{ m}^2$

等分布荷重　$w=A×\gamma=0.24×8=\underline{1.92\text{ kN/m}}$

等分布換算荷重　$P=w×l=1.92×4=\underline{7.68\text{ kN}}$

[2] ①　アスファルト舗装

断面積　$A_1=b×t_1=4×0.1=0.4\text{ m}^2$

等分布荷重　$w_1=A_1×\gamma_1=0.4×22.5=\underline{9\text{ kN/m}}$

等分布換算荷重　$P_1=w_1×l=9×20=\underline{180\text{ kN}}$

②　鉄筋コンクリート床版

断面積　$A_2=b×t_2=4×0.4=1.6\text{ m}^2$

等分布荷重　$w_2=A_2×\gamma_2=1.6×24.5=\underline{39.2\text{ kN/m}}$

等分布換算荷重　$P_2=w_2×l=39.2×20=\underline{784\text{ kN}}$

③　橋梁床版の死荷重

等分布荷重　$w=w_1+w_2=9+39.2=\underline{48.2\text{ kN/m}}$

全等分布換算荷重　$P=P_1+P_2=180+784=\underline{964\text{ kN}}$

演習問題・9　土木構造物に作用する水圧・土圧　(p.25)

[1] ①　水圧$p=$水の単位重量×水深$=9.8×H=9.8×4=\underline{39.2\text{ kN/m}^2}$

②　全水圧　$P=\dfrac{\text{水圧}×\text{水深}}{2}=\dfrac{p×H}{2}=\dfrac{39.2×4}{2}=\underline{78.4\text{ kN/m}}$

③　作用位置　$\dfrac{H}{3}=\dfrac{4}{3}=\underline{1.33\text{ m}}$

[2] ①　$p_H=$土圧係数×単位重量×高さ$=K×\gamma×H=0.5×19×8=\underline{76\text{ kN/m}^2}$

②　単位長さあたりの水平荷重　$P_H=\dfrac{\text{水平土圧}×\text{高さ}}{2}=\dfrac{p_H×H}{2}=\dfrac{76×8}{2}=\underline{304\text{ kN/m}}$

③　作用位置　$\dfrac{H}{3}=\dfrac{8}{3}=\underline{2.67\text{ m}}$

演習問題・10　鋼材の性質　(p.27)

[1] 式(1・14)を用いる。

温度応力度　$\sigma=E_c\cdot\alpha(t_2-t_1)=3.0×10^4×12×10^{-6}×(20-15)=\underline{1.8\text{ N/mm}^2}$

温度荷重　$P=A×\sigma=40000×1.8=7200$ N$=\underline{72\text{ kN}}$

[2] ①　ひずみ度　$\varepsilon=\dfrac{y}{l}=\dfrac{10}{3\,000}=\underline{3.33×10^{-3}}$

34　第1章　力と変形

② 応力度　$\sigma = \dfrac{P}{A} = \dfrac{20\,000\ \text{N}}{198.6\ \text{mm}^2} = 100.7\ \text{N/mm}^2$

演習問題・11　コンクリート材料の性質　(p.29)

① 鉄筋の断面積　$A_s = 11.46\ \text{cm}^2 = 1146\ \text{mm}^2$

② コンクリートの断面積　$A_c = 20\ \text{cm} \times 20\ \text{cm} = 400\ \text{cm}^2 = 40000\ \text{mm}^2$

③ 鉄筋コンクリート柱の共通のひずみ度 ε

$$\varepsilon = \dfrac{P}{A_s E_s + A_c E_c} = \dfrac{400000}{1146 \times 2 \times 10^5 + 40000 \times 1.3 \times 10^4} = \underline{5.34 \times 10^{-4}}$$

④ 鉄筋応力度　$\sigma_s = E_s \varepsilon = 2 \times 10^5 \times 5.34 \times 10^{-4} = \underline{106.8\ \text{N/mm}^2}$

⑤ コンクリート応力度　$\sigma_c = E_c \varepsilon = 1.3 \times 10^4 \times 5.34 \times 10^{-4} = \underline{6.94\ \text{N/mm}^2}$

第 2 章
外力と応力

2・1	基本的な土木構造物の線形化	36
2・2	複雑な土木構造物の線形化	38
2・3	土木構造物を支える支点の反力数	40
2・4	不静定構造と静定構造の反力の計算	42
2・5	静定構造物の支点反力の計算演習	44
2・6	特殊な構造物の支点反力の計算	46
2・7	部材に生じる断面力の種類	48
第2章演習問題の解説・解答		50

2・1 基本的な土木構造物の線形化

- 土木構造物は立体的であるが，計算する場合，構造物の軸を線とする線構造として取り扱う。ここでは，この軸線に分担させる荷重の取扱い方を学ぶ。

(1) 立体構造物のモデル化の有効性

土木構造物には，橋梁，ダム，トンネル，堤防，道路，舗装などがあり，これはいずれも立体構造や面構造をしている。計算機を利用して立体構造を解析し部材を設計することは可能な場合もあるが，そうした厳密な計算をしても，簡単にモデル化して計算した結果もその精度に大きな違いはないことがわかっている。このため，特別な場合は除いて，一般に線形化したモデルについて構造計算，構造設計することが多い。

(2) 立体構造物の線形化

① プレートガーダ橋の線形化

図2・1のように，プレートガーダ橋では一般に橋げたを基準に橋軸方向に桁間 b の中央 $b/2$ で切断し，分担幅を定め，アスファルト舗装，コンクリート床版，鋼げたにそれぞれ分けて死荷重を計算し，w_A, w_C, w_S〔kN/m〕を求め，$w = w_A + w_C + w_S$ を等分布荷重とし，橋げたは一本の線状の構造で表し，等分布荷重を線構造の軸と直角に作用させてモデル化する。

② 擁壁構造の線形化

擁壁構造は，図2・2のように，土圧，地盤土圧，背面土圧を受けるもので，擁壁の奥行1mの単位幅について，3つの部位に作用する土圧の荷重を想定する。

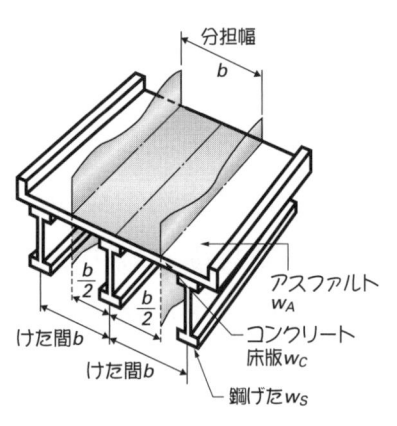

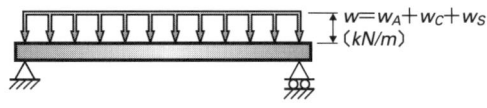

図2・1　プレートガーダ橋の線形化

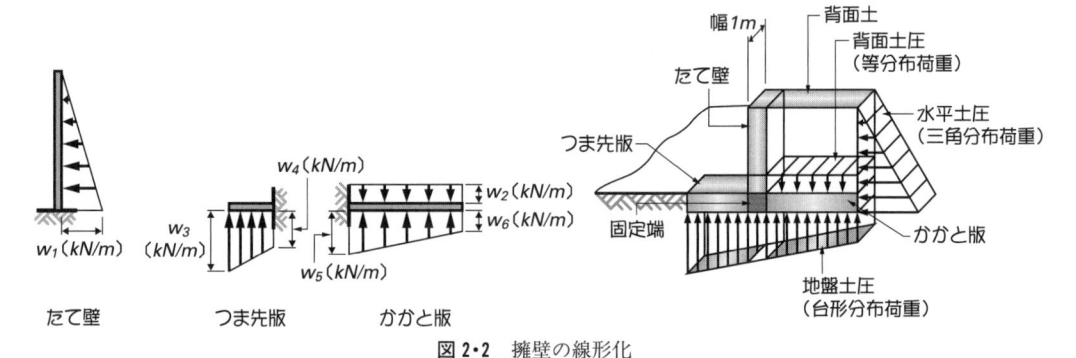

図2・2　擁壁の線形化

例題・1

　支間20 m，分担幅3 mとなるプレートガーダ橋に，アスファルト舗装厚さ10 cm，鉄筋コンクリート床版厚さ30 cm，鋼げた断面積320 cm²（＝0.032 m²）とするとき，死荷重w〔kN/m〕を求め，線形化した構造を示し，等分布換算荷重P_w〔kN〕を求めよ。

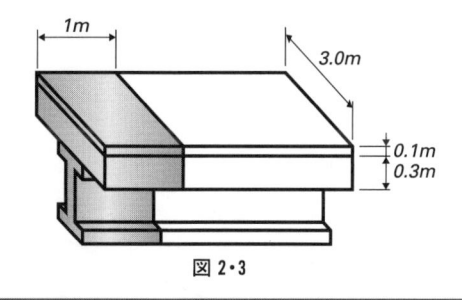

図 2・3

解答 死荷重ごとに分類して表にして計算する。

死荷重の種類	単位重量〔kN/m³〕	断面積〔m×m〕	死荷重 w〔kN/m〕
アスファルト舗装	22.5	3.0×0.1	22.5×3.0×0.1＝6.75
鉄筋コンクリート床版	24.5	3.0×0.3	24.5×3.0×0.3＝22.05
鋼　げ　た	77	0.032	77×0.032＝2.464
合　　計			w＝31.264

等分布換算荷重　$P_w = w \times l = 31.264 \times 20 = \underline{625 \text{ kN}}$

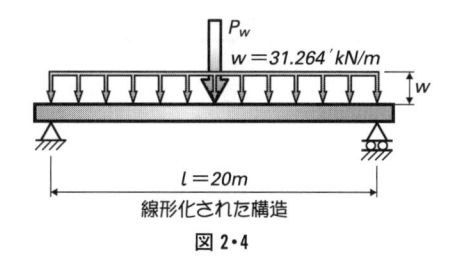

図 2・4　線形化された構造

演習問題・1

　支間40 m，分担幅6.0 mの鋼床版にアスファルト舗装8 cmを施工している。鋼げた断面積は鋼床版を含めて900 cm²とするとき，死荷重w〔kN/m〕を求め，線形化した構造を示せ。

（解説・解答：p.50）

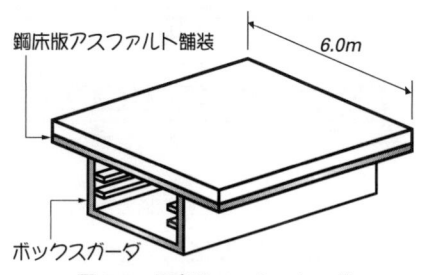

図 2・5　鋼床版ボックスガーダ

2・2 複雑な土木構造物の線形化

- 複雑な土木構造物も，軸線に作用する荷重を計算し線形構造として取り扱える。

(1) アーチ橋の線形化

アーチ橋は，アーチ形をした部材に支柱（ポスト）を立てて床組をつくり，この上にコンクリート床版とアスファルト舗装を施工する。このため，ポスト1本あたりを分担する範囲を考える。図2・6のようになる。

① ポスト1の荷重 P_1 〔kN〕は，$a_1 \times b$ の範囲のアスファルト舗装重量，コンクリート床版重量および，床組，ポスト1，アーチの3種類の鋼材重量の合計とする。

② ポスト2の荷重 P_2 〔kN〕は，$a_2 \times b$ の範囲のアスファルト舗装重量，コンクリート床版重量および，床組，ポスト2，アーチの鋼材の重量を合計する。

(2) 斜張橋の線形化

斜張橋は，斜めに張られたケーブルとはりの結合部は，伸縮できる弾性支点と考え，図2・7のように，連続ばりとして設計する。線形化はプレートガーダ橋と同様である。

図2・6 アーチ橋の線形化

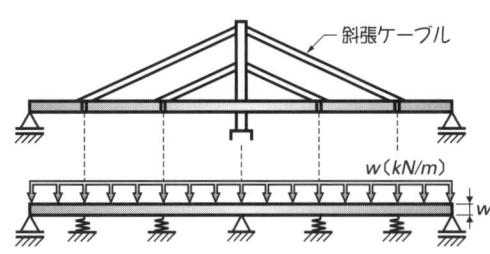

図2・7 斜張橋の線形化

(3) 吊橋の線形化

吊橋は，主塔（タワー）を弾性支点とするもので，ケーブルのハンガーの位置には，各ハンガーの分担する範囲の荷重Pを受ける。これを線形化すると図2・8のようになる。

図2・8 吊橋の線形化

例題・2

図 2·9 に示す 2 ヒンジアーチについての死荷重の計算について，アスファルト舗装厚さ 10 cm，鉄筋コンクリート床版厚さ 30 cm，幅員方向分担幅 $b=3$ m，各ポストの分担幅 $a_1=5$ m，$a_2=a_3=a_4=8$ m とし，各ポストの鋼材重量をそれぞれ次のようにする。図 2·9 を参照しながら，次の表を埋めよ。アスファルト舗装単位重量 22.5 kN/m³，鉄筋コンクリート単位重量 24.5 kN/m³ とする。

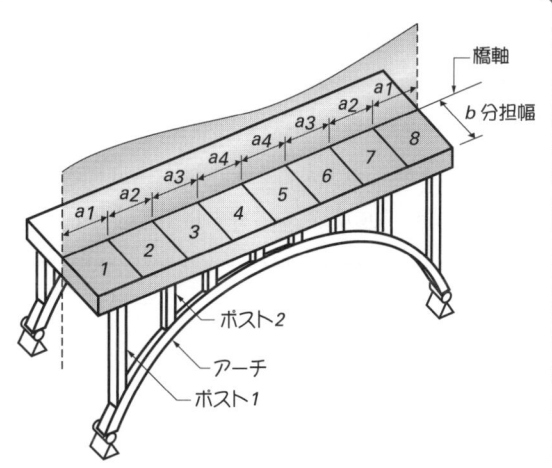

図 2·9　2 ヒンジアーチ

		舗装寸法〔m×m×m〕	舗装重量〔kN〕	鉄筋コンクリート寸法〔m×m×m〕	鉄筋コンクリート重量〔kN〕	鋼材重量〔kN〕	荷重 P〔kN〕
ポスト 1	$P_1=P_8$	①	②	③	④	45	⑤
ポスト 2	$P_2=P_7$	⑥	⑦	⑧	⑨	42	⑩
ポスト 3	$P_3=P_6$	⑪	⑫	⑬	⑭	40	⑮
ポスト 4	$P_4=P_5$	⑯	⑰	⑱	⑲	39	⑳

解答
(1) ポスト 1　①　$0.1\times3\times5=\underline{1.5\ \text{m}^3}$，②　$1.5\times22.5=\underline{33.75\ \text{kN}}$，
　　　　　　　③　$0.3\times3\times5=\underline{4.5\ \text{m}^3}$，④　$4.5\times24.5=\underline{110.25\ \text{kN}}$，
　　　　　　　⑤　$P_1=33.75+110.25+45=\underline{189\ \text{kN}}$

(2) ポスト 2　⑥　$0.1\times3\times8=\underline{2.4\ \text{m}^3}$，⑦　$2.4\times22.5=\underline{54\ \text{kN}}$，⑧　$0.3\times3\times8=\underline{7.2\ \text{m}^3}$，
　　　　　　　⑨　$7.2\times24.5=\underline{176.4\ \text{kN}}$，⑩　$P_2=54+176.4+42=\underline{272.4\ \text{kN}}$

(3) ポスト 3　⑪　$0.1\times3\times8=\underline{2.4\ \text{m}^3}$，⑫　$2.4\times22.5=\underline{54\ \text{kN}}$，⑬　$0.3\times3\times8=\underline{7.2\ \text{m}^3}$，
　　　　　　　⑭　$7.2\times24.5=\underline{176.4\ \text{kN}}$，⑮　$P_3=54+176.4+40=\underline{270.4\ \text{kN}}$

(4) ポスト 4　⑯　$0.1\times3\times8=\underline{2.4\ \text{m}^3}$，⑰　$2.4\times22.5=\underline{54\ \text{kN}}$，⑱　$0.3\times3\times8=\underline{7.2\ \text{m}^3}$，
　　　　　　　⑲　$7.2\times24.5=\underline{176.4\ \text{kN}}$，⑳　$P_4=54+176.4+39=\underline{269.4\ \text{kN}}$

演習問題・2

3 主げたをもつプレートガーダ橋を支持するラーメン式橋脚があり，橋の支点反力が 1 つにつき 800 kN とするとき，橋脚ラーメンを線形化せよ。（ラーメン構造とは，部材の接合点が剛接されている構造のこと。）

（解説・解答：p.50）

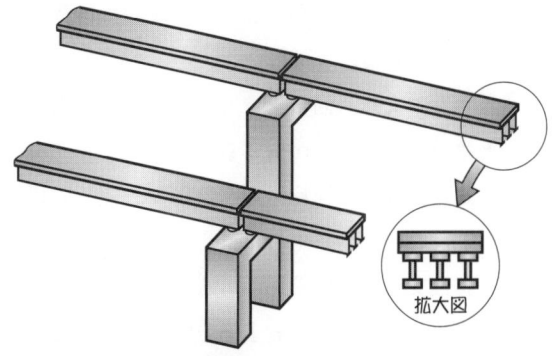

図 2·10　ラーメン橋脚

2・3　土木構造物を支える支点の反力数

> ● 土木構造物を支える支点は，構造物と大地を接合する役目がある。支点の種類と土木構造物の形式や名称を理解しよう。

(1) 支点の役割

構造物は，自動車や列車などの活荷重や自分自身の死荷重などを支えるように設計される。そして，構造物の受けた荷重は，すべて支点に集められて，支点を介して基礎に伝達される。基礎は，地盤中にその荷重を分散させる仕組となっている。すなわち，支点は橋などの上部構造と基礎などの下部構造の中間にあって，荷重の伝達を円滑に行うために設けるものである。

(2) 支点の種類

支点が伝達する力には，水平方向の力H，鉛直方向の力VおよびモーメントMの3種類あり，構造物，構造形式により使い分けられる。

表 2・1　支点の種類と働き

	概略形状	表記方法	反力数
ローラ支点（可動支点）	ヒンジ／ローラ	V	1
ヒンジ支点（回転支点）	ヒンジ	H, V	2
固定支点	埋込み	M, H, V	3
弾性支点	ケーブル	バネ定数 K	1

① **ローラ支点**（可動支点）は，左右に移動できかつ回転も自由で，鉛直方向だけ拘束し，鉛直反力が生じる。

② **ヒンジ支点**（回転支点）は，回転は自由であるが，水平方向と鉛直方向を拘束し，鉛直反力と水平反力の2つが生じる。

③ **固定支点**は，回転，左右の移動，上下の移動をすべて拘束し，鉛直反力，水平反力，モーメント反力の3つが生じる。

④ **弾性支点**は，伸縮性のあるワイヤなどの弾性体で鉛直方向だけ拘束しているが，弾性体の伸縮により常に変形する上下方向にだけ反力を生じる。

例題・3

次の構造物の反力数を求めよ。

(1) はり系構造物

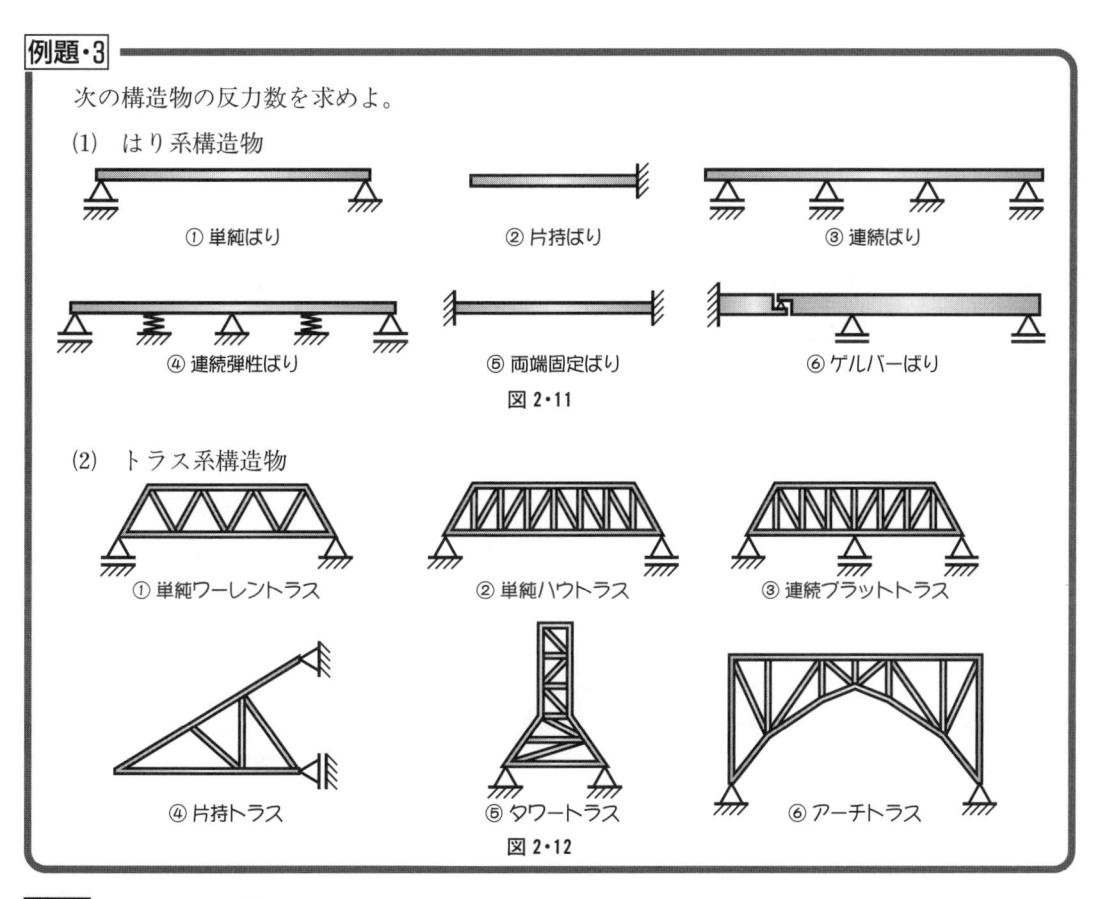

① 単純ばり　　② 片持ばり　　③ 連続ばり

④ 連続弾性ばり　　⑤ 両端固定ばり　　⑥ ゲルバーばり

図 2・11

(2) トラス系構造物

① 単純ワーレントラス　　② 単純ハウトラス　　③ 連続プラットトラス

④ 片持トラス　　⑤ タワートラス　　⑥ アーチトラス

図 2・12

解答　(1)　①　単純ばり　反力数　3，②　片持ばり　反力数　3，③　連続ばり　反力数　5，
④　連続弾性ばり　反力数　6，⑤　両端固定ばり　反力数　6，⑥　ゲルバーばり
反力数　5

(2)　①　ワーレントラス　反力数　3，②　ハウトラス　反力数　3，
③　連続プラットトラス　反力数　4，④　片持トラス　反力数　3，
⑤　タワートラス　反力数　4，⑥　アーチトラス　反力数　4

演習問題・3

次の各アーチの反力数を，表2・1を参考にして求めよ。

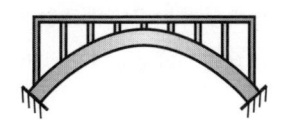

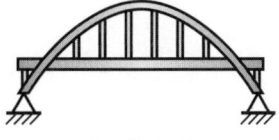

① 固定ローゼ　　② 2鉸アーチ　　③ ランガー
（アーチ大断面）　（アーチ中断面）　（アーチ小断面）

図 2・13

(解説・解答：p.50)

2・4 不静定構造と静定構造の反力の計算

> ● 構造物にはつりあいの3式だけで計算する静定構造と，つりあいの3式と変形条件式とを合わせて計算する不静定構造とがある。不静定構造の計算は，静定構造の計算手法を繰り返すことで計算できる。

（1） 静定と不静定

土木構造物を支える点の数が3個を超えるとき，外的不静定構造といい，反力数 R から，つりあいの3式を差し引いた数 $n=R-3$ を求め，$n=0$ を静定，n が正のとき n 次の**外的不静定**という。

$3-3=0$ 静定
（2・14・1）

$4-3=1$ 次の外的不静定
（2・14・2）

余剰部材
1次の内的不静定構造
（2・14・3）

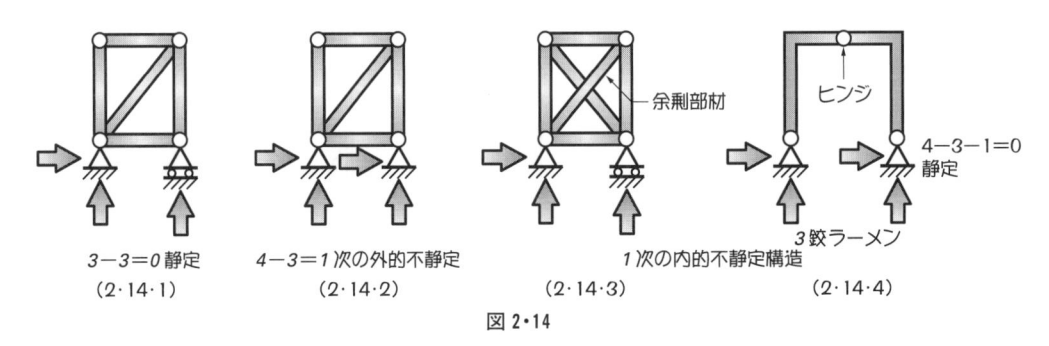

ヒンジ
$4-3-1=0$ 静定
3鉸ラーメン
（2・14・4）

図2・14

図（2・14・3）のように，外的に静定構造であっても，三角形を構成する部材として余剰なものが1本あるものを1次の内的不静定という。また，3鉸ラーメンのように，構造物に1つのヒンジを持つものは条件式（$\Sigma M=0$）が1つ増えるので，反力数4のものを**静定**という。

（2） 静定構造物

本書で取扱う静定構造には，① 単純ばり，② 張出しばり，③ 片持ばり，④ ゲルバーばり，⑤ 間接荷重ばり，⑥ 片持トラスがある。

（3） 不静定構造の計算

本書で取扱う不静定構造には，連続ばり，固定ばり，ラーメン構造がある。不静定構造物の反力は，つりあいの3式だけでは反力が求まらないので，たわみやたわみ角の条件式を不静定次数に等しい数だけ求めて連立方程式を解いて求める。しかし，不静定構造物の計算は静定構造物の計算の手法を繰り返すことで求まるので，まず，静定構造の解法をしっかり身につけることが大切である。

（4） 静定構造物の反力計算手順

① 反力は，右向，上向，時計の回転方向に作用するものを正⊕として仮定して計算する。
② 反力の値は，$\Sigma H=0$，$\Sigma V=0$，$\Sigma M=0$ の3式を連立方程式として解いて求める。
③ 計算した反力の結果が正のとき，仮定した方向のとおりに作用し，計算結果が負のときは，仮定した方向と反対向きに作用する。

例題・4

次の構造物が静定か不静定かを判定せよ。また，不静定構造ならば，その次数を求めよ。

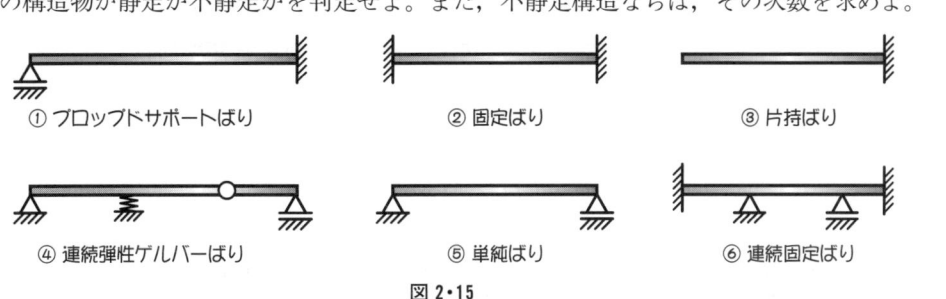

図 2・15

① プロップドサポートばり　② 固定ばり　③ 片持ばり
④ 連続弾性ゲルバーばり　⑤ 単純ばり　⑥ 連続固定ばり

解答
① $n=4-3=1$ 次の不静定，② $n=6-3=3$ 次の不静定，③ $n=3-3=0$ 静定，
④ $n=4-3-1=0$ 静定，⑤ $n=3-3=0$ 静定，⑥ $n=9-3=6$ 次の不静定

例題・5

図 2・16 における，①〜②の反力をつりあいの 3 式より求めよ。

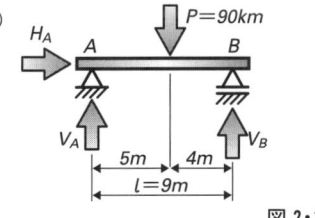

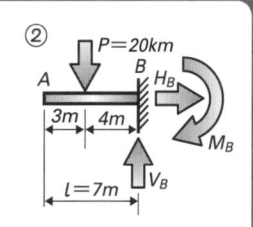

図 2・16

解答
(1) 単純ばりの反力計算
① 水平方向のつりあい　$\Sigma H = H_A = \underline{0}$
② B 点のまわりのモーメントのつりあい　$\Sigma M_B = V_A \times 9 - 90 \times 4 + H_A \times 0 + V_B \times 0 = 0$
これより，$9V_A - 360 = 0$　$V_A = \underline{40 \text{ kN}}$
③ 鉛直方向のつりあい　$\Sigma V = V_A - 90 + V_B = 0$　$V_B = 90 - V_A = \underline{50 \text{ kN}}$

(2) 片持ばりの反力計算
① 水平方向のつりあい　$\Sigma H = H_B = \underline{0}$
② B 点のまわりのモーメントのつりあい　$\Sigma M_B = -20 \times 4 + M_B + V_B \times 0 + H_B \times 0 = 0$
より，　$M_B = \underline{80 \text{ kN} \cdot \text{m}}$
③ 鉛直方向のつりあい　$\Sigma V = -20 + V_B = 0$ より　$V_B = \underline{20 \text{ kN}}$

演習問題・4

図 2・17 の構造物の反力を求めよ。
（解説・解答：p.50〜51）

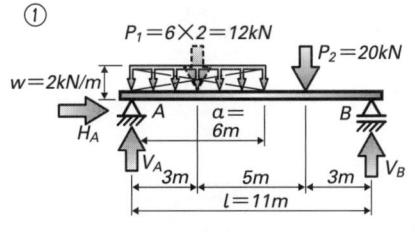

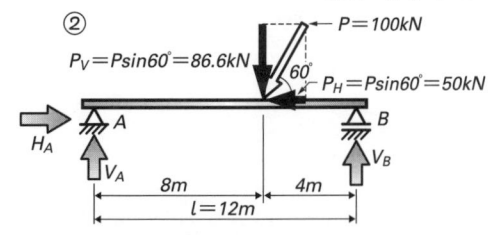

図 2・17

2・5 静定構造物の支点反力の計算演習

演習問題・5

1 図2・18の単純ばり系のはりの反力を計算せよ。

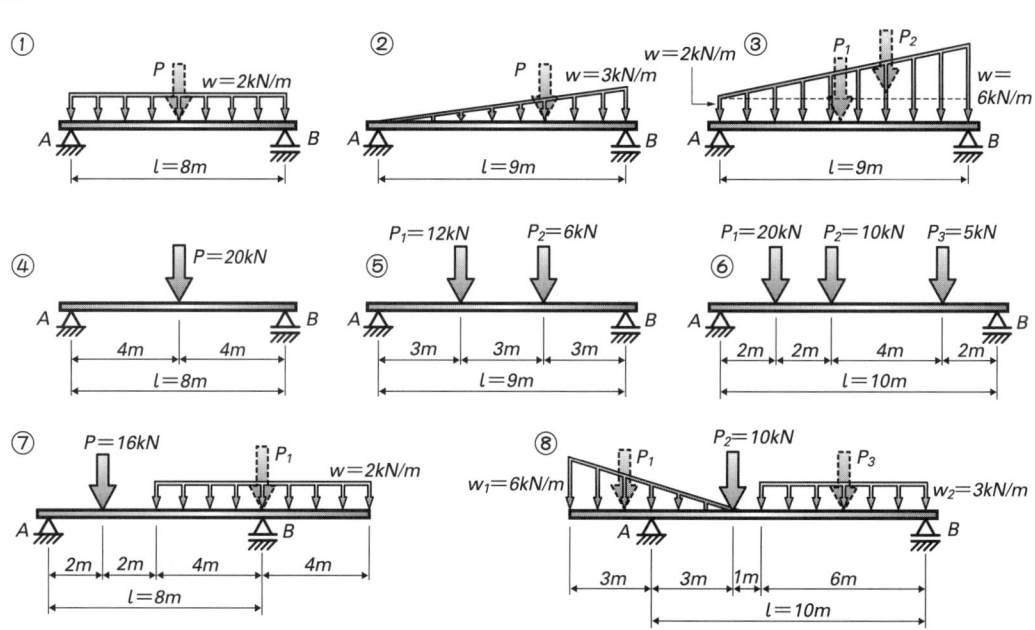

① $w=2$kN/m, P, $l=8$m, A, B
② $w=3$kN/m, P, $l=9$m, A, B
③ $w=2$kN/m, P_1, P_2, $w=6$kN/m, $l=9$m, A, B
④ $P=20$kN, 4m, 4m, $l=8$m, A, B
⑤ $P_1=12$kN, $P_2=6$kN, 3m, 3m, 3m, $l=9$m, A, B
⑥ $P_1=20$kN, $P_2=10$kN, $P_3=5$kN, 2m, 2m, 4m, 2m, $l=10$m, A, B
⑦ $P=16$kN, P_1, $w=2$kN/m, 2m, 2m, 4m, 4m, $l=8$m, A, B
⑧ $w_1=6$kN/m, P_1, $P_2=10$kN, P_3, $w_2=3$kN/m, 3m, 3m, 1m, 6m, $l=10$m, A, B

図2・18

2 図2・19の単純ばりの反力をP, wおよびlで表せ。

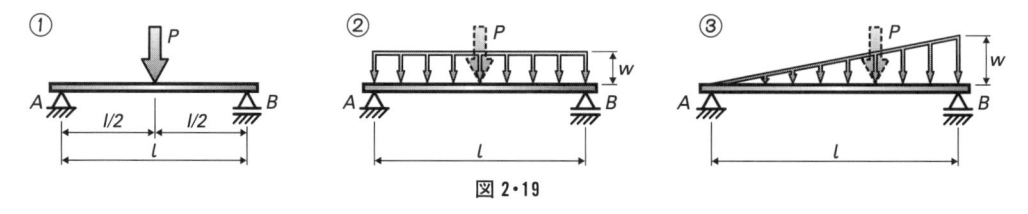

① P, $l/2$, $l/2$, l, A, B
② P, w, l, A, B
③ P, w, l, A, B

図2・19

3 図2・20の単純ばり系の反力を求めよ。

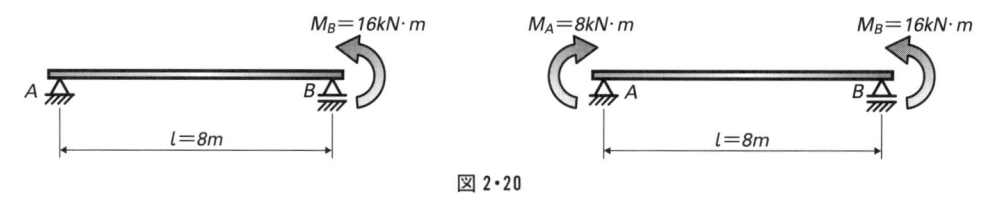

$M_B=16$kN・m, $l=8$m, A, B
$M_A=8$kN・m, $M_B=16$kN・m, $l=8$m, A, B

図2・20

(解説・解答：p.51〜52)

2・5 静定構造物の支点反力の計算演習 45

4 図 2・21 の片持ばりの反力を計算せよ。

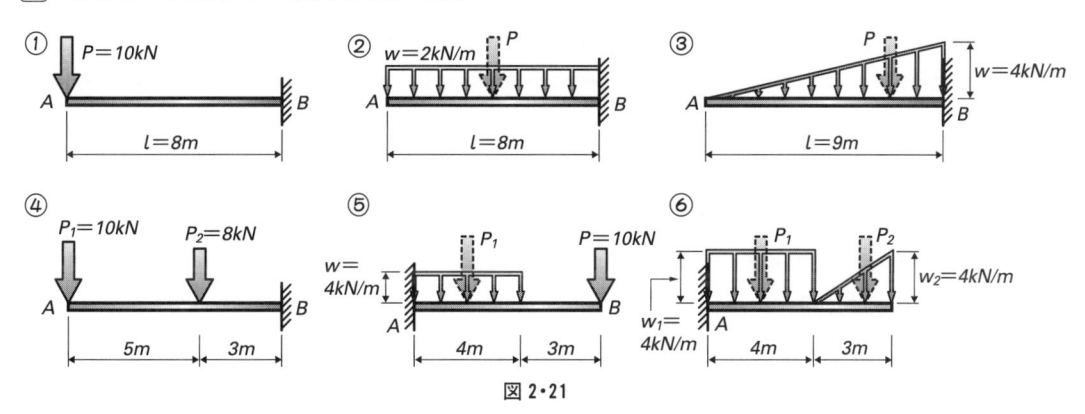

① $P=10\text{kN}$, $l=8\text{m}$
② $w=2\text{kN/m}$, P, $l=8\text{m}$
③ $w=4\text{kN/m}$, P, $l=9\text{m}$
④ $P_1=10\text{kN}$, $P_2=8\text{kN}$, 5m, 3m
⑤ $w=4\text{kN/m}$, P_1, $P=10\text{kN}$, 4m, 3m
⑥ P_1, P_2, $w_1=4\text{kN/m}$, $w_2=4\text{kN/m}$, 4m, 3m

図 2・21

注. ⑤，⑥のように，右側に片持ばりが張り出しているときは，右側から計算することになるので，反時計回りを正とする。

5 図 2・22 の片持ばりの反力を，P，w および l を用いて表せ。

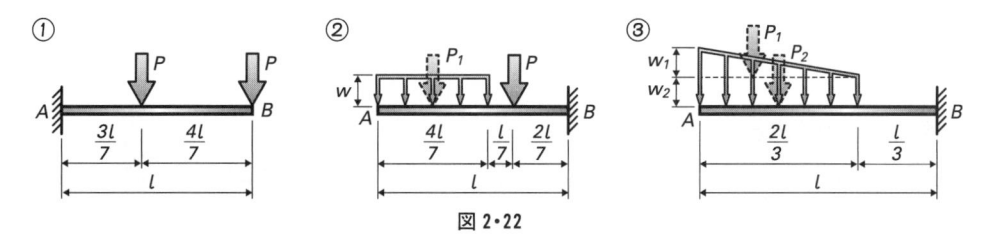

① P, P, $\frac{3l}{7}$, $\frac{4l}{7}$, l
② w, P_1, P, $\frac{4l}{7}$, $\frac{l}{7}$, $\frac{2l}{7}$, l
③ w_1, w_2, P_1, P_2, $\frac{2l}{3}$, $\frac{l}{3}$, l

図 2・22

6 図 2・23 の片持ばり系の反力を求めよ。

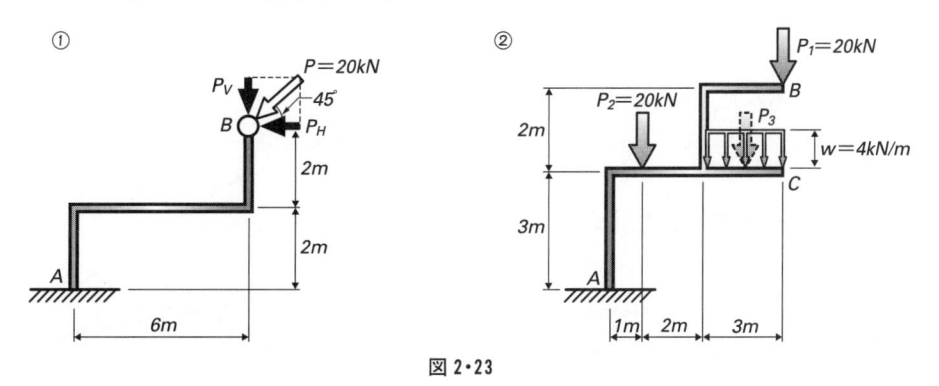

① $P=20\text{kN}$, 45°, P_V, P_H, B, 2m, 2m, 6m, A

② $P_1=20\text{kN}$, $P_2=20\text{kN}$, P_3, $w=4\text{kN/m}$, B, C, 2m, 3m, 1m, 2m, 3m, A

図 2・23

(解説・解答：p.52～53)

2・6 特殊な構造物の支点反力の計算

> ● 支点には，移動する弾性支点がある。このほか，3点支持の反力計算がある。こうした特殊な支点反力を求めてみよう。

(1) 弾性支点のたわみ

フックの法則式(1・13)によると，部材のたわみ（変形量）は，次の式で表される。

$$y = \frac{l}{EA} P$$

いま，この式で，E は弾性支点のワイヤの弾性係数 $2.0 \times 10^5 \, \text{N/m}^2$，$A$ はワイヤの断面積〔mm^2〕，l はワイヤの長さ〔mm〕であり，l/EA は，いずれも，構造が決定したあとは一定の値となる。

この l/EA をバネ定数 K で表す。また，弾性支点に生じる反力を V〔kN〕とすると，弾性支点のたわみ y は式(2・1)で表される。

$$\left. \begin{array}{l} y = K \times V \\ K = \dfrac{l}{EA} \end{array} \right\} \quad \cdots\cdots (2 \cdot 1)（弾性支点のたわみ）$$

(2) 弾性支点の反力とたわみの計算

バネ定数 K の弾性支点をもつ単純ばりに，荷重 P が作用するとき，A，B点の反力と，弾性支点のたわみ y を求めてみよう。

$\Sigma M_B = V_A \times l - P \times b = 0 \quad V_A = \dfrac{Pb}{l}$

$\Sigma V = V_A - P + V_B = 0$ より，$V_B = \dfrac{Pa}{l}$

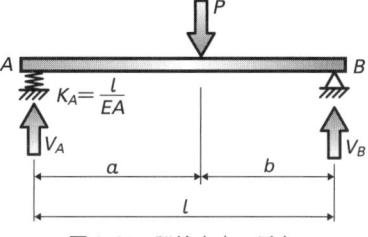

図2・24 弾性支点の反力

ここで，弾性支点のたわみ y_A を計算する。公式(2・1)より

$$y_A = K_A \times V_A = K_A \times \frac{Pb}{l}$$

(3) 3点支点の構造物の反力計算

直角三角形のテーブルに荷重 P が作用したとき，各脚の反力 V_A，V_B，V_C は，BC軸，CA軸，AB軸を回転の中心とする

$\Sigma M_{CB} = 0, \quad \Sigma M_{CA} = 0, \quad \Sigma M_{AB} = 0$

の3式から求める。

AB軸まわり　$\Sigma M_{AB} = -V_C \times L_C + P \times n = 0, \quad V_C = Pn/L_C$

BC軸まわり　$\Sigma M_{BC} = V_A \times L_A - P \times l = 0, \quad V_A = Pl/L_A$

AC軸まわり　$\Sigma M_{CA} = -V_B \times L_B + P \times m = 0, \quad V_B = Pm/L_B$

$\Sigma V = P(l/L_A + m/L_B + n/L_C) = P$ で確認する。

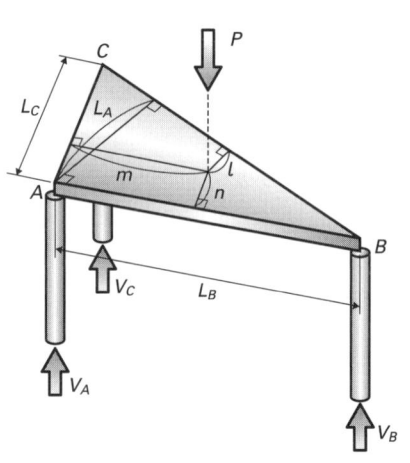

図2・25 テーブルの脚の反力

2・6 特殊な構造物の支点反力の計算

例題・6

弾性支点をもった単純ばりに，図2・26のような荷重が作用するとき，反力と弾性支点のたわみを求めよ。

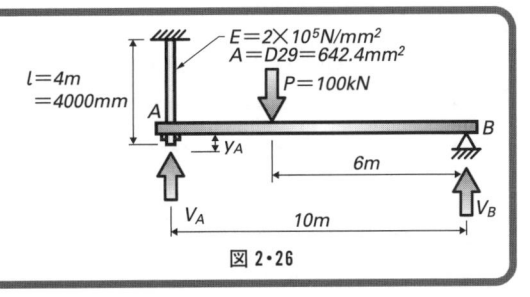

図2・26

解答 ① バネ定数 K の計算

$$K_A = \frac{l}{EA} = \frac{4000}{2.0 \times 10^5 \times 642.4}$$
$$= 3.11 \times 10^{-5} \text{ mm/N}$$

② 反力の計算

$\Sigma M_B = V_A \times 10 - 100 \times 6 = 0, \quad V_A = \underline{60 \text{ kN}}$

$\Sigma V = V_A - 100 + V_B = 0, \quad V_B = \underline{40 \text{ kN}}$

③ 弾性支点のたわみの計算

$y_A = K_A \times V_A = 3.11 \times 10^{-5} \times 60000 = \underline{1.87 \text{ mm}}$

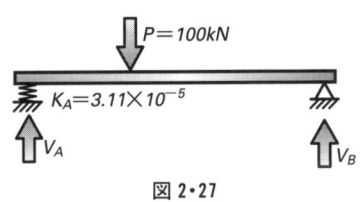

図2・27

演習問題・6

1. 図2・28の弾性支点のもつはりの反力 V_A, y_A, V_B および y_B を求めよ。

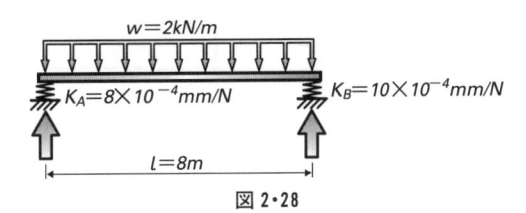

図2・28

2. 次のテーブルの脚の反力 V_A, V_B, V_C を求めよ。

ただし，Gはテーブルの重心位置で，テーブルの重量 P は3 kNであった。AB軸，BC軸，CA軸のモーメントのつりあいから求めよ。

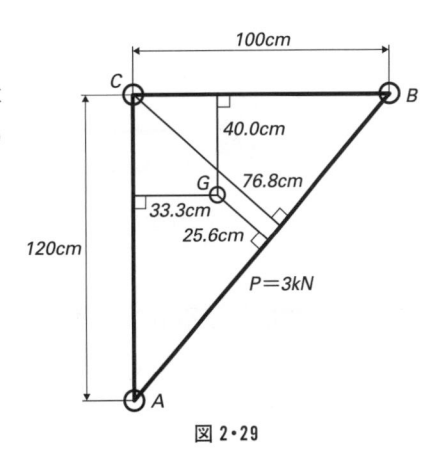

図2・29

（解説・解答：p.54）

2・7 部材に生じる断面力の種類

- 土木構造物の部材は，荷重や反力などの外力が作用する。この外力につりあうよう部材内部に応力が生じる。応力は断面力ともいわれ，軸方向力，せん断力，曲げモーメントである。

(1) 構造物の部材の部材軸

構造物を構成する部材には，必ず部材軸があり，構造物はこの部材軸に沿って線形化される。荷重や反力のほか，これから学習する部材内部の応力もまた，この部材軸に対してどのような方向に作用するかを定める基準となるのが軸である。

(2) 部材内部に生じる応力と断面力の種類

外力の作用に応じて部材内部に生じる応力を**断面力**という。土木構造物で一般的に取扱う主な断面力は，部材軸を基準として，① 軸方向応力，② せん断応力，③ 曲げ応力（曲げモーメント）の3種類である。断面力の符号は，図2・30のように定められることが多い。

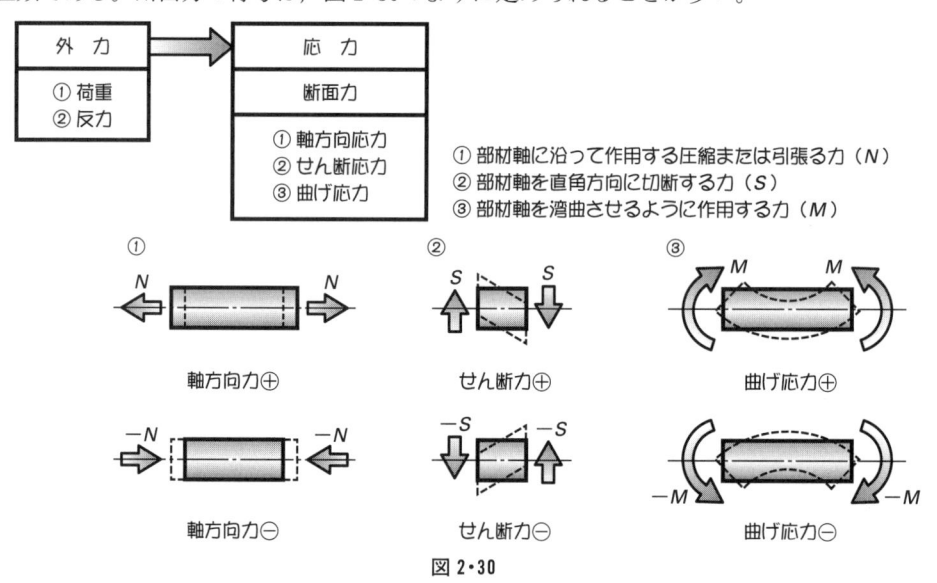

外力	応力
① 荷重 ② 反力	断面力 ① 軸方向応力 ② せん断応力 ③ 曲げ応力

① 部材軸に沿って作用する圧縮または引張る力（N）
② 部材軸を直角方向に切断する力（S）
③ 部材軸を湾曲させるように作用する力（M）

図 2・30

(3) 構造物に生じる主な断面力

外力の作用に対して，応じる断面力の種類は異なっている。これから取扱う主な構造物に生じる主な断面力は表2・2のようである。

表 2・2

構造物の種類	構造物に生じる断面力
はり	曲げ応力，せん断応力
トラス	軸方向応力
ラーメン	曲げ応力
アーチ	曲げ応力，せん断応力，軸方向応力

2・7 部材に生じる断面力の種類

例題・7

図2・31に示すように，部材軸に対して，外力 $P=100$ kN が45°の方向に作用するときの，固定端部の断面力を求めよ。

① せん断応力 (S_B)
② 軸方向応力 (N_B)
③ 曲げ応力 (M_B)

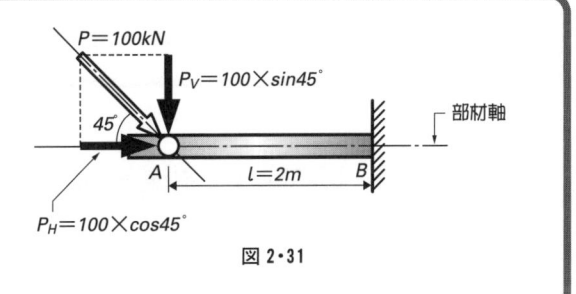

図 2・31

解答

① せん断応力 S は，外力 P の鉛直成分

$$P_V = P \times \sin 45°$$

として求める。

ⓐ 大きさは $P \times \sin 45° = 100 \times 0.7071 = 70.71$ kN
ⓑ 符　号は P_V が下向きで負 ⊖ である。

よって，$S_B = \underline{-70.71 \text{ kN}}$

② 軸方向応力 N は，外力の水平成分

$$P_H = P \times \sin 45°$$

として求める。

ⓐ 大きさは $P \times \cos 45° = 100 \times 0.7071 = 70.71$ kN
ⓑ 符　号は 圧縮力となるので，負 ⊖ である。

よって，$N_B = \underline{-70.71 \text{ kN}}$

③ 曲げ応力 M は，外力 P の鉛直成分 $P_V = 70.7$ kN に距離 $l=2$ m を掛けて求める。

ⓐ 大きさは $P \times l = 20 \times 2 = 40$ kN·m
ⓑ 符　号は 軸が上に凸となる方向で，負 ⊖ である。

よって，$M_B = \underline{-40 \text{ kN·m}}$

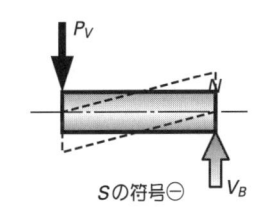

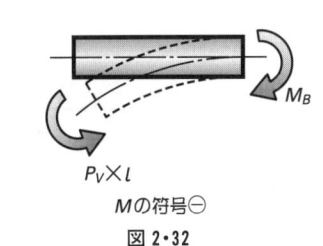

図 2・32

演習問題・7

あるはりの断面力が，図2・33のように表されるとき，各断面力 S, N, M の符号を答えよ。

（解説・解答：p.54）

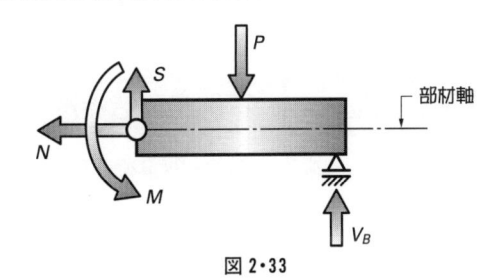

図 2・33

50　第 2 章　外力と応力

第 2 章演習問題の解説・解答

演習問題・1　基本的な土木構造物の線形化　(p.37)

死荷重の種類	単位重量〔kN/m³〕	断面積〔m²〕	死荷重 w〔kN/m〕
アスファルト舗装	22.5	0.08×6=0.48	10.8
鋼床版ボックスガーダ	77	0.09	6.93
		合　計	w=17.73 kN/m

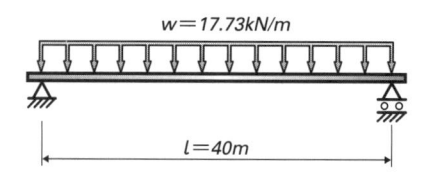

図 2・34　ボックスガーダの線形化

演習問題・2　複雑な土木構造物の線形化　(p.39)

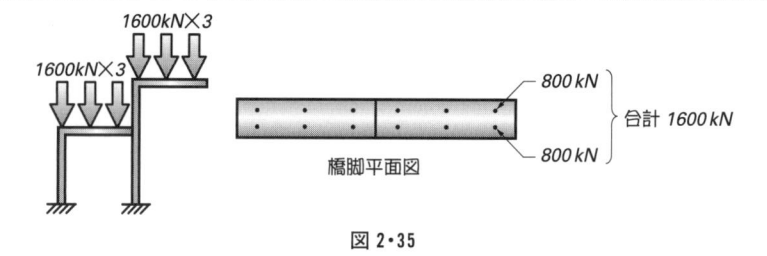

図 2・35

演習問題・3　土木構造物を支える支点の反力数　(p.41)

① 固定ローゼ　　　② 2 ヒンジアーチ　　　③ ランガー
　反力数　6　　　　　反力数　4　　　　　　反力数　3

演習問題・4　不静定構造と静定構造の反力の計算　(p.43)

① 等分布荷重は，等分布換算荷重 $P_1=w\times a=2\times 6=12$ kN, $P_2=20$ kN を荷重とする単純ばりの反力を求める。

　$\Sigma H = H_A = 0$

　V_A は上向きで正，P_1, P_2 は下向きで負として計算する。

　$\Sigma M_B = V_A \times 11 - 12 \times 8 - 20 \times 3 = 0$,　　$11V_A - 156 = 0$　　$V_A = \dfrac{156}{11}$ kN（上向き）

$\Sigma V = V_A - 12 - 20 + V_B = 0$, $V_B = -V_A + 12 + 20 = -\dfrac{156}{11} + 32$ $V_B = \dfrac{196}{11}$ kN

② 斜めの力 $P = 100$ kN は，水平成分 P_H と鉛直成分 P_V とに分解して取り扱う。

$P_H = P\cos 60° = 100 \times 0.5 = 50$ kN

$P_V = P\sin 60° = 100 \times 0.8660 = 86.6$ kN

$\Sigma H = H_A - P_H = H_A - 50 = 0$ よって，$H_A = \underline{50\text{ kN}}$

$\Sigma M_B = V_A \times 12 - P_V \times 4 + V_B \times 0 = V_A \times 12 - 86.6 \times 4 = 0$，これより，

$12V_A - 86.6 \times 4 = 0$ $V_A = \dfrac{86.6}{3} = \underline{28.87\text{ kN}}$

$\Sigma V = V_A - 86.6 + V_B = 0$ $V_B = 86.6 - V_A = 86.6 - 28.87 = \underline{57.73\text{ kN}}$

演習問題・5　静定構造物の支点反力の計算 (p.44〜45)

[1] ① 集中荷重に換算　$P = w \times l = 2\text{ kN/m} \times 8\text{ m} = 16$ kN，作用位置はB点から4 mである。

$\Sigma M_B = V_A \times 8 - 16 \times 4 = 0$ よって，$V_A = \underline{8\text{ kN}}$

$\Sigma V = V_A - 16 + V_B = 0$ より $V_B = \underline{8\text{ kN}}$

② 三角分布換算荷重　$P = w \times \dfrac{l}{2} = 3\text{ kN/m} \times 9\text{ m} \div 2 = 13.5$ kN，はりB点より3 mの位置に作用する。

$\Sigma M_B = V_A \times 9 - 13.5 \times 3 = 0$ よって，$V_A = \underline{4.5\text{ kN}}$

$\Sigma V = V_A - 13.5 + V_B = 0$ よって，$V_B = \underline{9\text{ kN}}$

③ 集中荷重に換算

等分布換算荷重の部分　$P_1 = w_1 \times l = 2\text{ kN/m} \times 9\text{ m} = 18$ kN，B点から4.5 mの位置に作用する。

三角分布換算荷重の部分　$P_2 = (w_2 - w_1) \times \dfrac{l}{2} = 4\text{ kN/m} \times 9\text{ m} \div 2 = 18$ kN，B点より3 mの位置に作用する。

$\Sigma M_B = V_A \times 9 - 18 \times 4.5 - 18 \times 3 = 0$ よって，$V_A = \underline{15\text{ kN}}$

$\Sigma V = V_A - 18 - 18 + V_B = 0$ よって，$V_B = \underline{21\text{ kN}}$

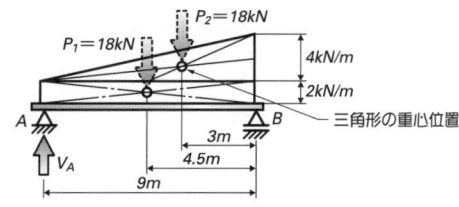

図 2・36　③の解説図

④ $\Sigma M_B = V_A \times 8 - 20 \times 4 = 0$ よって，$V_A = \underline{10\text{ kN}}$

$\Sigma V = V_A - 20 + V_B = 0$ よって　$V_B = \underline{10\text{ kN}}$

⑤ $\Sigma M_B = V_A \times 9 - 12 \times 6 - 6 \times 3 = 0$ よって，$V_A = \underline{10\text{ kN}}$

$\Sigma V = V_A - 12 - 6 + V_B = 0$ よって，$V_B = \underline{8\text{ kN}}$

⑥ $\Sigma M_B = V_A \times 10 - 20 \times 8 - 10 \times 6 - 5 \times 2 = 0$ よって，$V_A = \underline{23\text{ kN}}$

52　第2章　外力と応力

$\Sigma V = V_A - 20 - 10 - 5 + V_B = 0$　　　よって，$V_B = \underline{12\,\text{kN}}$

⑦　等分布換算荷重　$P_1 = w \times l = 2 \times 8 = 16\,\text{kN}$で，作用位置は支点Bの上である。

$\Sigma M_B = V_A \times 8 - 16 \times 6 + 16 \times 0 = 0$　　　よって，$V_A = \underline{12\,\text{kN}}$

$\Sigma V = V_A - 16 - 16 + V_B = 0$　　　よって，$V_B = \underline{20\,\text{kN}}$

⑧　三角分布換算荷重　$P_1 = w_1 \times (3+3) \times \dfrac{1}{2} = 3 \times 6 = 18\,\text{kN}$，作用位置はB点から11 mの位置，等分布換算荷重　$P_3 = w_2 \times 6 = 3 \times 6 = 18\,\text{kN}$で，作用位置はB点より3 mである。

$\Sigma M_B = -P_1 \times 11 + V_A \times 10 - P_2 \times 7 - P_3 \times 3 = -18 \times 11 + 10 V_A - 10 \times 7 - 18 \times 3 = 0$

よって，$V_A = \underline{32.2\,\text{kN}}$

$\Sigma V = -18 + V_A - 10 - 18 + V_B = 0$　　　よって，$V_B = \underline{13.8\,\text{kN}}$

[2]　①　$\Sigma M_B = V_A \times l - P \times \dfrac{l}{2} = 0$　　　$V_A = \underline{\dfrac{P}{2}}$

$\Sigma V = V_A - P + V_B = 0$　　　$\dfrac{P}{2} - P + V_B = 0$　　　$V_B = \underline{\dfrac{P}{2}}$

②　等分布換算荷重　$P = w \times l = wl$，作用位置はB点から$l/2$の位置である。

$\Sigma M_B = V_A \times l - wl \times \dfrac{l}{2} = 0$　　　$V_A = \underline{\dfrac{wl}{2}}$

$\Sigma V = V_A - wl + V_B = 0$　　　$V_B = \underline{\dfrac{wl}{2}}$

③　三角分布換算荷重　$P = w \times l/2 = wl/2$，作用位置はB点から$l/3$の位置である。

$\Sigma M_B = V_A \times l - \dfrac{wl}{2} \times \dfrac{l}{3} = 0$　　　$V_A = \underline{\dfrac{wl}{6}}$

$\Sigma V = V_A - \dfrac{wl}{2} + V_B = 0$　　　$\dfrac{wl}{6} - \dfrac{wl}{2} + V_B = 0$　より　$V_B = \underline{\dfrac{wl}{3}}$

[3]　①　$\Sigma M_B = V_A \times 8 - M_B = 0$　より　$V_A = \dfrac{M_B}{8} = \dfrac{16}{8} = \underline{2\,\text{kN}}$

$\Sigma V = V_A + V_B = 0$　より　$2 + V_B = 0$　よって　$V_B = \underline{-2\,\text{kN}}$

②　$\Sigma M_B = M_A + V_A \times 8 - M_B = 0$　より　$V_A = \dfrac{M_B - M_A}{8} = \dfrac{16 - 8}{8} = \underline{1\,\text{kN}}$

$\Sigma V = V_A + V_B = 0$　より　$V_B = -V_A = \underline{-1\,\text{kN}}$

[4]　①　$\Sigma M_B = -10 \times 8 + M_B = 0$　よって，$M_B = \underline{80\,\text{kN}\cdot\text{m}}$

$\Sigma V = -10 + V_B = 0$　よって，$V_B = \underline{10\,\text{kN}}$

②　等分布換算荷重　$P = w \times l = 2\,\text{kN/m} \times 8\,\text{m} = 16\,\text{kN}$，作用位置は固定点のB点から4 mである。

$\Sigma M_B = -P \times 4 + M_B = -16 \times 4 + M_B = 0$　　　$M_B = \underline{64\,\text{kN}\cdot\text{m}}$

$\Sigma V = -16 + V_B = 0$　　　$V_B = \underline{16\,\text{kN}}$

③　三角分布換算荷重　$P = w \times \dfrac{l}{2} = 4\,\text{kN/m} \times 9\,\text{m} \times \dfrac{1}{2} = 18\,\text{kN}$，作用位置は固定点のB点より3 mである。

$\Sigma M_B = -P \times 3 + M_B = -18 \times 3 + M_B = 0$　　　$M_B = \underline{54\,\text{kN}\cdot\text{m}}$

$\Sigma V = -18 + V_B = 0$　　　$V_B = \underline{18\,\text{kN}}$

④　$\Sigma M_B = -P_1 \times 8 - P_2 \times 3 + M_B = -10 \times 8 - 8 \times 3 + M_B = 0$　　　$M_B = \underline{104\,\text{kN}\cdot\text{m}}$

$\Sigma V = -10 - 8 + V_B = 0$　　　$V_B = \underline{18\,\text{kN}}$

⑤ 等分布換算荷重　$P_1 = w \times 4 = 4\,\text{kN/m} \times 4\,\text{m} = 16\,\text{kN}$，作用位置は固定点のA点より 2 m である。

$\Sigma M_A = M_A - 16 \times 2 - 10 \times 7 = 0 \quad M_A = 102\,\text{kN}\cdot\text{m}$

$\Sigma V = V_A - 16 - 10 = 0 \quad V_A = 26\,\text{kN}$

⑥ 等分布換算荷重　$P_1 = w_1 \times 4 = 4\,\text{kN/m} \times 4\,\text{m} = 16\,\text{kN}$，固定点Aより 2 m に作用する。三角分布換算荷重　$P_2 = w_2 \times 3 \times \frac{1}{2} = 4\,\text{kN/m} \times 3\,\text{m} \times \frac{1}{2} = 6\,\text{kN}$，固定点Aより 6 m の位置に作用する。

$\Sigma M_A = M_A - P_1 \times 2 - P_2 \times 6 = M_A - 16 \times 2 - 6 \times 6 = 0 \quad M_A = \underline{68\,\text{kN}\cdot\text{m}}$

$\Sigma V = V_A - 16 - 6 = 0 \quad V_A = \underline{22\,\text{kN}}$

[5] ① $\Sigma M_A = M_A - P \times \frac{3}{7}l - P \times \frac{7l}{7} = 0$ より $M_A = \underline{\frac{10}{7}Pl}$

$\Sigma V = V_A - P - P = 0 \quad V_A = \underline{2P}$

② 等分布換算荷重　$P_1 = w \times \frac{4l}{7} = w \times \frac{4l}{7} = \frac{4wl}{7}$，その作用位置は固定点Bより $\frac{5l}{7}$ である。

$\Sigma M_B = -P_1 \times \frac{5l}{7} - P_2 \times \frac{2l}{7} = -\frac{4wl}{7} \times \frac{5l}{7} - P \times \frac{2l}{7} + M_B = 0 \quad$ よって，$M_B = \underline{\frac{20wl^2}{49} + \frac{2Pl}{7}}$

$\Sigma V = -\frac{4wl}{7} - P_2 + V_B = 0 \quad V_B = \underline{\frac{4wl}{7} + P_2}$

③ 三角分布換算荷重　$P_1 = w_1 \times \frac{2l}{3} \times \frac{1}{2} = \frac{w_1 l}{3}$，その作用位置は固定点Bより，$\frac{l}{3} + \frac{2l}{3} \times \frac{2}{3} = \frac{l}{3} + \frac{4l}{9} = \frac{7l}{9}$ である。

また，等分布換算荷重 $P_2 = w_2 \times \frac{2l}{3} = \frac{2w_2 l}{3}$，その作用位置は，固定点Bより，$\frac{l}{3} + \frac{2l}{3} \times \frac{1}{2} = \frac{2l}{3}$ である。

$\Sigma M_B = -P_1 \times \frac{7l}{9} - P_2 \times \frac{2l}{3} + M_B = -\frac{w_1 l}{3} \times \frac{7l}{9} - \frac{2w_2 l}{3} \times \frac{2l}{3} + M_B = 0$

よって，$M_B = \underline{\frac{7w_1 l^2}{27} + \frac{4w_2 l^2}{9}}$

$\Sigma V = -\frac{w_1 l}{3} - \frac{2w_2 l}{3} + V_B = 0 \quad V_B = \underline{\frac{w_1 l}{3} + \frac{2w_2 l}{3}}$

[6] ① 斜めの力Pは，水平成分P_Hと鉛直成分P_Vに分解する。

水平成分　$P_H = P\cos 45° = 20 \times 0.7071 = 14.14\,\text{kN}$

鉛直成分　$P_V = P\sin 45° = 20 \times 0.7071 = 14.14\,\text{kN}$

$\Sigma M_A = M_A - P_H \times 4\text{m} + P_V \times 6\text{m} = 0$

$-14.14 \times 4 + 14.14 \times 6 + M_A = 0 \quad$ よって，$M_A = \underline{-28.28\,\text{kN}\cdot\text{m}}$

$\Sigma V = V_A - P_V = 0 \quad V_A = \underline{14.14\,\text{kN}}$

$\Sigma H = H_A - P_H = 0 \quad H_A = \underline{14.14\,\text{kN}}$

② 等分布換算荷重　$P_3 = w \times 3 = 4\,\text{kN/m} \times 3\,\text{m} = 12\,\text{kN}$，作用位置は固定点Aより 4.5 m である。

$\Sigma M_A = M_A - P_1 \times 6 - P_2 \times 1 - P_3 \times 4.5 = M_A - 20 \times 6 - 20 \times 1 - 12 \times 4.5 = 0 \quad M_A = \underline{194\,\text{kN}\cdot\text{m}}$

$\Sigma V = V_A - 20 - 12 - 20 = 0 \quad V_A = \underline{52\,\text{kN}}$

$\Sigma H = H_A = \underline{0}$

演習問題・6 特殊な構造物の支点反力の計算 (p.47)

[1] 等分布荷重を集中荷重に換算　$P = w \times l = 2 \times 8 = 16$ kN

$\Sigma M_B = V_A \times 8 - 16 \times 4 = 0$　　よって，$V_A = 8$ kN $= \underline{8000\text{ N}}$

$\Sigma V = V_A - 16 + V_B = 0$　　よって，$V_B = 8$ kN $= \underline{8000\text{ N}}$

$y_A = K_A \times V_A = 8 \times 10^{-4} \times 8000 = \underline{6.4\text{ mm}}$

$y_B = K_B \times V_B = 10 \times 10^{-4} \times 8000 = \underline{8.0\text{ mm}}$

[2] AB軸まわり　　$\Sigma M_{AB} = V_C \times 76.8 - 25.6 \times 3 = 0$　　$V_C = \underline{1\text{ kN}}$

　　BC軸まわり　　$\Sigma M_{CB} = V_A \times 120 - 40.0 \times 3 = 0$　　$V_A = \underline{1\text{ kN}}$

　　CA軸まわり　　$\Sigma M_{CA} = V_B \times 100 - 33.3 \times 3 = 0$　　$V_B = \underline{1\text{ kN}}$

$\Sigma V = V_A + V_B + V_C - 3 = 0$

したがって，重心上に作用する荷重は均等に3本の脚で分担する。

演習問題・7 部材に生じる断面力の種類 (p.49)

Nは　⊕（引張力）

Sは　⊕（上向きの力）

Mは　⊖（反時計回り）

第 3 章
静定ばりの計算

3・1　集中荷重を受ける単純ばりの
　　　　せん断力と曲げモーメントの計算 ……………………… *56*

3・2　等分布荷重を受ける単純ばりの
　　　　せん断力と曲げモーメントの計算 ……………………… *58*

3・3　三角分布荷重を受ける単純ばりの
　　　　せん断力と曲げモーメントの計算 ……………………… *60*

3・4　ニューマーク法によるはりの計算 ……………………… *62*

3・5　片持ばりのせん断力と曲げモーメントの計算 ………… *64*

3・6　張出しばりのせん断力と曲げモーメントの計算 ……… *66*

3・7　ゲルバーばりのせん断力と曲げモーメントの計算 …… *68*

3・8　間接荷重ばりのせん断力と曲げモーメントの計算 …… *70*

第 3 章演習問題の解説・解答 ……………………………………… *72*

3・1 集中荷重を受ける単純ばりのせん断力と曲げモーメントの計算

> ● X点のせん断力 S_X は，X点より左側の外力の合計で表し，X点の曲げモーメント M_X は，X点より左側の外力のモーメントの合計である。

(1) 単純ばりに応じるせん断力と曲げモーメント

単純ばりは，1つのローラ支点と他端をヒンジ支点で支える静定構造物である。一般に単純ばりは，材軸方向に対して直角方向の横荷重を受けることが多い。このため，断面にはせん断力と曲げモーメントが生じ，特別な場合を除いて，軸方向応力は生じない。

(2) 単純ばりが集中荷重を受ける場合のせん断力と曲げモーメント

① 反力の計算

$\Sigma M_B = V_A l - Pb = 0$ よって，$V_A = Pb/l$
$\Sigma V = V_A - P + V_B = 0$ より $V_B = Pa/l$ (3・1)

② せん断力の計算

X点のせん断力は，X点より左側の鉛直方向の力の合計で表す。

AC区間 $(0 \leq X \leq a)$ のせん断力

$S_X = +V_A = Pb/l$

CB区間 $(a < X' \leq l)$ のせん断力

$S_{X'} = V_A - P = Pa/l$

せん断力は，A〜C間 $+Pb/l$，B〜C間 $-Pa/l$ は定数で，せん断力図(SFD)の符号の⊕は，基準線より上側に描き，⊖は基準線より下側に描く。せん断力の大きさは，一般に数値を記入することが多く，適当な縮尺で描くことが多い。

せん断力の⊕の面積と⊖の面積は等しくなる。最大せん断力 S_{max} は V_A または V_B の最大値である。

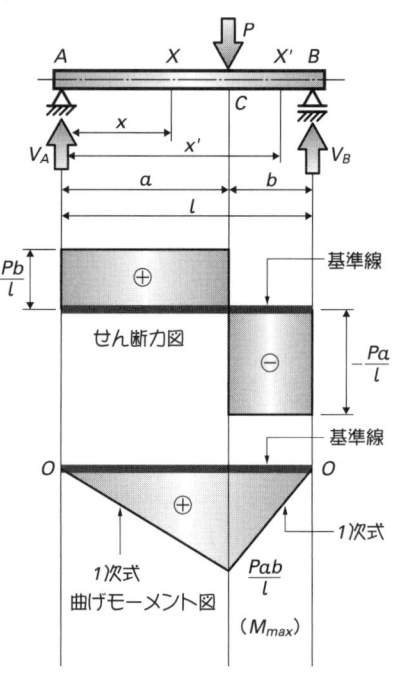

図 3・1 集中荷重を受ける単純ばり

③ 曲げモーメントの計算

A点とB点はともに回転が自由で，$M_A = 0, M_B = 0$ である。モーメント図は，⊕は下側に描く。

X点の曲げモーメントは，X点より左側に作用する鉛直方向の力のモーメントの合計で表す。

AC区間 $(0 \leq X \leq a)$ の曲げモーメント

$M_X = V_A \times x = (Pb/l) \cdot x$ (xの1次式)，$x = 0$ のとき $M_A = 0$，$x = a$ のとき $M_C = Pab/l$

CB区間 $(a < X' \leq l)$ の曲げモーメント

$M_{X'} = V_A \times x' - P \times (x' - a)$ (x'の1次式), $x' = a$のとき $M_C = Pab/l$, $x' = l$のとき $M_B = 0$

曲げモーメント図（BMD）では，$M_A = 0$, $M_C = Pab/l$, $M_B = 0$の3点を1次式（直線）で結べば曲げモーメント図が求まる。曲げモーメントの最大値M_{max}は，せん断力が0となる点CでPab/lである。

例題・1

図3·2に示すように，集中荷重を受ける単純ばりのせん断力図と曲げモーメント図を描け。

解答

① 反力の計算

反力は，$V_A = Pb/l$, $V_B = Pa/l$を用いて計算する。

$$V_A = \frac{P_1 b}{l} = \frac{10 \times 7}{10} = 7 \text{ kN}$$

$$V_B = \frac{P_1 a}{l} = \frac{10 \times 3}{10} = 3 \text{ kN}$$

$\Sigma V = 7 - 10 + 3 = 0$（点検）

② せん断力の計算

$0 \leq X \leq 3$のとき $S_X = +V_A = +7$ kN

$3 < X \leq 10$のとき $S_X = V_A - P_1 = 7 - 10 = -3$ kN

せん断力0となる点Cで，せん断力図は，図3·3のようであり，$S_{max} = V_A = 7$ kN

③ 曲げモーメントの計算

区分点の曲げモーメントを求め，1次式で結ぶ。

$M_A = 0$（支点），$M_C = V_A \times a = 7 \times 3 = 21$ kN·m

$M_B = 0$（支点）

最大曲げモーメントは，せん断力が0となるC点で，$M_{max} = 21$ kN·m である。

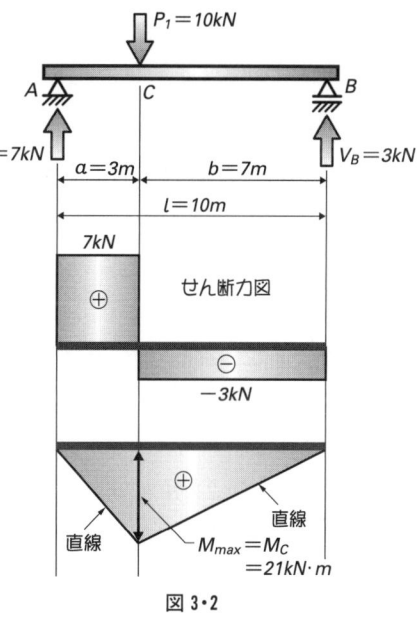

図 3·2

演習問題・1

図3·3の単純ばりのせん断力図と曲げモーメント図を描け。 （解説・解答：p.72）

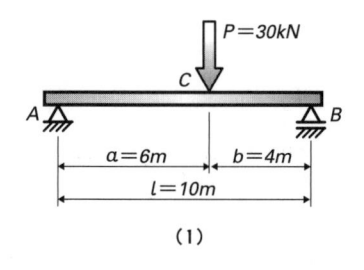

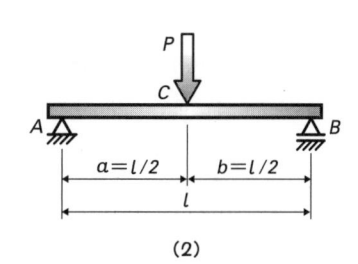

(1)　　　　　　　　　　　　　(2)

図 3·3

3・2 等分布荷重を受ける単純ばりのせん断力と曲げモーメントの計算

- 等分布荷重が単純ばりに満載されたときのはりの最大曲げモーメントは，はりの中央で生じ，$M_{max}=wl^2/8$として求められる。

(1) 単純ばりが等分布荷重を受けるときのせん断力図と曲げモーメント図

図3・4に示す，単純ばりに等分布荷重が満載される場合のせん断力図と曲げモーメント図は，次の手順で求める。

① 反力の計算

等分布荷重を受けるはりは等分布換算荷重P_1を求め反力を計算する。等分布換算荷重P_1は，単純ばり中央に作用し，

$P_1=w\times l=2\times 10=20$ kN

である。したがって，反力はV_A，V_Bともに等しく，

$V_A=V_B=10$ kN である。

② せん断力の計算

A点からx〔m〕の点Xのせん断力S_Xは，X点の左側の鉛直力の合計で表せるから，AX間の荷重$P=w\times x=2x$とし，

$0\leq x\leq 10$，$S_X=V_A-P=10-2x$（1次式である）

$x=0$ のとき　　$S_A=10$ kN

$x=l=10$ m のとき　$S_B=10-2\times 10=-10$ kN

③ 曲げモーメントの計算

A点からx〔m〕の点Xの曲げモーメントM_Xは，X点の左側の曲げモーメントの合計で表せるから，

$0\leq x\leq 10$，$M_X=V_A\times x-wx\times\left(\dfrac{x}{2}\right)=10x-x^2$ （等分布載荷区間は2次式となる）

$x=0$ のとき　　　$M_A=0$，

$x=l=10$ m のとき　　$M_B=0$

曲げモーメントの最大値は$M_X=10x-x^2$をxで微分してせん断力$S_X(=dM_X/dx)$を求め，これを0としてモーメントが最大となるxを求める。

$S_X=\dfrac{dM_X}{dx}=(10x-x^2)'=10-2x=0$　　　$x=5$

よって，$x=5$ mでは曲げモーメントは最大となり，$M_{max}=10-2x=10\times 5-5^2=25$ kN・m となる。これを図に描けば，図3・4のようになる。

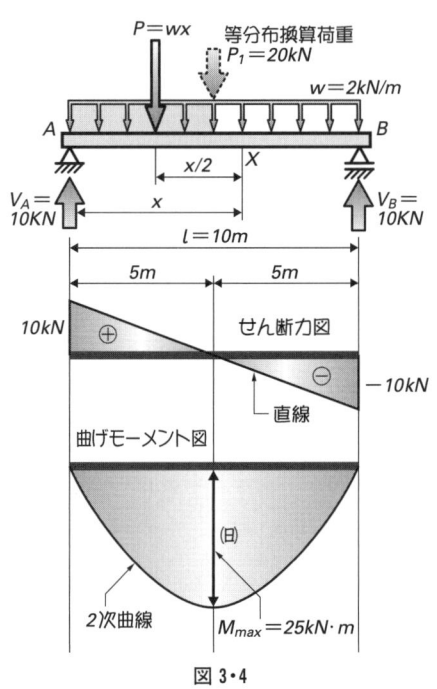

図3・4

3・2 等分布荷重を受ける単純ばりのせん断力と曲げモーメントの計算

例題・2

図3・5に示す単純ばりに,等分布荷重$w=4$ kN/mが作用するとき,せん断力を0とする位置を求め,最大曲げモーメントM_{max}を求めよ。

解答

① 反力計算

等分布換算荷重$P_1=w\times 6=4\times 6=24$ kNで,作用位置B点から9mである。

$\Sigma M_B = 12V_A - P_1\times 9 = 12V_A - 24\times 9 = 0$

よって,$V_A = 18$ kN

$\Sigma M_A = 12V_B - P\times 3 = 12V_B - 24\times 3 = 0$

よって,$V_B = 6$ kN

$\Sigma V = V_A - P_1 + V_B = 18 - 24 + 6 = 0$

② せん断力の計算

X点より左側の等分布荷重$P=wx=4x$

$0 \le x \le 6$,X点の左側の外力の合計としてS_Xを求める。$S_X = V_A - P = 18 - 4x$

$6 \le x \le 12$

$S_X = V_A - P_1 = 18 - 24 = -6$ kN

③ 曲げモーメントの計算

$0 \le x \le 6$の区間の曲げモーメント

$M_X = V_A\times x - P\times \dfrac{x}{2} = 18\times x - 4x\times \dfrac{x}{2}$

$= 18\times x - 2x^2$(2次式となる)

$x = 0 \qquad M_A = 0$

曲げモーメントの最大値となる位置は,

$S = \dfrac{dM}{dx} = (18x - 2x^2)' = 0$より $\quad 18 - 4x = 0$ で $\quad x = 4.5$ m

$M_{max} = 18x - 2x^2 = 18\times 4.5 - 2\times 4.5^2 = \underline{40.5 \text{ kN·m}}$

$x = 4.5$ m $\quad M_{max} = M_X = 18x - 2x^2 = 18\times 4.5 - 2\times 4.5^2 = 40.5$ kN·m

$x = 6$ m $\quad M_C = M_X = 18x - 2x^2 = 18\times 6 - 2\times 6^2 = 36$ kN·m

$x = 12$ m $\quad M_B = V_A\times 12 - P_1\times 9 = 18\times 12 - 24\times 9 = 0$

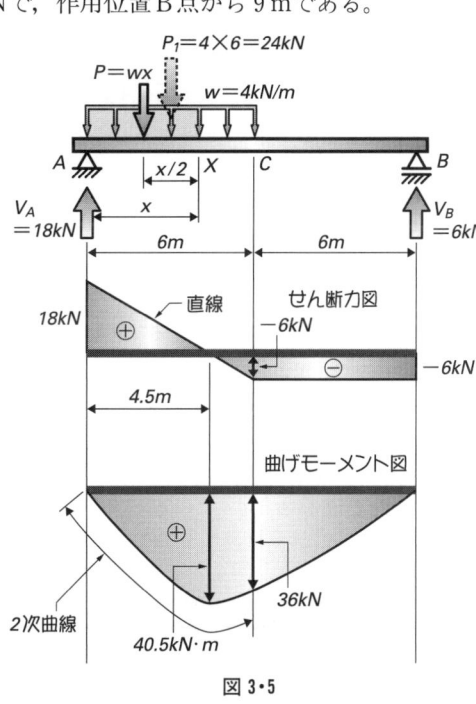

図3・5

演習問題・2

図3・6に示すように,単純ばりに等分布荷重を満載したときの,最大せん断力S_{max}と最大曲げモーメントM_{max}を求めよ。

(解説・解答:p.73)

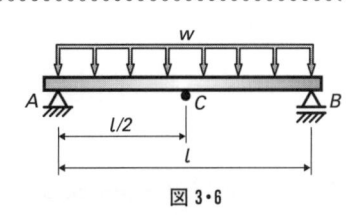

図3・6

3・3 三角分布荷重を受ける単純ばりのせん断力と曲げモーメントの計算

- 三角分布荷重や台形分布荷重を受ける土木構造物は，主に水圧や土圧を受けるものが多い。こうした分布荷重を受ける単純ばりをここでは取り扱う。

（1） 単純ばりが，三角分布荷重を受けるときのせん断力図と曲げモーメント図

図3・7に示すように，単純ばりに三角分布荷重が満載される場合のせん断力図と曲げモーメント図は，次の手順で求める。

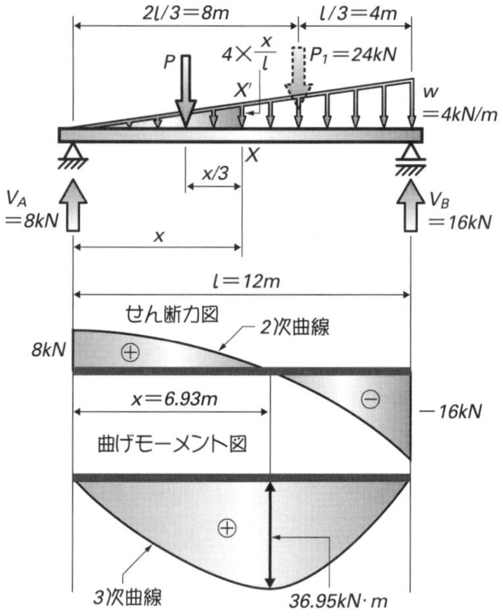

① 反力の計算：三角分布換算荷重

$$P_1 = w \times \frac{l}{2} = 4 \text{ kN/m} \times \frac{12 \text{ m}}{2} = 24 \text{ kN}$$

$$V_A = \frac{P_1 b}{l} = \frac{24 \times 4}{12} = 8 \text{ kN}$$

$$V_B = \frac{P_1 a}{l} = \frac{24 \times 8}{12} = 16 \text{ kN}$$

$$\Sigma V = 8 - 24 + 16 = 0 \text{（点検）}$$

② せん断力の計算

A点からX点まで，距離をx〔m〕とすると，$\overline{XX'}$の荷重の高さは，比例式より

$$\overline{XX'} = w \times \frac{x}{l} = 4 \times \frac{x}{12} = \frac{x}{3}$$

AX間の三角分布荷重 $P = \overline{XX'} \times \frac{x}{2} = \frac{x}{3} \times \frac{x}{2} = \frac{x^2}{6}$

したがって，X点のせん断力は， $S_X = V_A - P = 8 - \frac{x^2}{6}$（2次式となる）

$x=0$ のとき $S_X = S_A = 8 \text{ kN}$, $x=12$ のとき $S_X = S_B = 16 \text{ kN}$ となる。

③ 曲げモーメントの計算

X点の曲げモーメント $M_X = V_A \times x - P \times \frac{x}{3} = 8x - \frac{x^2}{6} \times \frac{x}{3} = 8x - \frac{x^3}{18}$（3次式となる）

$M_A = M_B = 0$で，最大曲げモーメントは$S_X = 0$の位置で生じるので，

$$S_X = \frac{dM_X}{dx} = \left(8x - \frac{x^3}{18}\right)' = 8 - \frac{x^2}{6} = 0 \text{ より，} \quad x = \sqrt{48} = 6.93 \text{ m}$$

$$M_{max} = 8x - \frac{x^3}{18} = 8 \times 6.93 - \frac{6.93^3}{18} = 36.95 \text{ kN·m}$$

以上を図示すると，図3・7となる。

図3・7

（2） 台形分布荷重を受ける単純ばりの計算

台形分布荷重は，等分布荷重と三角分布荷重との重ね合せと考えて計算をすることができる。

例題・3

図3・8に示す止水壁は高さ1.2 m，幅3 mあり，下部は溝にはめ込み，上部は鋼管で止めた構造をしている。この止水壁に作用する最大曲げモーメントを求めよ。計算は水路幅1 mを考え，支間1.2 mの単純ばりに線形化するものとする。

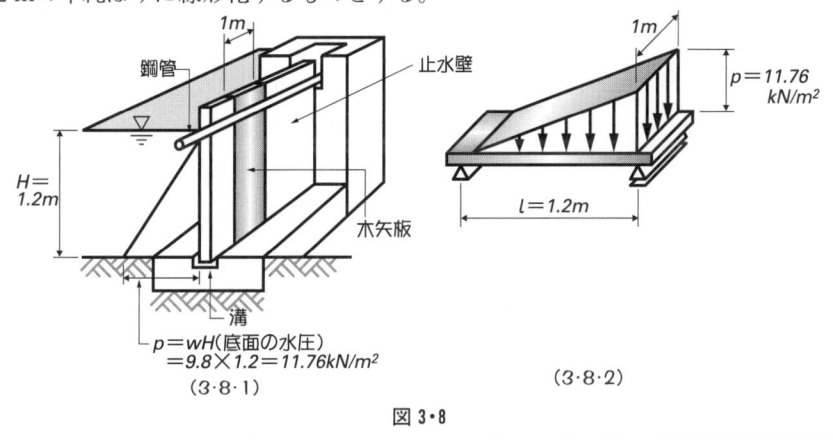

図3・8

(3・8・1) $p = wH$（底面の水圧）$= 9.8 \times 1.2 = 11.76 \text{ kN/m}^2$

(3・8・2) $p = 11.76 \text{ kN/m}^2$, $l = 1.2 \text{ m}$

解答

① 止水壁の線形化：図(3・8・2)において，三角分布荷重 $w = 1 \text{ m} \times p = 1 \times 11.76 = 11.76 \text{ kN/m}$ となり，図3・9のような単純ばりとする。

② 反力計算

三角分布換算荷重 $P_1 = w \times \dfrac{l}{2} = 11.76 \times$ kN

$V_A = P_1 \times \dfrac{b}{l} = 7.056 \times \dfrac{0.4}{1.2} = 2.352 \text{ kN}$

$V_B = P_1 \times \dfrac{a}{l} = 7.056 \times \dfrac{0.8}{1.2} = 4.704 \text{ kN}$

③ 最大曲げモーメントの計算

X点の曲げモーメント

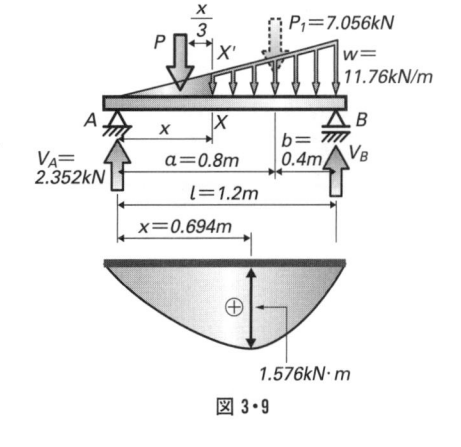

$M_X = V_A \times x - P \times \dfrac{x}{3} = 2.352x - 1.63x^3$

最大曲げモーメントの位置は $S = 0$ だから，$S_X = \dfrac{dM_X}{dx} = (2.35x - 1.63x^3)' = 2.352 - 4.9x^2 = 0$　よって，$x = \sqrt{0.48} = 0.694 \text{ m}$

$M_{max} = 2.352x - 1.63x^3 = 2.352 \times 0.693 - 1.63 \times 0.693^3 = 1.09 \text{ kN·m}$

図3・9

演習問題・3

図3・10に示す単純ばりに台形の分布荷重が作用するとき，$S_X = 0$ となる x の値と，このときの最大曲げモーメント M_{max} を求めよ。

（解説・解答：p.73～74）

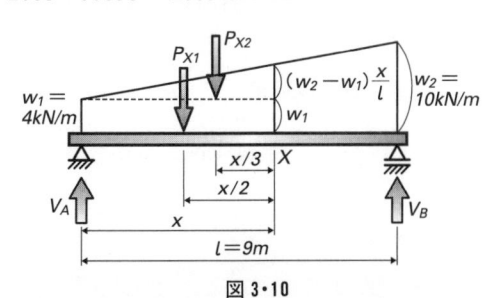

図3・10

3・4 ニューマーク法によるはりの計算

- ニューマーク法は，静定ばり・不静定ばりを問わず適用できるもので，せん断力は鉛直外力の集積 $S=\int(w, P)$，曲げモーメント M はせん断力の集積 $M=\int S$ と考えるもので，反力の計算のあと，一筆書きのように外力の流れを描き，各区間のせん断力図の面積の計算とそれらの集計により曲げモーメント図が得られる。実務計算として広く用いられているはりの計算方法である。

(1) ニューマーク法による集中荷重を受ける単純ばりの計算（図 3・12）

① 反力の計算

$V_A = 12 \times 9/12 + 24 \times 5/12 = 19$ kN

$V_B = 12 \times 3/12 + 24 \times 7/12 = 17$ kN

$\Sigma V = 19 - 12 - 24 + 17 = 0$

② せん断力図の描画

せん断力の計算をせずに，直接せん断力図を描く。

○始点 $A \to V_A\uparrow \to C \to P_1\downarrow \to D \to P_2\downarrow$
$\to B \to V_B\uparrow$ 終点○

で終点で閉じる。図上で，区間のせん断力の面積 S_1, S_2, S_3 を求める。実際のせん断力図には，こうした矢線は示さなくてよい。考え方を示すための線である。

③ 曲げモーメント図の描画

$M_A = 0, \quad M_C = S_1 = 57$ kN・m

$M_D = S_1 + S_2 = 57 + 28 = 85$ kN・m

$M_B = S_1 + S_2 + S_3 = 57 + 28 - 85 = 0$ kN・m

$M_{max} = 85$ kN・m（$S = 0$ の点）

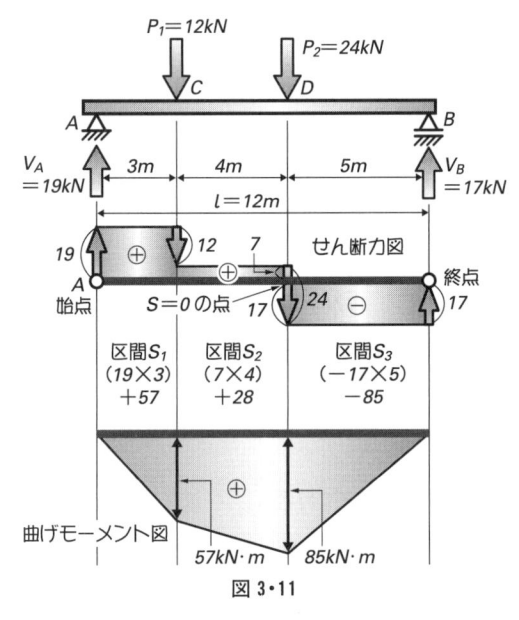

図 3・11

(2) ニューマーク法による等分布荷重を受ける単純ばりの計算（図 3・13）

① 反力の計算

等分布換算荷重 $P = wa = 24$ kN

$V_A = 24 \times \dfrac{7}{12} = 14$ kN $\quad V_B = 24 \times \dfrac{5}{12} = 10$ kN $\quad \Sigma V = 14 - 24 + 10 = 0$

3・4 ニューマーク法によるはりの計算

② せん断力図の描画

　○始点A→V_A⇧→C↘wD→B→V_3⇧終点○

　せん断力の0となる点の求め方

　$x = \dfrac{14}{14+10} \times 6 = 3.5$ m

　次に，せん断力の面積S_1，S_2，S_3，S_4を求める。
　せん断力0となる点は，図3・12のようになるときで，比例計算により公式(3・2)のようになる。

　$x = \dfrac{S_C}{S_C + S_D} \times a$ ……………………… (3・2)

図3・12 せん断力=0の点

③ 曲げモーメント図の描画

　$M_A = 0$　　　$M_C = S_1 = 28$ kN・m

　$M_{max} = S_1 + S_2 = 28 + 24.5 = 52.5$ kN・m

　$M_D = S_1 + S_2 + S_3 = 52.5 - 12.5 = 40$ kN・m

　$M_B = S_1 + S_2 + S_3 + S_4 = 40 - 40 = 0$

演習問題・4

図3・14に示す単純ばりについて，ニューマーク法によるせん断力図，曲げモーメント図を描け。

（解説・解答：p.74～75）

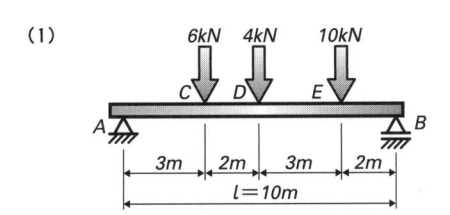

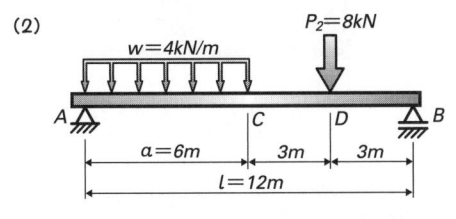

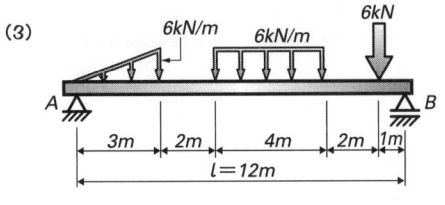

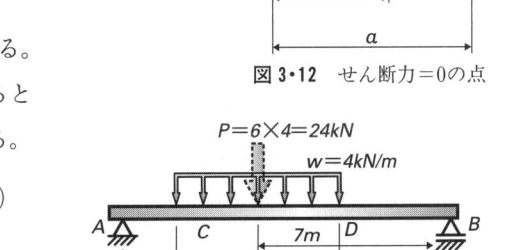

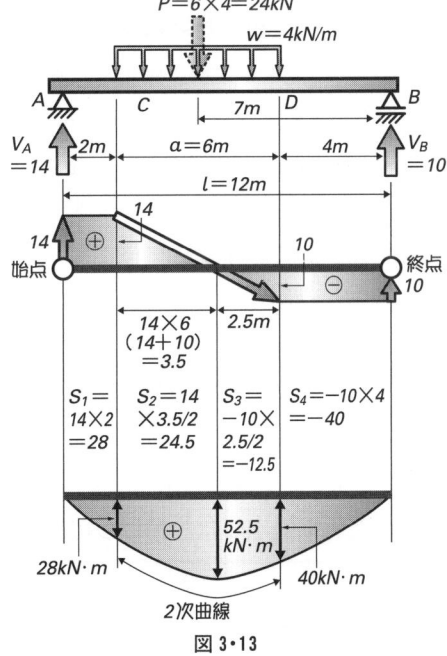

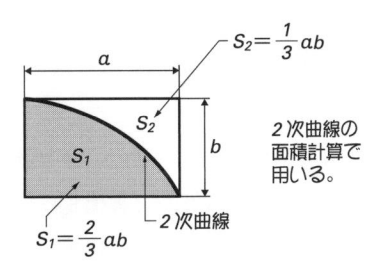

図3・13

図3・14

3・5 片持ばりのせん断力と曲げモーメントの計算

> ● 同じ荷重を受ける片持ばりであっても，その構造が左に張出しているか，右に張出しているかによって，せん断力図の符号が異なるので，注意が必要である。

(1) 左側に張出した片持ばりの計算

図3・15のように，左側に張出した片持ばりの計算は，反力を求めず，左側から，外力の流れに従ってせん断力図を描き，各区間のせん断力の面積を求め，これを順次集積して曲げモーメントを求める。

① せん断力図の描画
  ○始点A→P_1↓→C→P_2↓→B→V_B→B終点○

② 曲げモーメント図の描画
  $M_A=0$, $M_C=S_1=-10$ kN·m
  $M_B=S_1+S_2=-10-30=-40$ kN·m

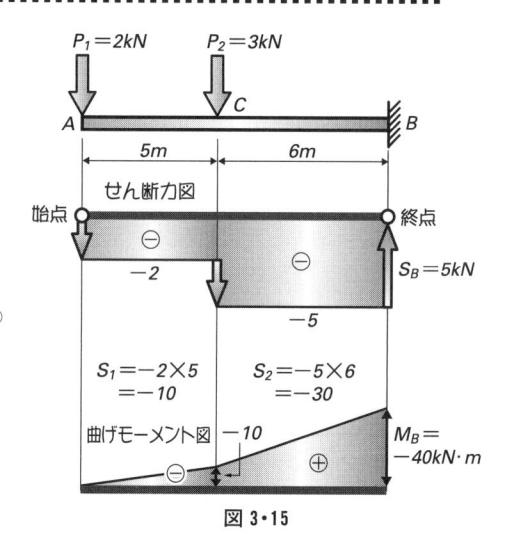

図3・15

(2) 右側に張出した片持ばりの計算

図3・16のように，右側に張出した片持ばりの計算は，ニューマーク法では，右から計算するときは，力の向きは逆向きにして取り扱う。下向きの力に対しては上向き⊕とする。

① せん断力図の描画
  ○始点B→P_1↑→C→P_2↑→A→V_A→A終点○

② 曲げモーメント図の描画
  $M_B=0$
  $M_C=-S_1=-10$ kN·mは，右側から計算するとき，せん断力⊕のものは負⊖として記入する。
  $M_A=S_1+S_2=-10-30=-40$ kN·m
とする。

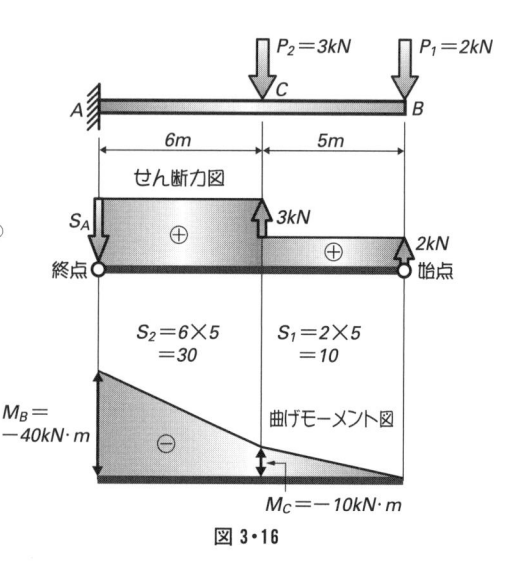

以上のように，自由端をもつ片持ばりのような計算は，反力を計算せずに，直ちに外力を集積してせん断力を，せん断力を集積して曲げモーメントを求めることができる。単純ばりの計算に比較して，反力を計算しないので容易に求められる。

図3・16

例題・4

図3・17，図3・18の片持ばりのせん断力図と曲げモーメント図を描け。

解答 等分布換算荷重 $P_1 = 2 \times 5 = 10$ kN

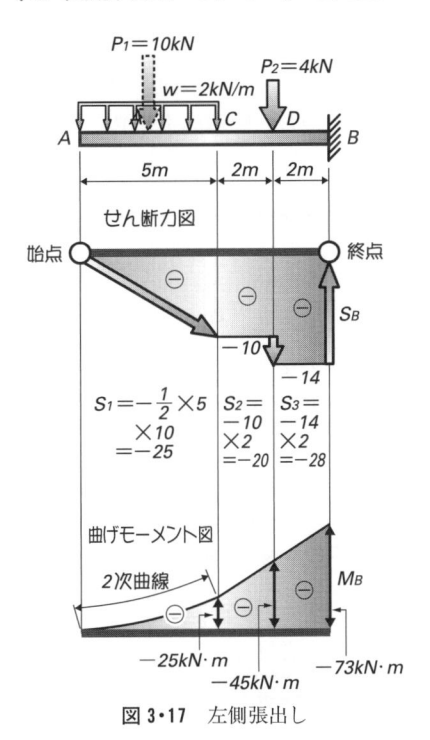

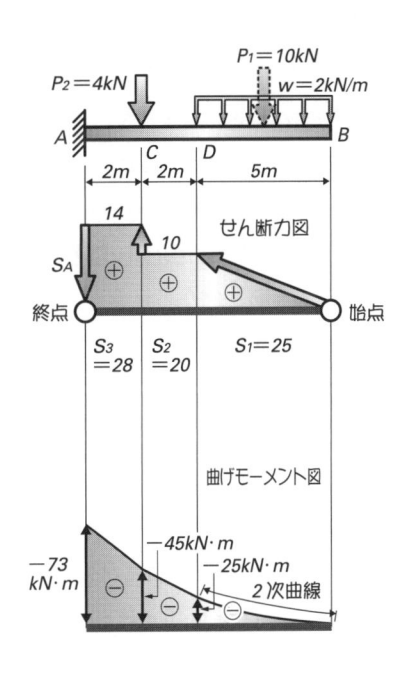

図 3・17 左側張出し

図 3・18 右側張出し

演習問題・5

図3・19(1)〜(3)の片持ばりのせん断力図と曲げモーメント図を描け。

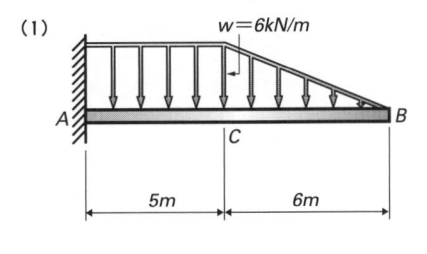

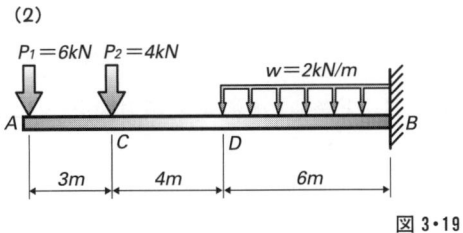

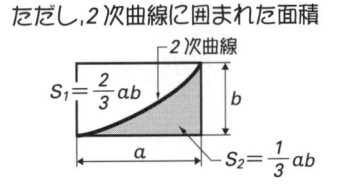

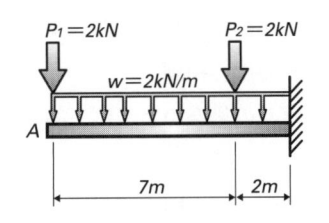

ただし，2次曲線に囲まれた面積
$S_1 = \dfrac{2}{3}ab$, $S_2 = \dfrac{1}{3}ab$

図 3・19

(解説・解答：p.76)

3・6 張出しばりのせん断力と曲げモーメントの計算

> ● 張出しばりは，単純ばりの両方または片方に張出したはりをいう。張出しばりの計算は，単純ばりの計算のように，反力の計算，せん断力の計算，曲げモーメントの計算をするか，ニューマーク法により反力を求めてのち，図解によりせん断力と曲げモーメントを求めることができる。

(1) 集中荷重を受ける張出しばりの計算

図3・20に示す張出しばりの反力を求め，せん断力図と曲げモーメント図をニューマーク法により求める。

① 反力の計算

単純ばりの反力計算と同様に，B点から荷重点までの距離に荷重を掛け，支間$l=8$ mで割って求める。B点の時計回りのモーメントを正とする。

$\Sigma M_B = -P_1 \times 10 + V_A \times l - P_2 \times 4 + P_3 \times 2 = 0$

よって，$V_A = \dfrac{(P_1 \times 10 + P_2 \times 4 - P_3 \times 2)}{l}$

$= \dfrac{(2 \times 10 + 10 \times 4 - 2 \times 2)}{8} = 7$ kN

したがって，ΣM_Bの計算をするとき，B点より張出している荷重P_3のモーメントは，B点の時計回りとなるので正とする点に注意が必要である。

$\Sigma M_A = -P_1 \times 2 + P_2 \times 4 - V_B \times l + P_3 \times 10 = 0$

$V_B = \dfrac{(-P_1 \times 2 + P_2 \times 4 + P_3 \times 10)}{l}$

$= \dfrac{(-2 \times 2 + 10 \times 4 + 2 \times 10)}{8} = 7$ kN

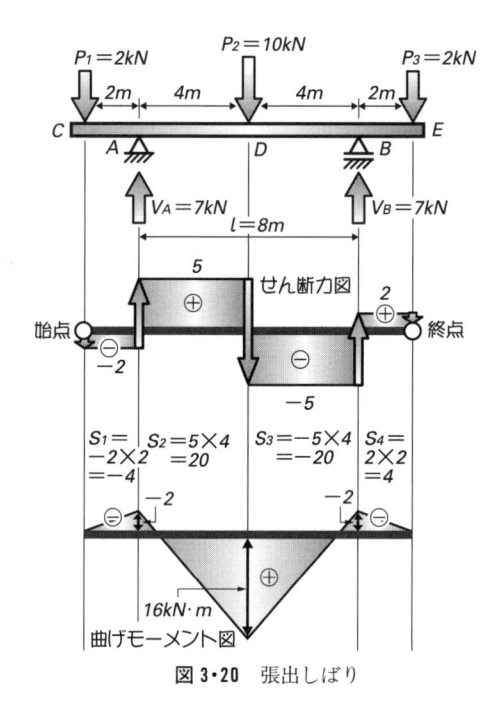

このように，$\Sigma M_A = 0$の計算をするとき，A点より張出しているP_1のモーメントは時計回りとなるので正とする点に注意しよう。

② せん断力図の描画

単純ばりの場合のように，始点C→A→D→B→E終点の順にせん断力図を描く。図3・20を参照すること。

③ 曲げモーメント図の描画

$M_C = 0$（始点），　$M_A = S_1 = -4$ kN·m

$M_D = S_1 + S_2 = -4 + 20 = 16$ kN·m $(= M_{max})$

$M_B = S_1 + S_2 + S_3 = 16 - 20 = -4$ kN·m，　$M_E = S_1 + S_2 + S_3 + S_4 = -4 + 4 = 0$（終点）

図3・20　張出しばり

例題・5

図3·21の張出しばりのせん断力図と曲げモーメント図を描け。

解答

① 反力の計算

等分布荷重はあとの計算のため，CA区間とAD区間を別々にして等分布換算荷重を求める。

$P_1 = w \times 4 = 2 \times 4 = 8$ kN

$P_2 = w \times 4 = 2 \times 4 = 8$ kN

$V_A = \dfrac{(8 \times 14 + 8 \times 10 + 36 \times 5)}{12}$

$= 31$ kN

$V_B = \dfrac{(-8 \times 2 + 8 \times 2 + 36 \times 7)}{12}$

$= 21$ kN

$\Sigma V = -P_1 + V_A - P_2 - P + V_B$

$= -8 + 31 - 8 - 36 + 21 = 0$

② せん断力図の描画

始点C→A→D→E→B終点の順に外力を集計する。

せん断力図に示される矢線は考え方を示すもので，せん断力図には矢線は示さなくてよい。

③ 曲げモーメント図の描画

$M_C = 0$（始点），　$M_A = S_1 = -16$ kN·m

$M_D = S_1 + S_2 = -16 + 76 = 60$ kN·m

$M_E = S_1 + S_2 + S_3 = 60 + 45 = 105$ kN·m $(= M_{max})$

$M_B = S_1 + S_2 + S_3 + S_4 = 0$（終点）

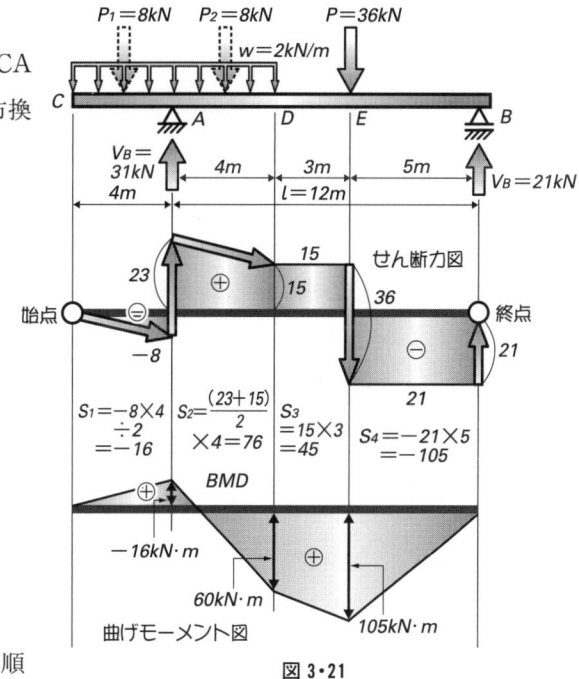

図 3·21

演習問題・6

図3·22の張出しばりのせん断力図と曲げモーメント図を描け。

（解説・解答：p.77）

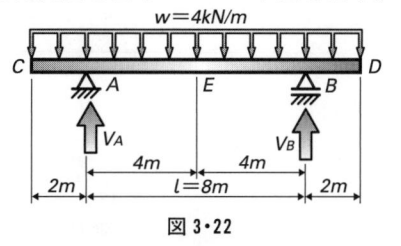

図 3·22

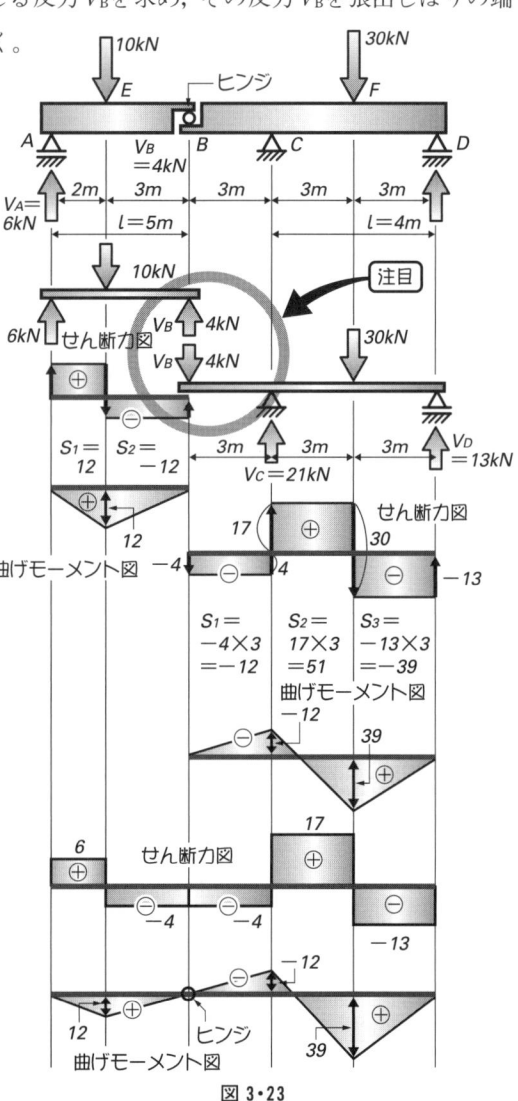

3・7 ゲルバーばりのせん断力と曲げモーメントの計算

- ゲルバーばりは，張出しばりにヒンジを用いて連続させたはりで，静定構造物であり，沈下の予想される道路橋として都市の高速道路などに利用されている。はりの途中に入れるヒンジは，曲げモーメントがこの点で0となるため，自由に回転できる。ゲルバーばりは，単純ばりと同様ニューマーク法で容易に解ける。

(1) ゲルバーばりの構造の計算方法

図3・23のように，ゲルバーばりは，ヒンジで2つのはりに分けて考える。張出しばりBD等を下側に単純ばりABを上側に配置し，単純ばりABに生じる反力V_Bを求め，その反力V_Bを張出しばりの端部に下向きに作用させて，張出しばりを解いていく。

(2) 張出しばりの計算例

図3・23に示すゲルバーばり，単純ばりと張出しばりの組合せで，単純ばりが張出しばりの上にある。このため，まず，単純ばりABのせん断力図，曲げモーメント図を描き，次に，B点の反力V_Bを張出しばりのB点に荷重V_Bとし下向きに作用させて，張出しばりBDを解く。

① 単純ばりABの反力の計算

$$V_A = 10 \times \frac{3}{5} = 6 \text{ kN} \qquad V_B = 10 \times \frac{2}{5} = 4 \text{ kN}$$

② 張出しばりBCの反力の計算

張出しばりの先端に$V_B = 4$ kNを作用させて計算する。$\Sigma M_C = 0$，$\Sigma M_D = 0$より，

$$V_C = \frac{4 \times 9 + 30 \times 3}{6} = 21 \text{ kN}$$

$$V_D = \frac{-4 \times 3 + 30 \times 3}{6} = 13 \text{ kN}$$

単純ばりと張出しばりを別に書いてもよいが，通常，下端部に示すように連続して書く。

単純ばりと張出しばりは，同一の基準線に示すことが多く，図3・23のようになる。ヒンジの箇所ではモーメントは必ず0となり，せん断力図も，B点では連続する。

図3・23

例題・6

図3·24のゲルバーばりのせん断力図と曲げモーメント図を描け。

解答 図3·24において,単純ばりABとEFは,張出しばりBEの上に配置されており,単純ばりの反力V_BとV_Eは,張出しばりの先端に下向きの力として作用する。単純ばりの反力は,等分布換算荷重$P=wl/2=8$ kNの荷重をはり中央に受けるので,

$$V_A = V_B = V_E = V_F = 4 \text{ kN}$$

である。

また,張出しばりの反力は,BC間とDC間の等分布換算荷重は$P_1=w\times2=2\times2=4$ kN,CD間の等分布換算荷重は$P_2=w\times8=2\times8=16$ kNとし,点Bと点Eに4 kNがそれぞれ作用する。BE間の全荷重は$4+4+16+4+4=32$ kNである。荷重・構造がともに対称なので,

$$V_C = V_D = 16 \text{ kN}$$

となる。

別々に描いたせん断力図と曲げモーメント図は,一つの基準線にまとめて描画する。

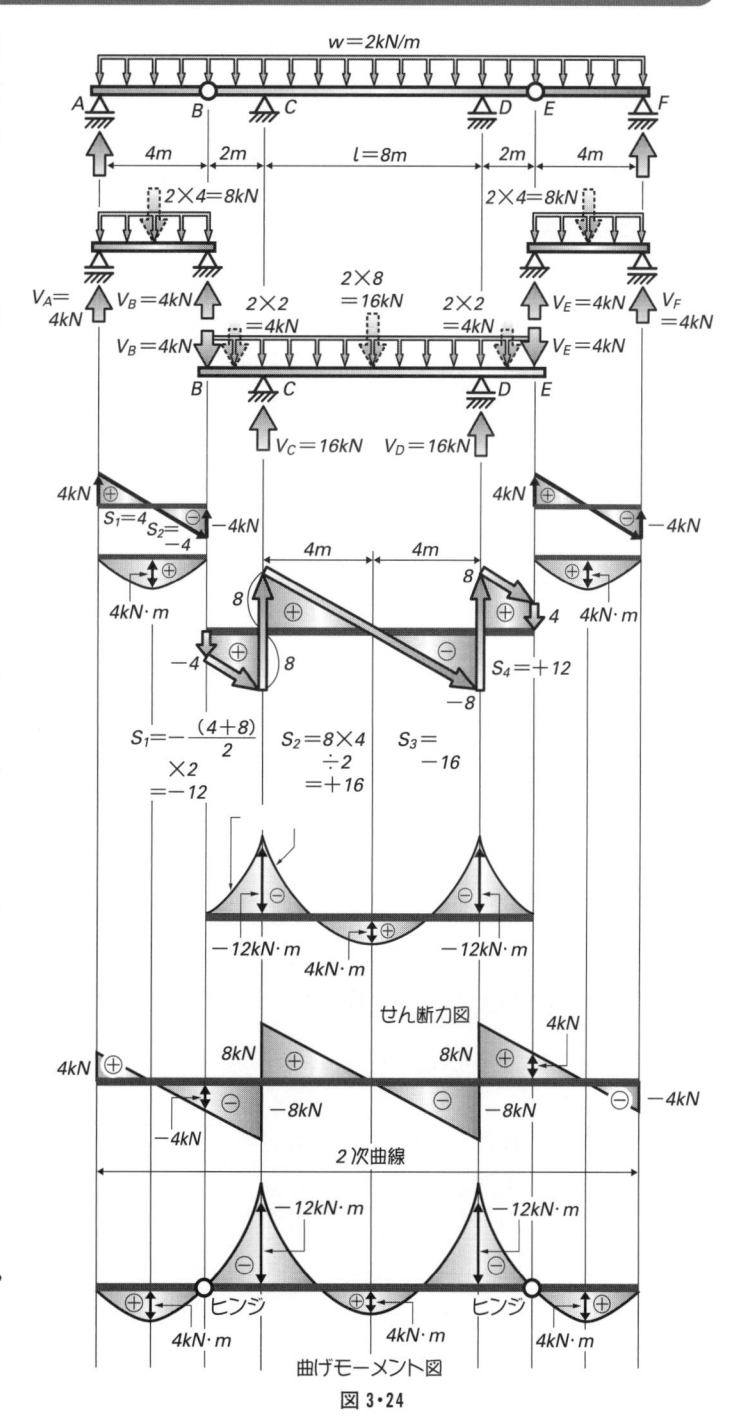

図3·24

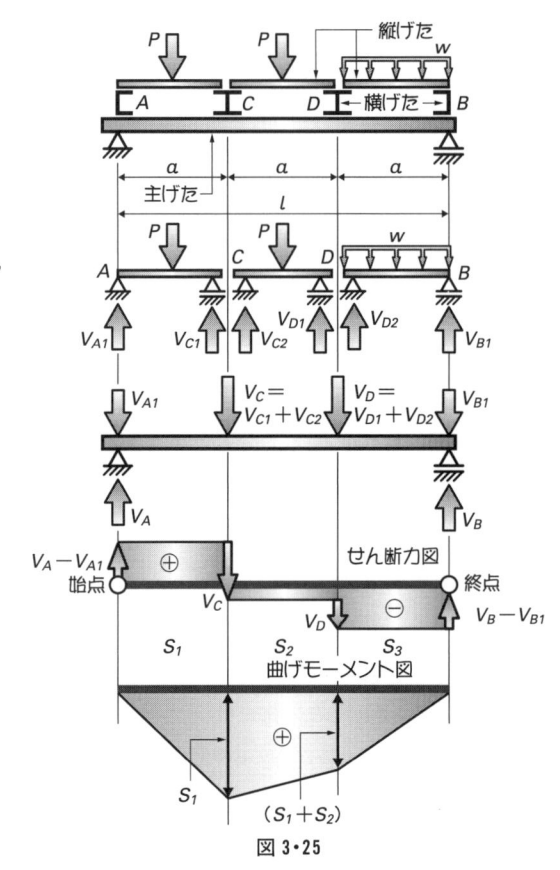

3・8 間接荷重ばりのせん断力と曲げモーメントの計算

* 間接荷重ばりは床組構造に用いられる。間接荷重ばりは主げた上の横げたの上に縦げたを配置し，縦げた上の荷重が横げたを通して主げたに集中荷重として作用する。

(1) 間接荷重ばりの構造

図3・25に示すように，主げた上に，横げたと縦げたを用いて床組をつくることが多い。こうしたときは，横げたを支点とする縦げたを単純ばりとして，縦げた上に作用する荷重に応ずる反力 V_{A1}，V_{C1}，V_{C2}，V_{D1}，V_{D2}，V_{B1} を求める。

次に，この反力を，各横げた取付け点A，C，D，B点に作用させる。このとき，主げたは，集中荷重 V_{A1}，V_{C1}，V_{C2}，V_{D1}，V_{D2}，V_{B1} の作用を受ける。

(2) 間接荷重ばりの計算

間接荷重ばりは，集中荷重に置き換えて主げたに作用させ，単純ばりを解いて求める。

① 反力計算

V_{A1}，V_C，V_D，V_{B1} を集中荷重として計算する。

$$V_A = \frac{V_{A1} \times 3a + V_C \times 2a + V_D \times a}{l}$$

$$V_B = \frac{V_C \times a + V_D \times 2a + V_{B1} \times 3a}{l}$$

以下は，一般のはりと同様に計算して，せん断力図，曲げモーメント図を描く。

図3・25

3・8 間接荷重ばりのせん断力と曲げモーメントの計算　71

例題・7

図3・26に示す，間接荷重ばりのせん断力図と曲げモーメント図を描け。

解答　① 反力の計算

三角分布換算荷重

$$P_1 = w \times \frac{a}{2} = \frac{6 \times 4}{2} = 12 \text{ kN},$$

等分布換算荷重

$$P_2 = w \times a = 6 \times 4 = 24 \text{ kN}$$

$$V_{A1} = \frac{12 \times 4/3}{4} = 4 \text{ kN}$$

$$V_{C1} = \frac{12 \times 8/3}{4} = 8 \text{ kN}$$

$$V_{C2} = V_{D1} = 24/2 = 12 \text{ kN}$$

$$V_{D2} = V_{E1} = 10/2 = 5 \text{ kN}$$

$$V_{E2} = V_{B1} = 0$$

よって，$V_{A1} = 4$ kN

$$V_C = V_{C1} + V_{C2} = 20 \text{ kN}$$
$$V_D = V_{D1} + V_{D2} = 17 \text{ kN}$$
$$V_E = V_{E1} + V_{E2} = 5 \text{ kN}$$
$$V_{B1} = 0$$

$$V_A = (4 \times 16 + 20 \times 12 + 17 \times 8 + 5 \times 4)/16 = 28.75 \text{ kN}$$

$$V_B = (20 \times 4 + 17 \times 8 + 5 \times 12 + 0 \times 16)/16 = 17.25 \text{ kN}$$

② せん断力図の描画　左から右に順次描画する。

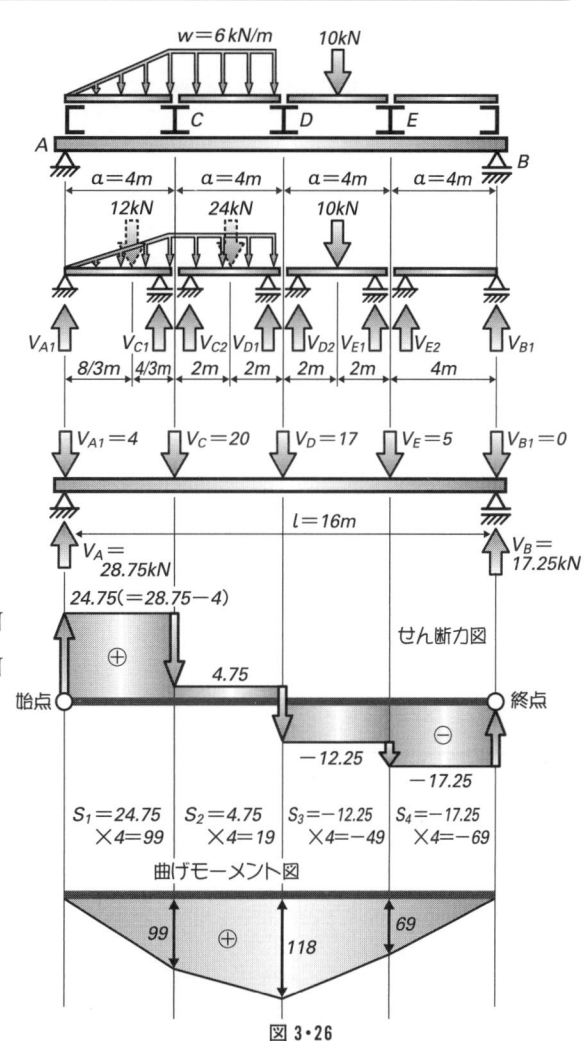

図3・26

演習問題・7

1　図3・27のゲルバーばりのせん断力図，曲げモーメント図を描け。

2　図3・28の間接荷重ばりのせん断力図，曲げモーメント図を描け。

(解説・解答：p.78)

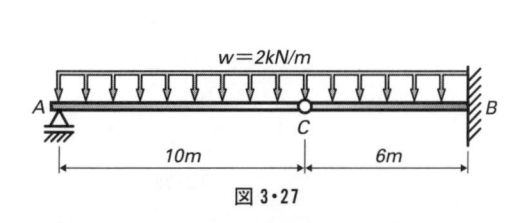

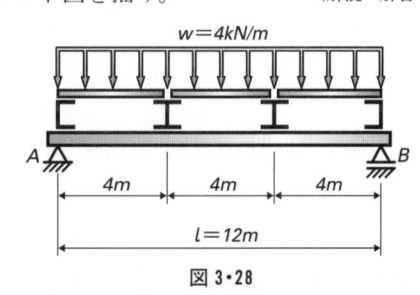

図3・27

図3・28

第3章演習問題の解説・解答

演習問題・1 集中荷重を受ける単純ばりのせん断力と曲げモーメントの計算 (p.57)

(1) 図 3·4 の(1)の計算
 ① 反力計算は公式 (3·1) より求める。
  $V_A = 30 \times \dfrac{4}{10} = 12$ kN　　$V_B = 30 \times \dfrac{6}{10} = 18$ kN
  $\Sigma V = 12 - 30 + 18 = 0$ （点検）
 ② せん断力の計算
  $0 \leqq x \leqq 6$　$S_X = V_A = 12$ kN
  $6 \leqq x \leqq 10$　$S_X = V_A - P = 12 - 30 = -18$ kN
  せん断力 $S_X = 0$ の位置　$x = 6$ m
 ③ 曲げモーメントの計算
  $M_A = 0$
  $M_C = V_A \times 6 = 12 \times 6 = 72$ kN·m
  $M_B = V_A \times 10 - P \times 4 = 12 \times 10 - 30 \times 4 = 0$
  $M_{max} = 72$ kN·m

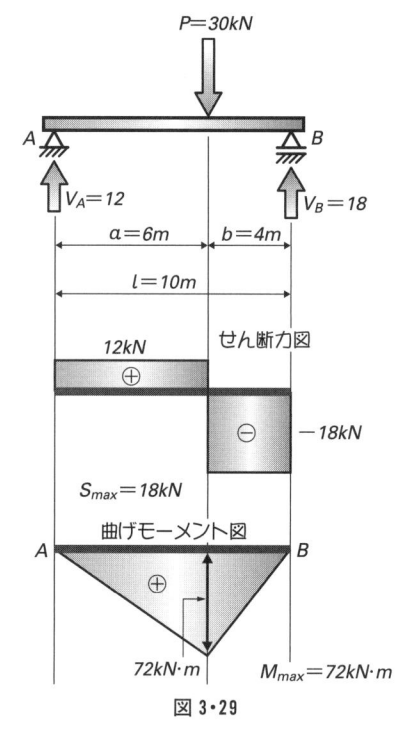

(2) 図 3·4 の(2)の計算
 ① 反力の計算
  $V_A = \dfrac{Pb}{l} = \dfrac{P \times l/2}{l} = \dfrac{P}{2}$　　$V_B = \dfrac{Pa}{l} = \dfrac{P \times l/2}{l} = \dfrac{P}{2}$
 ② せん断力の計算
  $0 \leqq x \leqq \dfrac{l}{2}$　$S_X = V_A = \dfrac{P}{2}$
  $\dfrac{l}{2} \leqq x \leqq l$　$S_X = V_A - P = \dfrac{P}{2} - P = -\dfrac{P}{2}$
  $S_{max} = \dfrac{P}{2}$
  せん断力 $S_X = 0$ の点　$x = \dfrac{l}{2}$
 ③ 曲げモーメントの計算
  $M_A = 0$　　$M_C = V_A \times \dfrac{l}{2} = \dfrac{P}{2} \times \dfrac{l}{2} = \dfrac{Pl}{4}$
  $M_B = 0$
  $M_{max} = \dfrac{Pl}{4}$

(1)と(2)を図に示すと図 3·29, 3·30 のようになる。

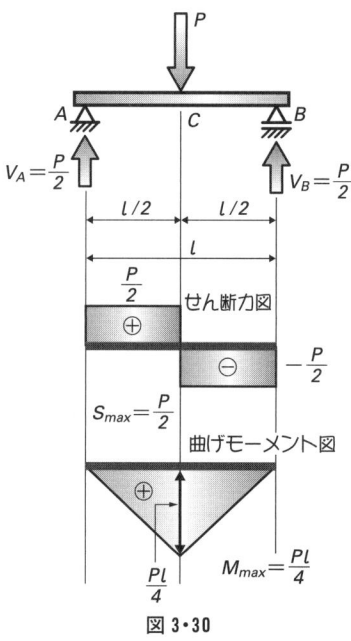

図 3·29

図 3·30

演習問題・2 等分布荷重を受ける単純ばりのせん断力と曲げモーメントの計算 (p.59)

① 反力の計算

等分布換算荷重 $P=wl$ が支間中央に作用する。対称なので，反力は $V_A=V_B=\dfrac{P}{2}$ となる。

$$V_A=V_B=\dfrac{P}{2}=\dfrac{wl}{2}$$

② せん断力の計算

A点からX点までの等分布換算荷重 $P_X=w\times x$

X点のせん断力　　$S_X=V_A-P_X=\dfrac{wl}{2}-wx$

$x=0$ のとき　$S_X=\dfrac{wl}{2}$，

$x=l$ のとき　$S_X=-\dfrac{wl}{2}$

$S_X=0$ となるとき　$\dfrac{wl}{2}-wx=0$ より，

$x=\dfrac{l}{2}$ のとき M_{max} となる。

③ 曲げモーメントの計算

A点から x 〔m〕のX点の曲げモーメント

$$M_X=V_A\times x-P\times\dfrac{x}{2}=\dfrac{wl}{2}\times x-wx\times\dfrac{x}{2}$$

$$=\dfrac{wlx}{2}-\dfrac{wx^2}{2}$$

$x=0$，$M_A=\dfrac{wl\times 0}{2}-\dfrac{w\times 0^2}{2}=0$

$x=\dfrac{l}{2}$，$M_C=M_{max}=\dfrac{wl}{2}\times\dfrac{l}{2}-\dfrac{w}{2}\times\left(\dfrac{l}{2}\right)^2=\dfrac{wl^2}{8}$

$x=l$，$M_B=\dfrac{wl}{2}\times l-\dfrac{wl^2}{2}=0$

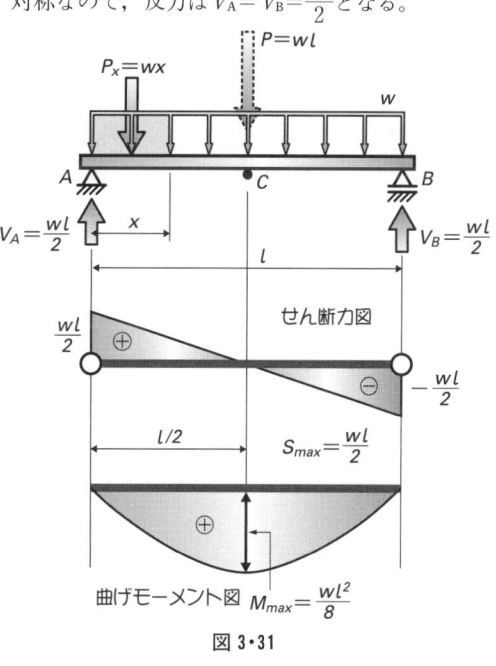

図 3・31

演習問題・3 三角分布荷重を受ける単純ばりのせん断力と曲げモーメントの計算 (p.61)

① 反力の計算

等分布換算荷重　$P_1=w_1 l=4\times 9=36\,\mathrm{kN}$，$P_1$ の作用点Bより，$b_1=4.5\,\mathrm{m}$

三角分布換算荷重　$P_2=\dfrac{(w_2-w_1)\,l}{2}=\dfrac{(10-4)\times 9}{2}=27\,\mathrm{kN}$，$P_2$ の作用点Bより $b_2=3\,\mathrm{m}$

$V_A=\dfrac{P_1\times b_1}{l}+\dfrac{P_2\times b_2}{l}=\dfrac{36\times 4.5}{9}+\dfrac{27\times 3}{9}=27\,\mathrm{kN}$

$V_B=P_1+P_2-V_A=36+27-27=36\,\mathrm{kN}$

② せん断力の計算

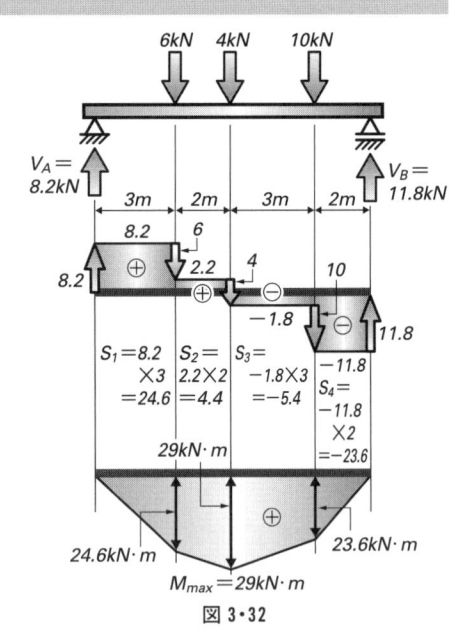

A点からX点までの等分布換算荷重　$P_{X1}=w_1 x=4x$

A点からX点までの三角分布換算荷重　$P_{X2}=\dfrac{(w_2-w_1)x}{l}\times\dfrac{x}{2}=\dfrac{(10-4)x}{9}\times\dfrac{x}{2}=\dfrac{x^2}{3}$

X点のせん断力S_Xとすると

$$S_X=V_A-P_{X1}-P_{X2}=27-4x-\dfrac{x^2}{3}=81-12x-x^2=0$$

モーメントを最大にする点，$S_X=0$とする点は，　$x^2+12x-81=0$

2次方程式を解の公式を用いて解くと

$$x=-6+\sqrt{6^2+81}=\underline{4.82\,\text{m}}$$

2次方程式の解の公式
$ax^2+bx+c=0$
$x=\dfrac{-b\pm\sqrt{b^2-4ac}}{2a}$

③ 曲げモーメントの計算

X点の曲げモーメントM_Xは次の式となる。

$$M_X=V_A\times x-P_{X1}\times\dfrac{x}{2}-P_{X2}\times\dfrac{x}{3}=27\times x-4x\times\dfrac{x}{2}-\dfrac{x^2}{3}\times\dfrac{x}{3}=27x-2x^2-\dfrac{x^3}{9}$$

最大曲げモーメントは，$x=4.82$ m とすると

$$M_{max}=27\times 4.82-2\times 4.82^2-\dfrac{4.82^3}{9}=\underline{71.23\,\text{kN}\cdot\text{m}}$$

演習問題・4　ニューマーク法によるはりの計算 (p.63)

(1) 反力計算

$$V_A=\dfrac{10\times 2}{10}+\dfrac{4\times 5}{10}+\dfrac{6\times 7}{10}=8.2\,\text{kN}$$

$$V_B=\dfrac{10\times 8}{10}+\dfrac{4\times 5}{10}+\dfrac{6\times 3}{10}=11.8\,\text{kN}$$

図3・32

(2) 反力計算

等分布換算荷重 $P = wa = 4 \times 6 = 24$ kN,
作用点はB点より 9 mの位置

$$V_A = \frac{8 \times 3}{12} + \frac{24 \times 9}{12} = 20 \text{ kN}$$

$$V_B = \frac{8 \times 9}{12} + \frac{24 \times 3}{12} = 12 \text{ kN}$$

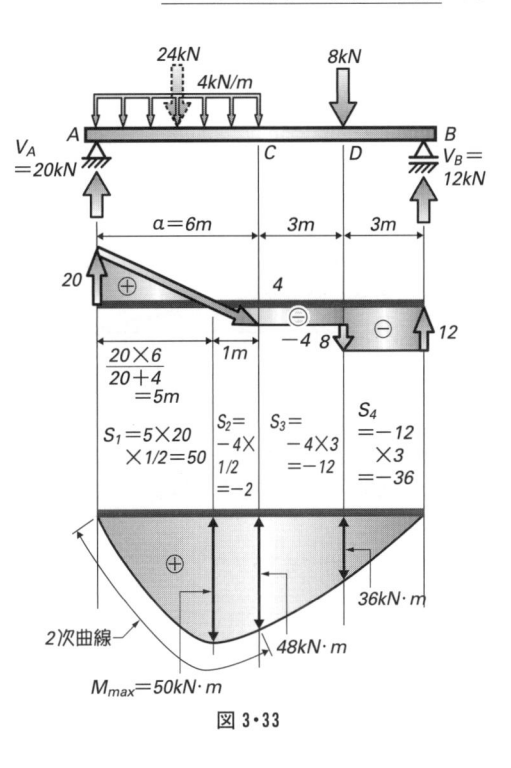

(3) 反力計算

三角分布換算荷重

$P_1 = 6 \times \frac{3}{2} = 9$ kN,

等分布換算荷重

$P_2 = 6 \times 4 = 24$ kN

$$V_A = \frac{6 \times 1}{12} + \frac{24 \times 5}{12} + \frac{9 \times 10}{12}$$

$\quad = 18$ kN

$$V_B = \frac{6 \times 11}{12} + \frac{24 \times 7}{12} + \frac{9 \times 2}{12}$$

$\quad = 21$ kN

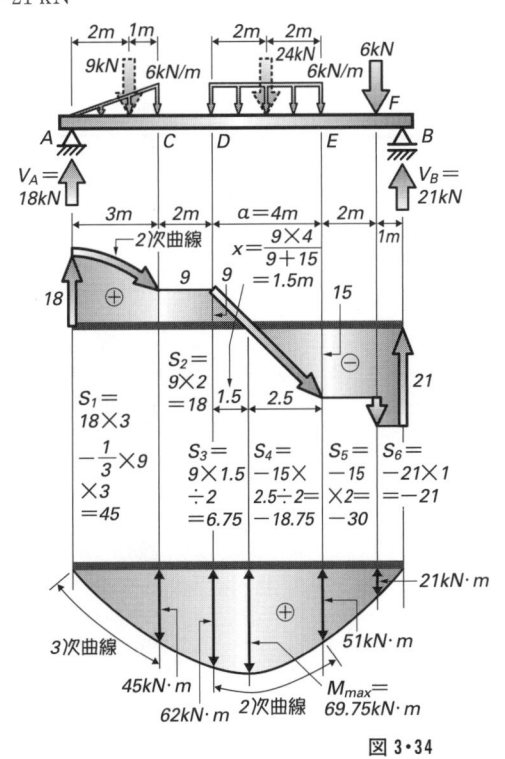

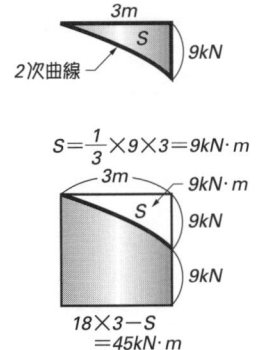

図 3・33

図 3・34

演習問題・5　片持ばりのせん断力と曲げモーメントの計算　(p.65)

(1) 等分布換算荷重　$P_1 = 6 \times 5 = 30$ kN

　　三角分布換算荷重　$P_2 = 6 \times \dfrac{6}{2} = 18$ kN

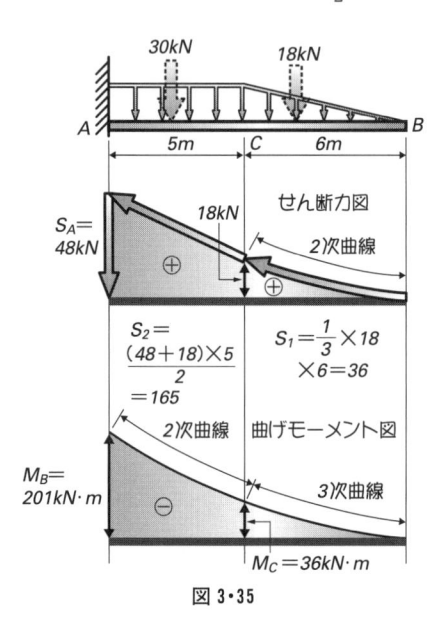

$S_A = 48$ kN

$S_1 = \dfrac{1}{3} \times 18 \times 6 = 36$

$S_2 = \dfrac{(48+18) \times 5}{2} = 165$

$M_B = 201$ kN·m

$M_C = 36$ kN·m

図 3・35

(2) 等分布換算荷重　$P = 6 \times 2 = 12$ kN

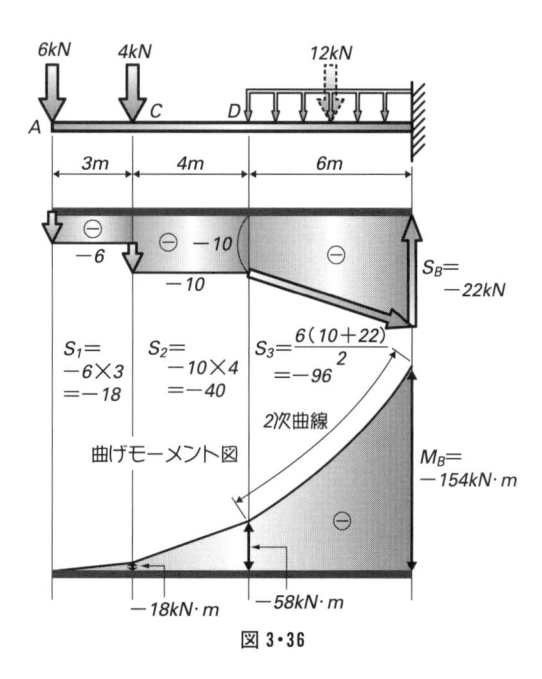

$S_1 = -6 \times 3 = -18$

$S_2 = -10 \times 4 = -40$

$S_3 = \dfrac{6(10+22)}{2} = -96$

$S_B = -22$ kN

$M_B = -154$ kN·m

-18 kN·m　　-58 kN·m

図 3・36

(3) AC区間等分布換算荷重　$P_3 = 2 \times 7 = 14$ kN

　　CB区間等分布換算荷重　$P_4 = 2 \times 2 = 4$ kN

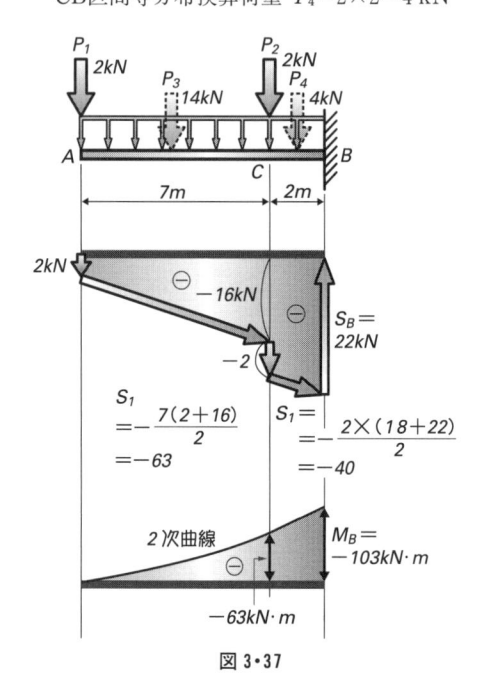

$S_1 = -\dfrac{7(2+16)}{2} = -63$

$S_1 = -\dfrac{2 \times (18+22)}{2} = -40$

$S_B = 22$ kN

$M_B = -103$ kN·m

-63 kN·m

図 3・37

演習問題・6　張出しばりのせん断力と曲げモーメントの計算　(p.67)

(1) 反力の計算

対称構造なので，$P = 4 \text{ kN/m} \times 12 \text{ m} = 48 \text{ kN}$

$V_A = V_B = \dfrac{48}{2} = 24 \text{ kN}$

(2) せん断力図の描画

C→A→E→B→D

の順に外力を集計することでせん断力図を描く。

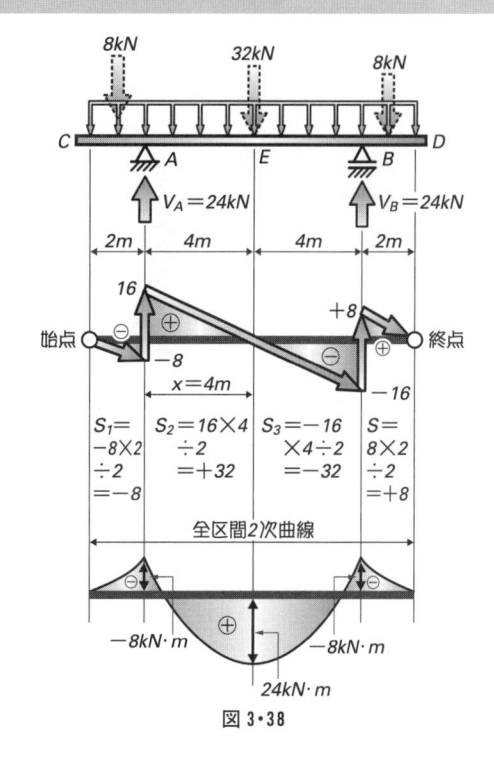

図 3・38

演習問題・7　ゲルバーばり・間接荷重ばりのせん断力と曲げモーメントの計算 (p.71)

1 単純ばりACのC点を片持ちばりCBのC点にのせる形のゲルバーばりである。

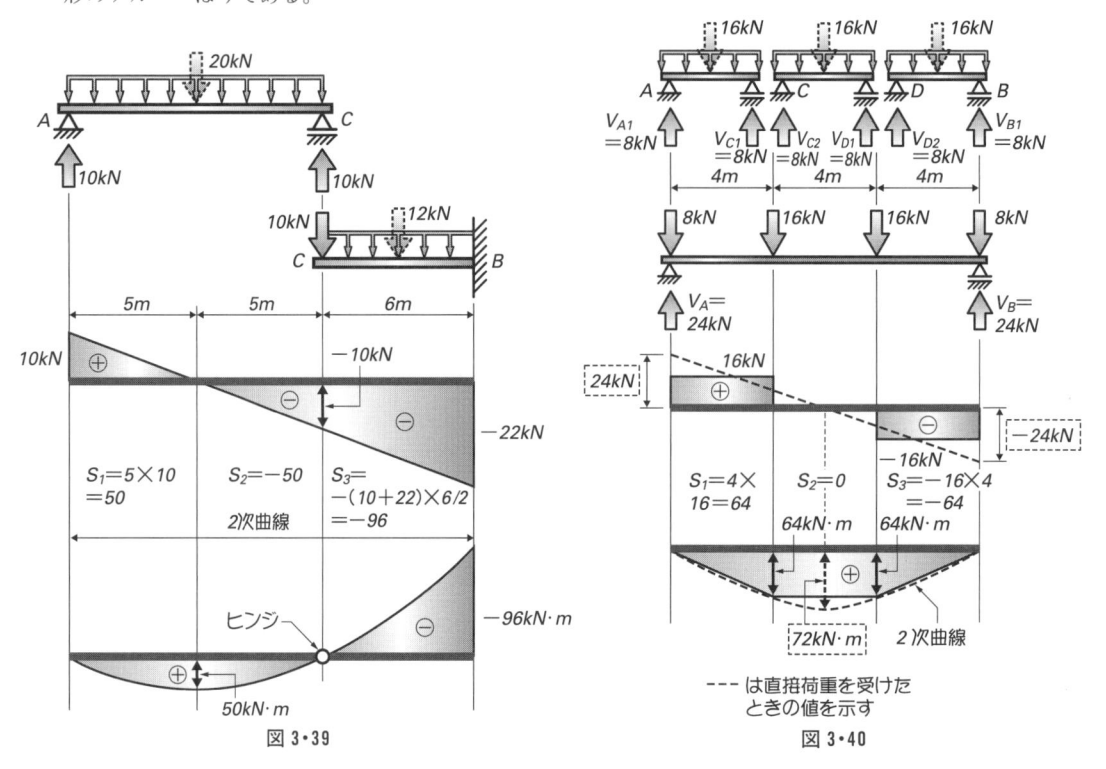

図 3・39

2

図 3・40

--- は直接荷重を受けたときの値を示す

第 4 章
移動荷重を受ける静定ばりの計算

4・1　影響線による単純ばりの反力とせん断力の計算 ……… 80

4・2　影響線による単純ばりの曲げモーメントの計算 ……… 82

4・3　影響線による片持ばりのせん断力と
　　　曲げモーメントの計算 ……… 84

4・4　影響線による張出しばりのせん断力と
　　　曲げモーメントの計算 ……… 86

4・5　影響線によるゲルバーばりのせん断力
　　　と曲げモーメントの計算 ……… 88

4・6　影響線による間接荷重ばりのせん断力
　　　と曲げモーメントの計算 ……… 90

4・7　移動荷重を受ける単純ばりの
　　　最大せん断力の計算 ……… 92

4・8　移動荷重を受ける単純ばりの
　　　最大曲げモーメントの計算 ……… 94

4・9　移動荷重を受ける単純ばりの
　　　絶対最大曲げモーメントの計算 ……… 96

第4章演習問題の解説・解答 ……… 98

4・1 影響線による単純ばりの反力とせん断力の計算

• 土木構造物には，自動車荷重・列車荷重などの移動する荷重が作用する。構造物に作用する最大曲げモーメントや最大せん断力を求めるため，荷重の作用位置を確定する必要がある。このとき利用されるのが影響線である。

(1) 単純ばりの反力とせん断力の影響線

① 反力 V_A, V_B の影響線

図 4・1 に示すように，単位荷重 $P=1$ を A 点から x 〔m〕に作用させたときの反力は，

$$\left.\begin{array}{l} V_A = \dfrac{P(l-x)}{l} = \dfrac{1\times(l-x)}{l} = 1 - \dfrac{x}{l} \\ V_B = 1 \times \dfrac{x}{l} = \dfrac{x}{l} \end{array}\right\} \quad \cdots\cdots (4\cdot1)$$

となる。この x の値に，0，$0.1l$，$0.2l$，……，$0.9l$，l の各値を代入して縦距 y を求め，V_A，V_B を求めると，表 4・1 のようになる。これを，図 4・1 に示したものが，反力 V_A，V_B の影響線である。

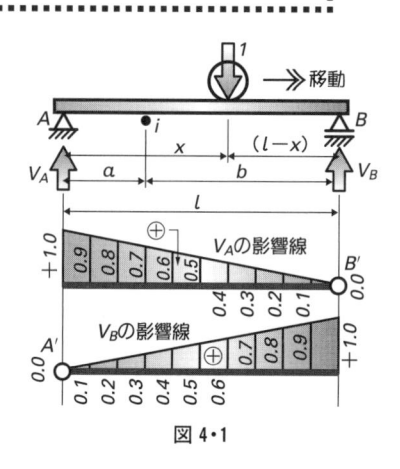

図 4・1

表 4・1

x	0	$0.1l$	$0.2l$	$0.3l$	$0.4l$	$0.5l$	$0.6l$	$0.7l$	$0.8l$	$0.9l$	l
$V_A = 1 - \dfrac{x}{l}$	1	0.9	0.8	0.7	0.6	0.5	0.4	0.3	0.2	0.1	0
$V_B = \dfrac{x}{l}$	0	0.1	0.2	0.3	0.4	0.5	0.6	0.7	0.8	0.9	1

② せん断力 S_i の影響線

図 4・2 において，はり AB 間に i 点を定め，単位荷重 $P=1$ が Ai 間に作用するときの i 点のせん断力を S_i とすると，

$$S_i = V_A - 1 = 1 - \dfrac{x}{l} - 1 = -\dfrac{x}{l} = -V_B \quad \cdots\cdots (4\cdot2)$$

iB 間に単位荷重 $P=1$ が作用するとき，S_i は，

$$S_i = V_A = 1 - \dfrac{x}{l} \quad \cdots\cdots (4\cdot3)$$

したがって，せん断力 S_i の影響線は，

　Ai 間は $S_i = -V_B$ の影響線を，

　iB 間は $S_i = V_A$ の影響線を描く。

したがって，全区間について S_i の影響線を描くと図 4・2 のようになる。

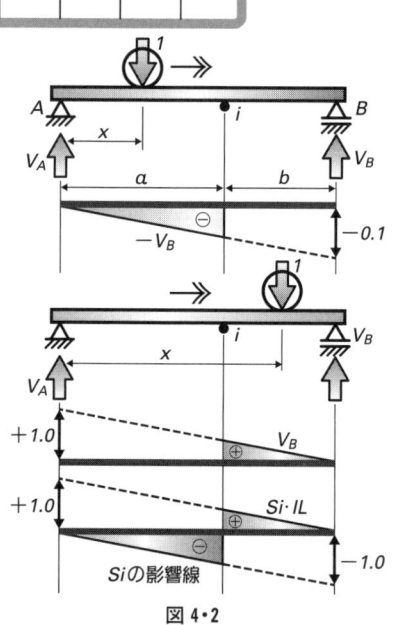

図 4・2

例題・1

図4·3に示す単純ばりに作用する荷重による，反力V_A, V_Bおよびせん断力S_iを，影響線を用いて求めよ。ただし，i点はA点より4mとする。

解答 影響線による反力V_Aの計算

① A点に，上側に+1.0を取り，B点の0と結びV_Aの影響線を描く。

② 集中荷重$P_2=10$kNの縦距y_1はB'を起点に10/12を，等分布荷重D点の縦距y_2はB'を起点に6/12を求める。

③ 反力V_Aは，次のように計算する。

$$V_A = P_2 \times 縦距(y_1) + w \times 三角形の面積(S_1)$$

$$\left(S_1 = \frac{6}{12} \times 6 \times \frac{1}{2} = 1.5\,\mathrm{m}\right)$$

である。

$P=10$kN, $y_1=10/12$, $w=2$kN/m, $S_1=1.5$m

の各値を代入すると，

$$V_A = 10\,\mathrm{kN} \times 10/12 + 2\,\mathrm{kN/m} \times 1.5\,\mathrm{m}$$
$$= 8.33 + 3.0 = \underline{11.33\,\mathrm{kN}}$$

④ 反力V_Bは，V_Aと同様に計算する。

$V_B = P_2 \times 縦距(y_1) + w \times 台形の面積(S_2)$ ($S_2 = (1+6/12) \times 6/2 = 4.5$m)

縦距y_1, y_2は，起点A'からの距離$y_1=2/12$, $y_2=6/12$とする。

$P_2=10$kN, $w=2$kN/m, $S_2=4.5$m

$$V_B = P_2 \times y_1 + w \times S_2 = 10 \times \frac{2}{12} + 2 \times 4.5 = 1.67 + 9 = \underline{10.67\,\mathrm{kN}}$$

⑤ せん断力S_iは，V_A, V_Bと同様の計算方法で求める。

$P_2=10$kN, $y_1 = -\dfrac{2}{12}$, $w=2$kN/m, 三角形の面積$S_1=1.5$m

$$S_i = P_2 \times y_1 + w \times S_1 = -10\,\mathrm{kN} \times \frac{2}{12} + 2 \times 1.5 = -1.67 + 3.0 = \underline{1.33\,\mathrm{kN}}$$

図4·3

演習問題・1

図4·4の単純ばりにおけるi点のせん断力S_iを，影響線を用いて求めよ。

(解説・解答：p.98)

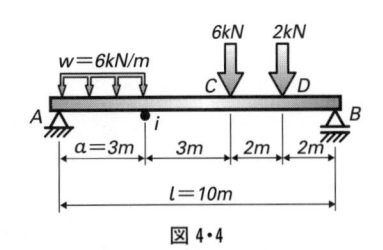

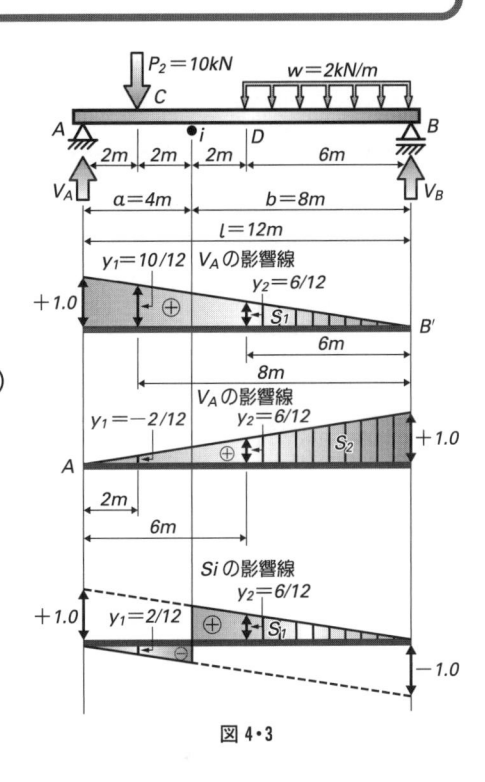

図4·4

4・2 影響線による単純ばりの曲げモーメントの計算

- 影響線を用いれば，反力の計算やせん断力の計算などの手順を踏まなくても，ある点 i の曲げモーメント M_i を直接求めることができる。

(1) 単純ばりの曲げモーメントの影響線

図 4・5(a)のように，単位荷重 $P=1$ を A 点から x〔m〕の Ai 間に作用させたときの，i 点の曲げモーメント M_i は，

$$M_i = V_A \times a - 1 \times (a-x)$$

となる。

ここで，$V_A = (l-x)/l$，$V_B = x/l$ であるから

$$M_i = \left(1 - \frac{x}{l}\right) \times a - a + x = \left(1 - \frac{a}{l}\right)x$$

$$= (l-a) \times \frac{x}{l} = b \times \frac{x}{l} = b \times V_B \quad \cdots\cdots (4・4)$$

すなわち，A〜i 間の M_i の影響線は反力の影響線 V_B を b 倍したものである。モーメントの影響線は，曲げモーメントと同様に正のときは下側に描くものとすると，図(4・5・1)のようになる。

図(4・5・2)のように，単位荷重 $P=1$ を，iB 間に作用させたときの i 点の曲げモーメント M_i は，

$$M_i = V_A \times a \quad \cdots\cdots\cdots\cdots\cdots\cdots\cdots\cdots\cdots (4・5)$$

となり，V_A の影響線を a 倍したものを描く。

i 点における縦距 y は ab/l となる。

図(4・5・1)，(4・5・2)を一体化すると，図(4・5・3)のように，M_i の影響線が求められる。

したがって，A 点に $a = \overline{\mathrm{Ai}}$ を，B 点に $b = \overline{\mathrm{iB}}$ を取り，交差する三角形を描けば，i 点の曲げモーメントの影響線 M_i が描ける。

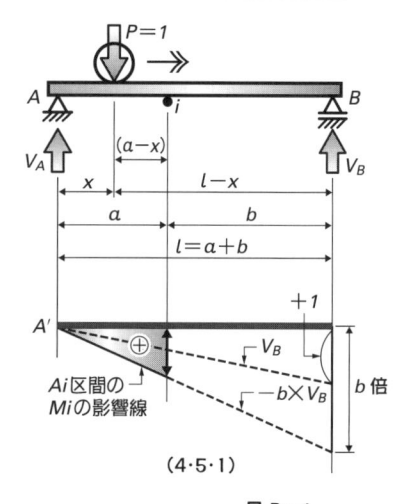

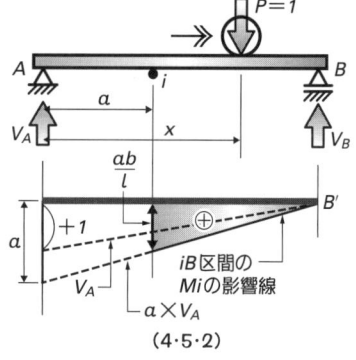

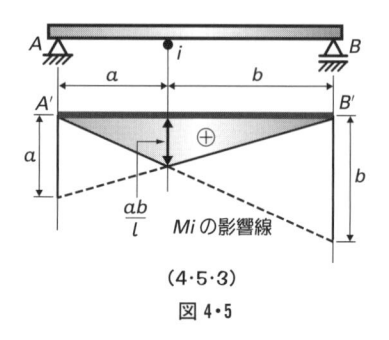

図 4・5

4・2 影響線による単純ばりの曲げモーメントの計算

例題・2

図4・6に示す単純ばりのi点の曲げモーメントM_iを影響線を用いて計算せよ。

解答

① M_iの影響線は，A′点に$a=4$ m，B′点に$b=10$ mを取り，三角形を描いて求める。

縦距yの計算

$a=4$ m, $b=10$ mを図4・6のようにとり，三角形の頂点A′, B′からの縦距yを求める。このとき，あらかじめ三角形の頂点A′またはB′からの距離を示しておく。

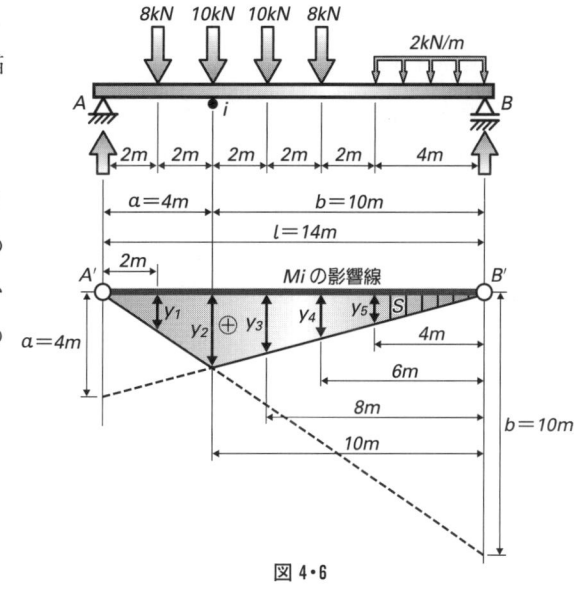

$$y_1 = 2 \times \frac{b}{l} = 2 \times \frac{10}{14} = 1.43 \text{ m}$$

$$y_2 = 4 \times \frac{b}{l} = 4 \times \frac{10}{14} = 2.86 \text{ m}$$

$$y_3 = 8 \times \frac{a}{l} = 8 \times \frac{4}{14} = 2.29 \text{ m}$$

$$y_4 = 6 \times \frac{a}{l} = 6 \times \frac{4}{14} = 1.71 \text{ m}$$

$$y_5 = 4 \times \frac{a}{l} = 4 \times \frac{4}{14} = 1.14 \text{ m}$$

(三角形の面積)$S = y_5 \times \dfrac{4}{2} = 1.14 \times \dfrac{4}{2} = 2.28 \text{ m}^2$

② 曲げモーメントM_iの計算

$M_i = 8 \times y_1 + 10 \times y_2 + 10 \times y_3 + 8 \times y_4 + 2 \times S$
$= 8 \times 1.43 + 10 \times 2.86 + 10 \times 2.29 + 8 \times 1.71 + 2 \times 2.28 = \underline{81.18 \text{ kN·m}}$

図4・6

演習問題・2

図4・7について，i点の曲げモーメントM_iを求めよ。　　(解説・解答：p.98〜99)

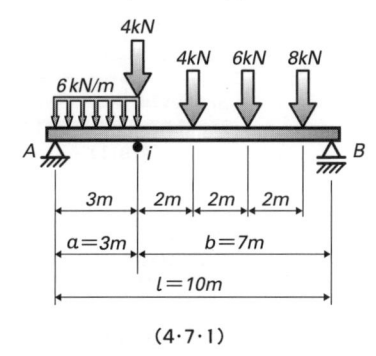

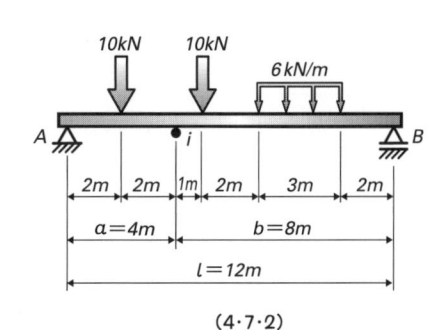

(4・7・1)　　(4・7・2)

図4・7

4・3 影響線による片持ばりのせん断力と曲げモーメントの計算

• 片持ばりの影響線の符号については，曲げモーメント M_i は常に負で，せん断力の影響線の符号は，左側に張出すと負⊖，右側に張出すと正⊕となる。

（1） 左側に張出す片持ばりの影響線

図 4・8 において，単位荷重 $P=1$ を先端A点より x〔m〕のX点に作用させて，i 点のせん断力 S_i と曲げモーメント M_i の影響線を求める。

① せん断力の影響線

単位荷重がAi間にあるとき，i 点のせん断力は，i 点の左側の外力の集計であるから，

$$0 \leq x \leq a \quad S_i = -P = -1 \quad \cdots\cdots\cdots (4\cdot6)$$

また，単位荷重 $P=1$ が iB間に移動すると，Ai間に外力がないので 0 となる。

すなわち，$a < x \leq l \quad S_i = 0$

これを図示するとA点から -1 をとり，図（4・8・1）となる。

② 曲げモーメントの影響線

単位荷重 $P=1$ が Ai間にあるとき，i 点の曲げモーメントは，i 点より左側の外力のモーメントの集計であるから，

$$0 \leq x \leq a \quad M_i = -P \times (a-x) = -(a-x) \quad \cdots\cdots\cdots (4\cdot7)$$

また，iB間に単位荷重が移動したときは，Ai間に外力がないので $M_i = 0$ となる。これを図に示すと，A点から $-a$ を上側にとり図（4・8・2）となる。

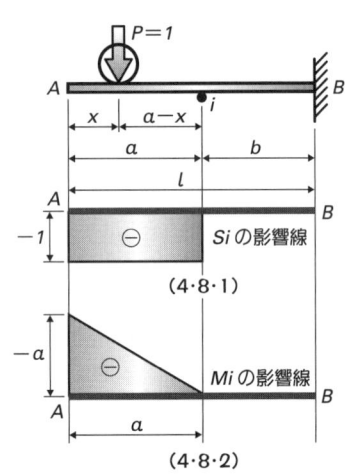

図 4・8 左側に張出す片持ばりの影響線

（2） 右側に張出す片持ばりの影響線

右側から計算するので，B点から単位荷重 $P=1$ までの距離を x〔m〕とすると，

$0 \leq x \leq b \quad S_i = (\text{Bi間の外力の合計}) = +P = +1$
　　　　　　　　　　（下向き正とする）

$M_i = (\text{Bi間の外力のモーメントの合計})$
　　　$= -P \times (b-x) = -(b-x)$
　　　（時計回り負とする）

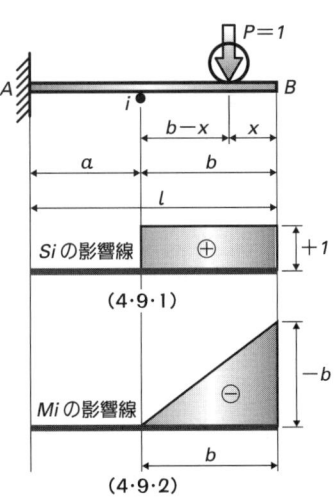

$b < x \leq l$ ではともに 0 で，　$S_i = 0, \ M_i = 0$

となる。これを図示すると，図（4・9・1），（4・9・2）のようになる。

図 4・9 右側に張出す片持ばりの影響線

例題・3

図4・10，図4・11の片持ばりについて，i点のせん断力S_iとi点の曲げモーメントM_iを求めよ。

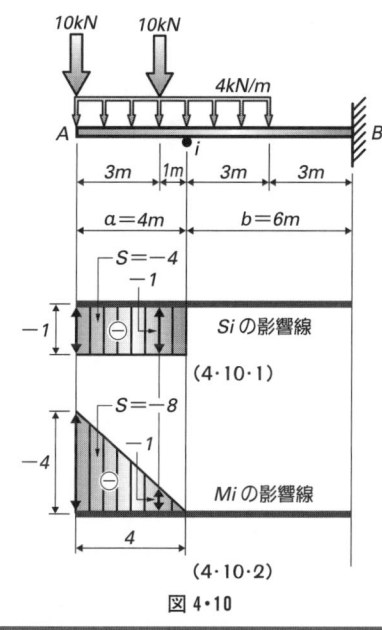

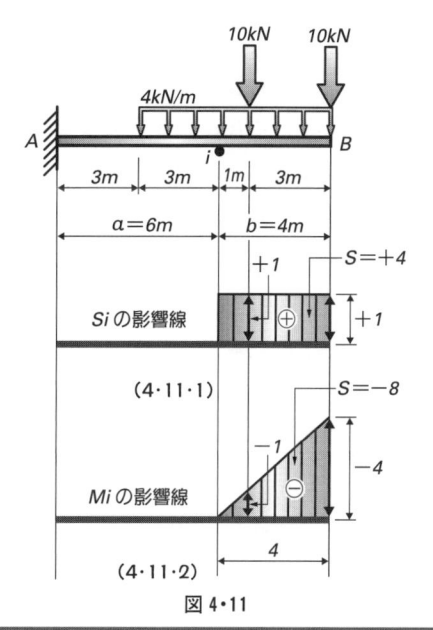

図4・10

図4・11

解答 図4・10，S_iの影響線，およびM_iの影響線は，図(4・10・1)，(4・10・2)のようになり，各縦距yおよび，Ai間の等分布の下の面積Sは図示のとおりである。したがって，S_i，M_iは，次のようになる。

$$S_i = 10 \times (-1) + 10 \times (-1) + 4 \times (-1 \times 4) = \underline{-36 \text{ kN}}$$

$$M_i = 10 \times (-4) + 10 \times (-1) + 4 \times \left(-4 \times \frac{4}{2}\right) = \underline{-82 \text{ kN} \cdot \text{m}}$$

図4・11についても，同様に計算すると

$$S_i = 10 \times 1 + 10 \times 1 + 4 \times 4 = \underline{+36 \text{ kN}}$$

$$M_i = 10 \times (-4) + 10 \times (-1) + 4 \times \left(-4 \times \frac{4}{2}\right) = \underline{-82 \text{ kN} \cdot \text{m}}$$

したがって，左側に張出すときと，右側に張出すときの違いは，せん断力の符号が異なっている点だけである。

演習問題・3

図4・12に示す左側に張出す片持ばりのi点のせん断力S_iと曲げモーメントM_iを求めよ。また，右側に張出す片持ばりとするときのS_iとM_iを求めよ。

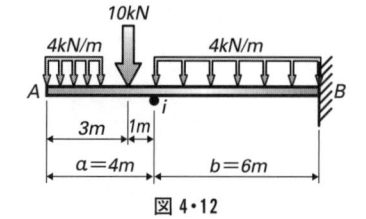

(解説・解答：p.99)

図4・12

4・4 影響線による張出しばりのせん断力と曲げモーメントの計算

- 張出しばりの影響線は，i点が支点ABの間にあるとき，単純ばりの影響線を延長して求め，i点が片持部分にあるときは，片持ばりの影響線により求める．

（1）張出しばりの影響線

張出しばりの影響線は，i点が支点AB間にあるとき，単純ばりの影響線を左右に延長して描けることを示そう．

① せん断力S_iの影響線

単位荷重$P=1$がCi間にあるとき，i点のせん断力S_iは，

$$S_i = -1 + V_A = -V_B$$

となり，$-V_B$の影響線を描く．単位荷重$P=1$がiD間にあるときのi点のせん断力S_iは，次式となる．

$$S_i = V_A$$

したがって，Ci間，iD間の影響線を描くと図（4・13・1）のようにS_iの影響線が描ける．

② 曲げモーメントM_iの影響線

単位荷重$P=1$がCi間にあるときのM_iを求める．

$$\Sigma M_B = -1 \times (x+b) + V_A \times l = 0 \quad \text{より}$$

$$V_A = \frac{x+b}{l}$$

$$\Sigma V = V_A + V_B - 1 = 0$$

$$V_B = 1 - V_A = 1 - \frac{x+b}{l} = \frac{(a+b)-x-b}{l} = \frac{a-x}{l}$$

i点の曲げモーメントM_iは，Ci間に単位荷重があるときの$l=a+b$を用いて，

$$M_i = -1 \times x + V_A \times a = \frac{-lx+(x+b)a}{l} = \frac{-ax-bx+ax+ab}{l} = \frac{b(a-x)}{l} = b \times \frac{a-x}{l} = b \times V_B$$

となり，V_Bの影響線をb倍する．

また，単位荷重$P=1$がiD間にあるときは，

$$M_i = V_A \times a$$

となり，V_Aの影響線をa倍するとよい．

以上から，曲げモーメントM_iの影響線は図（4・13・2）のように，単純ばりの影響線を左右に延長すればよいことがわかる．

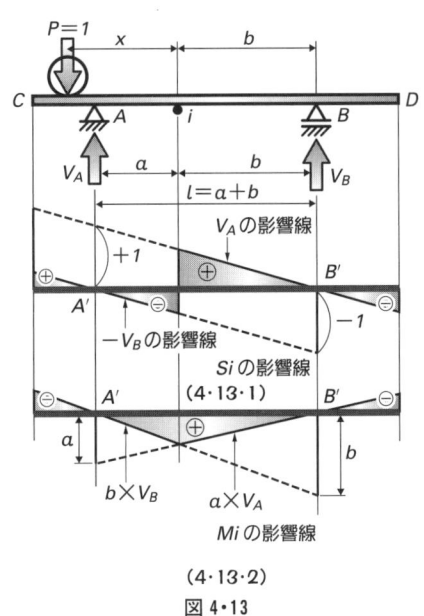

図4・13

4・4 影響線による張出しばりのせん断力と曲げモーメントの計算

例題・4

図4・14に示す張出しばりに，図のような外力が作用するとき，i点のせん断力S_iとM_iを求めよ。

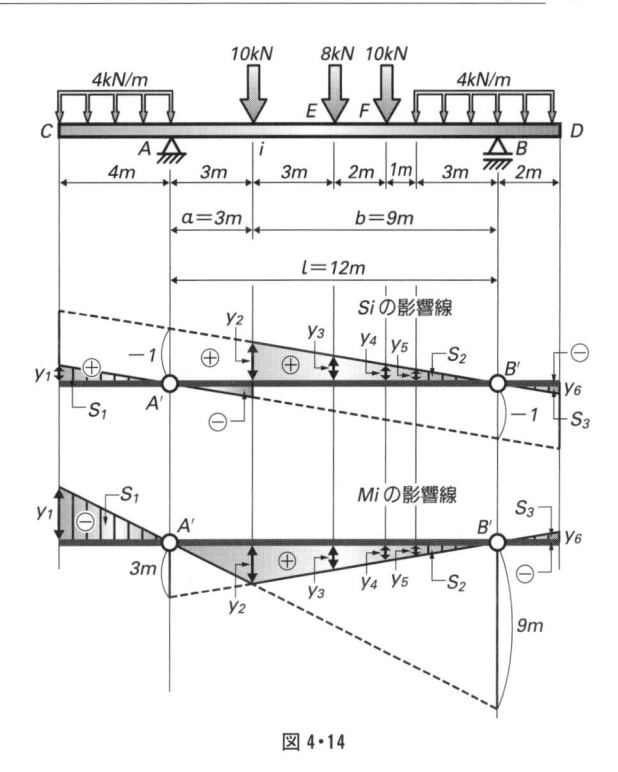

解答 ① S_iの計算：S_iの影響線の起点A'からy_1を，起点B'からy_2，y_3，y_4，y_5，y_6を求める。

$y_1 = +\dfrac{4}{12}$, $y_2 = +\dfrac{9}{12}$,

$y_3 = +\dfrac{6}{12}$, $y_4 = +\dfrac{4}{12}$,

$y_5 = +\dfrac{3}{12}$, $y_6 = -\dfrac{2}{12}$,

$S_1 = +y_1 \times 4 \div 2 = \dfrac{4}{12} \times 4 \div 2 = \dfrac{8}{12}$,

$S_2 = y_5 \times 3 \div 2 = \dfrac{3}{12} \times 3 \div 2 = \dfrac{4.5}{12}$,

$S_3 = -y_6 \times 2 \div 2 = -\dfrac{2}{12} \times 2 \div 2 = -\dfrac{2}{12}$

$S_i = +4 \times \dfrac{8}{12} + 10 \times \dfrac{9}{12} + 8 \times \dfrac{6}{12} + 10 \times \dfrac{4}{12} + 4 \times \dfrac{4.5}{12} - 4 \times \dfrac{2}{12}$

$= \dfrac{32 + 90 + 48 + 40 + 18 - 8}{12} = \underline{18.33 \text{ kN}}$

② M_iの計算：M_iの影響線の起点A'からy_1を，起点B'からy_2，y_3，y_4，y_5，y_6を求める。

$y_1 = -4 \times \dfrac{9}{12} = -\dfrac{36}{12}$, $y_2 = +9 \times \dfrac{3}{12} = \dfrac{27}{12}$, $y_3 = 6 \times \dfrac{3}{12} = \dfrac{18}{12}$,

$y_4 = 4 \times \dfrac{3}{12} = \dfrac{12}{12}$, $y_5 = 3 \times \dfrac{3}{12} = \dfrac{9}{12}$, $y_6 = -2 \times \dfrac{3}{12} = -\dfrac{6}{12}$

$S_1 = -y_1 \times 4 \div 2 = -\dfrac{36}{12} \times 4 \div 2 = -\dfrac{72}{12}$,

$S_2 = y_5 \times 3 \div 2 = \dfrac{9}{12} \times 3 \div 2 = \dfrac{13.5}{12}$,

$S_3 = -y_6 \times 2 \div 2 = -\dfrac{6}{12} \times 2 \div 2 = -\dfrac{6}{12}$

$M_i = -4 \times \dfrac{72}{12} + 10 \times \dfrac{27}{12} + 8 \times \dfrac{18}{12} + 10 \times \dfrac{12}{12} + 4 \times \dfrac{13.5}{12} - 4 \times \dfrac{6}{12}$

$= \dfrac{-288 + 270 + 144 + 120 + 54 - 24}{12} = \underline{23 \text{ kN·m}}$

図4・14

演習問題・4

図4・15の張出しばりのi点のせん断力S_iとM_iを影響線により求めよ。

（解説・解答：p.99）

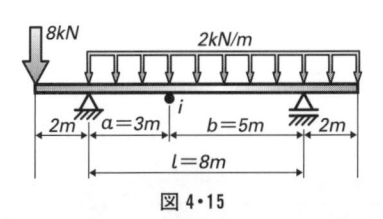

図4・15

4・5 影響線によるゲルバーばりのせん断力と曲げモーメントの計算

- ゲルバーばりの影響線は，張出しばりの影響線と，ヒンジで単純ばりと連結し，単純ばりの支点上で曲げモーメントが0となるようにして描かれる。せん断力，曲げモーメントの計算は，他の場合と同様にして求める。

（1） ゲルバーばりの影響線

ゲルバーばりは，一般に張出しばりや片持ばりと単純ばりをヒンジで連結したものである。図4・16のように，ゲルバーばりのi点のせん断力S_iおよびM_iでの影響線は，張出し部の影響線を求め，ヒンジ点において単純ばりと連結して描く。

① 支点Aの反力V_Aの計算

E点からxの位置に単位荷重$P=1$が作用するとき，ヒンジDの反力はV_Dとなる。このV_Dは，張出しばりの先端に作用する。このV_DによるA点の反力V_AはB点のモーメントのつりあいから，

$$\Sigma M_B = V_A \times l + V_D \times c = 0$$

よって，$V_A = -V_D \times \dfrac{c}{l}$ となる。

② DE間のせん断力S_iの影響線

$S_i = V_A = -V_D \times \dfrac{c}{l}$は，DE区間の$S_i$の影響線で，DE間の反力$V_D$の$-\dfrac{c}{l}$倍したものである。これを示せば図（4・16・1）のようになり，D点で接続する折線となる。

③ DE区間の曲げモーメントM_iの影響線

$$M_i = V_A \times a = \left(-V_D \times \dfrac{c}{l}\right) \times a$$

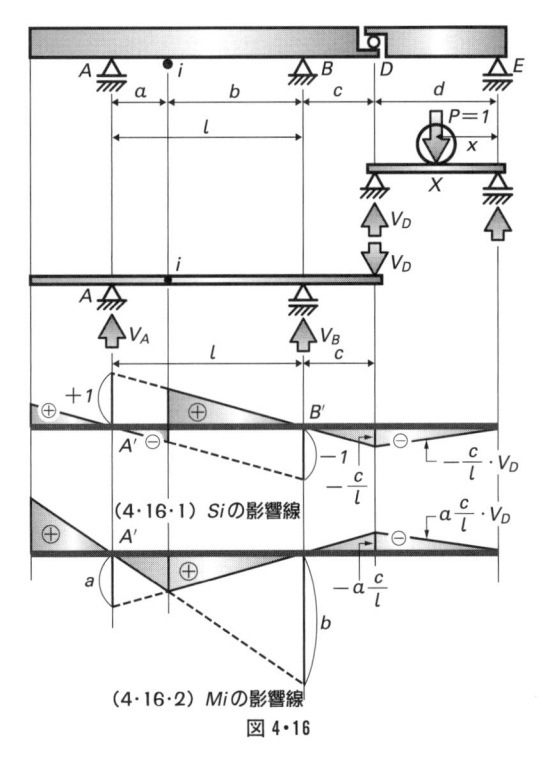

となり，DE区間のV_Aの影響線$\left(-V_D \times \dfrac{c}{l}\right)$の$a$倍となる。$M_i$について示すと，図（4・16・2）のようになる。

（4・16・1）S_iの影響線

（4・16・2）M_iの影響線

図4・16

例題・5

図4・17のゲルバーばりのi点のせん断力S_iと曲げモーメントM_iを影響線を用いて求めよ。

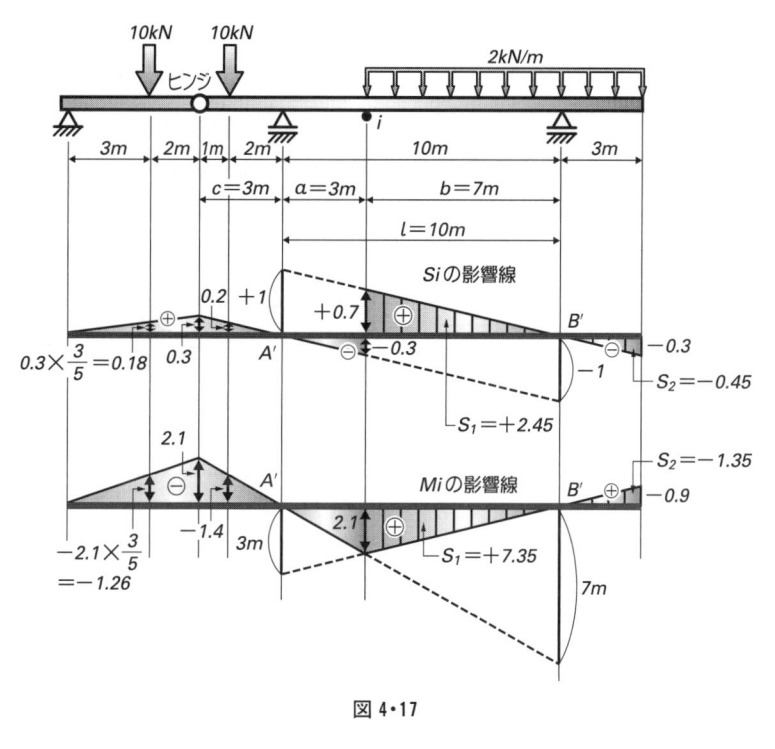

図4・17

解答 i点のせん断力の影響線S_iと曲げモーメントの影響線M_iを描き，各縦距yと面積Sを計算して求める。

$S_i = 10 \times 0.18 + 10 \times 0.2 + 2 \times 2.45 - 2 \times 0.45 = 1.8 + 2 + 4.9 - 0.9 = \underline{7.8 \text{ kN}}$

$M_i = -10 \times 1.26 - 10 \times 1.4 + 2 \times 7.35 - 2 \times 1.35 = -12.6 - 14 + 14.7 - 2.7 = \underline{-14.6 \text{ kN} \cdot \text{m}}$

演習問題・5

図4・18のi点のS_iとM_iを影響線を用いて計算せよ。はりDEF間に作用する荷重によるS_i，M_iへの影響は全くない点に注意しよう。

(解説・解答：p.100)

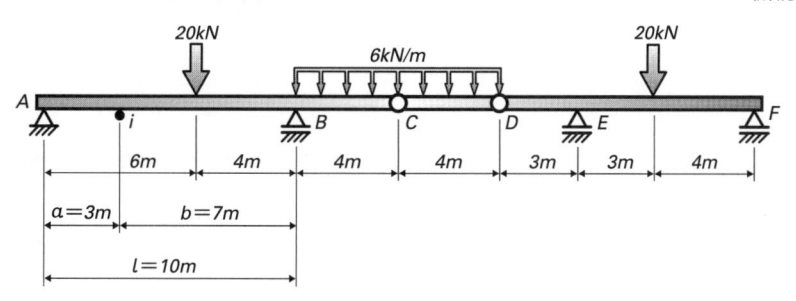

図4・18

4・6 影響線による間接荷重ばりのせん断力と曲げモーメントの計算

- i点が含まれる間接荷重の区間を除いては，単純ばりの影響線を用いる。i点を含む間接荷重区間については，単純ばりの影響線の両端を直線で連結する。

（1） i点を含む区間のせん断力の影響線

i点がCD区間にあるときのせん断力S_iは，図4・19から$S_i = V_A - V_C$である。

このため，V_Aの影響線から$-V_C$の影響線を重ね合わせる。

V_Aの影響線の縦距yは起点B'として，$y_C' = 0.75$, $y_b' = 0.5$であり，支間CDの$-V_C$の影響線の縦距は，

$$y_C'' = -1.0, \quad y_b'' = 0$$

したがって，C点のS_iの縦距は，

$$y_C = y_C' + y_C'' = 0.75 - 1.0 = -0.25$$
$$y_b = y_b' + y_b'' = 0.5 + 0 = +0.5$$

これを，S_iの影響線に示すと図（4・19・1）のようになる。

（2） i点を含む区間の曲げモーメントの影響線

i点がCD区間にあるときの曲げモーメントM_iは

$$M_i = V_A \times a - V_C \times c$$

である。このことから，$V_A \times a$の影響線と$-V_C \times c$の影響線を重ね合わせる。

V_Aの影響線はa倍して，V_Cの影響線をc倍したものを引くから，これを図上で示すと図（4・19・2）のようになる。

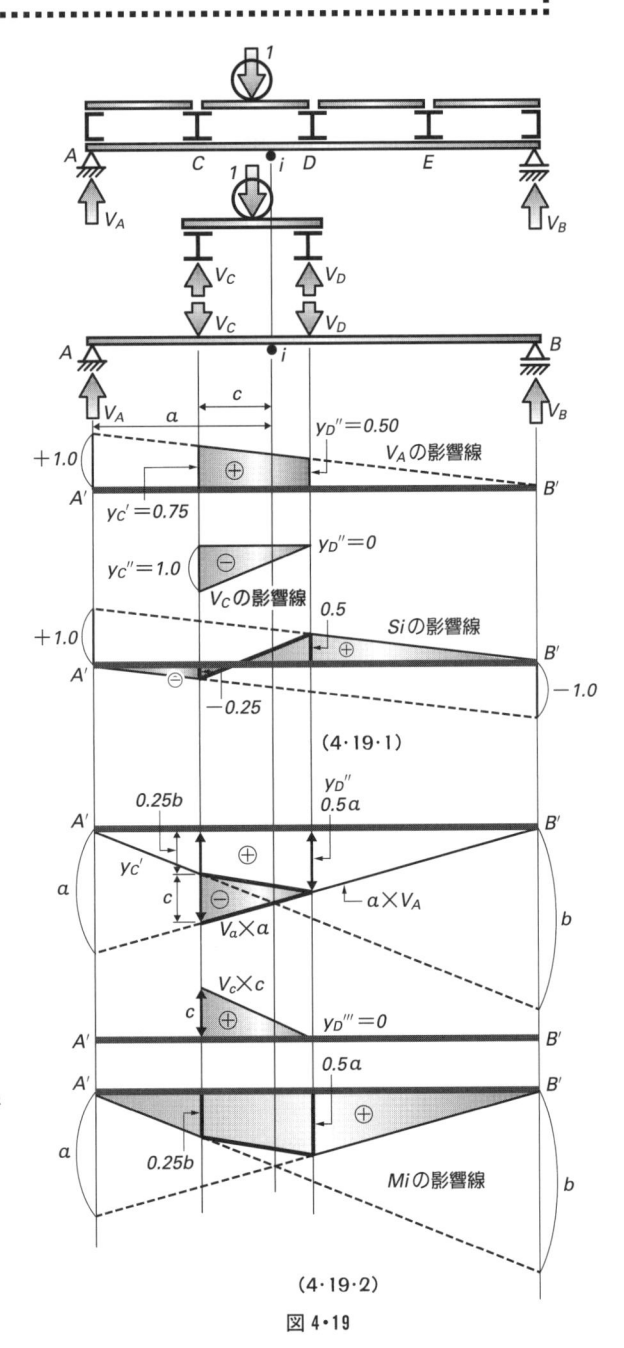

図4・19

4・6 影響線による間接荷重ばりのせん断力と曲げモーメントの計算

例題・6

図 4・20 の間接荷重ばりの i 点のせん断力 S_i と曲げモーメント M_i を影響線を用いて求めよ。

解答 間接荷重ばりの，i 点を含む区間の影響線は，i 点を含まない区間の影響線を描いて，i 点を含む区間は，相互に直線で結べばよい。図 4・20 についていえば，S_i の影響線では C' と D' を，M_i の影響線では C'' と D'' を直線で結ぶ。

① S_i の計算

各点の縦距は，比例計算で図 (4・20・1) のように求まる。

$$S_i = -P_1 \times 0.125 + P_2 \times 0.125 + w \times S$$
$$= -10 \times 0.125 + 10 \times 0.125 + 2 \times 2$$
$$= \underline{4 \text{ kN}}$$

② M_i の計算

図 (4・20・2) に示す面積と縦距を用いて求める。

$$M_i = P_1 \times 1.125 + P_2 \times 2.875 + 2 \times S$$
$$= 10 \times 1.125 + 10 \times 2.875 + 2 \times 14$$
$$= \underline{68 \text{ kN·m}}$$

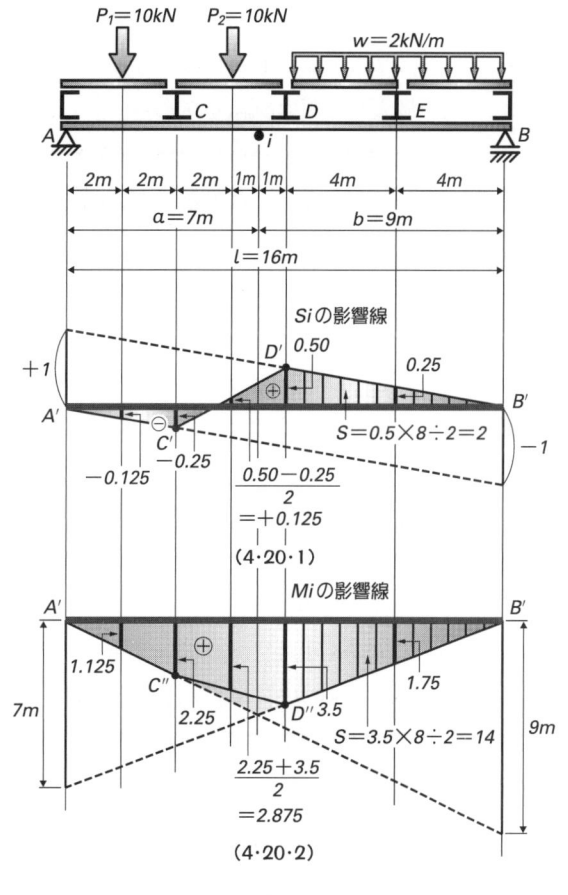

図 4・20

演習問題・6

図 4・21 に示す，間接荷重ばりの i 点のせん断力 S_i と曲げモーメント M_i を求めよ。

(解説・解答：p.100)

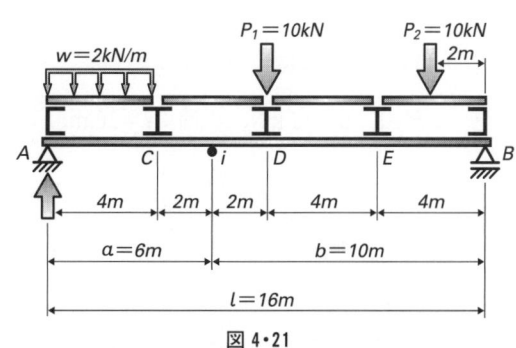

図 4・21

4・7 移動荷重を受ける単純ばりの最大せん断力の計算

> ● 単純ばりの i 点に最大せん断力を与える連行荷重（自動荷重等）の位置を求め，i 点の最大せん断力 $S_{i\max}$ を求める。

（1） 連行荷重を受ける i 点の最大せん断力の計算

図 4・22 のように，車輪間隔 2m の連行荷重が，はり上を B 点から A 点に向かって移動するとき，i 点の最大せん断力を求める。

図（4・22・1）より明らかなように，S_i の影響線の縦距の最大は，i 点の 0.7 である。したがって，i 点には必ず P_1 または P_2 の荷重を載荷する。

図（4・22・1）の場合（P_1 を i 点に載荷する）

$$S_1 = 3 \times 0.7 + 9 \times 0.5 = 6.6 \text{ kN}$$

図（4・22・2）の場合（P_2 を i 点に載荷する）

$$S_2 = -3 \times 0.1 + 9 \times 0.7 = 6.0 \text{ kN}$$

のようになり，S_1 または S_2 の大きいほうを最大せん断力とするとき，$S_{i\max} = 6.6$ kN となる。

（2） 最大せん断力の荷重配置

最大せん断力となる荷重配置を決定するときは，はり AB 上に作用する荷重の集計 ΣP を支間 l で割って，平均分布強度 $w_{\text{mean}} = \Sigma P/l$ を求め，各荷重 P_n を連行間隔 d_n で割って求めた各荷重の分布強度 $w_n = P_n/d_n$ と比較して，w_n が平均分布強度 w_{mean} より等しいか大きいかを確認する。

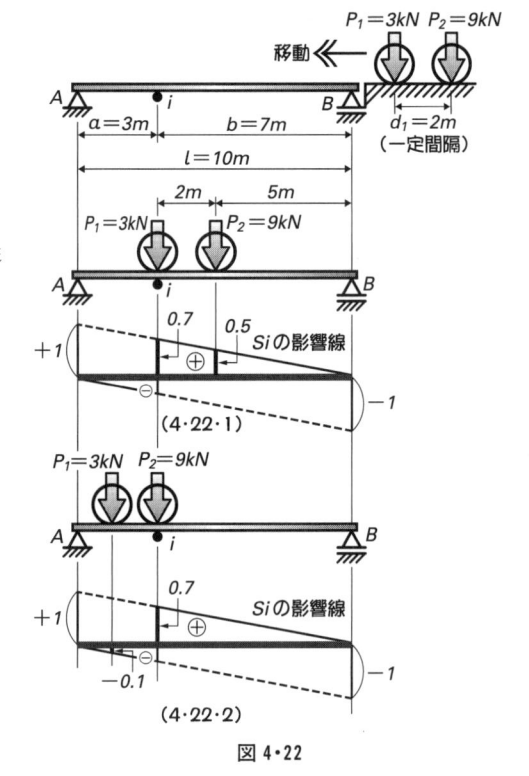

すなわち，最大せん断力となる荷重配置

$$\left. \begin{array}{l} w_n \geq w_{\text{mean}} \\ w_{\text{mean}} = \dfrac{\Sigma P}{l}, \quad w_n = \dfrac{P_n}{d_n} \end{array} \right\} \quad \cdots\cdots (4 \cdot 8)$$

たとえば，図 4・22 についてみると，

$\Sigma P = 3 + 9 = 12$ kN，支間：$l = 10$ m，平均分布強度：$w_{\text{mean}} = \Sigma \dfrac{P}{l} = \dfrac{12}{10} = 1.2$ kN/m

P_1 の分布強度：$w_1 = \dfrac{P_1}{d_1} = \dfrac{3}{2} = 1.5$ kN/m 　以上から，$w_n > w_{\text{mean}}$ の関係がある。

したがって，P_1 が i 点上の荷重配置で最大せん断力となり，このときの最大せん断力は，$S_{i\max} = 6.6$ kN となる。

図 4・22

例題・7

図4・23のように，はりAB上を連行荷重が移動するとき，i点の最大せん断力を求めよ。

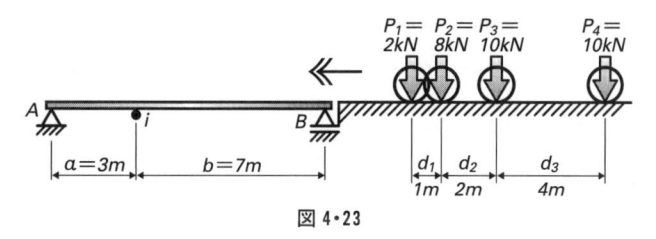

図4・23

解答 ① 荷重配置の決定

　　a．平均分布荷重の計算

　　$\Sigma P = P_1 + P_2 + P_3 + P_4$
　　　　$= 2 + 8 + 10 + 10 = 30$ kN

　　支間　$l = 10$ m

　　$w_{mean} = \Sigma \dfrac{P}{l} = \dfrac{30}{10} = 3$ kN/m

　　b．各荷重の分布荷重の計算

　　$w_1 = \dfrac{P_1}{d_1} = \dfrac{2}{1} = 2$ kN/m $< w_{mean}$

　　$w_2 = \dfrac{P_2}{d_2} = \dfrac{8}{2} = 4$ kN/m $\geqq w_{mean}$

　　したがって，i点に$P_2 = 8$ kNを作用させる。

② 最大せん断力の計算

図4・24のように，i点のS_iの影響線を描き，各縦距yを求めて計算する。

$S_{i max} = -P_1 \times 0.2 + P_2 \times 0.7 + P_3 \times 0.5 + P_4 \times 0.1$

　　　　$= -2 \times 0.2 + 8 \times 0.7 + 10 \times 0.5 + 10 \times 0.1$

　　　　$= -0.4 + 5.6 + 5 + 1 = \underline{11.2 \text{ kN}}$

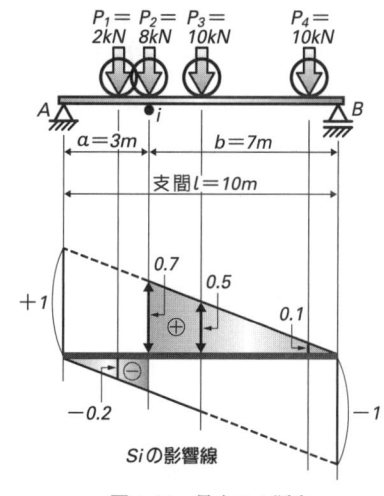

図4・24　最大せん断力

演習問題・7

図4・25に示す，連行荷重によるi点の最大せん断力を求めよ。　　　　（解説・解答：p.101）

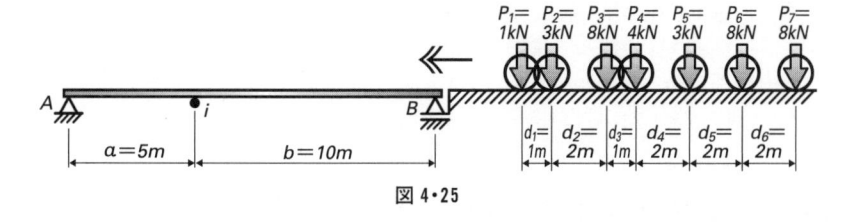

図4・25

4・8 移動荷重を受ける単純ばりの最大曲げモーメントの計算

> ● はりを設計するためには，はりの各点に生じる最大曲げモーメントを求める必要がある。最大曲げモーメントを生じる荷重配置は，Ai間とiB間に分布する荷重強度が等しいときに生じる。

（1） 移動する等分布荷重によるi点の最大曲げモーメント$M_{i\max}$の計算

図4・26のように，等分布荷重の長さ6mのうち，Ai間にx〔m〕，iB間に$(6-x)$〔m〕が作用すると考えたとき，等分布荷重の始点k，および，終点jの，M_iの影響線の縦距yは，

$$y_k = 7 \times \frac{3-x}{10}, \quad y_j = 3 \times \frac{1+x}{10}$$

$$y_i = 3 \times \frac{7}{10} = 2.1$$

となる。

また，M_iの影響線の面積S_1，S_2は，

$$S_1 = \frac{\{0.7(3-x)+2.1\}x}{2} = \frac{(4.2-0.7x)x}{2}$$

$$S_2 = \frac{\{0.3(1+x)+2.1\}(6-x)}{2}$$

$$= \frac{(2.4+0.3x)(6-x)}{2}$$

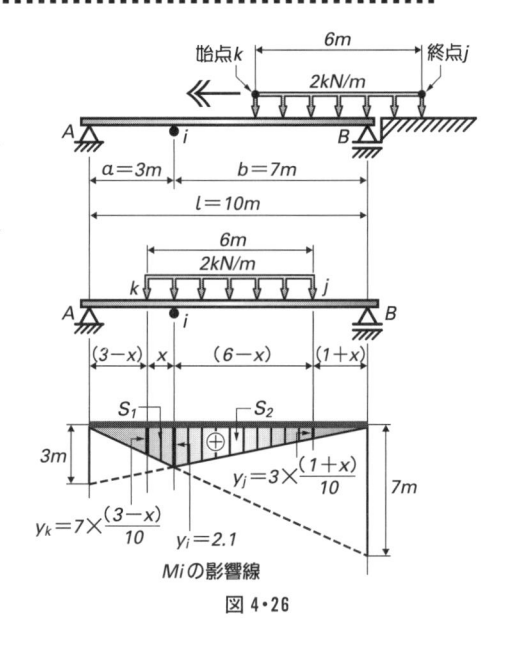

したがって，i点の曲げモーメントM_iは，xに関する2次式となる。

$$M_i = 2 \times S_1 + 2 \times S_2 = (4.2x - 0.7x^2) + (14.4 + 1.8x - 2.4x - 0.3x^2) = -x^2 + 3.6x + 14.4$$

M_iの最大値は，$\dfrac{dM_i}{dx} = 0$とするxのとき生じる。このxが始点kの荷重配置となり$M_{i\max}$が求まる。

$$\frac{dM_i}{dx} = \frac{d}{dx}(-x^2 + 3.6x + 14.4) = -2x + 3.6 = 0$$

よって，$x = 1.8$ mを代入すると，

$$M_{i\max} = [-x^2 + 3.6x + 14.4]_{x=1.8} = -(1.8)^2 + 3.6 \times 1.8 + 14.4$$

$$= 17.64 \text{ kN} \cdot \text{m}$$

（2） 最大曲げモーメントM_iを生ずる位置

ここでは，図4・26においてAi間の荷重分布強度　$w_A = 2 \text{ kN/m} \times \dfrac{1.8 \text{ m}}{3 \text{ m}} = 1.2 \text{ kN/m}$

また，iB間の荷重分布強度　$w_B = 2 \text{ kN/m} \times \dfrac{(6-1.8) \text{ m}}{7 \text{ m}} = 1.2 \text{ kN/m}$

図4・26

したがって，i 点の曲げモーメントを最大とするのは，Ai 間と iB 間の荷重分布強度が等しくなるときである。

（3） 連行荷重を受けるときの最大曲げモーメントを生じる荷重配置

図 4・27 に示すような，連行荷重を受けるときは，Ai 間の荷重の集計 ΣP_A を Ai 間の距離 a で割って荷重分布強度 $w_A = \Sigma P_A / a$ を求め，同様に，はり AB 間の平均荷重分布強度 $w_{mean} = \Sigma P / l$ と比較してできるだけ近ずけるが，次の関係を満たす。

$$\left. \begin{array}{l} w_n = \dfrac{\Sigma P_A}{a}, \quad w_{mean} = \dfrac{\Sigma P}{l} \\ w_n \leqq w_{mean} \end{array} \right\} \quad \cdots\cdots (4 \cdot 9)$$

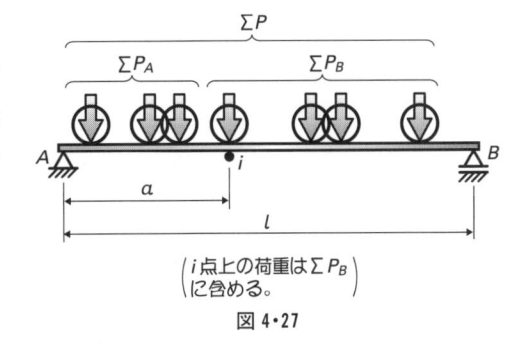

図 4・27

（i 点上の荷重は ΣP_B に含める。）

例題・8

図 4・28 に示すように，連行荷重が作用するとき，最大曲げモーメント M_i を求めよ。

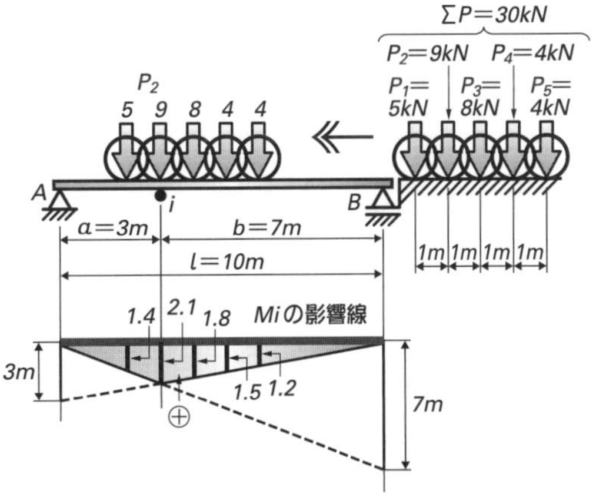

解答 荷重位置の計算

平均荷重分布強度 w_{mean}

$$w_{mean} = \dfrac{\Sigma P}{l} = \dfrac{30}{10} = 3.0 \text{ kN/m}$$

P_1 が i 上のとき，$\Sigma P_A = 0$ $w_{A1} = 0$

P_2 が i 上のとき，$\Sigma P_A = P_1$

$$w_{A2} = \dfrac{\Sigma P_A}{a} = \dfrac{5}{3} = 1.67 \text{ kN/m} \leqq w_{mean} \quad \text{OK}$$

P_3 が i 上のとき，$\Sigma P_A = P_1 + P_2$

$$w_{A3} = \dfrac{\Sigma P_A}{a} = \dfrac{15+9}{3} = 4.67 \text{ kN/m} > w_{mean} \quad \text{NO}$$

したがって，P_2 が i 点上にあるとき，$M_{i\max}$ となる。

$$M_{i\max} = 5 \times 1.4 + 9 \times 2.1 + 8 \times 1.8 + 4 \times 1.5 + 4 \times 1.2 = \underline{51.1 \text{ kN} \cdot \text{m}}$$

図 4・28

演習問題・8

図 4・29 における，はりの i 点の最大曲げモーメント $M_{i\max}$ を求めよ。

（解説・解答：p.101）

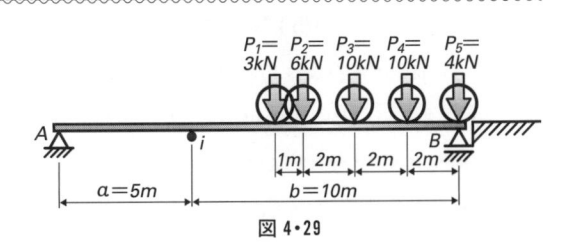

図 4・29

4・9 移動荷重を受ける単純ばりの絶対最大曲げモーメントの計算

> ● 絶対最大曲げモーメントの生じる位置nは，はりAB上の荷重の合計ΣPの作用位置に隣接する荷重P_nの左右いずれかにおいて生じる。P_nの荷重位置を定めて，$AP_n=a$，$BP_n=b$としM_nの影響線を描き，絶対最大曲げモーメント$M_{ab\max}$を求める。

(1) $M_{abs\max}$の荷重配置n点の計算

図4・30において，P_1，P_2の連行荷重が，長さ10 mの橋を通過するとき，はりABに生じる絶対最大曲げモーメントの位置n点は中心線よりxとする。n点に$P_2=2$ kNが作用するときの荷重配置で縦距yを求め，曲げモーメントを計算すると，$An=a=5+x$，$Bn=b=5-x$とし，

$$M_n = P_1 \times y_1 + P_2 \times y_2 = \frac{1\times(5-x)(2+x)}{10}$$
$$+ \frac{2\times(5+x)(5-x)}{10}$$
$$= \frac{-3x^2+3x+60}{10} = -0.3x^2+0.3x+6$$

ここで，M_nを最大とするxを求めるため，$\dfrac{dM_n}{dx}=0$とすると，

$$\frac{dM_n}{dx}=(-0.3x^2+0.3x+6)'=(-0.6x+0.3)=0 \qquad よって \qquad x=0.5 \text{ m}$$

したがって，合力ΣPとこれに近い荷重P_2で中心線を等距離eではさむように配置したとき，荷重P_2の下の点nにおいて，絶対最大曲げモーメント$M_{ab\max}$が生じる。このとき，

$$[M_n]_{x=0.5} = M_{abs\max}$$
$$= -0.3\times(0.5)^2+0.3\times0.5+6$$
$$= 6.075 \text{ kN·m}$$

一般に，図4・31のように，はり上の全荷重の合計ΣPを求め，ΣPの作用位置とΣPに隣接する大きい荷重P_nの中央を中心線に合わせたときP_nの下の点nに，絶対最大曲げモーメントが生じる。

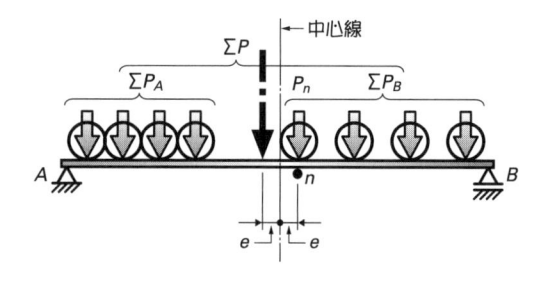

図4・30

図4・31

4・9 移動荷重を受ける単純ばりの絶対最大曲げモーメントの計算   97

合力ΣPの作用位置は，力の合成式（1・4）で求めることができる。

例題・9
図4・32に示すはりに生じる絶対最大曲げモーメント$M_{abs\max}$を求めよ。

解答

① 連行荷重の合力 ΣP

$\Sigma P = 2+8+10 = 20 \text{ kN}$

② 連行荷重の合計ΣPの作用位置

P_3からx mの位置に作用すると考えると

$x = \dfrac{\Sigma M_3}{\Sigma P} = \dfrac{P_1 \times 4\text{ m} + P_2 \times 2\text{ m}}{20}$

$= \dfrac{2 \times 4 + 10 \times 2}{20} = 1.4 \text{ m}$

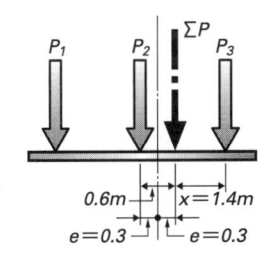

③ 絶対最大曲げモーメントの，はりAB上の作用位置は，合力ΣPとP_2で中心線をeではさむように配置したとき，P_2の下n点において生じる。

④ 絶対最大曲げモーメント

$a = 5 - 0.3 = 4.7$，$b = 5 + 0.3 = 5.3$として，縦距y_1, y_2, y_3を求めて計算する。

$M_n = M_{abs\max} = 2 \times 1.431 + 8 \times 2.491 + 10 \times 1.551 = \underline{38.30 \text{ kN}\cdot\text{m}}$

図4・32

演習問題・9

図4・33に示すはりに，連行荷重が作用する場合，絶対最大曲げモーメント$M_{abs\max}$を求めよ。

① ΣP
② x
③ e
④ $M_{abs\max}$

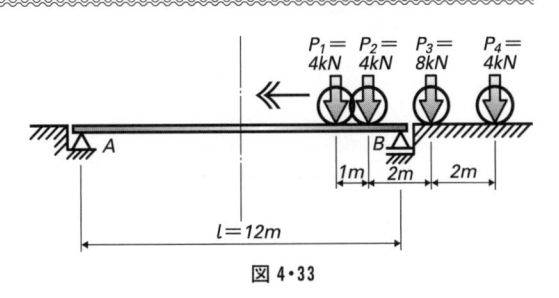

図4・33

（解説・解答：p.102）

第4章演習問題の解説・解答

演習問題・1　影響線による単純ばりの反力とせん断力の計算　(p.81)

① S_iの影響線を描く。

② 影響線の起点B′からの距離2 m, 4 mの縦距y_1, y_2を求める。

$$y_1=\frac{4}{l}=\frac{4}{10}, \qquad y_2=\frac{2}{l}=\frac{2}{10}$$

等分布荷重下の面積Sは，起点A′から3 mなので，

$y_3=-\frac{3}{10}$となり，その面積Sは

$$S=-\frac{3}{10}\times 3\text{ m}\times\frac{1}{2}=-0.45\text{ m}（符号に注意）$$

せん断力S_iは

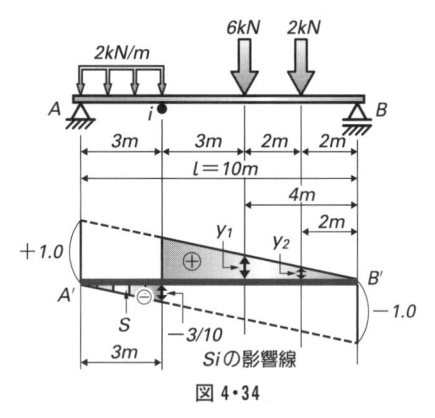

$$S_i=P\times 縦距+w\times 面積=2\text{ kN}\times\frac{2}{10}+6\text{ kN}\times\frac{4}{10}-2\text{ kN/m}\times 0.45\text{ m}$$

$$=0.4+2.4-0.9=\underline{1.9\text{ kN}}$$

図4・34

演習問題・2　影響線による単純ばりの曲げモーメントの計算　(p.83)

(1) 縦距は，起点B′からの距離に応じて，

$$y_1=7\times\frac{3}{10}=2.1,\quad y_2=5\times\frac{3}{10}=1.5,\quad y_3=3\times\frac{3}{10}=0.9,\quad y_4=1\times\frac{3}{10}=0.3$$

面積　$S=y_1\times\frac{3}{2}=2.1\times 1.5=3.15\text{ m}$

$M_i=6\times 3.15+4\times 2.1+4\times 1.5+6\times 0.9+8\times 0.3=\underline{41.1\text{ kN}\cdot\text{m}}$

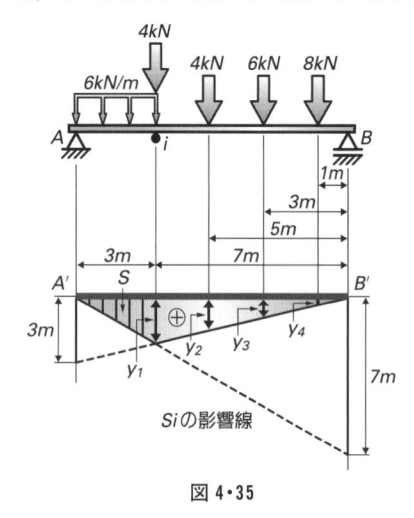

図4・35 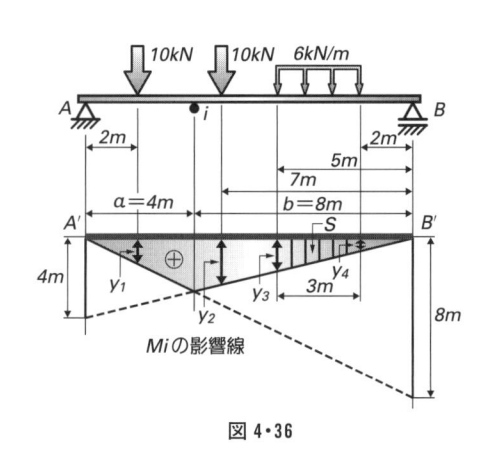　図4・36

(2) 縦距は，起点A′，B′からの距離に応じて，

$$y_1 = 2 \times \frac{8}{12} = 1.33, \quad y_2 = 7 \times \frac{4}{12} = 2.33, \quad y_3 = 5 \times \frac{4}{12} = 1.67, \quad y_4 = 2 \times \frac{4}{12} = 0.67$$

面積　$S = (y_3 + y_4) \times \frac{3}{2} = (1.67 + 0.67) \times 1.5 = 3.51$ m

$M_i = 10 \times 1.33 + 10 \times 2.33 + 6 \times 3.51 = \underline{57.66 \text{ kN·m}}$

演習問題・3　影響線による片持ばりのせん断力と曲げモーメントの計算 (p.85)

左側に張出した片持ばりの影響線の縦距と面積は図4・37のようである。

これより

$S_i = 4 \times (-2) + 10 \times (-1) = \underline{-18 \text{ kN}}$

$M_i = 4 \times (-6) + 10 \times (-1) = \underline{-34 \text{ kN·m}}$

また，右側に張出した片持ばりとすると，せん断力S_iの符号が反転するので，

$S_i = \underline{+18 \text{ kN}}$

$M_i = \underline{-34 \text{ kN·m}}$

となる。

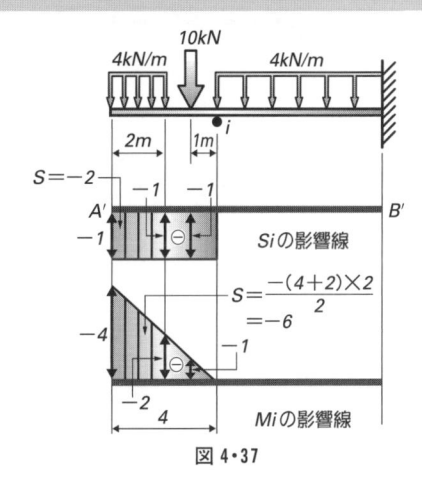

図4・37

演習問題・4　影響線による張出しばりのせん断力と曲げモーメントの計算 (p.87)

A′，B′を起点に各縦距yを求め，等分布荷重の下の面積Sを計算する。

$S_i = +8 \times \frac{2}{8} - 2 \times \frac{4.5}{8} + 2 \times \frac{12.5}{8} - 2 \times \frac{2}{8}$

$= \frac{16 - 9 + 25 - 4}{8} = \underline{3.5 \text{ kN}}$

$M_i = -8 \times \frac{10}{8} + 2 \times \frac{60}{8} - 2 \times \frac{6}{8}$

$= \frac{-80 + 120 - 12}{8} = \underline{3.5 \text{ kN·m}}$

図4・38

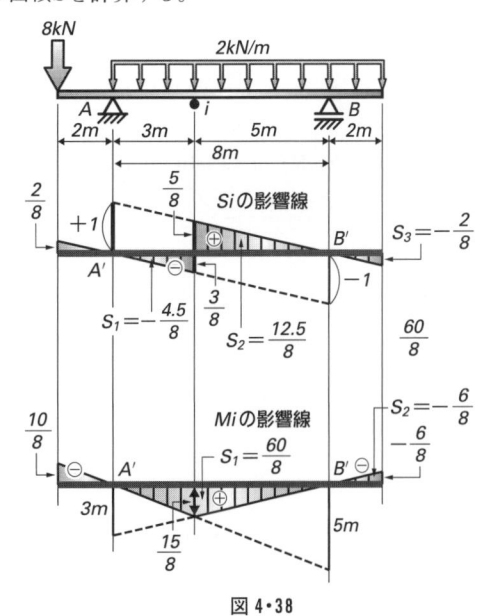

演習問題・5　影響線によるゲルバーばりのせん断力と曲げモーメントの計算 (p.89)

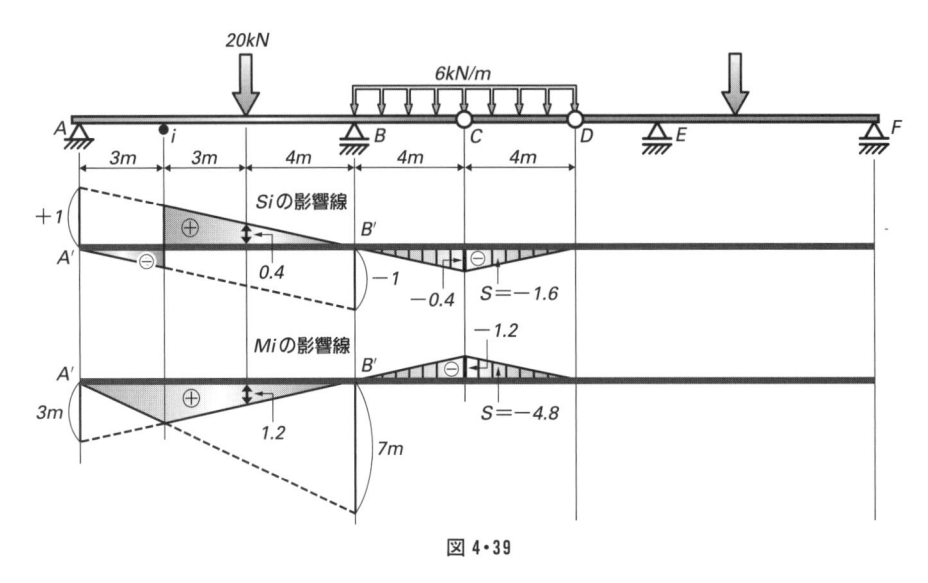

図 4・39

$S_i = 20 \times 0.4 - 6 \times 1.6 = 8 - 9.6 = \underline{-1.6\,\mathrm{kN}}$,　$M_i = 20 \times 1.2 - 6 \times 4.8 = 24 - 28.8 = \underline{-4.8\,\mathrm{kN \cdot m}}$

演習問題・6　影響線による間接荷重ばりのせん断力と曲げモーメントの計算 (p.91)

図 (4・40・1) より，起点 A′，B′ からの縦距を求める。

$S_i = -2 \times 0.5 + 10 \times 0.5 + 10 \times 0.125$
$\quad = \underline{5.25\,\mathrm{kN}}$

図 (4・40・2) より，起点 A′，B′ からの縦距を求める。

$M_i = 2 \times 5 + 10 \times 3 + 10 \times 0.75$
$\quad = \underline{47.5\,\mathrm{kN \cdot m}}$

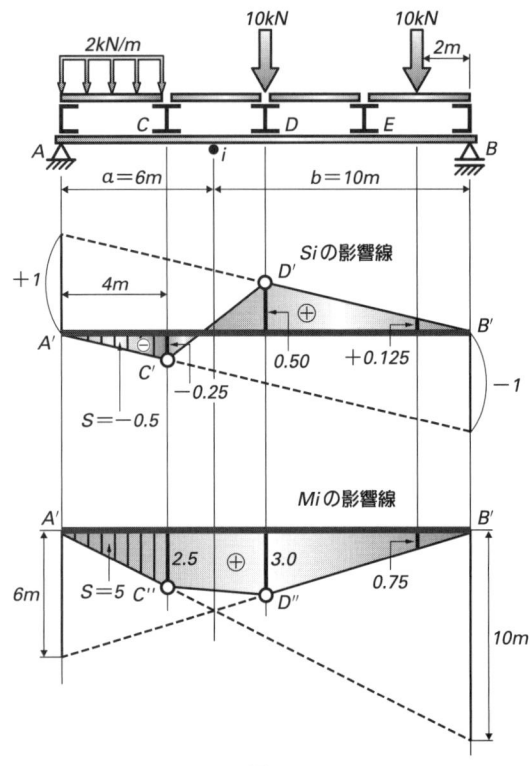

図 4・40

演習問題・7　移動荷重を受ける単純ばりの最大せん断力の計算　(p.93)

荷重配置を定める。

① $w_{\text{mean}} = \dfrac{\Sigma P}{l} = \dfrac{1+3+8+4+3+8+8}{15}$

$\qquad = 2.33 \text{ kN/m}$

② 各荷重の分布強度

$w_1 = \dfrac{P_1}{d_1} = \dfrac{1}{1} = 1 < w_{\text{mean}}$

$w_2 = \dfrac{P_2}{d_2} = \dfrac{3}{2} = 1.5 < w_{\text{mean}}$

$w_3 = \dfrac{P_3}{d_3} = \dfrac{8}{1} = 8 \geqq w_{\text{mean}}$

よって，i点はP_3の荷重を載荷する。

③ 最大せん断力$S_{i\max}$：起点A′，B′からの縦距を計算して，

$S_{i\max} = -\dfrac{1\times 2}{15} - \dfrac{3\times 3}{15} + \dfrac{8\times 10}{15} + \dfrac{4\times 9}{15} + \dfrac{3\times 7}{15} + \dfrac{8\times 5}{15} + \dfrac{8\times 3}{15}$

$\qquad = \dfrac{190}{15} = \underline{12.7 \text{ kN}}$

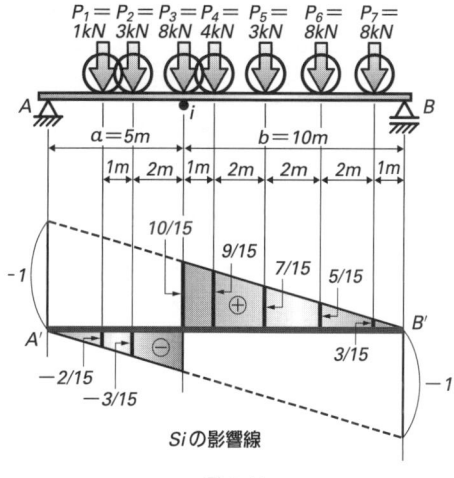

図 4・41

演習問題・8　移動荷重を受ける単純ばりの最大曲げモーメントの計算 (p.95)

荷重位置の決定

平均分布強度 $w_{\text{mean}} = \dfrac{\Sigma P}{l} = \dfrac{3+6+10+10+4}{15} = 2.2 \text{ kN/m}$

P_1がi上にあるとき，$\Sigma P_A = 0 \qquad w_{A1} = 0$

P_2がi上にあるとき，$\Sigma P_A = P_1 = 3 \qquad w_{A2} = \dfrac{\Sigma P_A}{a} = \dfrac{3}{5} = 0.6 \leqq w_{\text{mean}} \quad$ OK

P_3がi上にあるとき，$\Sigma P_A = P_1 + P_2 = 9 \qquad w_{A3} = \dfrac{\Sigma P_A}{a} = \dfrac{9}{5} = 1.8 \leqq w_{\text{mean}} \quad$ OK

P_4がi上にあるとき，$\Sigma P_A = P_1 + P_2 + P_3 = 19 \qquad w_{A4} = \dfrac{\Sigma P_A}{a} = \dfrac{19}{5} = 3.8 > w_{\text{mean}} \quad$ NO

よって，P_3がi点上にきたとき，$M_{i\max}$が求められる。

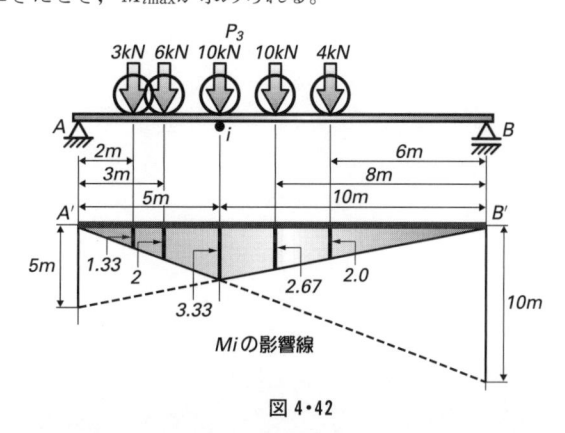

図 4・42

最大曲げモーメント

$M_{i\max} = 3 \times 1.33 + 6 \times 2 + 10 \times 3.33 + 10 \times 2.67 + 4 \times 2.0 = \underline{83.99 \text{ kN·m}}$

演習問題・9　移動荷重を受ける単純ばりの絶対最大曲げモーメントの計算 (p.97)

(1) 連行荷重の作用位置

$\Sigma P = 4 + 4 + 8 + 4 = \underline{20 \text{ kN}}$ (①) とし，作用位置 x は右端 P_4 からの距離を掛けてモーメント ΣM を求め，これを ΣP で割る。

$x = \dfrac{\Sigma M}{\Sigma P} = \dfrac{4 \times 5 + 4 \times 4 + 8 \times 2}{20}$

$\quad = \underline{2.6 \text{ m}}$ (②)

したがって，P_3 と ΣP の間の距離は 0.6 m で，$\underline{e = 0.3 \text{ m}}$ (③) となる。はりの中心線を e ではさんで図示すると，図4·43となる。

(2) 絶対最大曲げモーメント

$M_n = M_{abs\max} = 4 \times 1.568 + 4 \times 2.043$
$\qquad\qquad\qquad + 8 \times 2.993 + 4 \times 1.943$
$\qquad\qquad = \underline{46.16 \text{ kN·m}}$ (④)

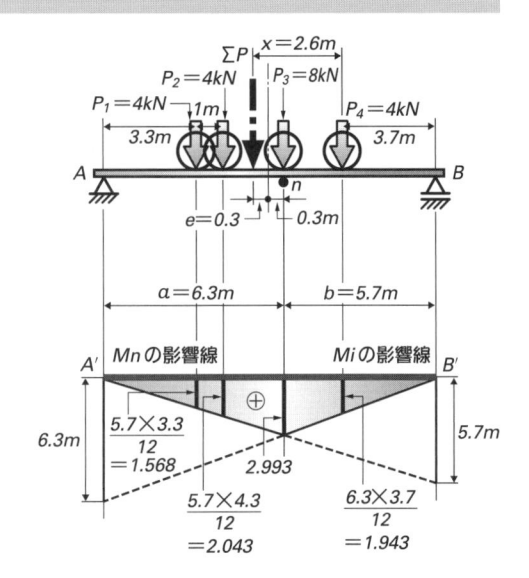

図 4·43

第 5 章
部材断面の性質

5・1	断面一次モーメントによる図心の計算	104
5・2	図心の計算の演習	106
5・3	断面二次モーメントと断面相乗モーメント	108
5・4	断面二次モーメントと断面相乗モーメントの計算	110
5・5	組合せ部材断面の断面二次モーメントの計算	112
5・6	断面相乗モーメントと部材軸の回転	114
5・7	断面係数の計算	116
5・8	断面二次半径と核点の計算	118
第5章演習問題の解説・解答		120

5・1 断面一次モーメントによる図心の計算

- 構造の部材には軸がある。部材断面の軸の位置を定めるとき，この軸の位置を図心という。図心は，断面積の大きさを力と考えた回転力を断面一次モーメントとして計算する。

(1) 図心と重心

図心は，紙面等に描かれた図形の中心点で，**重心**は，物体の質量を集約した質量の中心点である。断面設計では，主に図心を用いる。単純な図形の図心 C は，図 5・1 のようである。

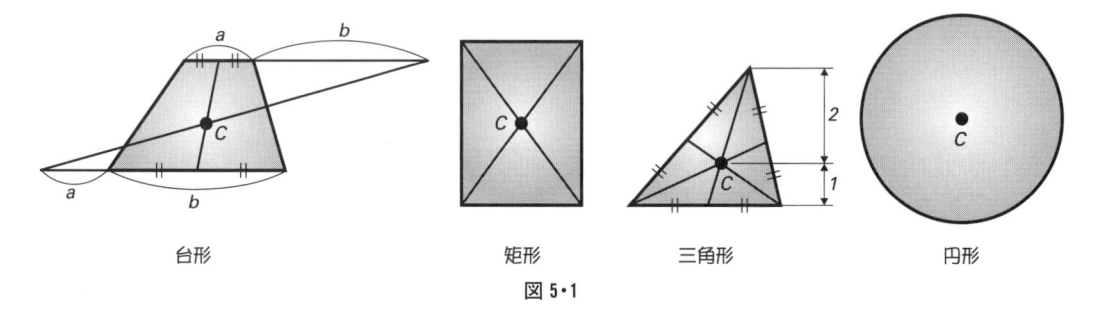

図 5・1　台形　矩形　三角形　円形

(2) 断面一次モーメントと図心

土木構造物の設計をするとき，各部材の材質と寸法形状を定める必要がある。部材寸法や形状を定めるためには，部材の軸を定めるため，断面図形の図心を求める必要がある。図心を求めるとき，図 5・2 において，図形の微小面積 dA を力と考えて，微小面積力 dA と，ある点からの距離 y, x を掛けて，モーメント $x \cdot dA$, $y \cdot dA$ を集積する。この断面積×距離を集積したものを**断面一次モーメント** Q [mm^3, cm^3] という。記号で示すと次のようになる。

$$\left. \begin{array}{l} Q_x = \Sigma x \cdot dA = \int x dA \\ Q_y = \Sigma y \cdot dA = \int y dA \end{array} \right\} \quad \cdots\cdots (5 \cdot 1)$$

いま，図 5・2 の図形の図心 C の座標を $C(x_0, y_0)$ とすると，図心 x_0, y_0 は，断面一次モーメントを断面積で割って求められる。

$$\left. \begin{array}{l} x_0 = \dfrac{y 軸に関する断面一次モーメント}{面積の合計} = \dfrac{\Sigma A_i y_i}{\Sigma A_i} = \dfrac{Q_y}{A} \\ y_0 = \dfrac{x 軸に関する断面一次モーメント}{面積の合計} = \dfrac{\Sigma A_i x_i}{\Sigma A_i} = \dfrac{Q_x}{A} \end{array} \right\} \quad (5 \cdot 2)$$

式 (5・2) を別の形で示せば，式 (5・3) のようになる。

$$x_0 = \frac{Q_y}{A} = \frac{\int x dA}{\int dA}, \quad y_0 = \frac{Q_x}{A} = \frac{\int y dA}{\int dA} \quad \cdots\cdots (5 \cdot 3)$$

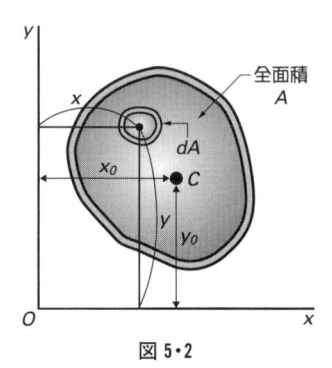

図 5・2

5・1 断面一次モーメントによる図心の計算

例題・1

図（5・3・1）の図形の図心 y_0 と図（5・3・2）の図形の図心 x_0, y_0 を求めよ。

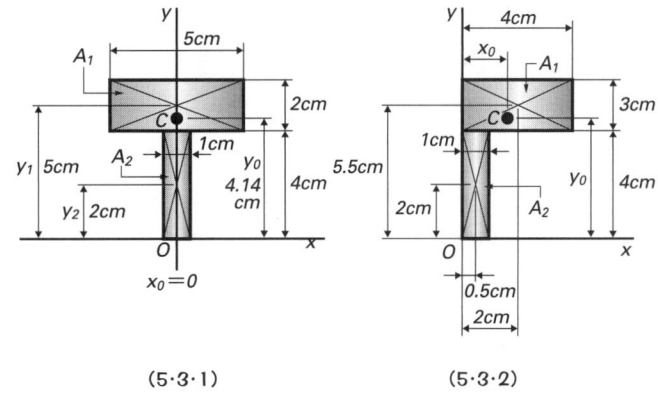

図 5・3

解答 公式（5・1）より，図（5・3・1）の図形は，y軸に対して対称でy軸上に図心があるので，$x_0=0$ である。y_0 の計算をすると，x軸に関する一次モーメント Q_x と断面積の合計 Σa_i を求めると，

$A_1=5\times2=10 \text{ cm}^2$, $A_2=1\times4=4 \text{ cm}^2$, $y_1=5$ cm, $y_2=2$ cm だから

$Q=\Sigma A_i\times y_i = A_1\times y_1 + A_2\times y_2 = 10\times5+4\times2=58 \text{ cm}^3$

$A=\Sigma A_i = A_1+A_2=10+4=14$ cm

図心 $y_0=\dfrac{Q_x}{A}=\dfrac{58}{14}=4.14$ cm よって，図心 $C(x_0, y_0)=C(0, 4.14)$

図（5・3・2）の図形については，表の形式でまとめると，次のようになる。

x_0の計算表

断面	寸法〔cm〕	断面積 A_i〔cm²〕	距離 x_i〔cm〕	断面一次モーメント $Q_x=A_i x_i$〔cm³〕
A_1	4×3	12	2	24
A_2	1×4	4	0.5	2
Σ合計		$\Sigma A_i=16$		$\Sigma A_i x_i = Q_y=26$

$x_0=\dfrac{Q_y}{A}=\dfrac{26}{16}=1.625$ cm

y_0の計算表

断面	寸法〔cm〕	断面積 A_i〔cm²〕	距離 y_i〔cm〕	断面一次モーメント $Q_y=A_i y_i$
A_1	4×3	12	5.5	66
A_2	1×4	4	2	8
Σ合計		$\Sigma A_i=16$		$\Sigma A_i y_i = Q_x=74$

$y_0=\dfrac{Q_x}{A}=\dfrac{74}{16}=4.625$ cm

よって，図心は C(1.625, 4.625) となる。

演習問題・1

図5・4の図形の図心 y_0 を求めよ。ただし，$x_0=0$ である。

断面	寸法〔cm〕	断面積 A_i〔cm²〕	距離 x_i〔cm〕	断面一次モーメント $Q_x=A_i y_i$〔cm³〕
A_1				
A_2				
Σ合計				

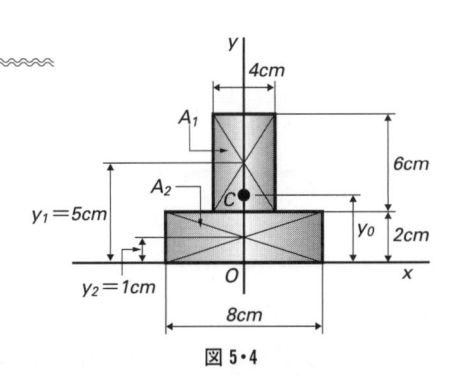

（解説・解答：p.120）

図 5・4

5・2 図心の計算の演習

- 図心の計算は，軸の位置を求めることのほか，断面の各種性質を計算する基本となるものである。また，構造物の地震による転倒計算は，図心の位置により判定する。

例題・2

図 5・5 のように，空洞を有する断面の図心 C $(0, y_0)$ を求めてみよう。円の面積 $a=\pi d^2/4$ とする。空洞部は面積を負で表す。y 軸に対称なので，$x_0=0$ である。

図 5・5

解答

断面	寸法〔cm〕	断面積 A_i〔cm²〕	距離 y_i〔cm〕	断面一次モーメント Q_{xi}〔cm³〕
A_1	10×12	$10 \times 12 = 120$	6	720
A_2	直径 4	$-3.14 \times 4^2/4 = -12.56$	4	-50.24
Σ合計		$A=107.44$		$Q_x=669.76$

$$y_0 = \frac{Q_x}{A} = \frac{669.76}{107.44} = 6.23 \text{ cm} \quad \text{よって，C}(0, 6.23)$$

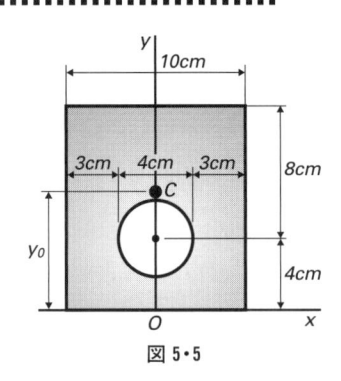

例題・3

図 5・6 に示す I 形断面の図心位置 C $(0, y_0)$ を求めよ。

解答

断面	寸法 $b \times h$〔cm〕	断面積 A_i〔cm²〕	距離 y_i〔cm〕	$Q_{xi}=A_i \times y_i$〔cm³〕
A_1	30×4	120	108	12960
A_2	1×100	100	56	5600
A_3	40×6	240	3	720
Σ合計		460		19280

$$y_0 = \frac{Q_x}{A} = \frac{19280}{460} = \underline{41.91 \text{ cm}}$$

図 5・6

例題・4

図 5・7 のように，放物線 $y=x^2$ と $x=a$ で囲まれた図形の図心位置 x_0 を求めよ。

解答 ① 断面一次モーメント Q_y の計算

O 点より，x の点に微小幅 dx，高さ x^2 の微小面積 $dA=x^2 \times dx$ となる。y 軸に関する一次

モーメントは，$dQ_y = x \times dA = x \times x^2 \times dx = x^3 dx$ となる。

$$\int x^3 dx \to \frac{x^{3+1}}{3+1}$$

この $dQ_y = x^3 dx$ を $0 \sim a$ まで集積すると，

$$\int dQ_y = Q_y = \int_0^a x^3 dx = \left[\frac{x^4}{4}\right]_0^a = \left[\frac{a^4}{4} - \frac{0^4}{4}\right] = \frac{a^4}{4} \quad \cdots\cdots ①$$

② 断面積 A の計算

断面積 A は，$dA = x^2 dx$ を $0 \sim a$ まで集積すると，

$$\int dA = A = \int_0^a x^2 dx = \left[\frac{x^3}{3}\right]_0^a = \left[\frac{a^3}{3} - \frac{0^3}{3}\right] = \frac{a^3}{3} \quad \cdots\cdots ②$$

①，②から，放物線で囲まれた図形の図心は，

$$x_0 = \frac{Q_y}{A} = \frac{\int_0^a x^3 dx}{\int_0^a x^2 dx} = \frac{\frac{a^4}{4}}{\frac{a^3}{3}} = \frac{3}{4}a \quad \text{となる。}$$

$$\int x^2 dx \to \frac{x^{2+1}}{2+1}$$

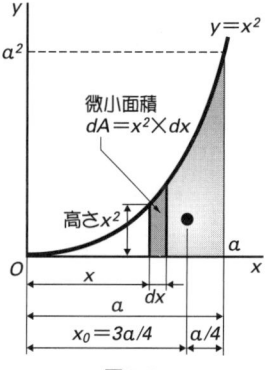

図 5・7

土木工学の積分もこれでOK！

【積分公式の活用例】

① $\int x^5 dx = \frac{1}{5+1} x^{5+1} = \frac{x^6}{6}$

② $\int 3x^3 dx = 3 \times \int x^3 dx = 3 \times \frac{1}{3+1} x^{3+1} = \frac{3}{4} x^4$

③ $\int 3x dx = 3 \times \int x^1 dx = 3 \times \frac{1}{1+1} x^{1+1} = \frac{3}{2} x^2$

④ $\int 4 dx = 4 \times \int 1 dx = 4 \times \int x^0 dx = 4 \times \frac{1}{0+1} x^{0+1} = 4x$

⑤ $\int (3x^2 + 2x + 4) dx = \int 3x^2 dx + \int 2x dx + \int 4 dx$
$= 3 \times \frac{1}{2+1} x^{2+1} + 2 \times \frac{1}{1+1} x^{1+1} + 4 \times \frac{1}{0+1} x^{0+1} = x^3 + x^2 + 4x$

公式：x^n の積分

$$\int x^n dx = \frac{1}{n+1} x^{n+1}$$

$x^0 = 1$ と定めることに注意！

演習問題・2

図（5・8・1），（5・8・2）に示す図形の図心 $C(x_0, y_0)$ を求めよ。

（解説・解答：p.120）

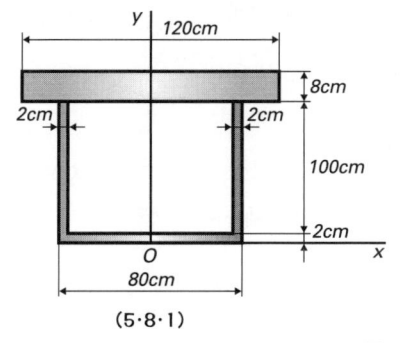

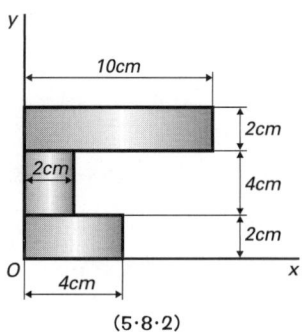

(5・8・1)

(5・8・2)

図 5・8

5・3 断面二次モーメントと断面相乗モーメント

- 断面の変形抵抗性を表すものが断面二次モーメントで，一般には，対称軸をもつI_x，I_yで設計することが多い。デザイン上の工夫が必要なときなど，部材を回転させて用いるときは断面相乗モーメントで設計する。

（1） 断面二次モーメントの利用

図5・9は，縦4 cm，横2 cmの木材の棒を，縦，横を変えて，中央部を指で押してたわみの抵抗性を調べたものである。図（5・9・1）は，図（5・9・2）より4倍の抵抗性があることをあとで確認する。同じ面積をもつ材料であっても，置き方だけでその性状は大きく変わる。こうした変形に対する抵抗性を数値で表すのに用いるのが**断面二次モーメント**である。

土木構造物は，少ない材料で大きな断面二次モーメントをもつ形状を工夫して用い，経済性と安全性の両方を満たすようにする。

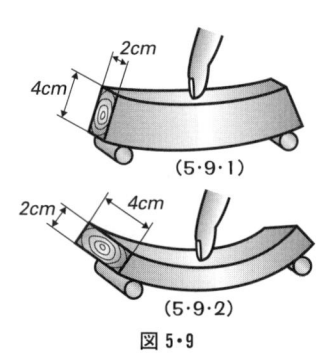

図 5・9

（2） 断面二次モーメントの定義

図5・10において，断面二次モーメントは，x軸，y軸から部材断面中の微小面積dAにそれまでの距離x^2，y^2を乗じたものの集積をいい，次の式で表す。一般には，I_x，I_yを用いて設計することが経済的である。

$$\left. \begin{array}{l} I_x = \Sigma dA \times y^2 = \int y^2 dA \\ I_y = \Sigma dA \times x^2 = \int x^2 dA \end{array} \right\} \quad (5・4)$$

また，x軸，y軸からの距離xとyを相乗したものを**断面相乗モーメント**といい，I_{xy}で表す。

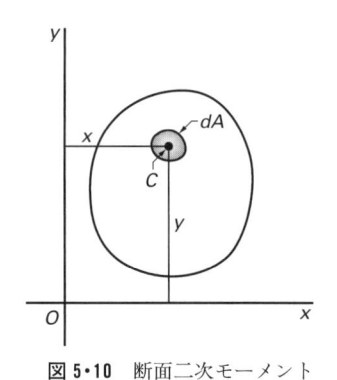

図 5・10 断面二次モーメント

$$I_{xy} = \Sigma dA \times x \times y = \int xy dA \quad (5・5)$$

断面相乗モーメントは，対称軸をもつ断面ではxまたはyがすべて0であるため，常に$I_{xy}=0$となる。したがって，$I_{xy}(=I_{yx})$は，対称軸をもたない図形や対称軸をもつ図形であっても，対称軸でない軸を考えたときに生じる値である。

（3） 長方形断面の断面二次モーメント

① 図心軸$nx-nx$に関する断面二次モーメント

図5・11は，幅b，高さhの長方形断面の図心軸$nx-nx$に関する断面二次モーメントI_{nx}を求めようとするときの各寸法を表している。

図において，$dA=b\times dy$で$+h/2$から$-h/2$まで，式（5・3）により積分する。

$$I_{nx}=\Sigma dA\times y^2=\int_{-\frac{h}{2}}^{+\frac{h}{2}}b\times dy\times y^2$$

$$=b\int_{-\frac{h}{2}}^{+\frac{h}{2}}y^2dy=b\left[\frac{y^3}{3}\right]_{-\frac{h}{2}}^{+\frac{h}{2}}=\frac{b}{3}\left[\left(\frac{h}{2}\right)^3-\left(-\frac{h}{2}\right)^3\right]=\frac{bh^3}{12}$$

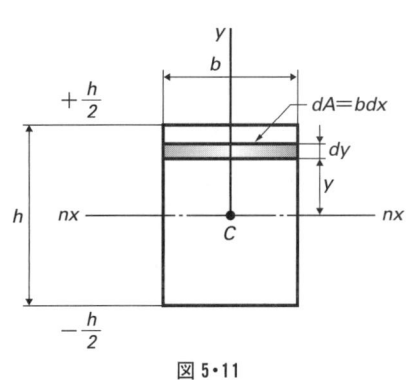

したがって，長方形断面の図心軸に関する断面二次モーメントは，式（5・4）から，次式となる。

$$I_{nx}=\frac{bh^3}{12} \quad\cdots\cdots（5\cdot6）（長方形断面の断面二次モーメント）$$

② 図心軸$nx-nx$からy_0離れた$x-x$軸に関する断面二次モーメントは，図5・12より $dA=b\times dy$ で$(y_0+h/2)$から$(y_0-h/2)$まで，式（5・3）により積分する。

$$I_x=\Sigma dA\cdot y^2=\int_{y_0-\frac{h}{2}}^{y_0+\frac{h}{2}}b\times dy\times y^2$$

$$=b\int_{y_0-\frac{h}{2}}^{y_0+\frac{h}{2}}y^2dy=b\times\left[\frac{y^3}{3}\right]_{y_0-\frac{h}{2}}^{y_0+\frac{h}{2}}$$

$$=\frac{b}{3}\left[\left(y_0+\frac{h}{2}\right)^3-\left(y_0-\frac{h}{2}\right)^3\right]=\frac{b}{3}\left(3y_0^2h+\frac{h^3}{4}\right)$$

$$=\frac{bh^3}{12}+y_0^2bh$$

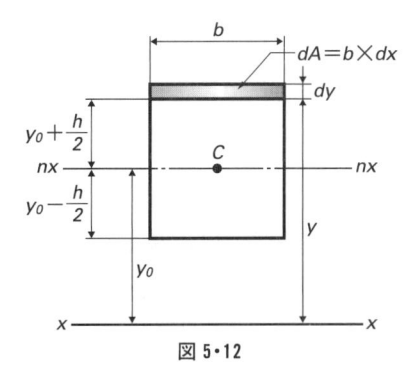

ここで$A=b\times h$であるから，$x-x$軸に関する断面二次モーメントI_xと図心軸の断面二次モーメントI_nとは，式（5・7）の関係がある。

$$I_x=\frac{bh^3}{12}+bh\times y_0^2=I_{nx}+Ay_0^2 \quad\cdots\cdots（5\cdot7）$$

土木構造物の多くは，式（5・7）により設計される重要な式である。

演習問題・3

$b=4$ cm，$h=12$ cmの長方形断面の図心軸$nx-nx$に関する断面二次モーメントを求めよ。また，$nx-nx$軸から$y_0=10$ cmの$x-x$軸に関する断面二次モーメントI_xを求めよ。

（解説・解答：p.120）

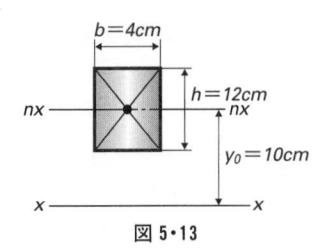

5・4 断面二次モーメントと断面相乗モーメントの計算

- 設計の実務では，積分などの計算よりも，単純断面形の断面二次モーメントの公式を活用して，各種の組合せ図形の断面二次モーメントを計算することが大切である。

(1) 単純な図形の断面二次モーメント

図5・14のように，長方形，三角形，円形の図心軸に関する断面二次モーメントは，図下の式のようである。

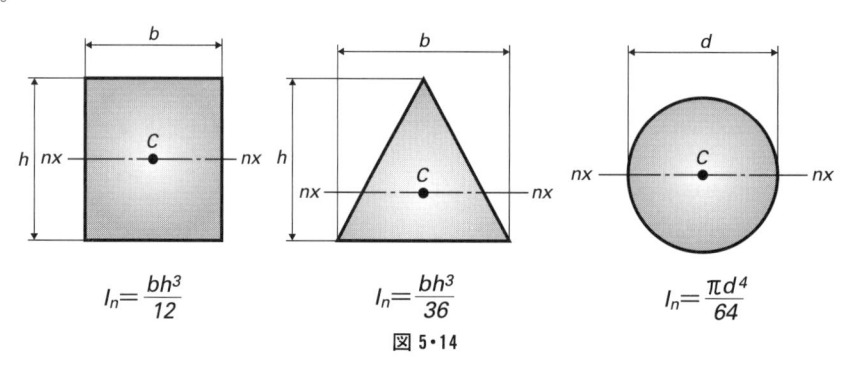

$$I_n = \frac{bh^3}{12} \qquad I_n = \frac{bh^3}{36} \qquad I_n = \frac{\pi d^4}{64}$$

図5・14

(2) 単純な図形の断面二次モーメントの計算

【計算例】 図5・15の長方形断面のI_{nx}，I_{ny}および，I_x，I_yを求めよ。ただし，$x_0 = 4$ cm，$y_0 = 5$ cmとする。

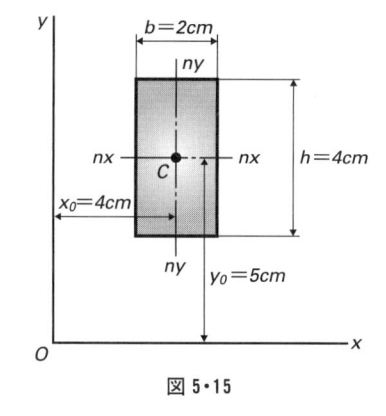

解答 公式(5・6)より，$b = 2$ cm，$h = 4$ cmとし，

x軸について $I_{nx} = \dfrac{bh^3}{12} = \dfrac{2 \times 4^3}{12} = \dfrac{32}{3} = \underline{10.67 \text{ cm}^4}$

y軸について $I_{ny} = \dfrac{hb^3}{12} = \dfrac{4 \times 2^3}{12} = \dfrac{8}{3} = \underline{2.67 \text{ cm}^4}$

図5・15

次に，x軸，y軸の断面二次モーメントI_x，I_yを求める。公式(5・7)で$x_0 = 4$ cm，$y_0 = 4$ cmとすると，(計算は，小数点以下4捨5入した。)

$$I_x = I_{nx} + A \times y_0^2 = \frac{32}{3} + (2 \times 4) \times 5^2 = 10.67 + 200 = 210.67 = \underline{211 \text{ cm}^4}$$

$$I_y = I_{ny} + A \times x_0^2 = \frac{8}{3} + (2 \times 4) \times 4^2 = 2.67 + 128 = 130.67 = \underline{131 \text{ cm}^4}$$

$b = 2$ cm，$h = 4$ cmの部材を縦と横の方向を変えて，たわみを調べた図5・9では，断面二次モーメントの比は，$I_{nx} : I_{ny} = 4 : 1$となり，たわみ量が$1 : 4$となる。同じ断面積の部材でも，その配置により，部材の**剛性**(たわみに対する抵抗性)は変わる。

例題・5

図5・16の箱形断面，円形，中空円形断面の図心軸に関する断面二次モーメントを求めよ。

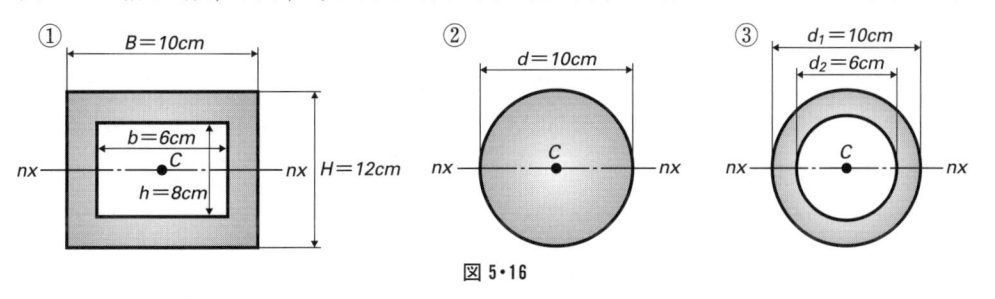

① B=10cm, b=6cm, h=8cm, H=12cm
② d=10cm
③ d_1=10cm, d_2=6cm

図 5・16

解答

① 箱形断面の断面二次モーメント：外部から内部の断面二次モーメントを差し引く。

$$I_{nx} = \frac{BH^3}{12} - \frac{bh^3}{12} = \frac{10 \times 12^3}{12} - \frac{6 \times 8^3}{12} = 1440 - 256 = \underline{1184}\ cm^4$$

② 円形断面の断面二次モーメント

$$I_{nx} = \frac{\pi d^4}{64} = \frac{3.14 \times 10^4}{64} = \underline{491}\ cm^4$$

③ 中空円形断面の断面二次モーメント：外部から内部の断面二次モーメントを差し引く。

$$I_{nx} = \frac{\pi d_1^4}{64} - \frac{\pi d_2^4}{64} = \frac{3.14 \times 10^4}{64} - \frac{3.14 \times 6^4}{64} = 491 - 64 = \underline{427}\ cm^4$$

上の解答の②と③を比較すると，直径6cmの中空断面としても，内実断面とほとんど大きさ（剛性）は変わらない。このため，土木構造物は，こうした中空断面を用いて，少ない材料を効果的に利用して経済性を高める。さらに，自重も軽くなりより経済性が高まる。

演習問題・4

図5・17の図形の図心軸に関する断面二次モーメントI_{nx}およびI_xを求めよ。

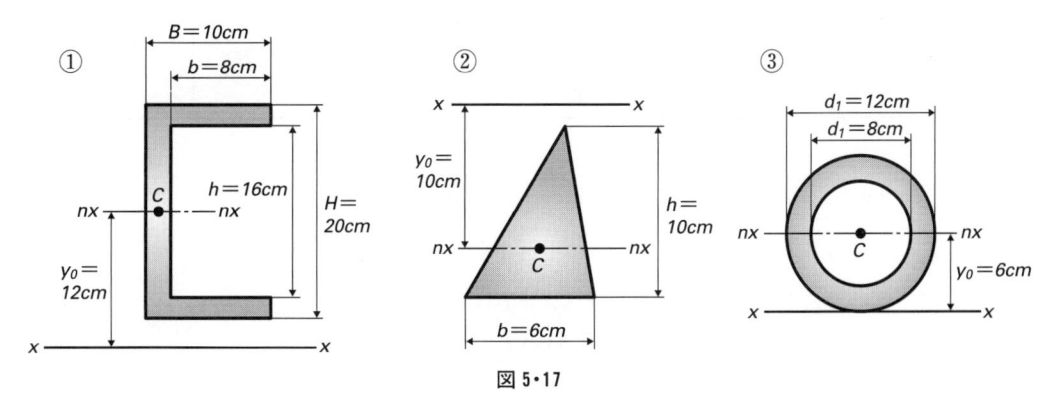

① B=10cm, b=8cm, h=16cm, H=20cm, y_0=12cm
② b=6cm, h=10cm, y_0=10cm
③ d_1=12cm, d_1=8cm, y_0=6cm

図 5・17

（解説・解答：p.121）

5・5 組合せ部材断面の断面二次モーメントの計算

- 土木設計で最も実務的に必要な箇所で，計算表の作成や，数値の記入など自ら試みることで十分に理解しよう。

例題・6

図 5・18 に示すように，y 軸を対称軸とする T 形断面について，以下の各問に答えよ。

① T 形断面の x 軸からの図心までの距離 y_0 を求めよ。

② x 軸に関する断面二次モーメント I_x を求めよ。

③ 図心軸に関する断面二次モーメント I_{nx} を $I_{nx} = I_x - A \times y_0^2$ から求めよ。

④ y 軸に関する断面二次モーメント I_{ny} を求めよ。

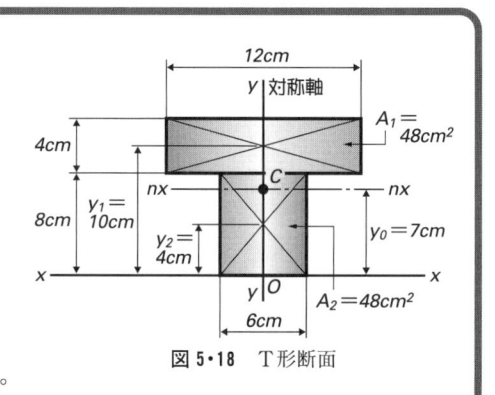

図 5・18 T 形断面

解答

実務計算では，断面一次モーメント，断面二次モーメントを同一の表で計算する。

断面 A_i	寸法 $b \times h$ 〔cm〕	断面積 A_i 〔cm²〕	x軸からの距離 y_i (cm)	断面一次モーメント $Q_{xi} = A_i \times y_i$ 〔cm³〕	断面二次モーメント〔cm⁴〕 $\dfrac{bh^3}{12}$	$A_i \times y_i^2$	$I_x = \dfrac{bh^3}{12} + A_i y_i^2$
A_1	12×4	$12 \times 4 = 48$	10	$48 \times 10 = 480$	$\dfrac{12 \times 4^3}{12} = 64$	$48 \times 10^2 = 4800$	4864
A_2	6×8	$6 \times 8 = 48$	4	$48 \times 4 = 192$	$\dfrac{6 \times 8^3}{12} = 256$	$48 \times 4^2 = 768$	1024
合計		$A = 96$		$Q_x = 672$			$I_x = 5888$

① x 軸から図心 n 軸までの距離　$y_0 = \dfrac{Q_x}{A} = \dfrac{672}{96} = \underline{7 \text{ cm}}$

② 表より　$I_x = \underline{5888 \text{ cm}^4}$

③ 図心軸に関する断面二次モーメント I_n は

$I_{nx} = I_x - A \times y_0^2 = 5888 - 96 \times 7^2 = \underline{1184 \text{ cm}^4}$

④ y 軸の断面二次モーメント I_{ny} は，y 軸が対称軸であり，断面 A_1，A_2 については $bh^3/12$ の公式が適用できる。

$I_{ny} = \dfrac{4 \times 12^3}{12} + \dfrac{8 \times 6^3}{12} = 576 + 144 = \underline{720 \text{ cm}^4}$

5・5 組合せ部材断面の断面二次モーメントの計算

例題・7

図5・19に示す、y軸を対称軸としたI形断面について、図心軸の断面二次モーメントI_{nx}を求めよ。また、y軸に関する断面二次モーメントI_{ny}を求めよ。

図5・19

解答 (1) 一般に、図心軸の断面二次モーメントI_{nx}を求めるには、表の形式で計算する。

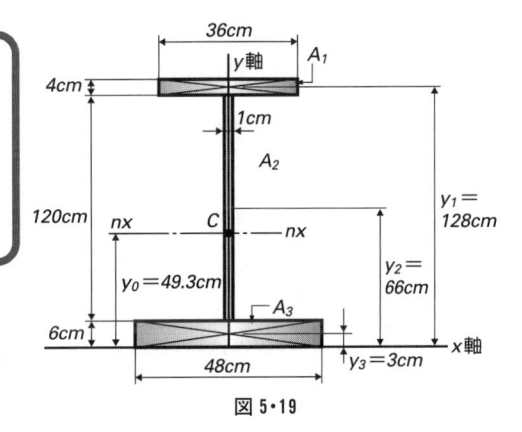

断面 A_i	寸法 $b×h$ 〔cm〕	断面積 A_i〔cm²〕	x軸からの距離 y_i〔cm〕	断面一次モーメント $Q_{xi}=A_i×y_i$ 〔cm³〕	断面二次モーメント〔cm⁴〕 $\dfrac{bh^3}{12}$	$A_i×y_i^2$	$I_x=\dfrac{bh^3}{12}+A_iy_i^2$
A_1	36×4	144	128	18432	$\dfrac{36×4^3}{12}=192$	2359296	2359488
A_2	1×120	120	66	7920	$\dfrac{1×120^3}{12}=144000$	522720	666720
A_3	48×6	288	3	864	$\dfrac{48×6^3}{12}=864$	2592	3456
合計		$A=552$		$Q_y=27216$			$I_x=3029664$

① 図心軸　$y_0=\dfrac{Q_y}{A}=\dfrac{27216}{552}=49.30$ cm

② 図心軸$n-n$に関する断面二次モーメントI_{nx}

$I_{nx}=I_x-A×y_0^2=3029664-552×49.30^2$

$\quad =\underline{1688034\text{ cm}^4}$

(2) y軸に関する断面二次モーメントI_{ny}を計算する。

断面A_1, A_2, A_3はいずれもy軸を図心軸としているので、$bh^3/12$を適用する。

$I_{ny}=\dfrac{4×36^3}{12}+\dfrac{120×1^3}{12}+\dfrac{6×48^3}{12}=15552+10+55296=\underline{70858\text{ cm}^4}$

演習問題・5

図5・20の断面の図心軸の断面二次モーメントI_{nx}を求めよ。

（解説・解答：p.121）

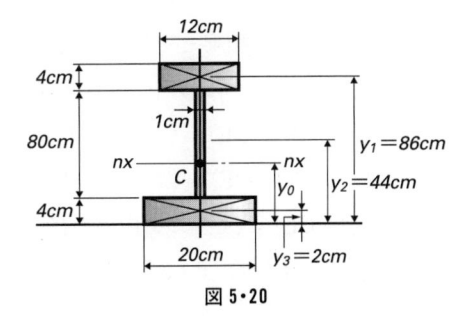

図5・20

5・6 断面相乗モーメントと部材軸の回転

- 一般に部材断面は，荷重方向に対して主軸を一致させて用いる。しかし，デザイン上または必要により，部材をθだけ主軸を回転して用いることがある。回転した部材断面の剛性I_{nx}'，I_{ny}'を求める必要がある。

（１） 最大断面二次モーメントと主軸

図（5・21・1）の長方形断面において，nx，ny軸は対称軸で，この軸に関する断面二次モーメントI_{nx}，I_{ny}は次のようである。

$$I_{nx} = \frac{bh^3}{12} = 3 \times \frac{4^3}{12} = 16 \text{ cm}^4$$

$$I_{ny} = \frac{bh^3}{12} = 4 \times \frac{3^3}{12} = 9 \text{ cm}^4$$

また，このときの断面相乗モーメントI_{xy}は，対称軸に関するもので$I_{xy}=0$である。こうした$I_{xy}=0$となる軸nx，nyを**主軸**といい，主軸では，最大断面二次モーメントまたは最小断面二次モーメントが生じている。

図（5・21・2）は，図（5・21・1）の長方形図形を$\theta=30°$だけ回転させたもので，この回転図形について，nx，ny軸についての断面二次モーメントI_{nx}'，I_{ny}'は対称軸でないので，断面相乗モーメントI_{xy}が生じる。

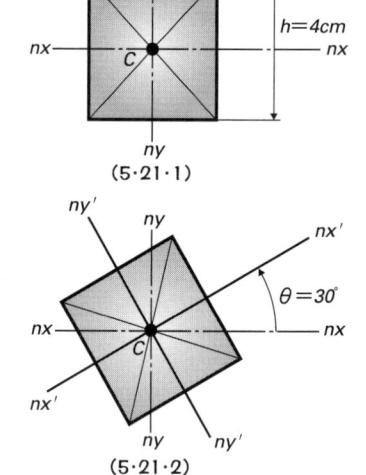

いま，図（5・21・1）の$I_{nx}=16 \text{ cm}^4$，$I_{ny}=9 \text{ cm}^4$，$I_{xy}=0$と，図（5・21・2）のI_{nx}'，I_{ny}'，I_{xy}の関係を，縦軸に断面相乗モーメントI_{xy}，横軸に断面二次モーメントをとって表示すると，**モールの円**が描ける（図5・22）。

したがって，対称軸に関する断面二次モーメント$I_{nx}=16 \text{ cm}^4$はSA，$I_{ny}=9 \text{ cm}^4$はSBで，断面相乗モーメント$I_{xy}=0$のとき，最大断面二次モーメントは$I_{nx}=16 \text{ cm}^4$で，最小断面二次モーメント$I_{ny}=9 \text{ cm}^4$となる。そして，この断面をθだけ回転させたのちのnx，ny軸に関する断面二次モーメントI_{nx}'，I_{ny}'および断面相乗モーメントI_{xy}は，次のようになる。モールの円の半径$r=(I_{nx}-I_{ny})/2=(16-9)/2=3.5 \text{ cm}^4$，モールの円の中心は$(I_{nx}+I_{ny})/2=(16+9)/2=12.5 \text{ cm}^4$である。

$$I_{nx}'(=\text{SO}+\text{OE}) = (モールの円の中心) + (モールの円の半径) \times \cos 2\theta$$

$$I_{ny}'(=\text{SO}-\text{OE}) = (モールの円の中心) - (モールの円の半径) \times \cos 2\theta$$

$$I_{xy}(=\text{CE}) = (モールの円の半径) \times \sin 2\theta$$

これを式で示せば，式（5・8）となる。

図5・21
（5・21・1）
（5・21・2）

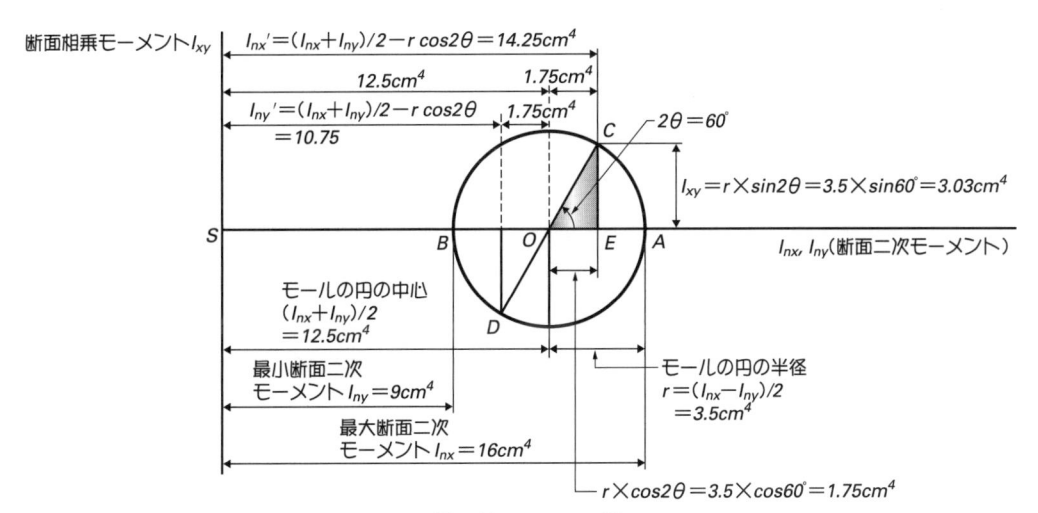

図5・22 モールの円

$$I_{nx}' = \frac{I_{nx}+I_{ny}}{2} + \frac{I_{nx}-I_{ny}}{2} \times \cos 2\theta$$

$$I_{ny}' = \frac{I_{nx}+I_{ny}}{2} - \frac{I_{nx}-I_{ny}}{2} \times \cos 2\theta$$

$$I_{xy} = \frac{I_{nx}-I_{ny}}{2} \times \sin 2\theta$$

……………………（5・8）

したがって，式（5・8）は，対称軸に関する断面二次モーメントI_{nx}，I_{ny}が求まれば，その断面をθ回転させたときの状態のnx軸，ny軸の断面二次モーメントI_{nx}'とI_{ny}'が求められる。

図5・23について，$I_{nx}=16\,\text{cm}^4$，$I_{ny}=9\,\text{cm}^4$，$\theta=30°$とするとき，30°回転したときのnx軸，ny軸に関する断面二次モーメントおよび断面相乗モーメントは次のようになる。

$$I_{nx} = \frac{16+9}{2} + \frac{16-9}{2} \times \cos 60° = 12.5 + 3.5 \times 0.5 = 14.25\,\text{cm}^4$$

$$I_{ny} = \frac{16+9}{2} - \frac{16-9}{2} \times \cos 60° = 12.5 - 3.5 \times 0.5 = 10.75\,\text{cm}^4$$

$$I_{xy} = \frac{16-9}{2} \times \sin 60° = 3.5 \times 0.866 = 3.03\,\text{cm}^4$$

また，式（5・8）において，$\theta=45°$とすると，$\sin 2\theta = \sin 90° = 1$，$\cos 2\theta = \cos 90° = 0$となり，

$$I_{nx}' = I_{ny}' = \frac{I_{nx}+I_{ny}}{2}, \qquad I_{xy} = \frac{I_{nx}-I_{ny}}{2}$$

となり，断面相乗モーメントI_{xy}は主軸から$\theta=45°$回転させたとき最大値となる。

演習問題・6

1 図5・18の図形について，$I_{nx}=1688000\,\text{cm}^4$，$I_{ny}=71000\,\text{cm}^4$とするとき，$\theta=30°$だけ回転させた。回転したときの図形の$nx$軸，$ny$軸に関する断面二次モーメント$I_{nx}'$と$I_{ny}'$および断面相乗モーメント$I_{xy}$を求めよ。また，モールの円を描け。

2 図5・21の図形について，$I_{nx}'=883\,\text{cm}^4$，$I_{ny}'=134\,\text{cm}^4$，$I_{xy}=94\,\text{cm}^4$のときのモールの円を描き，主軸への角度θと，主軸の最大断面二次モーメントI_{nx}と最小断面二次モーメントI_{ny}を求めよ。

（解説・解答：p.121～123）

5・7 断面係数の計算

> ● 断面係数は，図心軸に関する断面二次モーメントI_{nx}，図心からの最遠距離yで割って求める値で，曲げ抵抗性を求めるものである。土木構造物の設計では，一般に，この断面係数を求めて断面形状を決める。

(1) 断面係数

断面係数Zは，図心軸に関する断面二次モーメント$I_{nx}=I$〔cm⁴〕を，図心軸から断面図形の最縁距離y_c, y_t〔cm〕で割った値として求める。Zの単位は〔cm³, mm³〕である。

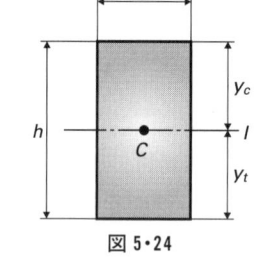

$$\left.\begin{array}{l}\text{上縁側断面係数}\quad Z_c=\dfrac{I}{y_c}\\[6pt]\text{下縁側断面係数}\quad Z_t=\dfrac{I}{y_t}\end{array}\right\} \quad\quad (5\cdot 9)$$

図 5・23

(2) 長方形断面と円形の断面係数

① 長方形断面　$I=\dfrac{bh^3}{12}$, $y_c=\dfrac{h}{2}$, $y_t=\dfrac{h}{2}$

$$Z=Z_c=Z_t=\dfrac{I}{\dfrac{h}{2}}=\dfrac{bh^2}{6} \quad\quad (5\cdot 10)$$

② 円形断面　$I=\dfrac{\pi d^4}{64}$, $y=\dfrac{d}{2}$

$$Z=Z_c=Z_t=\dfrac{\dfrac{\pi d^4}{64}}{\dfrac{d}{2}}=\dfrac{\pi d^3}{32} \quad\quad (5\cdot 11)$$

図 5・24

断面係数Zは，曲げモーメントの抵抗性を示すが，断面二次モーメントは，たわみに対する抵抗性を示すものである。

(3) 空中図形の断面係数の計算

図(5・25・1)の場合

$$I=\dfrac{10\times 9^3}{12}-\dfrac{6\times 4^3}{12}=576 \text{ cm}^4$$

$$y=y_c=y_t=\dfrac{9}{2}=4.5 \text{ cm}$$

$$Z_c=Z_t=\dfrac{I}{y}=\dfrac{576}{4.5}=128 \text{ cm}^3$$

図(5・25・2)の場合

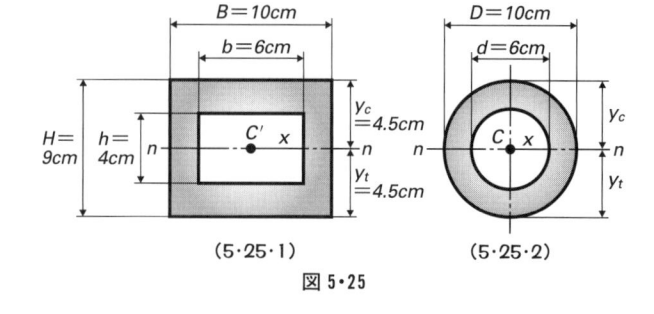

$$I=\dfrac{3.14\times 10^4}{64}-\dfrac{3.14\times 6^4}{64}=427 \text{ cm}^4,\quad y_c=y_t=\dfrac{10}{2}=5 \text{ cm},\quad Z_c=Z_t=\dfrac{I_x}{y}=\dfrac{427}{5}=85 \text{ cm}^3$$

図 5・25

（4） 断面係数を最大にする丸太の切出し方を求める

直径40 cmの丸太材から，曲げ抵抗の最大の長方形断面を切出したい。この断面形の幅x〔cm〕，高さをh〔cm〕とすると，ピタゴラスの定理から△BCDにおいて，

$$d^2 = x^2 + h^2 \text{ より} \qquad h^2 = d^2 - x^2 = 40^2 - x^2 = (1600 - x^2) \text{ となる。}$$

この長方形断面の断面係数Zは，公式より$h^2 = 1600 - x^2$を代入すると，

$$Z = \frac{x \times h^2}{6} = \frac{x \times (1600 - x^2)}{6} = \frac{1600x - x^3}{6}$$

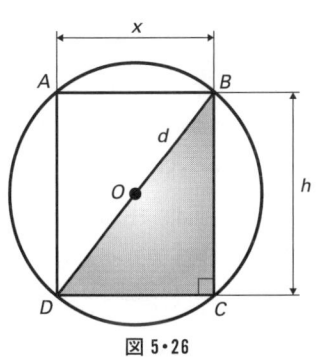

図 5・26

Zをxで微分して，$dZ/dx = 0$とするときのxの値が，断面係数最大の幅となっている。

なお，$(1600x)' \longrightarrow 1600 \times (x)' = 1600 \times 1 = 1600$，$(x^3)' \longrightarrow 3 \times x^{3-1} = 3x^2$ であるから，

$$\frac{dZ}{dx} = \frac{1}{6}(1600x - x^3)' = \frac{1}{6}(1600 - 3x^2) = 0 \qquad \text{よって，} 1600 = 3x^2 \text{ より，} x = \sqrt{\frac{1600}{3}} = 23$$

高さ $h^2 = 1600 - x^2 = 1600 - 529$ より， $h = \sqrt{1067} = 33$ cm

ここで比を求めると，$\dfrac{h}{x} = \dfrac{33}{23} = 1.4 = \sqrt{2}$ となり，$b : h = 1 : \sqrt{2}$ の比で切出せばよい。

なお，断面二次モーメントを最大にする切出し方は，$b : h = 1 : \sqrt{3}$ である。これは，断面二次モーメントは変形量を最小とする。

土木工学の微分もこれでOK！

公式：x^nの微分 $\qquad \dfrac{dx^n}{dx}$ または $(x^n)' = n \times x^{n-1}$

【微分公式の活用例】
① $(x^5)' = 5x^{5-1} = 5x^4$
② $(3x^4)' = 3 \times (x^4)' = 3 \times 4 \times x^{4-1} = 12x^3$
③ $(3x)' = 3 \times (x)' = 3 \times 1 \times x^{1-1} = 3 \times x^0 = 3 \times 1 = 3$
④ $(3)' = 3 \times (1)' = 3 \times (x^0)' = 3 \times 0 \times x^{0-1} = 3 \times 0 \times x^{-1} = 0$
⑤ $(3x^5 + 2x + 3)' = (3x^5)' + (2x)' + (3)' = 3 \times 5 \times x^{5-1} + 2 \times x^{1-1} + 0 = 15x^4 + 2$

$x^0 = 1$と定めることに注意！
0に何を掛けても0に注意！

演習問題・7

図5・27①，②の断面の断面係数Z_c，Z_tを求めよ。

（解説・解答：p.123）

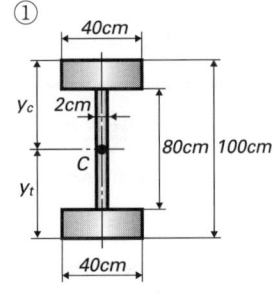

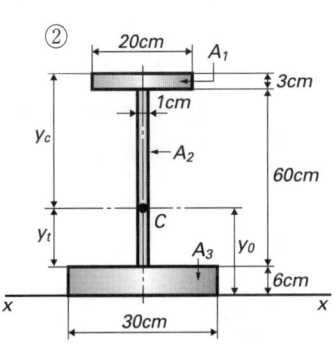

図 5・27

5・8 断面二次半径と核点の計算

- 柱は，圧縮力を受けて座屈を生じて曲がって折れる。柱の座屈抵抗性は，断面二次半径で評価する。また，コンクリート部材は引張力に耐えられない。引張力を生じない荷重の合力の作用すべき範囲を核点で表す。

（1） 断面二次半径

断面二次半径は，主に柱が曲がって折れる現象を**座屈**といい，この座屈の抵抗性を求めるときに用いる。断面二次半径は，断面二次モーメント I を断面積 A で割って平方根をとったもので，次式で表される。

$$r_x = \sqrt{\frac{I_x}{A}}, \quad r_y = \sqrt{\frac{I_y}{A}} \quad\quad (5\cdot12)$$

$I_x(=I_{nx})$，$I_y(=I_{ny})$ は主軸で，x，y 軸の図心軸に関する断面二次モーメントの最大値または最小値を表す。単位は mm とか cm で表す。

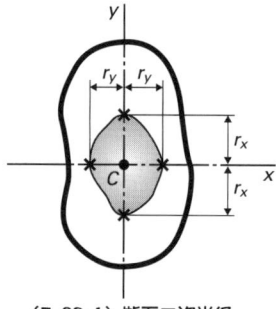

（5・28・1）断面二次半径

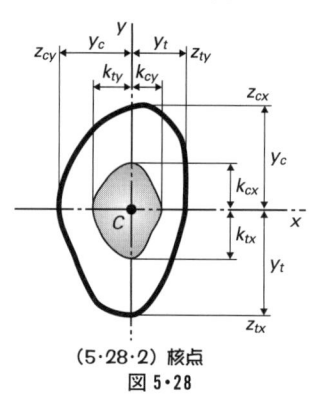

（2） 核 点

核点は，主に擁壁，ダムなどのコンクリート構造物の荷重による合力の入るべき作用範囲を示すもので，断面係数 Z_t（引張側），Z_c（圧縮側）を断面積 A で割って求める。

x 軸方向の核点

$$K_{cx} = \frac{Z_{tx}}{A}, \quad K_{tx} = \frac{Z_{cx}}{A}$$

y 軸方向の核点

$$K_{cy} = \frac{Z_{ty}}{A}, \quad K_{ty} = \frac{Z_{cy}}{A}$$

$$(5\cdot13)$$

ここで，K_c と Z_t，K_t と Z_c の組合せとなるので注意が必要である。

（5・28・2）核点
図 5・28

例題・8

長方形断面の断面二次半径 r_x，r_y および核点 K_c，K_t を幅 b または高さ h で表せ。また，$b=6$ cm，$h=12$ cm のとき，各値を求めよ。

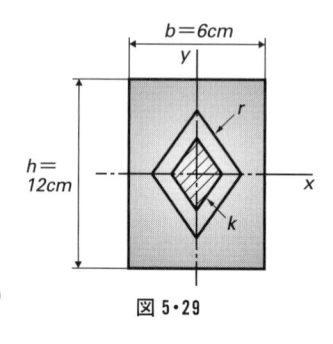

解答

$$\left.\begin{array}{l} r_x = \sqrt{\dfrac{I_x}{A}} = \sqrt{\dfrac{bh^3/12}{bh}} = \dfrac{\sqrt{3}\,h}{6} \\[2mm] r_y = \sqrt{\dfrac{I_y}{A}} = \sqrt{\dfrac{hb^3/12}{bh}} = \dfrac{\sqrt{3}\,b}{6} \end{array}\right\} \quad (5\cdot14)$$

図 5・29

公式(5・14)から，断面二次半径は，

$$r_x = \sqrt{3} \times \frac{h}{6} = \sqrt{3} \times \frac{12}{6} = \underline{3.46 \text{ cm}}, \qquad r_y = \sqrt{3} \times \frac{b}{6} = \sqrt{3} \times \frac{6}{6} = \underline{1.73 \text{ cm}}$$

$$\left.\begin{array}{l} K_{cx} = \dfrac{Z_{tx}}{A} = \dfrac{bh^2/6}{bh} = \dfrac{h}{6} = K_{tx} \\[2mm] K_{cy} = \dfrac{Z_{ty}}{A} = \dfrac{hb^2/6}{bh} = \dfrac{b}{6} = K_{ty} \end{array}\right\} \quad\cdots\cdots\cdots\cdots (5\cdot15)$$

公式(5・15)から，x軸方向とy軸方向の核点は，

$$K_{cx} = K_{tx} = \frac{Z_{tx}}{A} = \frac{h}{6} = \frac{12}{6} = \underline{2 \text{ cm}}$$

$$K_{cy} = K_{ty} = \frac{Z_{cy}}{A} = \frac{b}{6} = \frac{6}{6} = \underline{1 \text{ cm}}$$

例題・9

図5・30に関して，I_x，I_yを求め，x，y軸の断面二次半径r_x，r_yと核点K_{cx}，K_{tx}，K_{cy}，K_{ty}を求めよ。

解答 ① 断面二次モーメントI_x，I_yの計算

$$I_x = 40 \times \frac{120^3}{12} - 30 \times \frac{90^3}{12}$$

$$= 5760000 - 1822500 = \underline{3937500 \text{ cm}^4}$$

$$I_y = 2 \times 15 \times \frac{40^3}{12} + 90 \times \frac{2^3}{12}$$

$$= 160000 + 60 = \underline{160060 \text{ cm}^4}$$

② 断面二次半径の計算

断面積 $A = 2 \times 15 \times 40 + 10 \times 90 = 2100 \text{ cm}^2$

$$r_x = \sqrt{\frac{I_x}{A}} = \sqrt{\frac{3937500}{2100}} = \underline{43.3 \text{ cm}}, \qquad r_y = \sqrt{\frac{I_y}{A}} = \sqrt{\frac{160060}{2100}} = \underline{8.7 \text{ cm}}$$

③ 核点の計算

$$Z_x = Z_{cx} = Z_{tx} = \frac{I_x}{y_{cx}} = \frac{3937500}{60} = 65625 \text{ cm}^3$$

$$Z_y = Z_{cy} = Z_{ty} = \frac{I_y}{y_{cy}} = \frac{160060}{20} = 8003 \text{ cm}^3$$

$$K_{cx} = K_{tx} = \frac{Z_x}{A} = \frac{65625}{2100} = \underline{31.25 \text{ cm}}$$

$$K_{cy} = K_{ty} = \frac{Z_y}{A} = \frac{8003}{2100} = \underline{3.81 \text{ cm}}$$

図5・30

演習問題・8

図5・31に示す，(1)円形，(2)三角形のx軸に関する断面二次半径と核点を求めよ。　　　　(解説・解答：p.124)

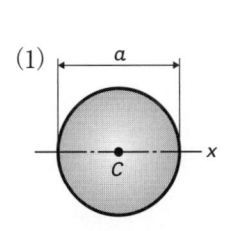

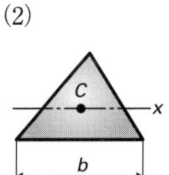

図5・31

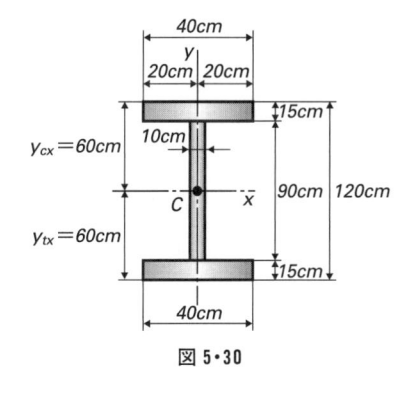

第5章演習問題の解説・解答

演習問題・1　断面一次モーメントによる図心の計算　(p.105)

断面	寸法〔cm〕	断面積 A_i〔cm²〕	距離 y_i〔cm〕	断面一次モーメント〔cm³〕 $Q_x = A_i y_i$
A_1	4×6	24	5	120
A_2	8×2	16	1	16
Σ合計		$A=40$		$Q_x=136$

図心位置　$y_0 = \dfrac{Q_x}{A} = \dfrac{136}{40} = \underline{3.4 \text{ cm}}$

演習問題・2　図心の計算　(p.107)

図（5・8・1）で，$y_0 = Q_x/A$ を求める。

ここでは，空洞部分を考えて計算した。他の方法でも答は同じとなる。

断面	寸法〔cm〕	断面積 A_i〔cm²〕	距離 y_i〔cm〕	断面一次モーメント〔cm³〕 $Q_{xi} = A_i y_i$
A_1	120× 8	+ 960	106	101760
A_2	80×102	+8160	51	416160
A_3（空洞）	76×100	−7600（空洞）	52	−395200
Σ合計		$A=1520$		$Q_x=122720$

図心位置　$y_0 = \dfrac{Q_x}{A} = \dfrac{122720}{1520} = \underline{80.74 \text{ cm}}$

図（5・8・2）で，$y_0 = Q_x/A$，$x_0 = Q_y/A$ を求める。

$$y_0 = \frac{(10 \times 2) \times 7 + (2 \times 4) \times 4 + (4 \times 2) \times 1}{(10 \times 2) + (2 \times 4) + (4 \times 2)} = \frac{20 \times 7 + 8 \times 4 + 8 \times 1}{20 + 8 + 8} = \frac{180}{36} = \underline{5 \text{ cm}}$$

$$x_0 = \frac{(10 \times 2) \times 5 + (2 \times 4) \times 1 + (4 \times 2) \times 2}{(10 \times 2) + (2 \times 4) + (4 \times 2)} = \frac{20 \times 5 + 8 \times 1 + 8 \times 2}{20 + 8 + 8} = \frac{124}{36} = \underline{3.44 \text{ cm}}$$

演習問題・3　断面二次モーメントと断面相乗モーメント　(p.109)

① 図心軸 $n-n$ に関する断面二次モーメント I_n の計算

$$I_n = \frac{bh^3}{12} = \frac{4 \times 12^3}{12} = \underline{576 \text{ cm}^4}$$

② 図心軸 $x-x$ に関する断面二次モーメント I_x の計算

$$I_x = I_n + A \cdot y_0^2 = \frac{bh^3}{12} + bh \times y_0^2 = 576 + (4 \times 12) \times 10^2 = \underline{5376 \text{ cm}^4}$$

演習問題・4　断面二次モーメントと断面相乗モーメントの計算　(p.111)

① 溝形断面の断面二次モーメント

$$I_{nx} = \frac{BH^3}{12} - \frac{bh^3}{12} = \frac{10 \times 20^3}{12} - \frac{8 \times 16^3}{12} = 6667 - 2731$$
$$= \underline{3936 \text{ cm}^4}$$

$$I_x = I_{nx} + A \times y_0^2 = I_n + (BH - bh) \times y_0^2 = 3936 + (10 \times 20 - 8 \times 16) \times 12^2$$
$$= \underline{14304 \text{ cm}^4}$$

② 三角形断面の断面二次モーメント

$$I_{nx} = \frac{bh^3}{36} = \frac{6 \times 10^3}{36} = \underline{167 \text{ cm}^4}$$

$$I_x = I_{nx} + A \times y_0^2 = 167 + \left(\frac{6 \times 10}{2}\right) \times 10^2 = \underline{3167 \text{ cm}^4}$$

③ 円筒断面の断面二次モーメント

$$I_{nx} = \frac{\pi d_1^4}{64} - \frac{\pi d_2^4}{64} = \frac{3.14 \times 12^4}{64} - \frac{3.14 \times 8^4}{64} = 1017 - 201 = \underline{816 \text{ cm}^4}$$

$$I_x = I_{nx} + A \times y_0^2 = 816 + \left(\frac{3.14 \times 12^2}{4} - \frac{3.14 \times 8^2}{4}\right) \times 6^2 = 816 + 62.8 \times 6^2$$
$$= \underline{3077 \text{ cm}^4}$$

演習問題・5　組合せ部材断面の断面二次モーメントの計算　(p.113)

図心軸の位置 y_0 を求めて，図心軸に関する断面二次モーメントを求める。

$$I_n = I_x - A \cdot y_0^2$$

断面	寸法〔cm〕	断面積 A_i〔cm²〕	距離 y_i〔cm〕	断面一次モーメント $Q_x = A_i y_i$〔cm³〕	断面二次モーメント〔cm⁴〕 $\frac{bh^3}{12}$	$A_i y_i^2$	$I_x = \frac{bh^3}{12} + A_i y_i^2$
A_1	12× 4	48	86	4128	64	355008	355072
A_2	1×80	80	44	3520	42667	154880	197547
A_3	20× 4	80	2	160	107	320	427
Σ合計		$A = 208$		$Q_x = 7808$			$I_x = 553046$

図心位置　$y_0 = \dfrac{Q_x}{A} = \dfrac{7808}{208} = 37.5 \text{ cm}$

図心軸に関する断面二次モーメント　$I_{nx} = I_x - A \cdot y_0^2 = 553046 - 208 \times 37.5^2 = \underline{260546 \text{ cm}^4}$

演習問題・6　断面相乗モーメントと部材軸の回転　(p.115)

[1]　θ 回転された軸の図形の断面二次モーメントの計算は，公式(5・8)を用いる。$\theta = 30°$，$I_{nx} = 1688000$，$I_{ny} = 71000$ として，

$$I_{nx}' = \frac{1688000 + 71000}{2} + \frac{1688000 - 71000}{2} \times \cos 60° = 879500 + 404250$$
$$= \underline{1283750 \text{ cm}^4}$$

$$I_{ny}' = \frac{1688000+71000}{2} - \frac{1688000-71000}{2} \times \cos 60° = 879500 - 404250$$

$$= \underline{475250} \text{ cm}^4$$

断面相乗モーメント I_{xy} を求める。

$$I_{xy} = \frac{1688000-71000}{2} \times \sin 60° = \underline{700182} \text{ cm}^4$$

モールの円を描く数値

中心位置　$SO = \dfrac{1688000+71000}{2} = 879500$ cm^4

モールの半径　$r = \dfrac{1688000-71000}{2} = 808500$ cm^4

以上からモールの円を描き，$2\theta = 2 \times 30° = 60°$ だけ軸を回転させて，I_{nx}'，I_{ny}' を求める。

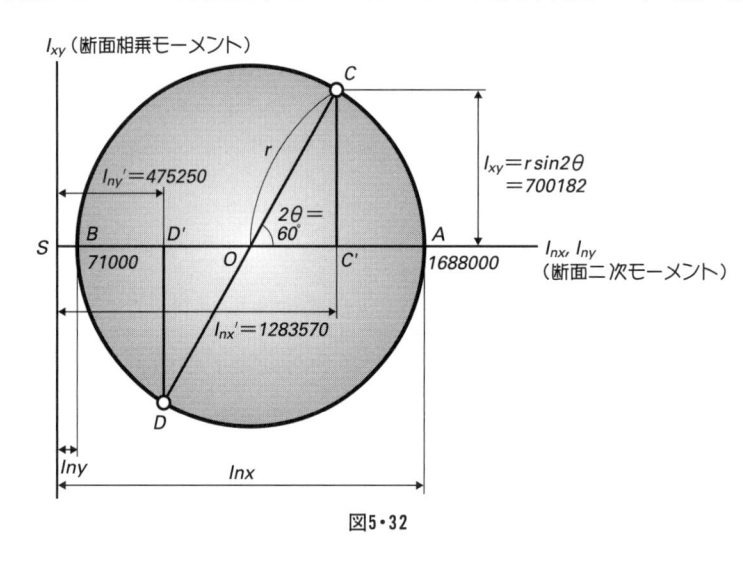

図5・32

2　主軸方向に最大断面二次モーメント I_{nx} をA，最小断面二次モーメント I_{ny} をBとしてグラフに表す。

① モールの円の中心O　$SO = \dfrac{I_{nx}' + I_{ny}'}{2} = \dfrac{883+134}{2} = 509$ cm^4

② モールの円の半径 r は △OCE の斜辺として，ピタゴラスの定理から求める。

　　$OE = I_{nx}' - SO = 883 - 509 = 374$，$CE = I_{xy} = 94$

　　$r = \sqrt{OE^2 + CE^2} = \sqrt{374^2 + (94)^2} = 386$ cm^4

③ 最大断面二次モーメント　$I_{nx} = SA = SO + r = 509 + 386 = \underline{895 \text{ cm}^4}$

④ 最小断面二次モーメント　$I_{ny} = SB = SO - r = 509 - 386 = \underline{123 \text{ cm}^4}$

　　$\tan 2\theta = \dfrac{CE}{OE} = \dfrac{+94}{+374} = +0.251$，（第1象限の角）$2\theta = \tan^{-1} 0.251$　$2\theta = 14°6'30''$　$\theta = 7°3'15''$

⑤ 主軸への回転角は，$\underline{7°3'15''}$ である。

図5・33

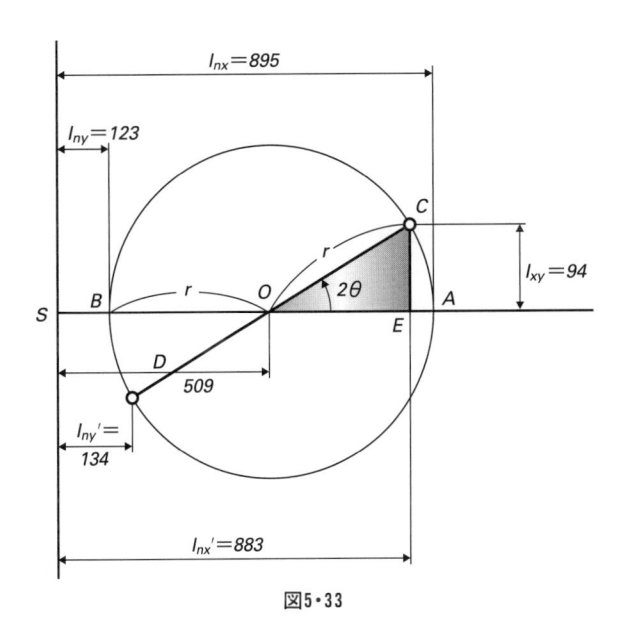

演習問題・7　断面係数の計算　(p.117)

(1) $I = \dfrac{40 \times 100^3}{12} - \dfrac{38 \times 80^3}{12} = 3333333 - 1621333 = 1712000 \text{ cm}^4$

$y = y_c = y_t = \dfrac{100}{2} = 50 \text{ cm}$

$Z_c = Z_t = \dfrac{I}{y} = \dfrac{1712000}{50} = 34240 \text{ cm}^3$

(2) 図心位置 y_b と図心の断面二次モーメント I を求める。最下端部を x 軸として計算する。

断面	寸法 $b \times h$ 〔cm〕	断面積 A_i 〔cm²〕	x軸からの距離 y_i〔cm〕	断面一次モーメント $Q = A_i \times y_i$ 〔cm³〕	断面二次モーメント〔cm⁴〕 $\dfrac{bh^3}{12}$	$A_i \times y^2$	I_{xi}
A_1	20×3	60	67.5	4050	$\dfrac{20 \times 3^3}{12} = 45$	273375	273420
A_2	1×60	60	36.0	2160	$\dfrac{1 \times 60^3}{12} = 18000$	77760	95760
A_3	30×6	180	3.0	540	$\dfrac{30 \times 6^3}{12} = 540$	1620	2160
合計		$A = 300$		$Q_x = 6750$			$I_x = 371340$

図心軸までの距離　$y_b = \dfrac{Q_x}{A} = \dfrac{6750}{300} = 22.5 \text{ cm},\quad y_b = y_t$ となる。

$y_c = 69 - y_t = 69 - 22.5 = 46.5 \text{ cm}$

図心軸の断面二次モーメント I，断面係数 Z_c，Z_t は，次のようになる。

$I = I_x - A \times y_b{}^2 = 371340 - 300 \times 22.5^2 = 219465 \text{ cm}^4$

124　第 5 章　部材断面の性質

$$Z_c = \frac{I}{y_c} = \frac{219465}{46.5} = \underline{4720 \text{ cm}^3}$$

$$Z_t = \frac{I}{y_t} = \frac{219465}{22.5} = \underline{9754 \text{ cm}^3}$$

| 演習問題・8 | 断面二次半径と核点の計算 | (p.119) |

(1) 円形断面の断面二次モーメント $I_x = \pi d^4/64$, 断面係数 $Z_c = Z_t = I_x/(d/2) = \pi d^3/32$, 断面積 $A = \pi d^2/4$

断面二次半径　$r_x = r_y = \sqrt{\dfrac{I_x}{A}} = \sqrt{\dfrac{\dfrac{\pi d^4}{64}}{\dfrac{\pi d^4}{4}}} = \underline{\dfrac{d}{4}}$

核点　$K_c = K_t = \dfrac{Z_t}{A} = \dfrac{\dfrac{\pi d^3}{32}}{\dfrac{\pi d^2}{4}} = \underline{\dfrac{d}{8}}$

(2) 三角形断面の断面二次モーメント $I_x = bh^3/36$ であり，断面係数は

$$Z_c = \frac{I_x}{\frac{2}{3}h} = \frac{\frac{bh^3}{36}}{\frac{2h}{3}} = \frac{bh^2}{24} \qquad Z_t = \frac{I_x}{\frac{1}{3}h} = \frac{\frac{bh^3}{36}}{\frac{h}{3}} = \frac{bh^2}{12}$$

断面積 $A = bh/2$ である。

断面二次半径　$r_x = \sqrt{\dfrac{I_x}{A}} = \sqrt{\dfrac{\dfrac{bh^3}{36}}{\dfrac{bh}{2}}} = \dfrac{h}{3\sqrt{2}} = \underline{\dfrac{\sqrt{2}\,h}{6}}$

核点　$K_c = \dfrac{Z_t}{A} = \dfrac{\dfrac{bh^2}{12}}{\dfrac{bh}{2}} = \underline{\dfrac{h}{6}} \qquad K_t = \dfrac{Z_c}{A} = \dfrac{\dfrac{bh^2}{24}}{\dfrac{bh}{2}} = \underline{\dfrac{h}{12}}$

第 6 章
はりの設計

6・1	はりに生じる曲げ応力	126
6・2	はりに生じる曲げ応力度	128
6・3	はりに生じる曲げ応力度の計算	130
6・4	水平せん断力と垂直せん断力	132
6・5	単純な断面に生じる最大せん断応力度	134
6・6	組合せ部材のはりに生じるせん断応力度の計算	136
6・7	はりの設計手順	138
6・8	仮橋の設計計算	142
6・9	はりの耐力計算	144
6・10	はりに生じる主応力度に対する検討	146
第6章演習問題の解説・解答		148

126　第6章　はりの設計

6・1　はりに生じる曲げ応力

> ● はりに外力が作用すると，はりは曲げモーメントの作用を受けて変形し，はりの部材軸上部に圧縮力を，下部に引張力の偶力を生じる。この偶力が曲げ応力である。

(1) はりに生じる曲げ応力と部材の変形

外力を受けたはりは，外力の大きさに比例して曲げモーメントが生じ，曲げ変形する。

図6・1に示すように，外力に応じはりに曲げモーメントMが作用し，はりは下に凸の形で，**曲率半径**ρ（ロー）の変形をする。このとき，はりの図心を通る線を**部材軸**または単に**材軸**ともいい，図6・2のように，この材軸より上側には圧縮する応力Cが，下側にはCと大きさ等しく反対向きの引張る応力Tが生じ，この圧縮応力Cと引張応力Tがつくる**偶力**が**曲げ応力**Mである。

圧縮応力Cと引張応力Tとの距離をjとすると，曲げ応力は次のようになる。

$$M = C \times j = T \times j \qquad (6\cdot1)$$

図6・1　曲げ変形

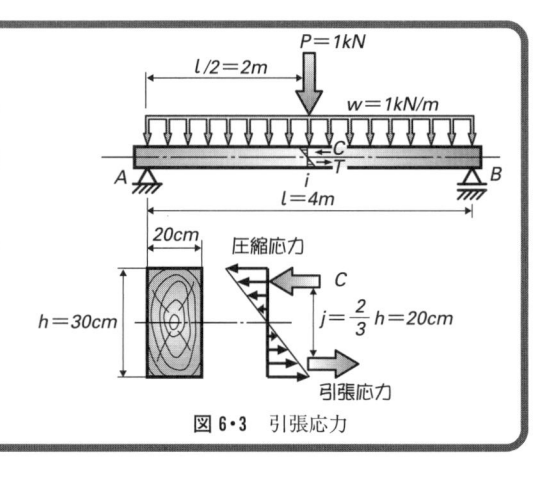

図6・2

(2) 圧縮応力，引張応力の計算例

【計算例】 図6・3に示す，単純ばりの中央点iに作用する圧縮応力Cと引張応力TおよびCとTの間の距離jを求める。ただし，断面は，幅20cm，高さ30cmの長方形の木材とする。また，満載された等分布荷重w，支間中央の集中荷重Pとするとき，はり中央点の曲げモーメントは，次式で求められる。

$$M = \frac{wl^2}{8} + \frac{Pl}{4}$$

図6・3　引張応力

解答 i 点は，単純ばりの中央点で，満載された等分布荷重 w と，中央に作用する集中荷重 P の外力を受ける。i 点に作用する曲げモーメント M は，次のように求められる。

$$M = \frac{wl^2}{8} + \frac{Pl}{4} = \frac{1 \times 4^2}{8} + \frac{1 \times 4}{4} = 2 + 1 = 3 \text{ kN·m}$$

また，圧縮応力 C と引張応力 T とは大きさが等しい力で，その作用間隔 $j = (2/3)h = (2/3) \times 30 = 20 \text{ cm} = \underline{0.2 \text{ m}}$ となる。

したがって，$M = C \times j$ または $T \times j$ が曲げ応力である。

$3 = C \times 0.2$ より， $\underline{C = 15 \text{ kN}}$ （圧縮応力）

$M = 3 \text{ kN·m}$, $j = 0.2 \text{ m}$ として，$M = Tj = Cj$

$3 = T \times 0.2$ より， $\underline{T = 15 \text{ kN}}$ （引張応力）

応力計算では，C は圧縮力，T は引張力として，特に符号をつけないで，省略することが一般的である。本書では，その例にならい，圧縮応力が明らかなときは負⊖をつけない。

（3） 引張応力度と圧縮応力度

図 6·4 において，断面積，幅 2 mm，高さ 3 mm の鋼材に，引張応力 $T = 600$ N が生じているとき，この鋼材 1 mm² あたりの応力である引張応力度 σ_t 〔N/mm²〕（σ : シグマ）は，次の式で求める。

$$\sigma_t = \frac{T}{A} \quad \cdots \cdots \cdots (6 \cdot 2)$$

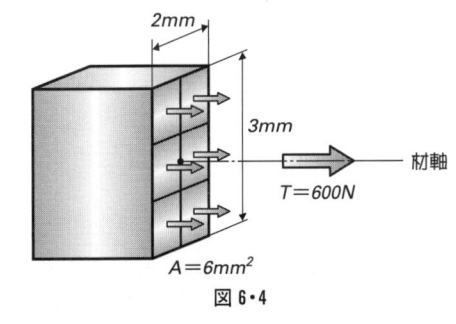

図 6·4

式（6·2）より， 応力度 $\sigma_t = \dfrac{T}{A} = \dfrac{600}{2 \times 3} = \dfrac{600}{6} = 100 \text{ N/mm}^2$

また，圧縮応力 C による圧縮応力度 σ_c 〔N/mm²〕で表す。

演習問題·1

図 6·5 に示すように，鉄筋コンクリート T 形ばりに曲げモーメント $M = 300$ kN·m が作用し，圧縮応力 C と引張応力 T との距離が $j = 1.5$ m であった。このとき，コンクリート部材の圧縮応力 C と鉄筋の引張応力 T を求めよ。また，鉄筋 $A_s = 12$ cm² を使用したときの，鉄筋の引張応力度を $\sigma_t = T/A_s$ より求めよ。

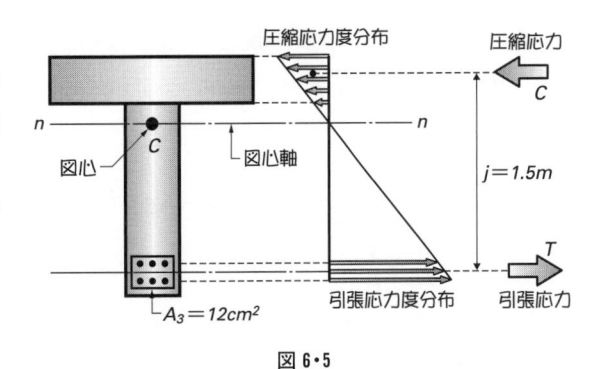

図 6·5

（解説・解答：p.148）

6・2 はりに生じる曲げ応力度

- はりは，フックの法則に従って作用する曲げモーメントの大きさに比例して変形し，変形の大きいはり上下縁端部に大きい曲げ応力度が生じる。上下縁端部の応力度は，曲げモーメントを断面係数で割って求める。

(1) 曲げ応力Mと曲げ応力度の関係式

図6・6に示すように，はりの微小区間dxが，曲げモーメントの作用によって，図(6・6・2)のように曲率半径ρだけ変形する。はりの変形は図(6・6・2)の太実線のように考え，図心軸$n-n$より下方yの位置の曲げ応力度σの位置のひずみ度ε（イプシロン）とする。

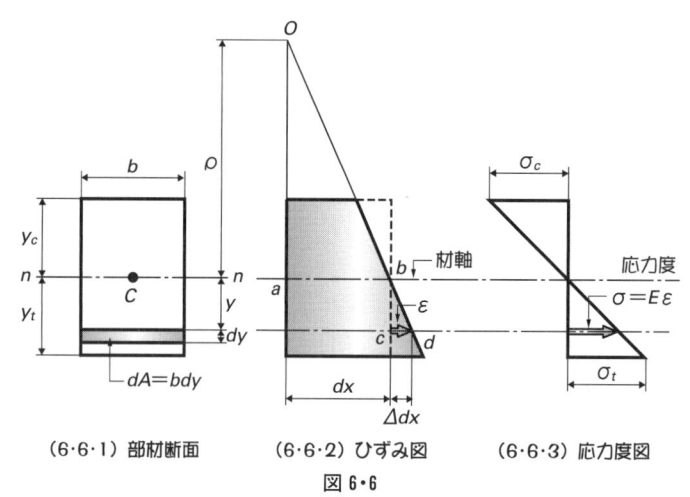

(6・6・1) 部材断面　　(6・6・2) ひずみ図　　(6・6・3) 応力度図

図6・6

① ひずみyとひずみ度εとの関係式

図(6・6・2)より，△Oab と △bcd は相似の関係にあり，ひずみ度εは，はりのもとの長さdxの伸びΔdx（Δ：デルタ）とdxの比，およびyと曲率半径ρとの比に等しい。

$$\varepsilon = \frac{\Delta dx}{dx} = \frac{y}{\rho} \quad\quad\quad ①$$

また，フックの法則から，$\sigma = E\varepsilon$より$\varepsilon = \sigma/E$の関係があり，これを式①のεに代入すると，

$$\varepsilon = \frac{\sigma}{E} = \frac{y}{\rho} \quad \text{これより} \quad \sigma = \frac{E}{\rho} \cdot y \quad\quad\quad ②$$

② 曲げ応力Mと断面係数Zとの関係式

曲げ応力Mは，図(6・6・1)の微小面積dAに作用する応力度σとの積$(\sigma \times dA)$を力とすると，図心軸$n-n$回りの微小モーメント$dM = (\sigma \times dA) \times y$を積分したものである。この$\sigma$に式②を用いて整理すると，次のようになる。

$$M = \int dM = \int (\sigma \times dA) \times y = \int \frac{E}{\rho} \cdot y \times dA \times y = \frac{E}{\rho} \int y^2 dA$$

ここに，$\int y^2 dA = I$（式(5・3)より断面二次モーメント）であるから式(6・3)が求められる。

$$M = \frac{E}{\rho} \int y^2 dA = \frac{EI}{\rho} \quad \text{または} \quad \frac{1}{\rho} = \frac{M}{EI} \quad \text{---------------(6・3)}$$

式(6・3)を式②に代入して，曲げ応力Mと，曲げ応力度の関係式が求まる。

$$\sigma = \frac{E}{\rho} \cdot y = \frac{M}{EI} \cdot E \cdot y = \frac{M}{I} \cdot y \quad \text{---------------(6・4)}$$

また，最縁部 $y=y_c$，$y=y_t$ における曲げ応力度 σ_c および σ_t は，式(5・9)より $Z_c = I/y_c$，$Z_t = I/y_t$ なので，次式となる。

$$\left.\begin{array}{l}\sigma_c = \dfrac{My_c}{I} = \dfrac{M}{\left(\dfrac{I}{y_c}\right)} = \dfrac{M}{Z_c} \\[2ex] \sigma_t = \dfrac{My_t}{I} = \dfrac{M}{\left(\dfrac{I}{y_t}\right)} = \dfrac{M}{Z_t}\end{array}\right\} \quad \text{---------------(6・5)}$$

例題・1

図6・7に示す長方形断面と円形断面に，曲げモーメント$M = 8\,\text{kN}\cdot\text{m}$が作用するとき，式(6・5)を用いて，最縁部の曲げ応力$\sigma = \sigma_c = \sigma_t$を求めよ。長方形と円形の断面係数は，式(5・10)，(5・11)より $bh^2/6$，$\pi d^3/32$ である。

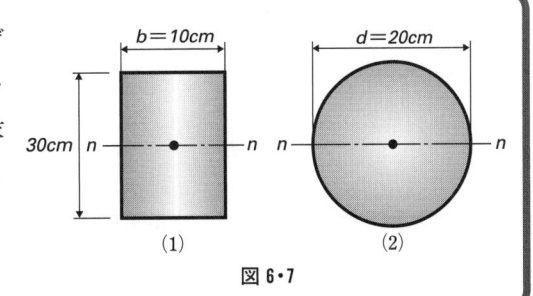

図6・7

解答 (1) $Z = Z_c = Z_t = \dfrac{bh^2}{6} = \dfrac{10 \times 30^2}{6} = 1500\,\text{cm}^3 = 1500 \times 1000 = 1500000\,\text{mm}^3$

$$\sigma = \sigma_c = \sigma_t = \frac{M}{Z} = \frac{8\,\text{kN}\cdot\text{m}}{1500\,\text{cm}^3} = \frac{8 \times 1000 \times 1000\,\text{N}\cdot\text{m}}{1500000\,\text{mm}^3}$$

$$= 5.3\,\text{N/mm}^2$$

(2) $Z = \dfrac{\pi d^3}{32} = \dfrac{3.14 \times 20^3}{32} = 785\,\text{cm}^3 = 785000\,\text{mm}^3$

$$\sigma = \frac{M}{Z} = \frac{8 \times 1000 \times 1000\,\text{N}\cdot\text{mm}}{785 \times 1000\,\text{mm}^3} = 10.2\,\text{N/mm}^2$$

演習問題・2

図6・8に示す三角形断面の最縁端の断面係数Z_cとZ_tを求め，最縁部の応力度σ_c, σ_tを求めよ。ただし，曲げモーメントは$M = 10\,\text{kN}\cdot\text{m}$とする。

(解説・解答：p.148)

図6・8

6・3 はりに生じる曲げ応力度の計算

> ●はりの設計で最も重要な，はりに生じる応力度の分布図を描けるよう，計算による理解を深める。

（1） I形断面の曲げ応力度の分布図

図6・9に示す，I形断面に曲げモーメント$M=2340$ kN・mが作用するときの応力度を計算により求め，その分布図を描く。

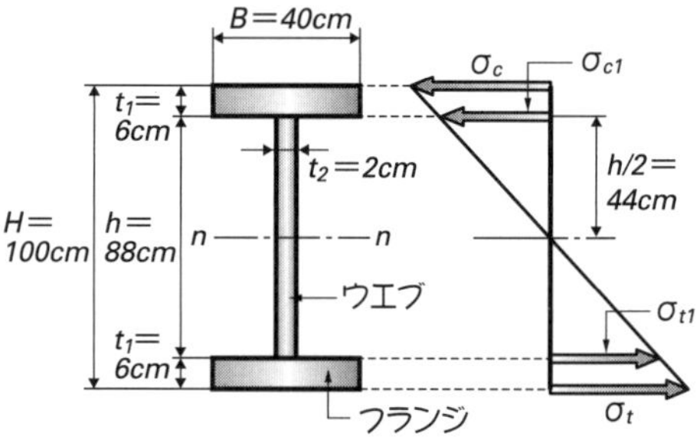

① 断面二次モーメントの計算

$$I = \frac{BH^3}{12} - \frac{bh^3}{12} = \frac{40 \times 100^3}{12} - \frac{(40-2) \times 88^3}{12}$$

$$= 3.33 \times 10^6 - 2.16 \times 10^6$$

$$= 1.175 \times 10^6 \text{ cm}^4$$

② 断面係数の計算

$$Z = Z_c = Z_t = \frac{I}{y} = \frac{I}{\frac{H}{2}} = \frac{1.175 \times 10^6}{50}$$

$$= 23500 \text{ cm}^3$$

③ 最縁応力度σ_c，σ_tの計算

$$\sigma_c = \sigma_t = \frac{M}{Z} = \frac{2340 \text{ kN·m}}{23500 \text{ cm}^3} = \frac{2340 \times 1000 \times 1000 \text{ N·mm}}{23500 \times 1000 \text{ mm}^3}$$

$$= 100 \text{ N/mm}^2$$

④ フランジとウエブの接合点の応力度σ_{c1}，σ_{t1}の計算

$\sigma = M \times y / I$（公式(6・3)）により求める。

$M = 2340$ kN·m，$I = 1.175 \times 10^6$ cm^4，$y = \frac{h}{2} = 44$ cm

$$\sigma_{c1} = \sigma_{t1} = \frac{M}{\left(\frac{I}{y}\right)} = \frac{2340 \text{ kN·m}}{\frac{1.175 \times 10^6}{44} \text{ cm}^3} = \frac{2340 \text{ kN·m}}{26700 \text{ cm}^3} = \frac{2340 \times 1000 \times 1000 \text{ N·mm}}{26700 \times 1000 \text{ mm}}$$

$$= 88 \text{ N/mm}^3$$

図6・9

演習問題・3

1. 図 6・10 の長方形断面の最縁応力度 σ_c，および，σ_{c1}，σ_{c2} を求めよ。ただし，$M = 10$ kN·m が作用するものとする。

図 6・10

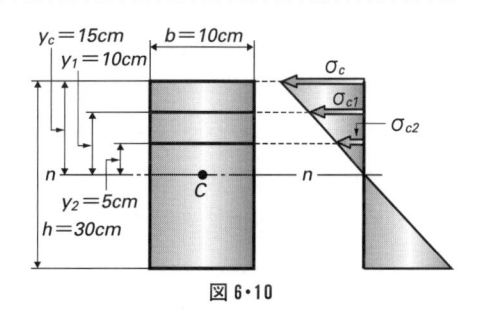

2. 図 6・11 の断面形に曲げモーメント $M = 3000$ kN·m が作用するとき，図心軸に関する断面二次モーメントを求め，曲げ応力度分布図を描け。

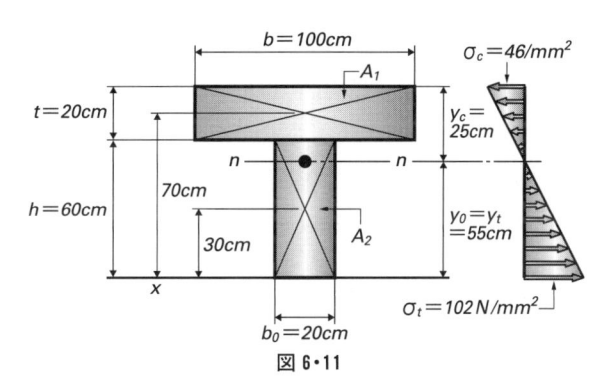

図 6・11

3. 図 6・12 の断面形に曲げモーメント $M = 1800$ kN·m が作用するとき，図心軸に関する断面二次モーメントを求め，σ_A, σ_B, σ_C, σ_D を求め，曲げ応力度分布図を描け。

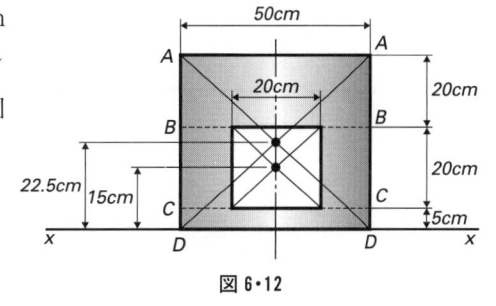

図 6・12

4. 図 6・13 の断面形に曲げモーメント $M = 1000$ kN·m が作用するとき，図心軸に関する断面二次モーメントを求め，曲げ応力度分布図を描け。

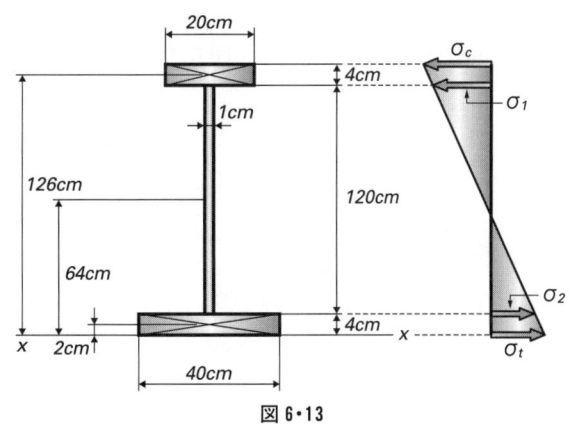

図 6・13

（解説・解答：p.148〜150）

6・4 水平せん断力と垂直せん断力

- せん断力が作用すると，部材はひずむ。このときひずみは，垂直方向と水平方向の応力度を同時に受け変形する。

（1） せん断ひずみとせん断弾性係数

図6・14に示すように，はりの微小部分dxをとり，dx部分は，せん断力Sの作用により部材はずれを生じせん断変形し，せん断ひずみ度φ（ファイ）を生じる。この変形φに応じて，水平方向のせん断応力度τ（タウ）と垂直方向のせん断応力度τとが各面に沿って生じる。

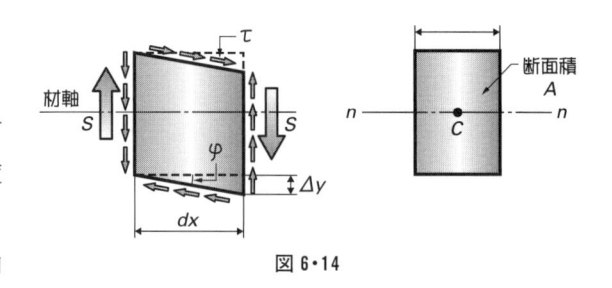

せん断ひずみ度φは，せん断ひずみΔyとdxの比で$\varphi = dy/dx$として求められる。また，せん断応力度τとせん断ひずみ度φとは，フックの法則から次の関係がなりたつ。このときの比例定数Gをせん断弾性係数として，次式で表せる。

$$\frac{\tau}{\varphi} = G \quad \text{または} \quad \tau = G\varphi \tag{6・6}$$

ここに，鋼材では　$G_s = E_s/2.6$で，$G_s = 2.0 \times 10^5 \text{ N/mm}^2$

　　　　コンクリートでは　$G_c = E_c/2.3$で，コンクリートのヤング率E_cの値により異なる。

（2） 水平せん断応力度と垂直せん断応力度

はりが，荷重の作用を受けると，はりの軸に対して直角方向のせん断力Sが作用し，これに応じて垂直せん断応力度と水平せん断応力度τが生じる。また，はりは垂直方向に変形すると同時に，水平方向にずれる変位をする。図6・15に示すように，水平方向の変位は，曲げモーメントMと$M+dM$

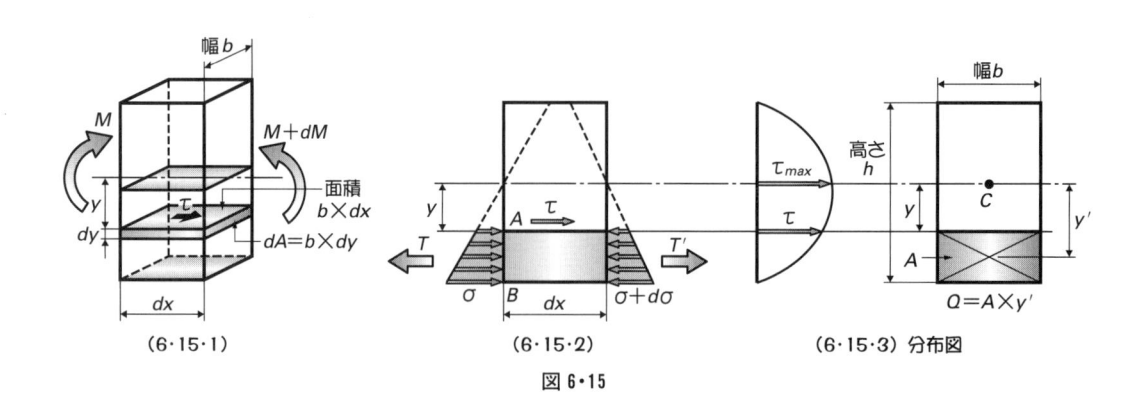

図6・15

（6・15・1）　　（6・15・2）　　（6・15・3）分布図

の作用を受けて，微小幅dxの両断面に生じる引張力TとT'の差$T'-T$によって生じる水平せん断応力によって生じるものである。

図（6·15·2）において，曲げ応力度σは，公式（6·3）より，$\sigma=M\times y/I$と表される。両断面の応力度は，$\sigma=M\times y/I$，$\sigma+d\sigma=(M+dM)\times y/I$と表される。したがって，両断面の引張力$T$と$T'$との差は，各面の応力度をAからBまで積分して求める。

$$T'-T=\int(M+dM)\frac{y}{I}\cdot dA-\int M\frac{y}{I}dA=\frac{dM}{I}\int ydA=\frac{dM\cdot Q}{I} \quad\cdots\cdots ①$$

ここに，公式（5·2）より$\int ydA=Q$である。一方，水平せん断応力度τは図（6·15·1）より面積$b\times dx$に分布するので，水平方向のせん断応力は$\tau\times b\times dx$となり，式①の水平せん断応力に等しい。$\tau\times b\times dx=dM\times Q/I$より，$\tau=dM/dx\times Q/(I\times b)$となる。

モーメントMをxで微分するとせん断力となるので，$dM/dx=S$とすると，公式（6·3）によりせん断応力度τが求まる。

$$\tau=\frac{S\cdot Q}{I\cdot b}, \quad Q：断面一次モーメント，I：断面二次モーメント \quad\cdots\cdots (6\cdot 7)$$

例題·2

幅10 cm，高さ30 cmの長方形断面に，せん断力$S=10$ kNが作用すると，図心軸$n-n$に生じるせん断応力度τを公式（6·7）を用いて求めよ。

解答　断面一次モーメント　$Q=A\times y'=10\times 15\times 7.5=1125$ cm^3

断面二次モーメント　$I=\dfrac{bh^3}{12}=\dfrac{10\times 30^3}{12}=22500$ cm^4

せん断応力度　$\tau=\dfrac{S\cdot Q}{I\cdot b}=\dfrac{10\text{ kN}\times 1125\text{ cm}^3}{22500\text{ cm}^4\times 10\text{ cm}}$

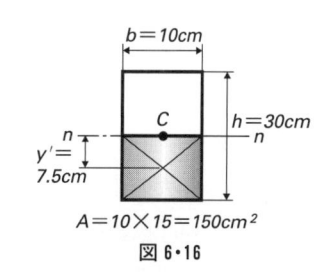

$\qquad\qquad\qquad =\dfrac{10\times 1000\times 1125\times 1000\text{ N}\cdot\text{mm}^3}{22500\times 10000\times 10\times 10\text{ mm}^5}$

$\qquad\qquad\qquad =\underline{0.5\text{ N/mm}^2}$

図6·16

演習問題·4

コンクリート部材のコンクリートのヤング率（弾性係数）$E_c=3.1\times 10^4$ N/mm^2，幅$dx=100$ mmあたりせん断ひずみ$dy=0.003$ mmであった。このとき，せん断ひずみ度$\varphi=dy/dx$，せん断弾性係数$G_c=E_c/2.3$，せん断応力度$\tau=G\varphi$を求めよ。

（解説・解答：p.150）

6・5 単純な断面に生じる最大せん断応力度

- 長方形，円形の断面のせん断応力度の分布図は二次曲線で，図心軸において最大となり，上下端で0となる形状をしている。

例題・3

幅b，高さhの長方形断面に，せん断力Sが作用するとき，はりの断面に生じるせん断応力度の分布図を描け。

解答

① 断面一次モーメント $I=\dfrac{bh^3}{12}$

② 図心軸$n-n$よりyの位置のせん断応力度をτとすると，断面一次モーメントQは

$$Q = A \times y' = b \times \left(\dfrac{h}{2}-y\right) \times \left\{y+\dfrac{(h/2-y)}{2}\right\}$$

$$= \dfrac{b}{2}\left(\dfrac{h}{2}-y\right) \times \left(\dfrac{h}{2}+y\right) = \dfrac{b}{2}\left(\dfrac{h^2}{4}-y^2\right)$$

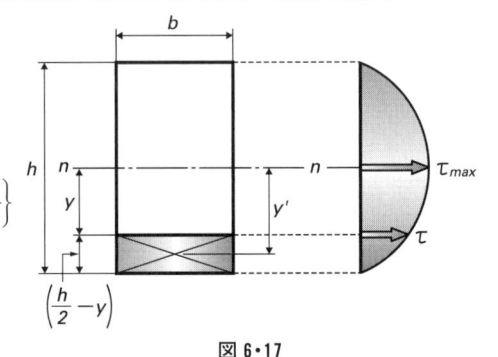

③ せん断応力度τは，公式(6・7)より

$$\tau = \dfrac{S \cdot Q}{I \cdot b} = \dfrac{S \times b\left(\dfrac{h^2}{4}-y^2\right)/2}{bh^3/12 \times b}$$

$$= \dfrac{S}{bh} \cdot 6 \cdot \dfrac{\left(\dfrac{h^2}{4}-y^2\right)}{h^2}$$

図 6・17

せん断応力度τはyに関する二次式で表され，$y=h/2$とする上下縁端部では$\tau=0$となり，$y=0$とすると最大値$\tau_{max}=1.5S/A$となる。この二次曲線を示すと，せん断応力度の分布図が描ける。平均せん断応力をS/Aとすると，長方形ばりではせん断応力度は図心で最大となり，平均せん断応力度は1.5倍となる。

長方形断面の最大せん断応力度　$\tau_{max}=\dfrac{3}{2} \cdot \dfrac{S}{A}$ ────────── (6・8)

円形断面最大せん断応力度τ_{max}は，断面積$A=\pi d^2/4$，せん断力Sとすると，

$$\tau_{max} = \dfrac{4}{3} \cdot \dfrac{S}{A} \quad \text{(6・9)}$$

円形の最大せん断応力度は図心軸$n-n$に生じ，その値は平均せん断応力S/Aの4/3倍である。

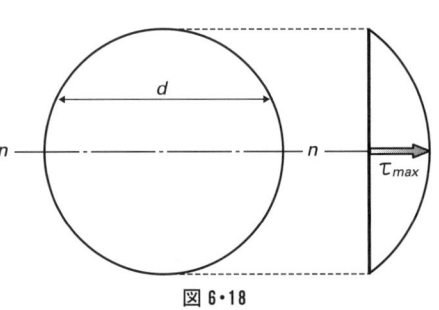

図 6・18

例題・4

図6・19のような，長方形および円形の断面にせん断力$S=100$ kNが作用するとき，このときの各断面の最大せん断応力度τ_{max}を求めよ。

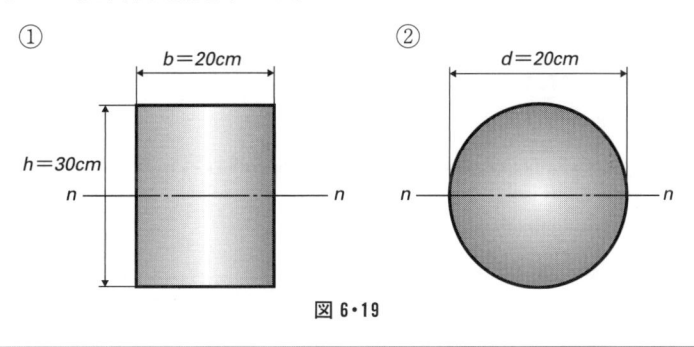

① b=20cm, h=30cm
② d=20cm

図6・19

解答 ① 長方形断面の最大せん断応力度

$A = bh = 20 \times 30 = 600$ cm², $S = 100$ kN

$\tau_{max} = \dfrac{3}{2} \cdot \dfrac{S}{A} = \dfrac{3}{2} \times \dfrac{100 \text{ kN}}{600 \text{ cm}^2} = \dfrac{3 \times 100 \times 1000 \text{ N}}{2 \times 600 \times 100 \text{ mm}^2}$

$= \underline{2.5 \text{ N/mm}^2}$

② 円形断面の最大せん断応力度

$A = \dfrac{\pi d^2}{4} = \dfrac{3.14 \times 20^2}{4} = 314$ cm², $S = 100$ kN

$\tau_{max} = \dfrac{4}{3} \cdot \dfrac{S}{A} = \dfrac{4}{3} \times \dfrac{100 \text{ kN}}{314 \text{ cm}^2} = \dfrac{4 \times 100 \times 1000 \text{ N}}{3 \times 314 \times 100 \text{ mm}^2}$

$= \underline{4.2 \text{ N/mm}^2}$

演習問題・5

図6・20に示す，$S=20$ kNが作用する正方形断面と円形断面に生じる最大せん断応力度τ_{max}を求めよ。

(解説・解答：p.151)

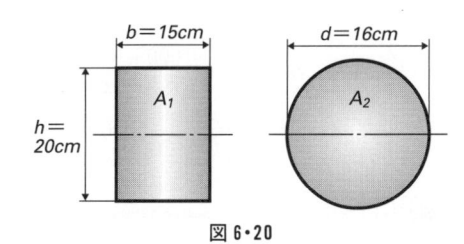

$b=15$cm, $h=20$cm, A_1
$d=16$cm, A_2

図6・20

6・6 組合せ部材のはりに生じるせん断応力度の計算

- 長方形部材を組み合わせたI形断面の最大せん断応力度とフランジとウエブの接合点のせん断応力度を求める。

例題・5

図6・21に示す,H形鋼の断面に$S=1,000$ kNが作用するとき,τ_1,τ_2およびτ_{max}を求めよ。

解答 断面二次モーメントの計算:

$$I=\frac{BH^3}{12}-\frac{bh^3}{12}=\frac{40\times 100^3}{12}-\frac{38\times 96^3}{12}$$
$$=3330000-2800000=532000 \text{ cm}^4$$

接合部のフランジ側の点の断面一次モーメントQ_1の大きさと,ウエブ側の点の断面一次モーメントQ_2の大きさは等しい。

$$Q_1=Q_2=B\times t\times y_1'=40\times 2\times 49=3920 \text{ cm}^3$$

図心軸の断面一次モーメント $Q_{max}=B\times t\times y_1'+t\times \frac{h}{2}\times y_2'=3920+2\times 48\times 24$
$$=6224 \text{ cm}^3$$

部材幅$b_1=B=40$ cm,部材幅$b_2=t=2$cm

これより,τ_1,τ_2,τ_{max}は次のようになる。

$$\tau_1=\frac{SQ_1}{Ib_1}=\frac{1000 \text{ kN}\times 3920 \text{ cm}^3}{532000 \text{ cm}^4\times 40 \text{ cm}}=\frac{1000\times 1000\times 3920\times 1000}{532000\times 10000\times 40\times 10}=\underline{1.8 \text{ N/mm}^2}$$

$$\tau_2=\frac{SQ_2}{Ib_2}=\frac{1000 \text{ kN}\times 3920 \text{ cm}^3}{532000 \text{ cm}^4\times 2 \text{ cm}}=\frac{1000\times 1000\times 3920\times 1000}{532000\times 10000\times 2\times 10}=\underline{37 \text{ N/mm}^2}$$

$$\tau_{max}=\frac{SQ_{max}}{Ib_{max}}=\frac{1000 \text{ kN}\times 6224 \text{ cm}^3}{532000 \text{ cm}^4\times 2 \text{ cm}}=\frac{1000\times 1000\times 6224\times 1000}{532000\times 10000\times 2\times 10}=\underline{59 \text{ N/mm}^2}$$

図6・21

例題・6

図6・22に示す,T形断面のτ_1,τ_2およびτ_{max}を求めよ。ただし,$S=800$ kNとし,断面二次モーメントの計算では,1000 cm^{4}未満は切り捨てる。

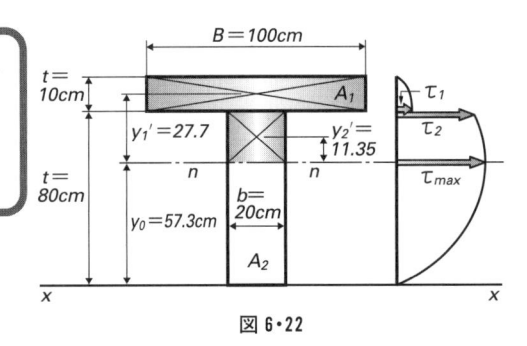

図6・22

解答

断面	寸法 $b \times h$ 〔cm〕	断面積 A_i〔cm²〕	x軸からの距離 y_i〔cm〕	断面一次モーメント Q_i 〔cm³〕	断面二次モーメント〔cm⁴〕 $\dfrac{bh^3}{12}$	$A_i \times y_i^2$	I_{xi}
A_1	100×10	1000	85	85000	$\dfrac{100 \times 10^3}{12} = 8000$	7225000	7233000
A_2	20×80	1600	40	64000	$\dfrac{20 \times 80^3}{12} = 853000$	2560000	3413000
合 計		$A = 2600$		$Q_x = 149000$			$I_x = 10646000$

図心位置　$y_0 = \dfrac{Q_x}{A} = \dfrac{149000}{2600} = 57.3$ cm

$I = I_x - A \times y_0^2 = 10646000 - 2600 \times 57.3^2 = 2109000$ cm⁴

$Q_1 = Q_2 = B \times t \times y_1' = 100 \times 10 \times 27.7 = 27700$ cm³

$Q_{max} = B \times t \times y_1' + b \times (h - y_0) \times y_2' = 100 \times 10 \times 27.7 + (20 \times 22.7) \times \dfrac{22.7}{2}$

$\qquad\qquad = 32900$ cm³

$\tau_1 = \dfrac{SQ_1}{Ib_1} = \dfrac{800 \text{ kN} \times 27700 \text{ cm}^3}{2109000 \text{ cm}^4 \times 100 \text{ cm}} = \dfrac{800 \times 1000 \times 27700 \times 1000}{2109000 \times 10000 \times 100 \times 10}$

$\qquad = \underline{1.05 \text{ N/mm}^2}$

$\tau_2 = \dfrac{SQ_2}{Ib_2} = \dfrac{800 \text{ kN} \times 27700 \text{ cm}^3}{2109000 \text{ cm}^4 \times 20 \text{ cm}} = \dfrac{800 \times 1000 \times 27700 \times 1000}{2109000 \times 10000 \times 20 \times 10}$

$\qquad = \underline{5.25 \text{ N/mm}^2}$

$\tau_{max} = \dfrac{SQ_{max}}{Ib_2} = \dfrac{800 \text{ kN} \times 32900 \text{ cm}^3}{2109000 \text{ cm}^4 \times 20 \text{ cm}} = \dfrac{800 \times 1000 \times 32900 \times 1000}{2109000 \times 10000 \times 20 \times 10}$

$\qquad = \underline{6.24 \text{ N/mm}^2}$

演習問題・6

図6・23に示すI形断面の τ_1, τ_2, τ_{max}, τ_3, τ_4 を求めよ。ただし、$S = 800$ kN とする。

（解説・解答：p.151〜152）

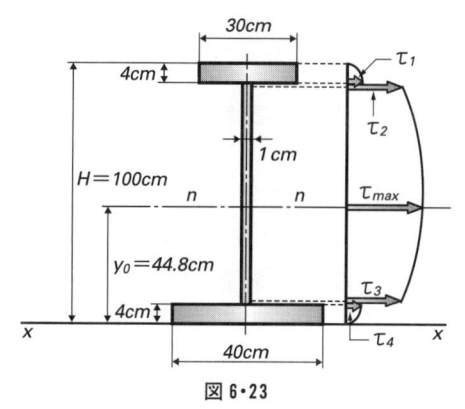

図6・23

6・7 はりの設計手順

> ・はりの設計は，はりに生じる最大曲げモーメントと最大せん断力を計算して，はりとして安全な断面形を仮定し，その断面に生じる曲げ応力度とせん断応力度を求め，それぞれが許容応力度以下であることを照査する。

(1) はりの設計条件

はりに荷重が作用すると，はりはこれに応じて変形する。外力に比べ部材断面が小さいと破損したり，大きなたわみを生じ，構造物としての機能を果たさない。構造物として，安全なはりの断面寸法を定めることを**はりの設計**という。はりは作用する荷重により，断面に生じる最縁部の曲げ応力度σ_c, σ_tおよびはりの図心軸に生じるせん断応力度τ_{max}は，使用する材料の強さによりその上限値が定められている。この上限値を**許容応力度**という。このため，曲げ許容応力度σ_{ca}, σ_{ta}およびせん断許容応力度τ_aを超えないように設計するため，次の式を満たす必要がある。

$$\left. \begin{array}{l} \sigma_c \leqq \sigma_{ca}, \quad \sigma_t \leqq \sigma_{ta} \quad （曲げ応力度の照査） \\ \tau_{max} \leqq \tau_a \quad （せん断応力度の照査） \end{array} \right\} \quad \cdots\cdots (6\cdot10)$$

(2) はりの設計手順

はりの設計手順を次に示す。この手順は，はりだけでなく，各種の土木構造物の設計もこの手順に基づき計算する。

① 荷重の計算 — 設計すべき断面を，過去のデータから仮定して死荷重を計算する。また，自動車荷重，人荷重，列車荷重などの活荷重を計算する。

② 構造の計算 — 構造物に，活荷重および死荷重を作用させ，設計曲げモーメントM_{max}，設計せん断力S_{max}を求める。

③ 断面の計算 — 設計曲げモーメントM_{max}と許容応力度から必要な断面寸法を求める。一番最初に仮定した断面が，計算した部材寸法による断面より大きいことを確認する。

④ 安全性の照査 — 設計断面に生じる曲げ応力度とせん断応力度が，それぞれ許容曲げ応力度と許容せん断応力度以下であることを確認する。

（3） はりの設計例

【設計例】 図6·24のように，幅$b=20$ cm，厚さh〔mm〕の木板を支間4mにかけ渡し，質量80kgの人を安全に通行させたい。このとき，木板の厚さhを設計しよう。木板の厚さを8cmと仮定する。木材の単位重量$r=8$ kN/m³とし，木板の許容曲げ応力度$\sigma_a=10.0$ N/mm²，許容せん断応力度$\tau_a=1.0$ N/mm²とする。

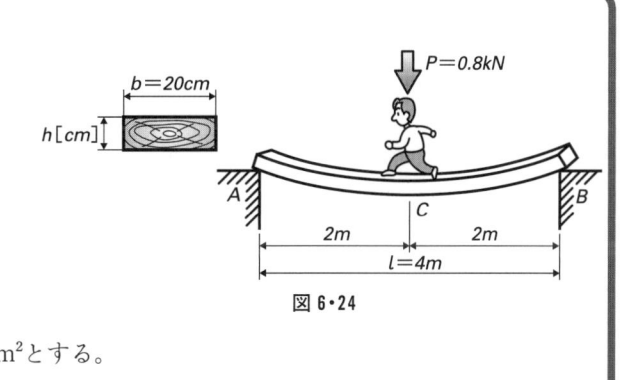

図6·24

解答

① 荷重の計算

(a) 活荷重の計算：$m=80$ kgの質量の人の重量P〔kN〕は，重力の加速度$g=9.8$ m/s²であるから，

$P=$ 質量×重力の加速度 $=m×g$
$=80$ kg$×9.8$ m/s²$=784$ N$=0.784$ kN

(b) 死荷重の計算：幅$b=20$ cm，厚さ$h=8$ cm，単位長さ1mあたりの分布荷重wは，単位重量と1mあたりの木板の容積を掛けて求める。

$w=$ 単位重量×(幅×厚さ)$=\gamma×(b×h)$
$=8$ kN/m³$×(20$ cm$×8$ cm$)=8$ kN/m³$×(0.2$ m$×0.08$ m$)=0.128$ kN/m

② 構造の計算

(a) 活荷重Pによる曲げモーメントM_lの計算

はりの中央に人が乗ったとき，はり中央の曲げモーメントが最大となる。$P=0.784$ kN，支間$l=4$ mであるから，

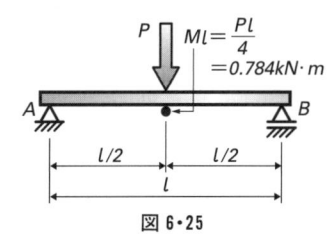

$M_l=\dfrac{Pl}{4}=\dfrac{0.784×4}{4}=0.784$ kN·m

図6·25

(b) 活荷重Pによるせん断力S_lの計算

はりの支点上に人が乗ったとき，はりのせん断力が最大となる。

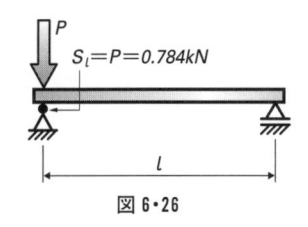

$S_l=P=0.784$ kN

図6·26

(c) 死荷重wによる曲げモーメントM_dの計算

死荷重wがはりに満載された状態で，死荷重による最大曲げモーメントははり中央で生じ，$w=0.0128$ kN/m，$l=4$ mであるから，

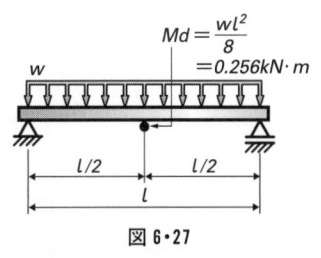

$M_d=\dfrac{wl^2}{8}=\dfrac{0.128×4^2}{8}=0.256$ kN·m

図6·27

(d) 死荷重wによるせん断力S_dの計算

死荷重wがはりに満載された状態で,死荷重による最大せん断力は支点で生じ,$w=0.128$ kN/m,$l=4$ mであるから,

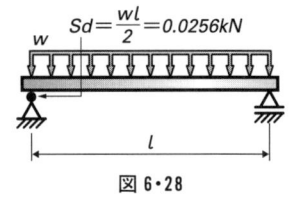

$$S_d = \frac{wl}{2} = \frac{0.128 \times 4}{2} = 0.256 \text{ kN}$$

図 6・28

(e) はりの設計曲げモーメントM_{max}と設計せん断力S_{max}の計算

$$M_{max} = M_l + M_d = \frac{Pl}{4} + \frac{wl}{8} = 0.784 + 0.256 = 1.04 \text{ kN·m}$$

$$S_{max} = S_l + S_d = P + \frac{wl}{2} = 0.784 + 0.256 = 1.04 \text{ kN}$$

③ 断面の計算

(a) 木板厚さhの計算

はり中央部の上下縁における木板に作用する許容曲げ応力度σ_a,設計曲げモーメントM_{max},木板の断面係数$Z = \frac{bh^2}{6}$とすると,$\sigma = \frac{M_{max}}{Z} \leq \sigma_a$ の関係から,$Z \geq \frac{M_{max}}{\sigma_a}$ となる。

$$Z = \frac{bh^2}{6} \geq \frac{M_{max}}{\sigma_a} \text{ より,} \quad h^2 \geq \frac{6 \times M_{max}}{b \times \sigma_a}$$

以上から,木板の厚さは次の式で求まる。

$$h \geq \sqrt{\frac{6 \times M_{max}}{b \times \sigma_a}} \quad \cdots\cdots (6 \cdot 11)$$

ここで,$M_{max} = 1.04$ kN·m,$b = 0.2$ m,$\sigma_a = 10$ N/mm^{2}として,

$$h \geq \sqrt{\frac{6 \times M_{max}}{b \times \sigma_a}} = \sqrt{\frac{6 \times 1.04 \text{ kN·m}}{0.2 \text{ m} \times 10 \text{ N/mm}^2}} = \sqrt{\frac{6 \times 1.04 \times 1000 \times 1000}{0.2 \times 1000 \times 10}}$$

$$= \sqrt{3120} = 56 \text{ mm}$$

安全をみて $h = 60$ mm を使用する。

(b) 仮定した木板厚さの点検

仮定した木板の厚さは$h' = 8$ cmで,実際には$h = 6$ cmを使用するので,$h' \geq h$の関係があり再設計の必要がない。万一仮定した断面が小さいときは,$h' < h$の場合,h'を大きくして再度計算をやり直す必要がある。

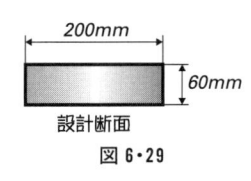

図 6・29 設計断面

④ 安全性の照査

(a) 曲げ応力度の照査:設計板厚$h = 50$ mm,幅$b = 200$ mm,設計曲げモーメント$M_{max} = 1.04$ kN·m $= 1.04 \times 10^6$ N·mm,許容曲げ応力度$\sigma_a = 10$ N/mm^{2}である。

$$\sigma = \frac{M_{max}}{Z} = \frac{M_{max}}{\left(\frac{bh^2}{6}\right)} = \frac{6 \times M_{max}}{b \times h^2} = \frac{6 \times 1.04 \times 10^6}{200 \times 60^2}$$

$$= 8.7 \text{ N/mm}^2 < \sigma_a = 10 \text{ N/mm}^2$$

よって,曲げモーメントに対して安全である。

(b) せん断応力度の照査：設計板厚$h=60$ mm, 幅$b=200$ mm, 設計せん断力$S_{max}=1.04$ kN, 許容せん断応力度$\tau_a=1.0$ N/mm^{2}である。断面積$A=b\times h=200\times 50=10000$ mm^2, 長方形断面に生じる図心軸のせん断応力度τとすると,

$$\tau=\frac{3}{2}\cdot\frac{S_{max}}{A}=\frac{3}{2}\times\frac{1.04\text{ kN}}{12000\text{ mm}^2}=\frac{3\times 1.04\times 1000}{2\times 12000}$$
$$=0.13\text{ N/mm}^2<\tau_a=1.0\text{ N/mm}^2$$

よって，せん断力に対して安全である。

以上から，設計断面は幅20 cm，厚さ6 cmとする。

演習問題・7

図6・30のように，丸太を支間4 mにかけ渡し，質量30 kgの荷物をもった質量80 kgの人が通行するとき，安全な丸太の直径dは少なくとも何mm必要か求めよ。ただし，木材の単位重量γ（ガンマ）$=8$ kN/m^{3}とし，曲げ許容応力度$\sigma_a=10$ N/mm^2, $\tau_a=1$ N/mm^{2}とする。

直径の計算は，当初$d=16$ cmと仮定し，直径 $d\geq \sqrt[3]{\dfrac{32\times M_{max}}{\pi\times\sigma_a}}$ の関係を利用せよ。

図6・30

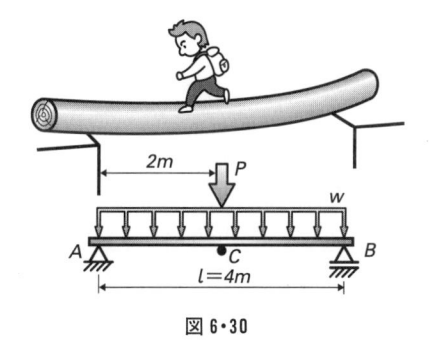

（解説・解答：p.152）

6・8 仮橋の設計計算

- 土木工事の現場において，日常的に必要な設計の知識として形鋼の有効な利用がある。H型鋼を用いた仮橋の計算の方法は，土留工の設計などにも活用できる。

(1) JISに定められたH形鋼の寸法形状

部材として用いられるH形鋼は，JISにその形状，断面積，断面係数などが定められている。図6・31に，H形鋼の各部寸法記号を，表6・1にH形鋼の寸法および断面係数を示す。仮橋の設計では，断面係数Z_xを表から求め仮定断面とし，安全性を照査する。

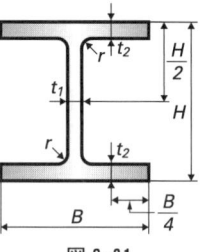

図6・31

表6・1 H形鋼材料表

寸法〔mm〕				断面積〔cm²〕	単位質量〔kg/m〕	断面二次モーメント〔cm⁴〕		断面係数〔cm³〕	
$H \times B$	t_1	t_2	r			I_x	I_y	Z_x	Z_y
500×200	10	16	20	114.2	89.6	47 800	2 140	1 910	214
596×199	10	15	22	120.5	94.6	68 700	1 980	2 310	199
600×200	11	17	22	134.4	106	77 600	2 280	2 590	228
606×201	12	20	22	152.5	120	90 400	2 720	2 980	271
582×300	12	17	28	174.5	137	113 000	7 670	3 530	511
588×300	12	20	28	192.5	151	118 000	9 020	4 020	601
692×300	13	20	28	211.5	166	172 000	9 020	4 980	602
700×300	13	24	28	235.5	185	201 000	10 800	5 760	722
792×300	14	22	28	243.4	191	254 000	9 930	6 410	662
800×300	14	26	28	267.4	210	292 000	11 700	7 290	782
890×299	15	23	28	270.9	213	345 000	10 300	7 760	688
900×300	16	28	28	309.8	243	411 000	12 600	9 140	843
912×302	18	34	28	364.0	286	498 000	15 700	10 900	1 040

(JIS G 3192-1990による)

(2) H形鋼を用いたはりの設計例

例題・7

図6・32のように，重量200 kNのブルドーザを幅4 m，支間$l=12$ mの仮橋で通すとき，けたにH形鋼を使用する。表6・1の材料表より，使用すべき経済的なH形鋼を選定しよう。ただし，ブルドーザーを集中荷重と考え，H形鋼は2本用い，床版には，厚さ10 cmの木敷板を使用する。鋼材の曲げ許容応力度は$\sigma_a=180$ N/mm²，せん断許容応力度を$\tau_a=80$ N/mm²とし，木材の単位重量は8 kN/m³とする。

解答 (1) 死荷重の計算：床版(厚さ0.1 m×幅4 m×支間6 m)および，H形鋼

(a) 敷板の単位幅(1 m)あたりの重量

w_{d1} = 幅 4 m × 厚さ 0.1 m × 8 kN/m³ = 3.2 kN/m

主げた 1 本あたり, 1 m あたりの重量は,

$$\frac{3.2}{2} = 1.6 \text{ kN/m}$$

(b) H形鋼 1 m あたりの重量

H形鋼の死荷重としての仮定重量は, 安全をみて最も大きい単位質量を用いると,

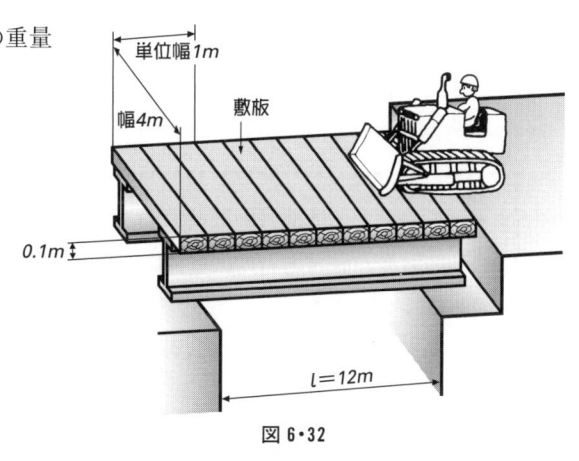

w_{d2} = 286 kg/m × 9.8 N/m = 2800 N/m = 2.8 kN/m

(c) H形鋼 1 本の受ける死荷重　$w_d = w_{d1} + w_{d2} = 1.6$ kN/m + 2.8 kN/m = 4.4 kN/m

(2) 活荷重の計算：ブルドーザを 2 本のけたで支えるので活荷重は, $P = 200/2 = 100$ kN

(3) 最大曲げモーメントと最大せん断力の計算

$$M_{\max} = \frac{Pl}{4} + \frac{wl^2}{8} = \frac{100 \times 12}{4} + \frac{4.4 \times 12^2}{8}$$

$$= 379.2 \text{ kN·m}$$

$$S_{\max} = P + \frac{wl}{2} = 100 + \frac{4.4 \times 12}{2} = 126.4 \text{ kN}$$

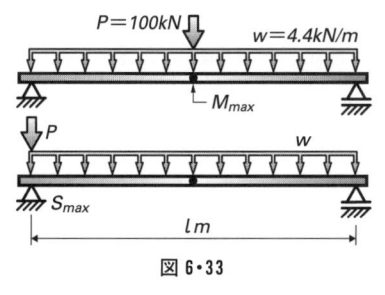

図 6・32

図 6・33

(4) 断面の設計

$$Z \geqq \frac{M_{\max}}{\sigma_a} = \frac{379.2 \times 1000 \times 1000 \text{ N·mm}}{180 \text{ N/mm}^2} = 2100000 \text{ mm}^3 = 2100 \text{ cm}^3$$

表 6・1 から, $Z = 2100$ cm³ 以上のものとして, $Z_x = 2310$ cm³, $A = 120.5$ cm² を用いる。また, 仮定断面より小さく安全である。

(5) 安全性の照査

(a) 曲げ応力度の照査：$M_{\max} = 379.2$ kN·m, $Z = 2310$ cm³

曲げ応力度　$\sigma = \dfrac{M_{\max}}{Z} = \dfrac{379.2 \times 1000 \times 1000 \text{ N·mm}}{2310 \times 1000 \text{ mm}^3} = 164 \text{ N/mm}^2 < 180 \text{ N/mm}^2$

(b) せん断応力度の照査：$S_{\max} = 126.4$ kN, $A = 120.5$ cm², H形鋼, I形鋼断面の最大せん断応力度は, 平均せん断応力度 S/A で求めてよい。

せん断応力度　$\tau = \dfrac{S_{\max}}{A} = \dfrac{126.4 \times 1000 \text{ N}}{120.5 \times 100 \text{ mm}^2} = 10.5 \text{ N/mm}^2 < 80 \text{ N/mm}^2$

よって, 安全。

以上より, $Z_x = 2310$ cm³ のH形鋼（寸法：596×199×10×15×22）を用いる。

6・9 はりの耐力計算

> ● はりの耐力とは部材の抵抗力のことで，一般に，抵抗モーメント M_r で表し，最縁部の応力度が許容応力度に達するときで，圧縮力側または引張力側の断面係数の小さいほうで求まる。

例題・8

図 6・34 の鋼げた断面の断面係数が圧縮側 $Z_c=17800$ cm³，引張側 $Z_t=32200$ cm³ とするとき，圧縮側抵抗モーメントと引張側の抵抗モーメントを求め，この鋼げた断面の耐力モーメントを求めよ。

また，この鋼げたが，耐力モーメントに達したとき，各側の最縁曲げ応力度 σ_t, σ_c および，A 点，B 点の曲げ応力度 σ_A, σ_B を求めよ。ただし，$\sigma_a=180$ N/mm² とする。

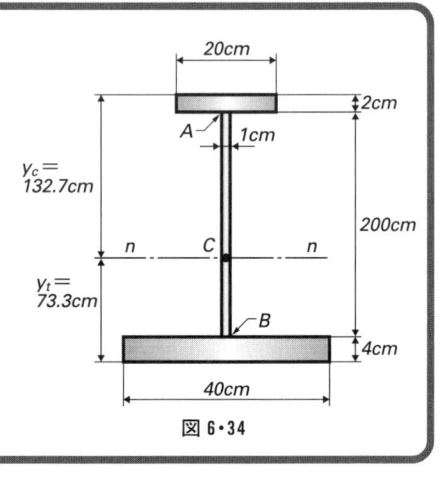

図 6・34

解答 （1）耐力モーメントの計算

抵抗モーメントは，次の式で求める。

$$\left.\begin{array}{l} M_{rc}=Z_c \times \sigma_a \\ M_{rt}=Z_t \times \sigma_a \end{array}\right\} \quad \cdots\cdots (6\cdot12)$$

（a）圧縮側抵抗モーメント

$$\begin{aligned} M_{rc} &= Z_c \times \sigma_a \\ &= 17800 \text{ cm}^3 \times 180 \text{ N/mm}^2 \\ &= 17800000 \times 180 \text{ N·mm} \\ &= 3204 \times 1000 \times 1000 \text{ N·mm} \\ &= 3204 \text{ kN·m} \end{aligned}$$

（b）引張側抵抗モーメント

$$M_{rt} = Z_t \times \sigma_a = 32200 \text{ cm}^3 \times 180 \text{ N/mm}^2 = 32200000 \times 180$$
$$= 5796 \times 1000 \times 1000 \text{ N·mm} = 5796 \text{ kN·m}$$

このはりの耐力モーメント M_r は，M_{rc} と M_{rt} のうちの小さいほうであるから，$M_r = M_c = 3204$ kN·m で，このとき，$\sigma_c = \sigma_a = 180$ N/mm² になっているが，引張側 σ_t はまだ余裕がある。

図 6・35

(2) 曲げ応力度 σ_A, σ_B, σ_t の計算

図 6・35 において,$\sigma_c=180\ \mathrm{N/mm^2}$ として,他の応力度 σ_A, σ_B, σ_t は比例計算で求める。

$$\sigma_A=\sigma_c\times\frac{130.7}{132.7}=180\times\frac{130.7}{132.7}=\underline{177\ \mathrm{N/mm^2}}$$

$$\sigma_B=\sigma_c\times\frac{69.3}{132.7}=180\times\frac{69.3}{132.7}=\underline{94\ \mathrm{N/mm^2}}$$

$$\sigma_t=\sigma_c\times\frac{73.3}{132.7}=180\times\frac{73.3}{132.7}=\underline{99\ \mathrm{N/mm^2}}$$

経済的には,$M_r=M_{rc}=M_{rt}$ となるように,引張側を圧縮側の抵抗モーメントと等しくすることである。

演習問題・8

1 図 6・36 のはりについて,耐力モーメントを求め,耐力モーメントを受けたはりの σ_c,σ_t,σ_A,σ_B の各点の曲げ応力度を求めよ。ただし,$\sigma_a=200\ \mathrm{N/mm^2}$ とする。

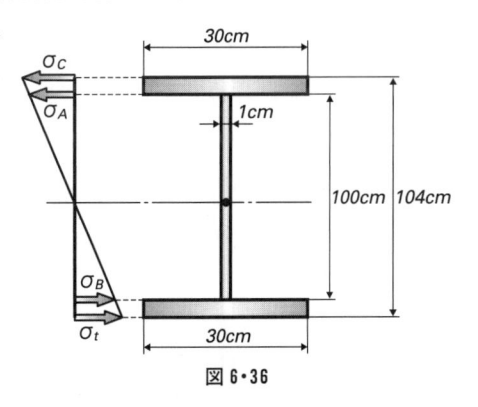

図 6・36

2 図 6・37 は,鉄筋コンクリート T 形ばりで,$Z_c=50200\ \mathrm{cm^3}$,$Z_t=1480\ \mathrm{cm^3}$ であった。また,鉄筋の曲げ許容応力度は $\sigma_{sa}=180\ \mathrm{N/mm^2}$,コンクリートの許容曲げ応力度は $\sigma_{ca}=6\ \mathrm{N/mm^2}$ とするとき,鉄筋コンクリートばりのコンクリートおよび鉄筋の抵抗モーメント M_{rc},M_{rt} を求め,耐力モーメント M_r を求めよ。

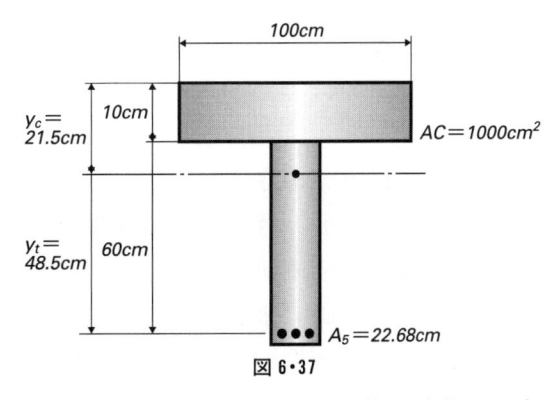

図 6・37

(解説・解答:p.153)

6・10 はりに生じる主応力度に対する検討

・片持ばりの固定端，連続ばりの支点上などの点では，せん断応力度と曲げ応力度が合成された主応力度が許容曲げ応力度を超えることがあり，照査が必要である。

（1） 主応力度による検算の必要性

はりの設計では，$\sigma \leq \sigma_a$，$\tau \leq \tau_a$のように，最大曲げ応力度の安全と最大せん断応力度の安全を照査してきた。しかし，曲げ応力度とせん断応力度が合成された応力を**主応力度**といい，主応力度が許容応力度σ_aを超えているおそれがある。

曲げ応力度とせん断応力度の合成された主応力度が，許容応力度σ_aを超えるおそれのある場合は，図6・38のように，片持ばりや連続ばりの固定部や支点上におけるフランジとウエブの接合部である。こうした特殊の場所以外では，主応力について考える必要はない。

① 曲げ応力度の最大となっているσ_c，σ_tの位置では，せん断応力度$\tau = 0$である。

② せん断応力度の最大となっている位置では，曲げ応力は0となっている。

③ 特殊な箇所では，①と②が安全でも，曲げ応力度σおよびτも相当に大きく，このσとτの合成された主応力度について，許容応力度σ_aを超えないことを確認しなければならない。

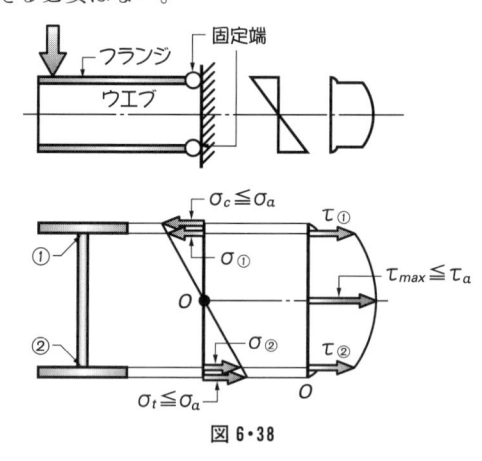

図6・38

（2） 主応力度の求め方

図6・39に示すように，片持ばりの固定端のフランジとウェブの接合部の微小面積dx，dyの長方形を考え，水平方向に応力度σ，AD，BCに水平せん断応力度τ，垂直方向にAB，DCに垂直せん断応力度τが生じる。いま，図（6・39・2）のように△ABCを考え，斜面ACに生じるAC面の垂直応力σ_nと，水平方向の応力度σとτ，垂直方向のせん断応力度τとがつりあうとき，その三角形の∠C＝θとするとき，斜面の垂直応力度σ_nと，曲げ応力度σおよびせん断応力度τとの関係は，モールの応力円を用いて図6・40のように表せる。せん断応力度τを縦軸に曲げ応力度σを横軸とすると，モールの応力円は点C（σ，τ），点D（0，$-\tau$）を直径とする円で表される。

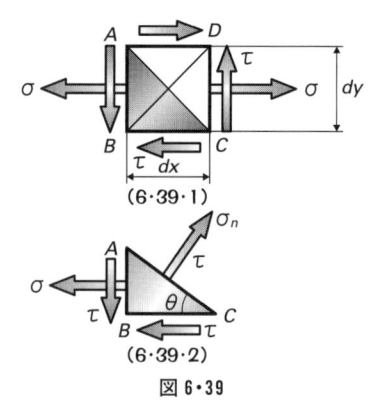

図6・39

円の中心 G $(\sigma/2, 0)$，半径は GC$=r=\sqrt{(\sigma/2)^2+\tau^2}$ である。このとき，せん断応力度 $\tau=0$ となる角 θ の方向の軸を**主軸**といい，主軸方向に最大主応力 σ_n が，これと直角方向に最小主応力 σ_m が生じる。その値は，モールの応力円から次のようになる。

$$\left.\begin{aligned}\sigma_n &= \mathrm{OA} = \mathrm{OG}+\mathrm{GA} = \left(\frac{\sigma}{2}\right)+r = \frac{\sigma}{2}+\sqrt{\left(\frac{\sigma}{2}\right)^2+\tau^2} \\ \sigma_m &= \mathrm{OB} = \mathrm{OG}-\mathrm{GB} = \left(\frac{\sigma}{2}\right)-r = \frac{\sigma}{2}-\sqrt{\left(\frac{\sigma}{2}\right)^2+\tau^2} \\ \tan 2\theta &= \frac{\tau}{\left(\frac{\sigma}{2}\right)} = \frac{2\tau}{\sigma}\end{aligned}\right\} \quad (6\cdot 13)$$

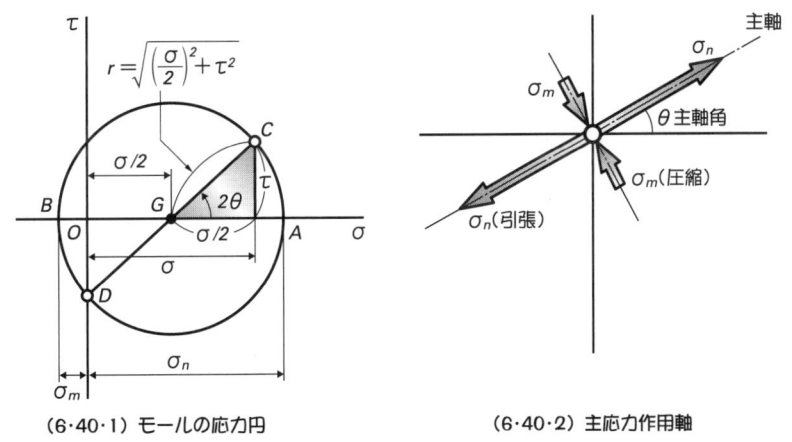

(6・40・1) モールの応力円　　(6・40・2) 主応力作用軸

図 6・40

例題・9

片持ばりの固定端のフランジとウェブの接合部に曲げ応力度 $\sigma=134\ \mathrm{N/mm^2}$，せん断応力度 $\tau=32\ \mathrm{N/mm^2}$ が作用しているとき，主軸の方向 θ，最大主応力度 σ_n を求め，許容応力度 $\sigma_a=140\ \mathrm{N/mm^2}$ に対して安全かどうか照査せよ。

解答　① 主軸の方向

$$\tan 2\theta = \frac{2\tau}{\sigma} = \frac{2\times 32}{143} = 0.448 \qquad 2\theta = \tan^{-1}(0.448)\ \text{より} \qquad 2\theta = 24°7'57''\ (第1象限)$$

よって，$\theta = 12°3'58''$ の方向に σ_n が生じる。

② 主応力度　$\sigma_n = \dfrac{\sigma}{2}+\sqrt{\left(\dfrac{\sigma}{2}\right)^2+\tau^2} = \dfrac{134}{2}+\sqrt{\left(\dfrac{134}{2}\right)^2+(32)^2} = \underline{141\ \mathrm{N/mm^2}} > \sigma_a$

主応力度 $\sigma_n > \sigma_a$ で許容応力度を超えており，安全でない。このため，断面寸法をもう少し大きくして，再度設計し，最大曲げ応力度，最大せん断応力度および主応力度に対して再度照査する。

演習問題・9

片持ちばりの固定端で，曲げ応力度 $\sigma=120\ \mathrm{N/mm^2}$，$\tau=30\ \mathrm{N/mm^2}$ が生じている。許容応力度 $\sigma_a=140\ \mathrm{N/mm^2}$ のとき，主応力度に対し照査せよ。

(解説・解答：p.153)

第6章演習問題の解説・解答

演習問題・1　はりに生じる曲げ応力　(p.127)

$$C = T = \frac{M}{j} = \frac{300 \text{ kN·m}}{1.5 \text{ m}} = \underline{200 \text{ kN}}$$

したがって，圧縮応力$C = 200$ kN，引張応力$T = 200$ kNが生じている。

式(6·2)より，鉄筋の面積$As = 12 \text{ cm}^2 = 1200 \text{ mm}^2$に生じる引張応力度

$$\sigma_t = \frac{T}{As} = \frac{200 \text{ kN}}{12 \text{ cm}^2} = \frac{200000 \text{ N}}{1200 \text{ mm}^2} = \underline{167 \text{ N/mm}^2}$$

演習問題・2　はりに生じる曲げ応力度　(p.129)

$$Z_c = \frac{I}{y_c} = \frac{\left(\frac{bh^3}{36}\right)}{\left(\frac{2h}{3}\right)} = \frac{3bh^3}{72h} = \frac{bh^2}{24}, \quad Z_t = \frac{I}{y_t} = \frac{\left(\frac{bh^3}{36}\right)}{\left(\frac{h}{3}\right)} = \frac{bh^2}{12}$$

$$Z_c = \frac{10 \times 30^2}{24} = \underline{375 \text{ cm}^3}, \quad Z_t = \frac{10 \times 30^2}{12} = \underline{750 \text{ cm}^3}$$

$$\sigma_c = \frac{M}{Z_c} = \frac{10 \times 1000 \times 1000}{375 \times 1000} = \underline{27 \text{ N/mm}^2}$$

$$\sigma_t = \frac{M}{Z_t} = \frac{10 \times 1000 \times 1000}{750 \times 1000} = \underline{13 \text{ N/mm}^2}$$

演習問題・3　はりに生じる曲げ応力度の計算　(p.131)

[1] 断面二次モーメント　$I = \frac{bh^3}{12} = \frac{10 \times 30^3}{12} = 22500 \text{ cm}^4$

$y_c = 15$ cm, $y_{c1} = 10$ cm, $y_{c2} = 5$ cm

$$\sigma_c = \frac{M}{\frac{I}{y_c}} = \frac{10 \text{ kN·m}}{\frac{22500}{15}} = \frac{10 \text{ kN·m}}{1500 \text{ cm}^3} = \frac{10 \times 1000 \times 1000}{1500 \times 1000} = \underline{6.7 \text{ N/mm}^2}$$

$$\sigma_{c1} = \frac{M}{\frac{I}{y_{c1}}} = \frac{10 \times 1000 \times 1000}{\frac{22500}{10}} = \frac{10000}{2250} = \underline{4.4 \text{ N/mm}^2}$$

$$\sigma_{c2} = \frac{M}{\frac{I}{y_{c2}}} = \frac{10 \times 1000 \times 1000}{\frac{22500}{5}} = \frac{10000}{4500} = \underline{2.2 \text{ N/mm}^2}$$

[2] ① T形断面の断面二次モーメントI_nの計算

x軸の断面二次モーメント　$I_x = \frac{100 \times 20^3}{12} + (100 \times 20) \times 70^2 + \frac{20 \times 60^3}{12} + (20 \times 60) \times 30^2$

$\qquad\qquad\qquad\qquad\quad = 66700 + 9800000 + 360000 + 1080000 = 11300000 \text{ cm}^4$

図心　$y_b = y_t = \frac{(100 \times 20) \times 70 + (20 \times 60) \times 30}{(100 \times 20) + (20 \times 60)} = \frac{176000}{3200} = 55 \text{ cm}$

$I_n = I_x - A \times y_b^2 = 11300000 - (3200) \times 55^2 = 1620000 \text{ cm}^4$

② 断面係数の計算

最縁距離　$y_c = 25$ cm, $y_t = y_b = 55$ cm

断面係数　$Z_c = \dfrac{I}{y_c} = \dfrac{1620000}{25} = 64800$ cm³

$Z_t = \dfrac{I}{y_t} = \dfrac{1620000}{55} = 29500$ cm³

③ 曲げ応力度の計算

$\sigma_c = \dfrac{M}{Z_c} = \dfrac{3000 \text{ kN·m}}{64800 \text{ cm}^3}$

$= \dfrac{3000 \times 1000 \times 1000 \text{ N·mm}}{64800 \times 1000 \text{ mm}^3} = 46$ N/mm²

$\sigma_t = \dfrac{M}{Z_t} = \dfrac{3000 \text{ kN·m}}{29500 \text{ cm}^3} = \dfrac{3000 \times 1000 \times 1000 \text{ N·mm}}{29500 \times 1000 \text{ mm}^3} = 102$ N/mm²

3 ① 断面二次モーメント I_n の計算

x 軸の断面二次モーメント　$I_x = \left\{\dfrac{50 \times 45^3}{12} + (50 \times 45) \times 22.5^2\right\} - \left\{\dfrac{20 \times 20^3}{12} + (20 \times 20) \times 15^2\right\}$

$= 1519000 - 103000 = 1416000$ cm⁴

図心　$y_b = y_t = \dfrac{(50 \times 45) \times 22.5 - (20 \times 20) \times 15}{(50 \times 45) - (20 \times 20)} = \dfrac{44630}{1850} = 24$ cm

$I_n = I_x - A \times y_b^2 = 1416000 - 1850 \times 24^2 = 350000$ cm⁴

② 断面係数 Z_c, Z_t の計算

$y_t = 24$ cm, $y_c = 45 - 24 = 21$ cm

$Z_c = \dfrac{I_n}{y_c} = \dfrac{350000}{21} = 16700$ cm³

$Z_t = \dfrac{I_n}{y_t} = \dfrac{350000}{24} = 14600$ cm³

③ 曲げ応力度の計算

$\sigma_A = \dfrac{M}{Z_c} = \dfrac{1800 \text{ kN·m}}{16700 \text{ cm}^3} = \dfrac{1800 \times 1000 \times 1000 \text{ N·mm}}{16700 \times 1000 \text{ mm}^3}$

$= 108$ N/mm²

$\sigma_D = \dfrac{M}{Z_t} = \dfrac{1800 \text{ kN·m}}{14600} = \dfrac{1800 \times 1000 \times 1000 \text{ N·mm}}{14600 \times 1000 \text{ mm}^3}$

$= 123$ N/mm²

比例関係より σ_B, σ_C を求める。

$\sigma_B = \sigma_A \times \dfrac{1}{21} = 108 \times \dfrac{1}{21} = 5$ N/mm²

$\sigma_C = \sigma_D \times \dfrac{19}{24} = 123 \times \dfrac{19}{24} = 97$ N/mm²

図 6・41

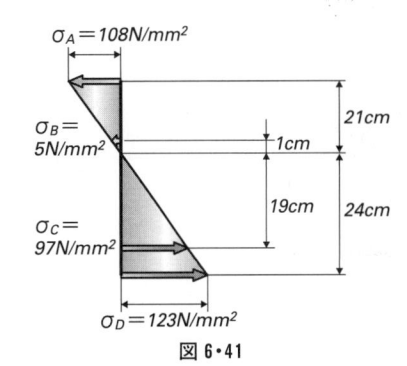

④

断面	寸法 $b \times h$ 〔cm〕	断面積 A_i〔cm²〕	x軸からの距離 y_i〔cm〕	断面一次モーメント Q_i〔cm³〕	断面二次モーメント〔cm⁴〕		
					$bh^3/12$	$A_i \times y_i^2$	I_{xi}
A_1	20×4	80	126	10080	$20 \times 4^3/12 = 107*$	1270080	1270187
A_2	1×120	120	64	7680	$1 \times 120^3/12 = 144000$	491520	635520
A_3	40×4	160	2	320	$40 \times 4^3/12 = 213*$	640	853
合計		$A = 360$		$Q_x = 18080 ≒ 18000$	$I_x = 1906550 ≒ 1910000$		

*の欄は実務計算では，省略することが多い。

$$y_b = y_t = \frac{Q_x}{A} = \frac{18000}{360} = 50 \text{ cm}$$

$$I_n = I_x - A \times y_b^2 = 1910000 - 360 \times 50^2$$
$$= 1010000 \text{ cm}^4$$

$$y_c = 128 - y_t = 128 - 50 = 78 \text{ cm}$$

$$Z_c = \frac{I_n}{y_c} = \frac{1010000}{78} = 12900 \text{ cm}^3$$

$$Z_t = \frac{I_n}{y_t} = \frac{1010000}{50} = 20200 \text{ cm}^3$$

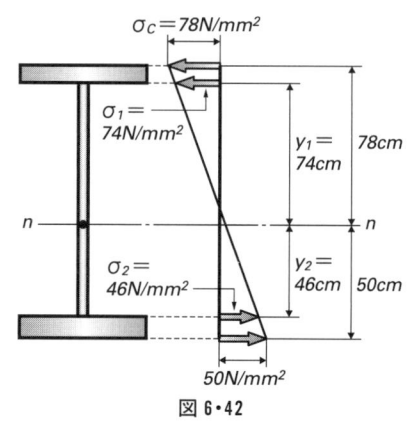

曲げ応力度の計算

$$\sigma_c = \frac{M}{Z_c} = \frac{1000 \text{ kN·m}}{12900 \text{ cm}^3} = \frac{1000 \times 1000 \times 1000 \text{ N·mm}}{12900 \times 1000 \text{ mm}^3} = 78 \text{ N/mm}^2$$

$$\sigma_t = \frac{M}{Z_t} = \frac{1000 \text{ kN·m}}{20200 \text{ cm}^3} = \frac{1000 \times 1000 \times 1000 \text{ N·mm}}{20200 \times 1000 \text{ mm}^3} = 50 \text{ N/mm}^2$$

比例関係より σ_1, σ_2 を求める。

$$\sigma_1 = 78 \times \frac{74}{78} = 74 \text{ N/mm}^2$$

$$\sigma_2 = 50 \times \frac{46}{50} = 46 \text{ N/mm}^2$$

図 6・42

演習問題・4　水平せん断力と垂直せん断力 (p.133)

せん断ひずみ度　$\varphi (\text{ファイ}) = \frac{dy}{dx} = \frac{0.03}{100} = \underline{0.0003}$

せん断弾性係数　$G_c = \frac{E_c}{2.3} = \frac{3.1 \times 10^4}{2.3} = \underline{13500 \text{ N/mm}^2}$

せん断応力度　$\tau = G_c \varphi = 13500 \times 0.0003 = \underline{4.1 \text{ N/mm}^2}$

演習問題・5　単純な断面に生じる最大せん断応力度　(p.135)

長方形断面積　$A_1 = 15 \times 20 = 300 \text{ cm}^2 = 30000 \text{ mm}^2$

円形断面積　$A_2 = 3.14 \times \dfrac{16^2}{4} = 201 \text{ cm}^2 = 20100 \text{ mm}^2$

長方形断面平均せん断応力度　$\tau_{mean} = \dfrac{S}{A_1} = \dfrac{20000}{30000} = 0.67 \text{ N/mm}^2$

長方形断面最大せん断応力度　$\tau_{max} = 1.5\tau_{mean} = 1.0 \text{ N/mm}^2$

円形断面平均せん断応力度　$\tau_{mean} = \dfrac{S}{A_2} = \dfrac{20000}{20100} = 1.0 \text{ N/mm}^2$

円形断面最大せん断応力度　$\tau_{max} = 4 \times \dfrac{\tau_{mean}}{3} = \underline{1.3 \text{ N/mm}^2}$

演習問題・6　組合せ部材のはりに生じるせん断応力度の計算　(p.137)

① 図心軸の断面二次モーメント

I_x と y_0 の計算

断面	寸法 $b \times h$ 〔cm〕	断面積 A_i 〔cm^2〕	x軸からの距離 y_i 〔cm〕	x軸からの断面一次モーメント Q_x 〔cm^3〕	断面二次モーメント〔cm^4〕		
					$bh^3/12$	$A_i \times y_i^2$	I_{xi}
A_1	30×4	120	98	11760	省略　0	1152000	1152000
A_2	1×92	92	50	4600	$\dfrac{1 \times 92^3}{12} = 65000$	230000	295000
A_3	40×4	160	2	320	省略　0	省略　0	省略　0
合計		$A = 372$		$Q_x = 16680$			$I_x = 1447000$

省略した所は1000未満の値となり，特に計算しなくても実用的に問題がない。

図心位置　$y_0 = \dfrac{Q_x}{A} = \dfrac{16680}{372} = 44.8 \text{ cm}$

$y_c = 44.8 \text{ cm}, \quad y_t = 100 - 44.8 = 55.2 \text{ cm}$

② 断面二次モーメント I_n と断面一次モーメント Q_x の計算

図心軸の断面二次モーメント　$I_n = I_x - A \times y_0^2 = 1447000 - 372 \times 44.8^2 = 700000 \text{ cm}^4$

図心軸からの各断面一次モーメント

$Q_1 = Q_2 = (30 \times 4) \times 53.2 = 6400 \text{ cm}^3$

$Q_{max} = Q_1 + (1 \times 51.2) \times (51.2/2) = 6400 + 1300 = 7700 \text{ cm}^3$

$Q_3 = Q_4 = (40 \times 4) \times 42.8 = 6800 \text{ cm}^3$

③ 各位置のせん断応力度

$\tau_1 = \dfrac{SQ_1}{Ib_1} = \dfrac{800 \times 1000 \times 6400 \times 1000}{700000 \times 10000 \times 30 \times 10} = \underline{2.4 \text{ N/mm}^2}$

$\tau_2 = \dfrac{SQ_2}{Ib_2} = \dfrac{800 \times 1000 \times 6400 \times 1000}{700000 \times 10000 \times 1 \times 10} = \underline{73 \text{ N/mm}^2}$

$$\tau_{\max}=\frac{SQ_{\max}}{Ib_{\max}}=\frac{800\times1000\times7700\times1000}{700000\times10000\times1\times10}=\underline{88\ \mathrm{N/mm^2}}$$

$$\tau_3=\frac{SQ_3}{Ib_3}=\frac{800\times1000\times5800\times1000}{700000\times1000\times1\times10}=\underline{66\ \mathrm{N/mm^2}}$$

$$\tau_4=\frac{SQ_4}{Ib_4}=\frac{800\times1000\times5800\times1000}{700000\times10000\times40\times10}=\underline{1.7\ \mathrm{N/mm^2}}$$

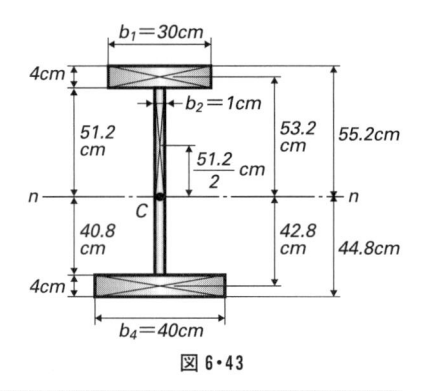

図 6・43

演習問題・7　はりの設計手順　(p.141)

① 荷重の計算

活荷重　$P=(30+80)\ \mathrm{kN}\times9.8\ \mathrm{m/s^2}=1078\ \mathrm{N}=1.08\ \mathrm{kN}$

死荷重 w は，直径 16 cm と仮定すると，

$$w=\frac{3.14d^2}{4}\times\gamma=\frac{3.14\times0.16^2}{4}\times8=0.16\ \mathrm{kN/m}$$

② 構造の計算

最大曲げモーメント　$M_{\max}=\dfrac{Pl}{4}+\dfrac{wl^2}{8}=\dfrac{1.08\times4}{4}+\dfrac{0.16\times4^2}{8}=1.4\ \mathrm{kN\cdot m}$

最大せん断力　$S_{\max}=P+\dfrac{wl}{2}=1.08+\dfrac{0.16\times4}{2}=1.4\ \mathrm{kN}$

③ 断面の計算

　　$M_{\max}=1.4\ \mathrm{kN\cdot m}=1.4\times10^6\ \mathrm{N\cdot mm}$

直径　$d=\sqrt[3]{\dfrac{32M_{\max}}{\pi\times\sigma_a}}=\sqrt[3]{\dfrac{32\times1.4\times10^6}{3.14\times10}}=\underline{113\ \mathrm{mm}}$

ここで，直径 $d=120\ \mathrm{mm}=12\ \mathrm{cm}$ を使用すると仮定した直径 16 cm より小さいので，仮定は適当であった。

④ 安全性の照査

$$\sigma=\frac{M_{\max}}{Z}=\frac{M_{\max}}{\dfrac{\pi d^3}{32}}=\frac{1.4\times10^6\ \mathrm{N\cdot mm}}{\dfrac{3.14\times120^3}{32}\ \mathrm{mm^3}}=8.3\ \mathrm{N/mm^2}$$

$\sigma\leqq\sigma_a(10\ \mathrm{N/mm^2})$ より，曲げモーメントに対して安全である。

$$\tau=\frac{4}{3}\cdot\frac{S_{\max}}{A}=\frac{4}{3}\cdot\frac{S_{\max}}{\dfrac{\pi d^2}{4}}=\frac{4}{3}\times\frac{1.4\times10^3}{\dfrac{3.14\times120^2}{4}}=0.17\ \mathrm{N/mm^2}$$

$\tau\leqq\tau_a(1.0\ \mathrm{N/mm^2})$ より，せん断力に対して安全である。

演習問題・8　はりの耐力計算　(p.145)

[1] ① 断面係数の計算

対称断面であり，$y_c = y_t = 52$，$Z_c = Z_t$ である。

$$I = \frac{30 \times 104^3}{12} - \frac{29 \times 100^3}{12} = 395000 \text{ cm}^4$$

$$Z = Z_c = Z_t = \frac{I}{52} = 7600 \text{ cm}^3$$

② 耐力モーメントの計算

耐力モーメント　$M_r = Z \times \sigma_a = 7600 \text{ cm}^3 \times 200 \text{ N/mm}^2 = 7600000 \text{ mm}^3 \times 200 \text{ N/mm}^2$
$= 1520 \times 1000 \times 1000 \text{ N·mm} = 1520 \text{ kN·m}$

③ 曲げ応力度の計算

$$\sigma_c = \sigma_t = \frac{M_r}{Z} = \frac{1519 \text{ kN·m}}{7600 \text{ cm}^3} = \frac{1519 \times 1000 \times 1000 \text{ N·mm}}{7600 \times 1000 \text{ mm}^3} = \underline{200 \text{ N/mm}^2}$$

$$\sigma_A = \sigma_B = \sigma_c \times \frac{50}{52} = 200 \times \frac{50}{52} = \underline{192 \text{ N/mm}^2}$$

[2] コンクリートの抵抗モーメント：$M_{rc} = Z_c \times \sigma_{ca} = 50200 \text{ cm}^3 \times 6 \text{ N/mm}^2 = 50200000 \times 6$
$= 301 \times 1000 \times 1000 \text{ N·mm} = \underline{301 \text{ kN·m}}$

鉄筋の抵抗モーメント：$M_{rt} = Z_t \times \sigma_{sa} = 1480 \text{ cm}^3 \times 180 \text{ N/mm}^2 = 1480000 \times 180$
$= 266 \times 1000 \times 1000 \text{ N·mm} = \underline{266 \text{ kN·m}}$

M_{rc} と M_{rt} の小さいほうで破壊するので，耐力モーメント M_r は，$M_r = M_{rt} = \underline{267 \text{ kN·m}}$
となり，鉄筋のほうが先に破壊する。

演習問題・9　はりに生じる主応力度に対する検討　(p.147)

半径　$r = \sqrt{\left(\frac{\sigma}{2}\right)^2 + \tau^2}$

$= \sqrt{60^2 + 30^2} = 67$

主軸角　$\tan 2\theta = \frac{2\tau}{\sigma} = \frac{2 \times 30}{120} = 0.5$

$2\theta = 26°33'54''$ より，　$\theta = 13°16'57''$

主応力

$\sigma_n = \frac{\sigma}{2} + \sqrt{\left(\frac{\sigma}{2}\right)^2 + \tau^2}$

$= 60 + 67 = 127 \text{ N/mm}^2$（引張）

$< \sigma_a (140 \text{ N/mm}^2)$　で安全である。

$\sigma_m = \frac{\sigma}{2} - \sqrt{\left(\frac{\sigma}{2}\right)^2 + \tau^2} = 60 - 67$

$= -7 \text{ N/mm}^2$（圧縮）

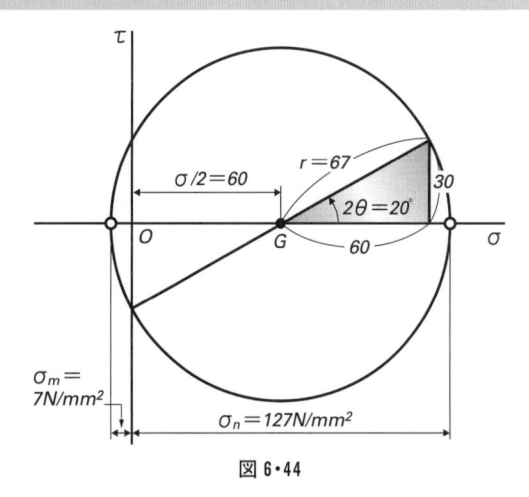

図 6・44

第 7 章
静定トラス・ラーメンの計算と設計

7・1　トラスの構造 …………………………………………………… *156*

7・2　節点法によるトラスの部材力の計算 ………………………… *158*

7・3　断面法によるトラスの部材力の計算 ………………………… *160*

7・4　トラスの部材力の計算演習 …………………………………… *162*

7・5　影響線によるトラスの部材力の計算 ………………………… *164*

7・6　トラス部材の断面設計 ………………………………………… *166*

7・7　片持ラーメンの計算 …………………………………………… *168*

7・8　はり型ラーメンの計算 ………………………………………… *170*

7・9　門型ラーメンの計算 …………………………………………… *172*

7・10　ラーメンの部材断面の設計計算 ……………………………… *174*

第 7 章演習問題の解説・解答 …………………………………………… *176*

7・1 トラスの構造

> ● トラスは，棒状部材を三角形状に組み合わせた構造をしており，支間の大きい橋梁の主構を構成したり，各種の構造物の地震や風に対して安定を確保するために広く用いられている。

(1) トラスの構造

支間の比較的短い30～50 m程度では，工形断面をもつプレートガーダ橋が経済性の点から用いられるが，さらに大きな支間（60～200 m）には，一般に**トラス**が用いられる。

工形断面は，フランジで曲げモーメントMに抵抗し，ウェブ（腹板）でせん断力に抵抗する構造である。支間が長くなるとせん断力の影響が小さくなるため，腹板の断面を小さくして合理化する。こうして，腹板を空洞化して経済的にしたのがトラスである。

トラスは，はりのように板を用いるのでなく，箱状の棒部材等を，図（7・1・4）に示す2枚の鋼板（ガセットプレート）で挟み，高力ボルトで接合し**節点**（格点）とする。

計算上節点は，部材が自由に回転できるものと仮定して計算する。実用的に問題がないため，節点はヒンジ（モーメントは0）として取り扱う。

また，トラスの構成部材の配置された箇所により，次のような名称がつけられている。図（7・1・3）において，

① 上フランジに相当する部材：上弦材
② 下フランジに相当する部材：下弦材
③ ウェブの相当する部材：斜材，垂直材

があり，斜材，垂直材を総称して**腹材**という。したがって，一般には上弦材には圧縮力が，下弦材には引張力が作用する。弦材は，図（7・1・3）のように，右上りに配置したときは斜材には圧縮力が，垂直材には引張力が作用し，右下りの斜材としたときは，斜材は引張力を，垂直材は圧縮力を受ける。

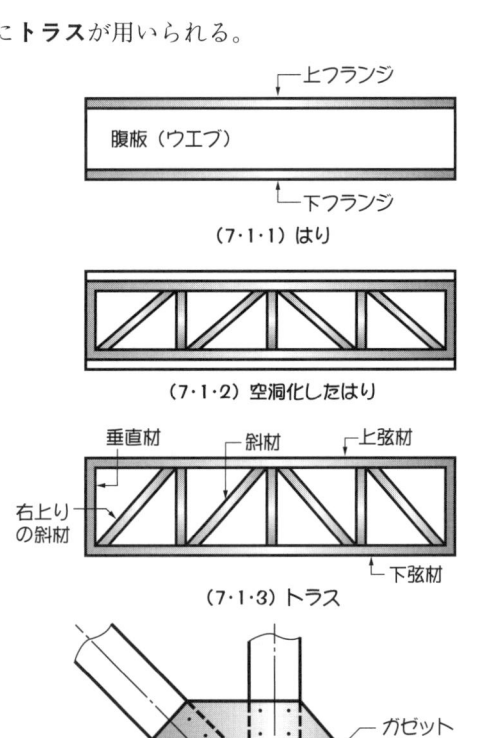

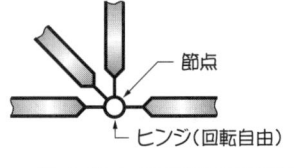

(7・1・1) はり
(7・1・2) 空洞化したはり
(7・1・3) トラス
(7・1・4) 節点の構造
(7・1・5) トラスの節点の取扱い
図 7・1

（2） トラスの名称

トラスとしてよく用いられるものは，図7・2のようである。主に斜材の配置方法により名称が異なっているが，計算の方法はいずれも同じようである。

特に，トラスの斜材の両端にあたる部材は端柱といい，一般に，腹材と区別して取扱うことが多い。

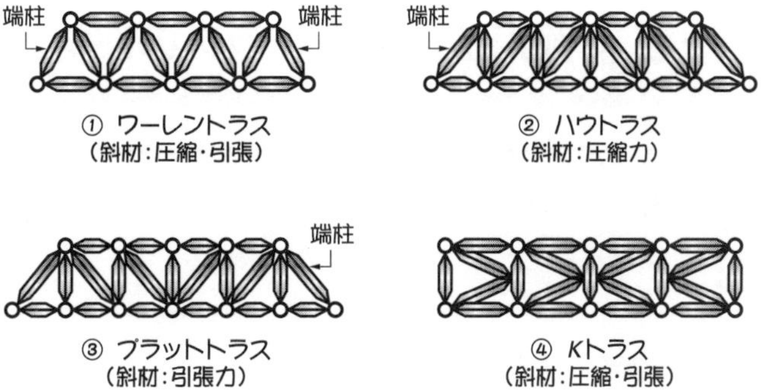

① ワーレントラス（斜材：圧縮・引張）
② ハウトラス（斜材：圧縮力）
③ プラットトラス（斜材：引張力）
④ Kトラス（斜材：圧縮・引張）

図7・2

（3） トラスの計算方法

トラスの部材には，トラスの軸に対して作用する軸方向力だけが作用し，せん断力や曲げモーメントは作用しない。したがって，トラスの部材には，圧縮力か引張力かのいずれかが生じる。トラスの計算方法には，次の2種類がある。

① **節点法**：節点におけるつりあい式$\Sigma H=0$と$\Sigma V=0$の2式を用いて部材力を求める方法である。

② **断面法**：トラスをはりとみなし，鉛直力のつりあい$\Sigma V=0$とモーメントのつりあい$\Sigma M=0$から求める。

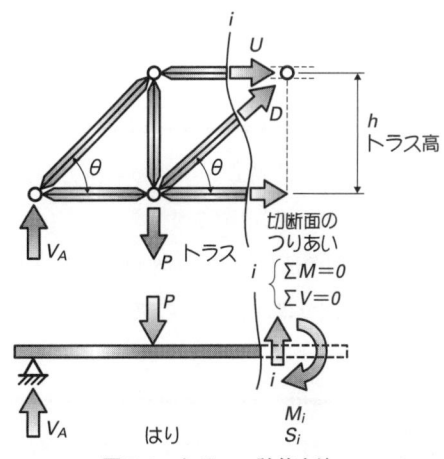

（4） トラスの部材の設計

トラスの部材には引張部材と圧縮部材があり，引張部材の設計断面A_tは，引張部材力Tを引張許容応力度σ_{ta}（σ：シグマ）で割って$A_t=T/\sigma_{ta}$を求め，圧縮部材力Cに対する設計断面A_cは，断面形状を仮定して断面二次半径rを計算し，部材長lを断面二次半径rで割って，細長比l/rを求める。

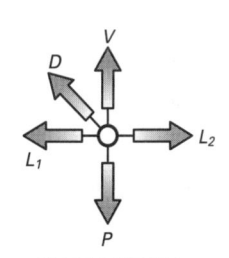

これらから，トラスの圧縮許容応力度σ_{ca}を座屈を考慮した示方書の式，$l/r\leqq18$以下で，$\sigma_{ca}=140-0.82(l/r-18)$により求め，圧縮部材の面積を$A_c=C/\sigma_{ca}$で求める。

図7・3 トラスの計算方法

7・2 節点法によるトラスの部材力の計算

> ● 節点における力のつりあい $\Sigma H=0$, $\Sigma V=0$ の2式を用いて，未知の部材が2つ以下の節点をたどって順次部材力を求める。

（1） 節点法によるトラスの計算式

トラスは，棒状部材をピン（回転できモーメントに抵抗しない）で三角形に構成した構造をもち，このピンで結合した節点を**節点**という。節点と節点の間の距離を a で表し，**部材長**という。

節点は回転が自由であるため，モーメントは生じないので，つりあいの3式のうち $\Sigma M=0$ は常に成立している。このため，節点においては，$\Sigma V=0$, $\Sigma H=0$ の2式を用いて，節点に接合された部材の未知部材力を求める。

$$\left.\begin{array}{l}\Sigma V=0 \\ \Sigma H=0\end{array}\right\} \quad\quad\quad\quad\quad\quad\quad\quad\quad\quad (7\cdot1)$$

（2） 片持式トラスの部材力の計算

片持式トラスは，トラス先端部から式(7・1)を適用すればよく，反力計算を必要としない。図7・4に示す片持式トラスの部材力の斜材に D という記号を，トラス下弦材の部材力を L という記号を用いるものとし，これから求める未知の部材は，すべて節点から遠ざかる方向(引張力)と仮定して計算し，部材力が負となるときは，圧縮力を示す。

例題・1

図7・4の片持式トラスの部材力 D, L を求めよ。先端部の節点Aにおいて，図(7・4・1)のように，A点から遠ざかる方向に，未知の部材力 D と L を白抜きの矢印で示し，斜材の部材力 D の各成分は，黒塗りの矢印で示し，A点のつりあい図を描け。

解答 斜材の部材力 D は，水平方向 $D\cos30°=0.866D$, 鉛直方向 $D\sin30°=0.5D$ とに分解しておき，式(7・1)を適用する。上向きを正，右向きを正とする。

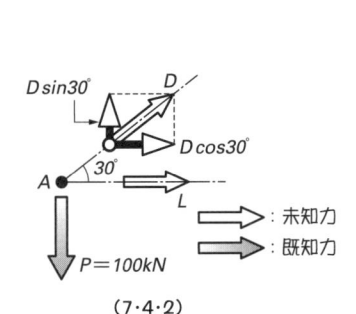

$\Sigma V=+D\sin30°-P=0 \quad\quad 0.5D=100 \quad\quad D=200\text{ kN} \quad\quad\quad\text{①}$

$\Sigma H=+D\cos30°+L=0 \quad\quad 0.866D+L=0 \quad\quad L=-0.866\times200=-173\text{ kN} \quad\quad\text{②}$

よって，斜材ABは $D=+200\text{ kN}$ の引張力が，下弦材ACは $L=-173\text{ kN}$ の圧縮力が作用する。

図7・4
（7・4・1）
（7・4・2）

⇨ ：未知力
⇨ ：既知力

（3） 単純ばり形トラスの部材力の計算

図7·5のように，節点間隔距離をλ（ラムダ）とする。単純ばり形トラスの部材力を求めるためには，まず，単純ばり形トラスを，単純ばりとみなし，反力V_A，V_Bを求め，未知部材が2本である支点を一番最初の節点とするつりあい図を描き，式（7·1）を適用して，順次A→Cの節点で未知部材力を計算していく。

例題·2

図7·5の単純ばり形トラスの格点Dに$D=200$ kNの荷重が作用するときの部材力D_1，D_2，U_1，L_1を計算せよ。

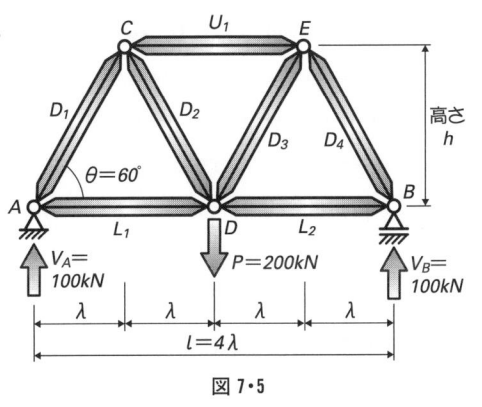

図7·5

解答
① 反力計算により $V_A = V_B = 100$ kN を求める。
② 格点Aで未知部材D_1とL_1を求める。次に格点Cに移り，C点の未知部材U_1，D_2を定める。このとき，節点Aの次に，節点Dへ移ることはできない。これは，節点Dでは，D_2，D_3，L_2の3つの未知部材があるから，$\Sigma V=0$，$\Sigma H=0$の2式からだけでは解けない。
③ 部材力の計算は，表7·1のように，ⓐ A点の格点つりあい図，ⓑ C点の格点つりあい図の順に行う。荷重，構造ともに対称なので，$D_1=D_4$，$D_2=D_3$，$L_1=L_2$の関係がある。

表7·1

節点	節点つりあい図	$\Sigma V=0$（↑上向き正） $\sin\theta=\sin60°=0.866$	$\Sigma H=0$（⇨右向き正） $\cos\theta=\cos60°=0.5$	部材力〔kN〕
A		$\Sigma V = D_1\sin\theta+100=0$ $D_1=\dfrac{-100}{0.866}=-115$	$\Sigma H = D_1\cos\theta+L_1=0$ $L_1=-D_1\times 0.5$ $=-(-115)\times 0.5=+58$	$D_1=-115$ $L_1=+58$
C		$\Sigma V = -D_1\sin\theta-D_2\sin\theta=0$ $D_2=-D_1=-(-115)$ $=115$	$\Sigma H = U_1+D_2\cos\theta-D_1\cos\theta$ $=0$ $U_1=-D_2\times 0.5+D_1\times 0.5$ $=-115$	$D_2=+115$ $U_1=-115$

演習問題·1

図7·6のトラスについて，反力V_A（$=V_B$）を求め，節点A→C→D→Eの順で節点の方程式をつくり，部材力を計算せよ。ただし，高さ$h=4$ m，節点間距離$\lambda=3$ mとし，$\sin\theta=4/5=0.8$，$\cos\theta=3/5=0.6$とする。

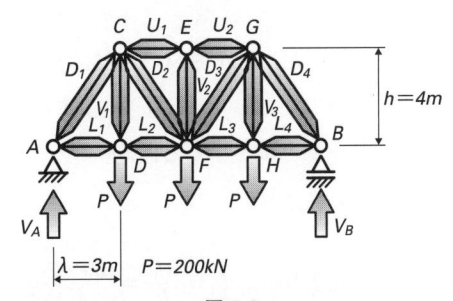

（解説·解答：p.176）

図7·6

7・3 断面法によるトラスの部材力の計算

> ● トラスは，はりの腹板（ウエブ）を軽量化した構造で，はりの一種と考え，トラスを仮想的に切断した点のせん断力と曲げモーメントを求めて，$\Sigma M=0, \Sigma V=0$ のつりあいの式から部材力を求めるのが断面法である。

（1） 断面法による部材力の計算方法

① 図（7・7・1）のトラスを，図（7・7・3）のように，単純ばりに置き換えて単純ばりのせん断力図と曲げモーメント図を描く。

② 上弦材の部材力 U_1，下弦材の部材力 L_1 の求め方

図（7・7・2）において，①－①の仮想断面で切断し，部材軸線上に，引張側に部材力 U, D_2, L_1 を描く。

上弦材の部材力 U_1 を求めるために，他の2部材力 D_2 と L_1 との交点Dをモーメントの中心として，V_A, U_1, D_2, L_1 の4つの力のD点に関するモーメントをとると（時計回りを正）

$$\Sigma M_D = U_1 \times h + D_2 \times 0 + L_1 \times 0 + V_A \times 4 = 0$$

ここで，$V_A \times 4$ は，単純ばりABのD点の曲げモーメントであるから，$V_A \times 4 = M_D$ とすると，

$$\Sigma M_D = U_1 \times h + M_D = 0, \quad U_1 = -\frac{M_D}{h}$$

となり，一般に，U_1 以外他の2力の交点を i とすると，

$$U = -\frac{M_i}{h} \quad \cdots\cdots\cdots\cdots (7\cdot2)$$

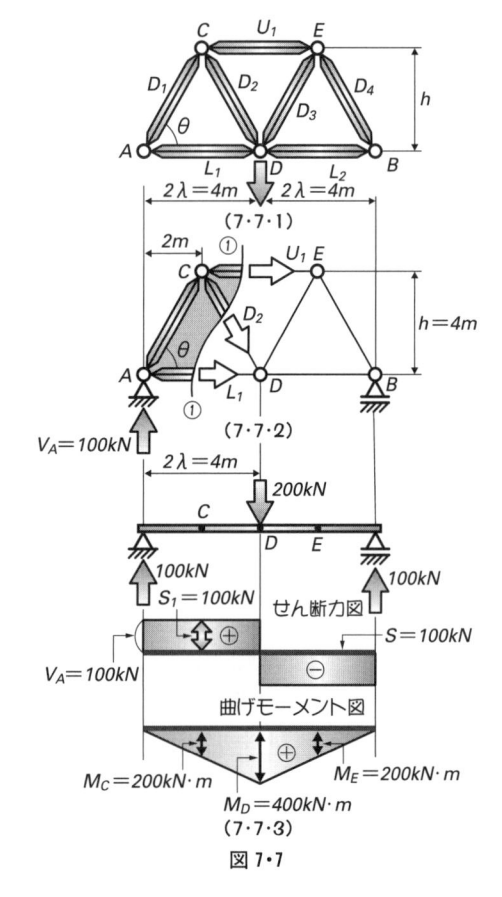

図7・7

したがって，$U_1 = -\dfrac{M_D}{h} = -\dfrac{400}{4} = -100$ kN（圧縮力）。要するに，単純ばりのD点のモーメント M_D を高さ h で割って求められる。

同様にして，下弦材の部材力 L_1 を求めるために，L_1 以外の他の2力 U_1 と D_2 の交点Cをモーメントの中心として，$\Sigma M_C = 0$ とすると，　$\Sigma M_C = -L_1 \times h + V_A \times 2 + U \times 0 + D_2 \times 0 = 0$

$V_A \times 2 = M_C$ とすると，$\Sigma M_C = -L_1 \times h + M_C = 0$ となり，$L_1 = M_C/h$ となる。一般に，

$$L = +\frac{M_i}{h} \quad \cdots\cdots\cdots\cdots\cdots\cdots\cdots\cdots\cdots\cdots\cdots\cdots\cdots\cdots\cdots\cdots\cdots (7\cdot3)$$

これより　　$L_1 = \dfrac{M_C}{h} = \dfrac{100 \times 2}{4} = +50$ kN（引張力）

③ 斜材の部材力D_2および垂直部材力Vの求め方

図(7・7・2)の①-①のV_A, U, D_2, L_1は$\Sigma V = 0$のつりあいから，D_2の垂直方向の成分は$D_2 \sin\theta$で，鉛直方向のつりあい式から $\Sigma V = V_A - D_2 \sin\theta = 0$

ここで，切断線①-①の下端はAD間にあり，AD間のせん断力をSとすると，$V_A = S$となり，$S - D_2 \sin\theta = 0$ より，

$$\left.\begin{array}{l} D_2 = \dfrac{+S}{\sin\theta} \text{（斜材の力が下向き）} \\ D_2 = \dfrac{-S}{\sin\theta} \text{（斜材の力が上向き）} \end{array}\right\} \quad\quad\quad (7 \cdot 4)$$

なお，垂直部材の部材力Vは，式(7・4)において$\theta = 90°$とすると$\sin\theta = 1$となり，$V = \pm S$となる。いま，$S = 100$ kNとすると， $D_2 = \dfrac{+S}{\sin\theta} = \dfrac{+100}{\sin 60°} = \dfrac{+100}{0.866} = +115$ kN（引張力）

● $\sin\theta$，$\cos\theta$の求め方

トラスの高さをh，各節点間隔をλ（ラムダ）とすると，ピタゴラスの定理から斜辺は，$\sqrt{\lambda^2 + h^2}$となり，$\sin\theta$，$\cos\theta$は図7・8から次のようになる。

$$\sin A = \dfrac{h}{\sqrt{\lambda^2 + h^2}}, \quad\quad \cos A = \dfrac{\lambda}{\sqrt{\lambda^2 + h^2}}$$

たとえば，図7・8で$h = 4$ m，$\lambda = 3$ mとするとき，斜辺$\sqrt{\lambda^2 + h^2} = 5$となり，次のようになる。

$$\sin\theta = \dfrac{4}{5} = 0.8, \quad\quad \cos\theta = \dfrac{3}{5} = 0.6$$

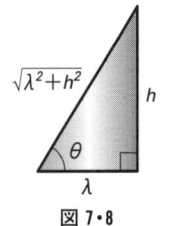

図 7・8

演習問題・2

図7・9のプラットトラスを，①-①で仮想的に切断したときの部材力U_1, V_2, L_3, および②-②で仮想的に切断したときの部材力U_4, D_5, L_5を求めよ。ただし，$\sin\theta = 0.8$とする。

（解説・解答：p.176～177）

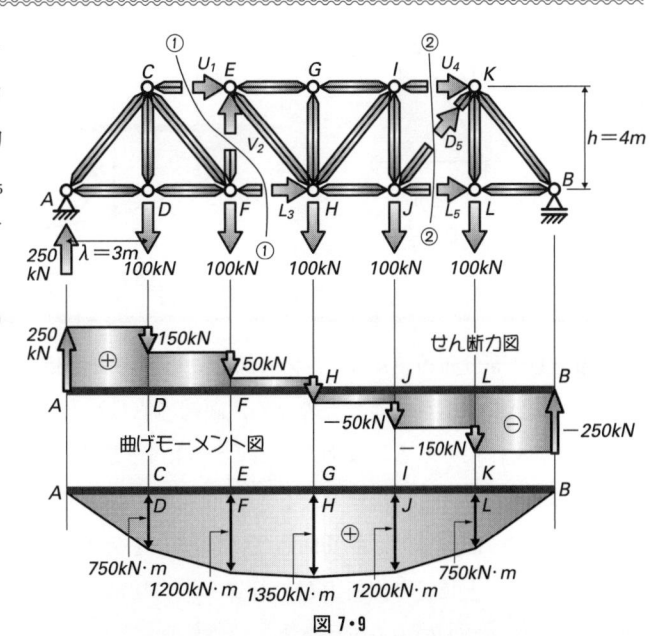

図 7・9

7・4 トラスの部材力の計算演習

- トラスの計算は一般に，断面法によることが多く用いられるが，切断部材が4部材となる箇所に限り，断面法にかえて節点法を用いる。

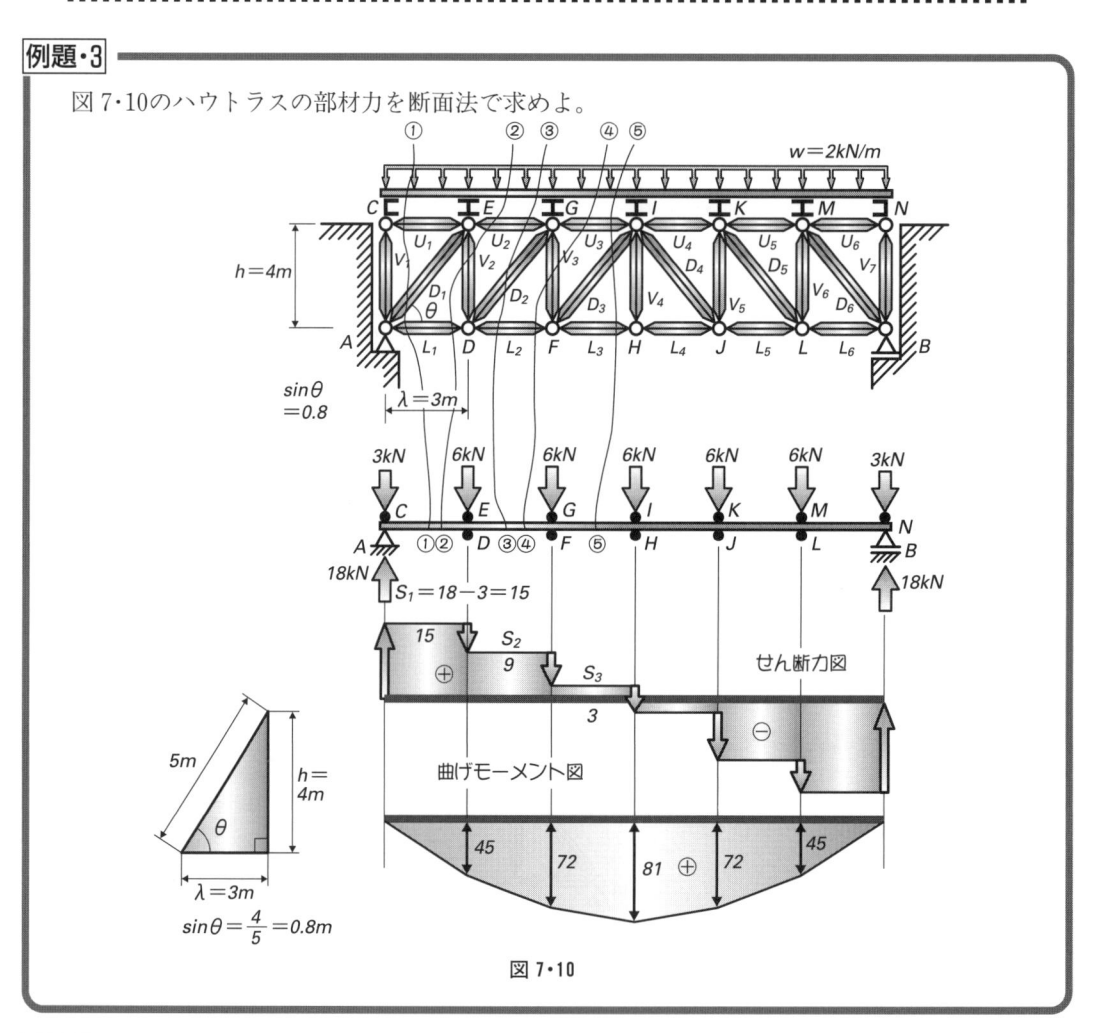

例題・3

図7・10のハウトラスの部材力を断面法で求めよ。

図 7・10

解答 ① 等分布荷重wは，トラス部材に直接作用させてはならないので，節点に集中荷重に換算して作用させる。このため，両端の点C，点Nには3 kN，節点E，G，I，Kには各6 kNを作用させる。反力$V_A = V_B = 18$ kNを求める。

② トラスを単純ばりとして，せん断力図，曲げモーメント図を描く。

③ 3部材で仮想的切断して，部材力を公式(7・2)，(7・3)，(7・4)より求める。

(a) 上弦材の部材力Uの計算　　各切断面で，LとDの交点または，LとVの交点をモーメントの中心とすると，

①-①：$U_1 = \dfrac{-M_A}{h} = \dfrac{-0}{4} = 0$,　　②-②：$U_2 = \dfrac{-M_D}{h} = \dfrac{-45}{4} = -11.25 \text{ kN}$

④-④：$U_3 = \dfrac{-M_F}{h} = \dfrac{-72}{4} = -18 \text{ kN}$,　　また，$U_4 = U_3$，$U_5 = U_2$，$U_6 = U_1$

(b) 下弦材の部材力 L の計算　　各切断面で，U と D の交点または，U と V の交点をモーメントの中心とする。

①-①：$L_1 = \dfrac{+M_E}{h} = \dfrac{+45}{4} = +11.25 \text{ kN}$,　　③-③：$L_2 = \dfrac{+M_G}{h} = \dfrac{+72}{4} = +18 \text{ kN}$

⑤-⑤：$L_3 = \dfrac{+M_I}{h} = \dfrac{+81}{4} = +20.25 \text{ kN}$

(c) 斜材の部材力 D の計算　　各切断点①-①，③-③，⑤-⑤のせん断力 S を $\sin\theta$ で割って求める。$\sin\theta = 0.8$ とすると，斜材の部材力は上向きなので，公式（7・4）より符号は負とする。

①-①：$D_1 = \dfrac{-S_1}{\sin\theta} = \dfrac{-15}{0.8} = -18.75 \text{ kN}$,

③-③：$D_2 = \dfrac{-S_2}{\sin\theta} = \dfrac{-9}{0.8} = -11.25 \text{ kN}$,　　⑤-⑤：$D_3 = \dfrac{-S_3}{\sin\theta} = \dfrac{-3}{0.8} = -3.75 \text{ kN}$

(d) 垂直材の部材力 V の計算　　各切断点②，④のせん断力を S とする。垂直部材は下向きなので，公式（7・4）より，符号は正とする。

②-②：$V_2 = +S_1 = 15 \text{ kN}$,　　④-④：$V_3 = +S_2 = 9 \text{ kN}$

なお，V_1 部材と V_4 部材は 3 部材切断できないので，節格点法により求める。図 7・10 より

節点 C：$\Sigma V_C = -3 - V_1 = 0$ ∴ $V_1 = -3 \text{ kN}$

節点 H：$\Sigma V_H = V_4 = 0$ ∴ $V_4 = 0$

以上から，各部材力 [kN] は，次のように求まる。

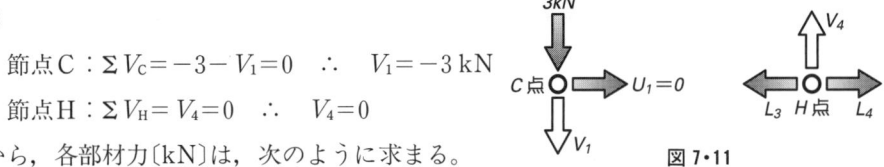

図 7・11

U_1	U_2	U_3	L_1	L_2	L_3	D_1	D_2	D_3	V_1	V_2	V_3	V_4
0	−11.25	−18	11.25	18	20.25	−18.75	−11.25	−3.75	−3.0	15	9	0

演習問題・3

図 7・12 に示すように，質量 20 t 車（前輪 2 t，後輪 8 t）が通過するとき，前輪が節点 D の上に，後輪が節点 F の上に作用するとき，トラス片面の部材力 U_1，D_2，L_2 を求めよ。このとき，荷重は前輪 $P_1 = 2 \text{ t} \times 9.8 \text{ m/s}^2 = 19.6 \text{ kN}$，後輪 $P_2 = 8 \text{ t} \times 9.8 \text{ m/s}^2 = 78.4 \text{ kN}$ が作用するものとする。

（解説・解答：p.177）

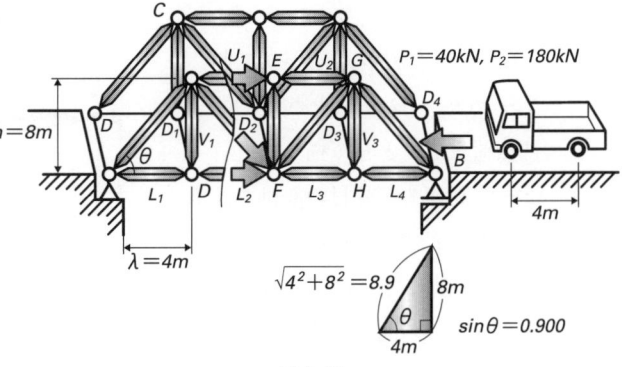

図 7・12

7・5 影響線によるトラスの部材力の計算

- 移動荷重を受けるとき，トラスの部材を最大とする荷重の作用位置を定める必要がある。このとき，その作用位置を定めるために影響線が用いられる。

(1) トラスの影響線と間接荷重ばりの影響線

トラスの部材力は，トラスを押しつぶした棒状のはりと考えて計算する断面法によるトラスの解法の公式は，$U=-M_i/h$，$L=+M_i/h$，$D=\pm S_i/\sin\theta$，$V=\pm S$として求められた。

トラスの影響線は，はりの影響線について，多少の修正をすれば求められる。すなわち，上弦材U，下弦材Lの部材力の影響線は，モーメントM_iの影響線をトラスの高さhで割ったものであり，斜材Dの部材力の影響線は，せん断力S_iの影響線を$\sin\theta$で割ればよい。また，垂直材Vの部材力の影響線は，せん断力の影響線そのものである。

(2) ワーレントラスの影響線

図7・13のワーレントラスにおいて，各部材の部材力は，次のように求める。

① ①-①断面の上弦材の部材力は$U_1=-M_D/h$となり，D～A間をa，D～B間をbとすると$a=2\lambda$，$b=4\lambda$（λ：ラムダ）としてD点の曲げモーメントの縦距をトラスの高さhで割って求める。U_1の符号が⊖なので，$-2\lambda/h$，$-4\lambda/h$を上側に描く。

② ①-①断面の下弦材の部材力は$L_1=+M_C/h$となり，$a=\lambda$，$b=5\lambda$としてM_Cの影響線の縦距をhで割って$+\lambda/h$，$+5\lambda/h$を求め，AD間の間接荷重ばりとして描く。

③ ②-②断面の下弦材の部材力は$L_2=+M_E/h$となり，M_Eの影響線の縦距をhで割って$+3\lambda/h$，$+3\lambda/h$を求め，DF間の間接荷重ばりとして描く。

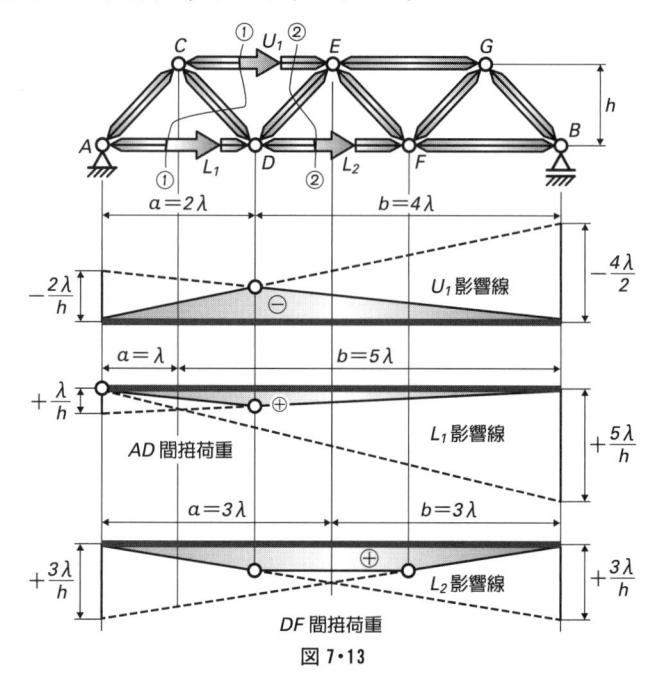

図7・13

④ 斜材の部材力 D_1, D_2, D_3 の影響線は，せん断力の影響線を $\sin\theta$ で割って描く。

$D_1 = \dfrac{-S}{\sin\theta}$ で，A点には

$\dfrac{-1}{\sin\theta}$ をとる。AD間の間接荷重ばりとする。

$D_2 = \dfrac{+S}{\sin\theta}$ で，A点には

$\dfrac{+1}{\sin\theta}$ をとる。AD間の間接荷重ばりとする。

$D_3 = \dfrac{-S}{\sin\theta}$ で，A点には

$\dfrac{-1}{\sin\theta}$ をとる。DF間の間接荷重ばりとする。

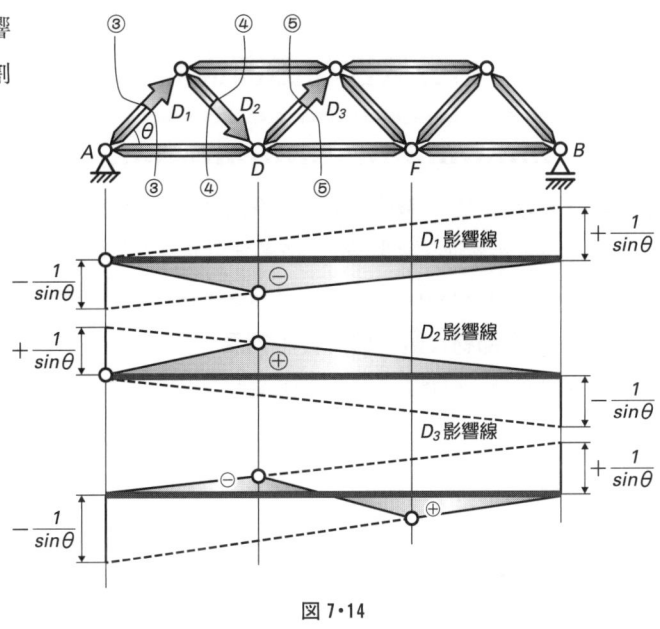

図 7・14

演習問題・4

図7・15に示すトラスの部材力 U, L, D, V を影響線を用いて，最大となる値を求めよ。

（解説・解答：p.178）

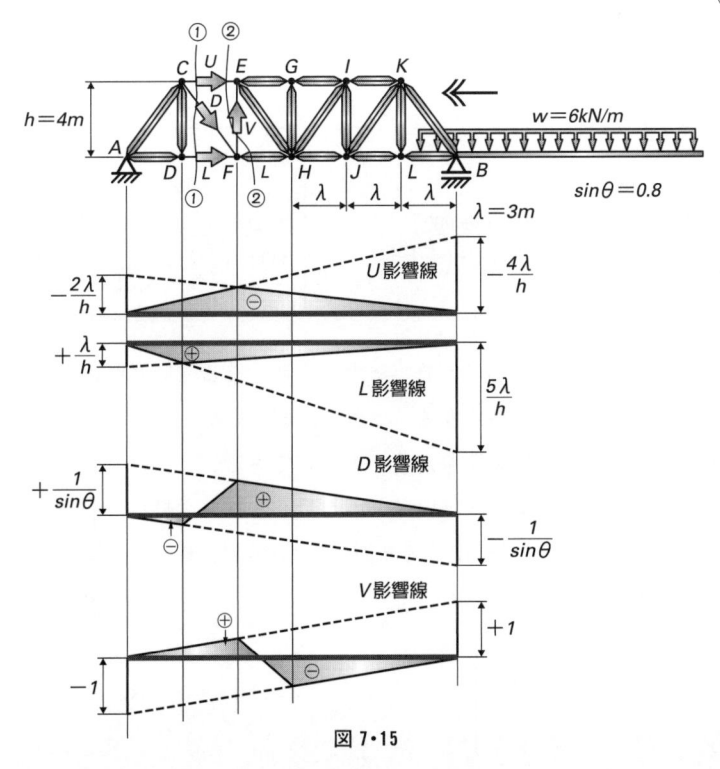

図 7・15

7・6 トラス部材の断面設計

- 圧縮部材は，最小断面二次半径の方向に座屈するので，同一断面積でも，できるだけ最小断面二次半径を大きくするような形状となるように設計する。

(1) トラス部材と鋼材の許容応力度

トラス部材は，引張力かまたは圧縮力の作用を受ける。引張力に対する部材の許容応力度は，鋼種により一定であるが，圧縮部材の圧縮許容応力度は，鋼種と部材の細長比によって異なる。細長比は部材の長さ l を，圧縮部材の断面の最小断面二次半径 r との比 l/r として表される。表7・3は，鋼材の圧縮許容応力度である。

表7・2 許容軸方向引張応力度および許容曲げ引張応力度(示方書：2005)

〔N/mm²〕

鋼材の板厚〔mm〕 \ 鋼種	SS400 SM400 SMA400W	SM490	SM490Y SM520 SMA490W	SM570 SMA570W
40以下	140	185	210	255

表7・3 局部座屈を考慮しない許容軸方向圧縮応力度(示方書：2005)

〔N/mm²〕

板厚〔mm〕 \ 鋼種	SS400 SM400 SMA400W	SM490	SM490Y SM520 SMA490W	SM570 SMA570W
40以下	$140 : \frac{l}{r} \leq 18$ $140 - 0.82\left(\frac{l}{r} - 18\right) :$ $18 < \frac{l}{r} \leq 92$ $\frac{1200000}{6700 + \left(\frac{l}{r}\right)^2} : 92 < \frac{l}{r}$	$185 : \frac{l}{r} \leq 16$ $185 - 0.2\left(\frac{l}{r} - 16\right) :$ $16 < \frac{l}{r} \leq 79$ $\frac{1200000}{5000 + \left(\frac{l}{r}\right)^2} : 79 < \frac{l}{r}$	$210 : \frac{l}{r} \leq 15$ $210 - 1.5\left(\frac{l}{r} - 15\right) :$ $15 < \frac{l}{r} \leq 75$ $\frac{1200000}{4400 + \left(\frac{l}{r}\right)^2} : 75 < \frac{l}{r}$	$255 : \frac{l}{r} \leq 18$ $255 - 2.1\left(\frac{l}{r} - 18\right) :$ $18 < \frac{l}{r} \leq 67$ $\frac{1200000}{3500 + \left(\frac{l}{r}\right)^2} : 67 < \frac{l}{r}$

圧縮許容応力度は，細長比が大きいほど許容応力が小さくなる。同じ断面積をもつ部材でもその長さの長いものは耐荷力は著しく小さくなる。これは，細長い部材は小さい力でも曲がって折れる座屈現象が生じるからである。

また，座屈の生じる方向は，断面二次モーメントが最小となる主軸方向である。このため，細長比の計算に用いる断面二次半径 r は，断面二次モーメントの最小の値とする。

$$\left. \begin{array}{l} \text{断面二次半径} \quad r = r_{\min} = \sqrt{\dfrac{I_{\min}}{A}} \\ \text{細長比} \quad \dfrac{l}{r} \end{array} \right\} \quad \cdots\cdots (7\cdot5)$$

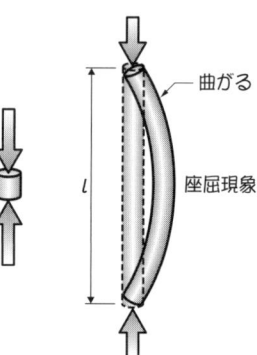

図7・16

（2） オイラーの公式による柱の耐荷力の計算式

オイラーは，座屈して破壊する柱（長柱）の図心に軸方向力を作用させて，圧縮力を増大すると，柱が曲がって折れるときの耐荷力 P_{cr} を，$P_{cr}=n\pi^2EI/l^2$ と理論的に求めた。この式は，細長比が100以上で適合するが，100以下では精度がよくないので，細長比の小さいものは，試験により求めた1次で近似して求める。この関係式が表7・3に示されている。

$$P_{cr}=\frac{n\pi^2EI}{l^2}=\frac{\pi^2EI}{l_r}$$ ……………（7・6）

また，柱は，その両端の支持の方法により大きく変わるため，表7・4のように，両端ヒンジで支える柱の長さを基準とし，支持方法により，換算長 l_r は部材長 l に換算係数をかけて求める。

表7・4 換算表

支持状態	ヒンジ－ヒンジ	ヒンジ－固定	自由端－固定	固定－固定
換算係数	1	0.7	2.0	0.5
主な構造	トラス	ラーメン	ラーメン	ラーメン，アーチ

例題・4

図7・17に示すトラスの部材として，長さ5mのH形鋼（SS 400）の柱の許容軸方向圧縮応力度 σ_{ca}〔N/mm²〕を求め，これに断面積 A を掛けて柱の耐荷力 P_{cr}〔kN〕を求めよ。ただし，$r_x=20.5$ cm，$r_y=4.33$ cm，$A=114.2$ cm² とする。

解答

① 細長比の計算

座屈は，最小断面二次方向，$r_y=4.33$ cmの y 軸方向に生じる。したがって，$r=r_y=4.33$ cm

柱の換算係数は，トラスは両端ヒンジなので1.0である。したがって，換算長 $l_r=1.0\times l=5$ m $=500$ cm

細長比 $\dfrac{l}{r}=\dfrac{500}{4.33}=115$

図7・17

② 許容軸方向圧縮応力度 σ_{ca} の計算

表7・2より，SS 400，$l/r=115>92$ であるから，次の式で σ_{ca} を求める。

$$\sigma_{ca}=\frac{1200000}{6700+(l/r)^2}=\frac{1200000}{6700+(115)^2}=\underline{60\text{ N/mm}^2}$$

③ 柱の耐荷力 P_{cr} の計算

$P_{cr}=A\times\sigma_{ca}=114.2$ cm² $\times 60$ N/mm² $=11420$ mm² $\times 60$ N/mm² $=685200$ N $=\underline{685\text{ kN}}$

7・7 片持ラーメンの計算

> ● ラーメンは，節点で各部材が剛接され，節点の各部材のたわみ角 φ（ファイ）は一定な構造である。

（1） ラーメン構造

ラーメン構造は，図7・18のように，剛接されたすべての部材が，同じたわみ角をもつ。

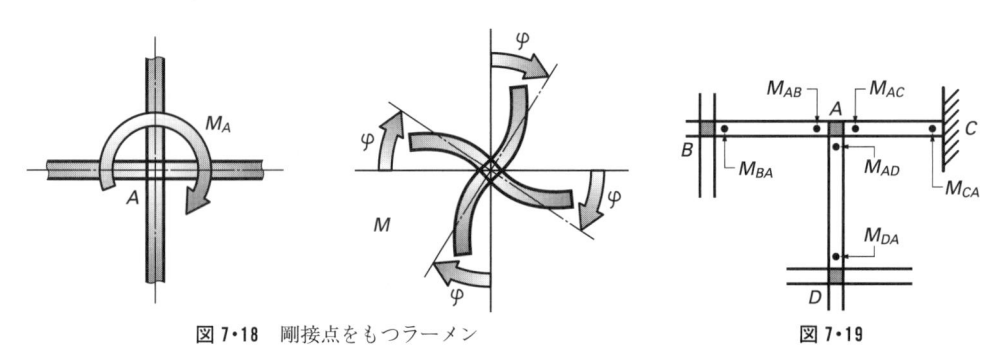

図7・18 剛接点をもつラーメン

図7・19

ラーメンに生じる部材のモーメントは，図7・19のように，節点にかかる外力の曲げモーメントは M_A と表し，A点の各部材への分配されるモーメントは，自節点と他節点を用いて部材の材端モーメントで表す。

たとえば，図7・14のように，節点Aの材端モーメントは M_{AB}，M_{AC}，M_{AD}，また，点B，C，Dから節点Aに向かう部材の材端モーメントはそれぞれ M_{BA}，M_{CA}，M_{DA} となる。

（2） 片持ラーメンの計算例

【計算例】 ラーメンには，曲げモーメント，せん断力および軸方向力が作用する。図7・20に示す片持ラーメンに生じる曲げモーメント，せん断力および軸方向力を求めてみよう。

図7・20

解答 図7・20は，節点Bが剛接，節点Cが固定端，節点Aが自由端である。計算は，自由端から行う。

① 曲げモーメントの計算

$M_A = 0$, $M_B = -10 \times 2 = -20$ kN·m

$M_C = -10 \times 2 = -20$ kN·m

② せん断力の計算

せん断力は，材軸を垂直に切断しようとする力で，はりABにのみ生じ，柱BCの軸を垂直に切る力は生じない。

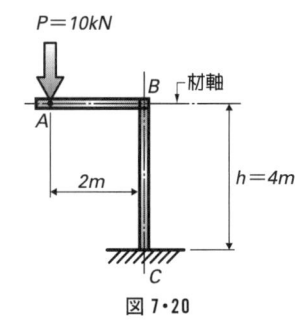

$S_{\overline{AB}} = -P = -10$ kN, $S_{\overline{BC}} = 0$

③ 軸方向力の計算

軸方向力は，材軸方向に圧縮または引張る力で，はりABには材軸方向の力は生じない。柱BCには，図7・21に示すように，圧縮力のPと曲げモーメントMが作用する。

$N_{\overline{AB}} = 0$, $N_{\overline{BC}} = -P = -10$ kN

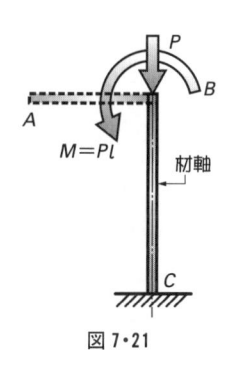

以上から，曲げモーメント図，せん断力図，軸方向力図を描くと，図7・22のようになる。

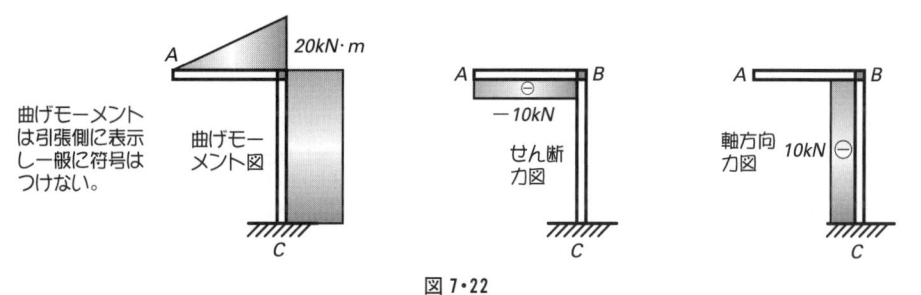

図7・21

図7・22

例題・5

図7・23の高架橋脚に作用する曲げモーメントM，せん断力S，軸方向力Nを求めよ。また，曲げモーメント図，せん断力図，軸方向力図を描け。

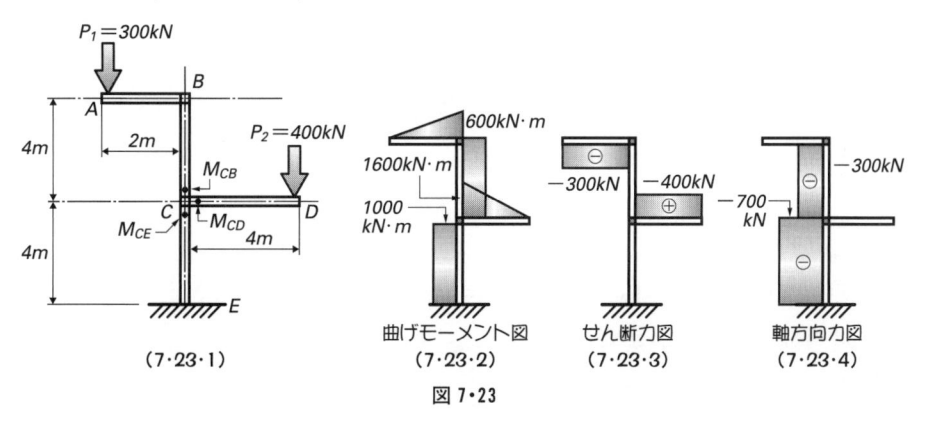

(7・23・1)   (7・23・2) 曲げモーメント図   (7・23・3) せん断力図   (7・23・4) 軸方向力図

図7・23

解答 ① 曲げモーメントの計算

$M_A = 0$, $M_B = -300 \times 2 = -600$ kN·m, $M_{CB} = -600$ kN·m

$M_{CD} = -400 \times 4 = -1600$ kN·m, $M_{CE} = -300 \times 2 + 400 \times 4 = 1000$ kN·m

$M_E = -300 \times 2 + 400 \times 4 = +1000$ kN·m

② せん断力の計算（$S_{\overline{AB}}$の$\overline{AB}$は区間共通の値を表す。）

$S_{\overline{AB}} = -300$ kN, $S_{\overline{CD}} = 400$ kN, $S_{\overline{BC}} = S_{\overline{CE}} = 0$

③ 軸方向力の計算

$N_{\overline{BC}} = -300$ kN, $N_{\overline{CE}} = -300 - 400 = -700$ kN, $N_{\overline{AB}} = N_{\overline{CD}} = 0$

M，S，Nに関する図を描くと図(7・23・2)〜(7・23・4)のようである。

7・8 はり型ラーメンの計算

(1) はり型ラーメンの計算例

図(7・24・1)に示すはり型ラーメンの曲げモーメント，せん断力，および軸方向力を計算してみよう。

> **【解き方】** 単純ばりAB上に，片持ラーメンがC点で剛接されているので，C点に，$P=24$ kN と $M=24×4=96$ kN・m を作用させるという考え方で，P と M の荷重を受ける単純ばりとする。そして，片持ラーメン部と単純ばり部を2つの構造として計算する。

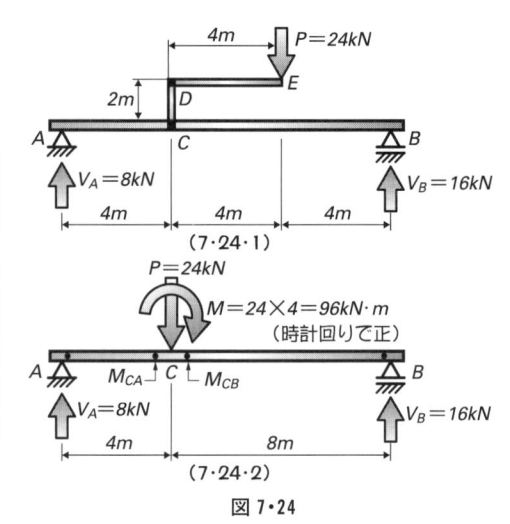

図 7・24

解答
① 単純ばりABの反力計算
$\Sigma M_B = V_A×12+M-P×8=0$
$12V_A=24×8-96$ より $V_A=8$ kN
$\Sigma V = V_A-P+V_B=0$ より $V_B=16$ kN

② 曲げモーメントの計算
単純ばり部：$M_A=0$, $M_{CA}=8×4=32$ kN・m,
  $M_{CB}=V_A×4+M=8×4+96=128$ kN・m, $M_B=0$
片持部：$M_E=0$, $M_D=-24×4=-96$ kN・m, $M_{CD}=-96$ kN・m

③ せん断力の計算（はり部に生じる）
単純ばり部：$S_{\overline{AC}}=V_A=8$ kN, $S_{\overline{CB}}=V_A-P=8-24=-16$ kN
片持部：$S_{\overline{ED}}=+24$ kN, $S_{\overline{CD}}=0$

④ 軸方向力の計算（柱に生じる）
$N_{\overline{DC}}=-24$ kN

以上を図に示すと，図7・25のようになる。

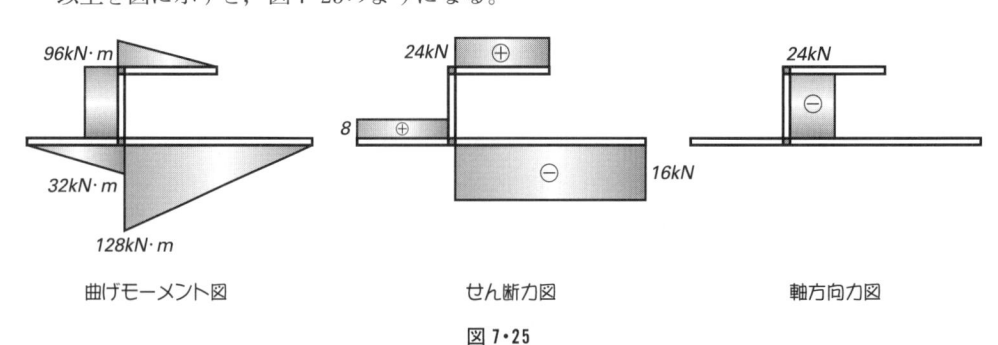

曲げモーメント図　　　せん断力図　　　軸方向力図

図 7・25

例題・6

図7・26のはり型ラーメンの計算により，曲げモーメント図，せん断力図，軸方向力図を描け。

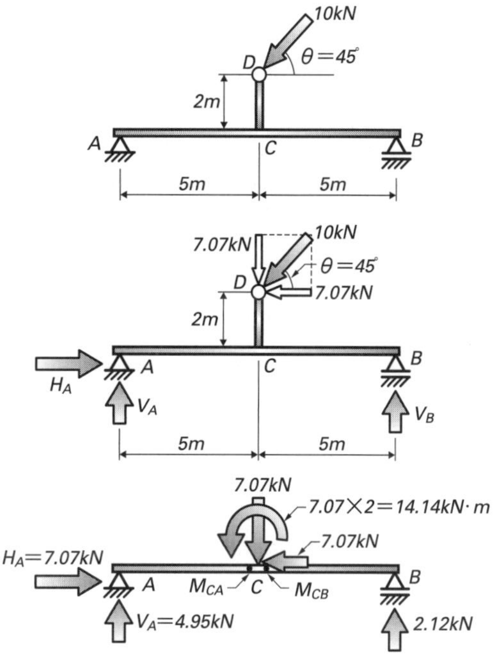

解答 単純ばりの中央点Cに作用する荷重としては，水平方向の荷重，鉛直方向の荷重およびモーメント荷重の3つが作用する。

① C点の荷重の計算

   C点の水平力　$10 \times \cos 45° = 7.07$ kN

   鉛直力　$10 \times \sin 45° = 7.07$ kN

   曲げモーメント　$M = 7.07 \times 2$

   $\qquad\qquad\qquad = 14.14$ kN・m

② 反力の計算

   $\Sigma H = H_A - 7.07 = 0$, $H_A = 7.07$ kN

   $\Sigma M_B = V_A \times 10 - 7.07 \times 5 - 14.14 = 0$

   $V_A = 4.95$ kN

   $\Sigma V = V_A + V_B - 7.07 = 0$

   よって，$V_B = 2.12$ kN

③ 曲げモーメントの計算（時計回り正）

   $M_A = 0$, $M_{CA} = 4.95 \times 5 = 24.75$ kN・m

   $M_{CB} = V_A \times 5 - 14.14 = 10.61$ kN・m, $M_B = 0$

   $M_D = 0$, $M_{CD} = +7.07 \times 2 = +14.14$ kN・m

④ せん断力の計算（上向き正）

   $S_{\overline{AC}} = 4.95$ kN

   $S_{\overline{CB}} = 4.95 - 7.07 = -2.12$ kN

   $S_{\overline{DC}} = -7.07$ kN

⑤ 軸方向力の計算（右向き正）

   $N_{\overline{AC}} = -H_A = -7.07$ kN, $N_{\overline{CB}} = H_A - 7.07 = 0$, $N_{\overline{DC}} = -7.07$ kN

以上を図示すると，図7・27のようになる。

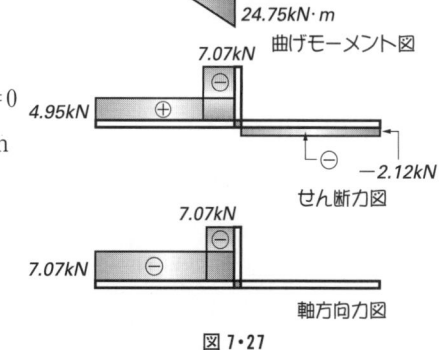

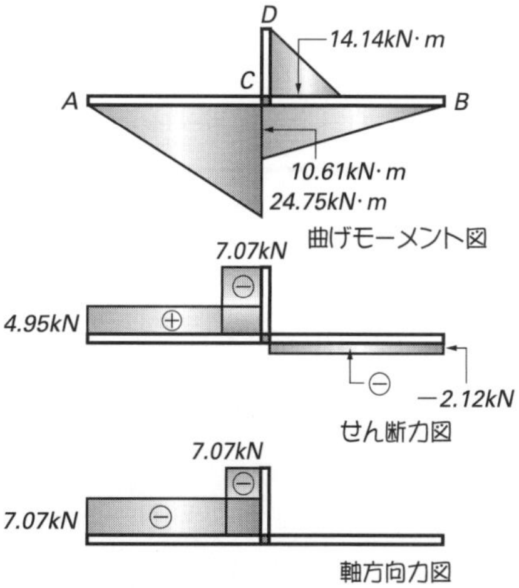

図7・26

図7・27

演習問題・5

図7・28のはり型ラーメンについて，曲げモーメント図，せん断力図，軸方向力図を描け。

（解説・解答：p.178～179）

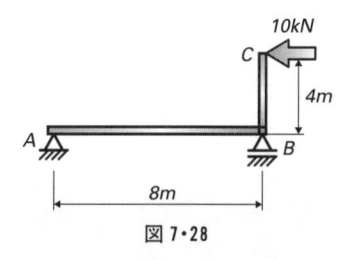

図7・28

7・9 門型ラーメンの計算

(1) 門型ラーメンの計算例

【計算例】 図7・29に示す門型ラーメンに，水平荷重 $P=100$ kNが作用するとき，このラーメンの曲げモーメント図，せん断力図および軸方向力図を描け。

解答 ① 反力の計算

$\Sigma H = P + H_A = 100 + H_A = 0$, $H_A = -100$ kN

$\Sigma M_B = P \times h + V_A \times l = 100 \times 3 + 4V_A = 0$

$V_A = -75$ kN

$\Sigma V = V_A + V_B = -75 + V_B = 0$ より，

$V_B = 75$ kN

部材に生じる各断面力は，各節点で仮想的に切断し，切断点を固定点として先端部より計算をする。

② AC部材をC点①-①で仮想的に切断して，A点側から計算する。

(a) $M_A = 0$, $M_C = +100 \times 3 = 300$ kN・m

(b) $S_{AC} = +100$ kN

(c) $N_{AC} = +75$ kN（引張力）

③ CD部材をD点②-②で仮想的に切断して，A点側から計算する。

(a) $M_D = -75 \times 4 + 100 \times 3 = 0$

(b) $S_{CD} = -75$ kN (c) $N_{CD} = -100 + 100 = 0$

④ DB部材をD点③-③で仮想的に切断して，A点側から計算する。

(a) $M_B = -75 \times 4 + 100 \times 3 = 0$

(b) $S_{BD} = -100 + 100 = 0$

(c) $N_{DB} = -75$ kN（圧縮力）

⑤ 曲げモーメント図は，集中荷重が作用しているので各点を直線(1次式)で結んで描く。

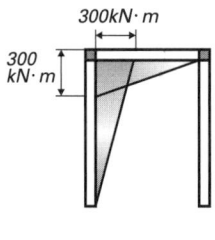

図 7・29

図 7・30

曲げモーメント図　せん断力図　軸方向力図

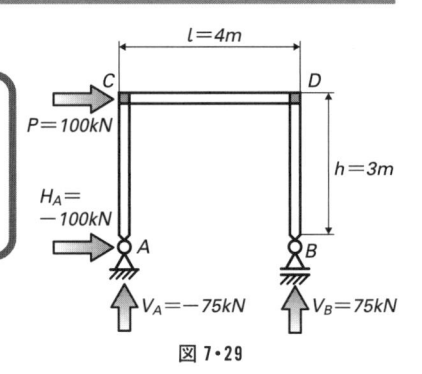

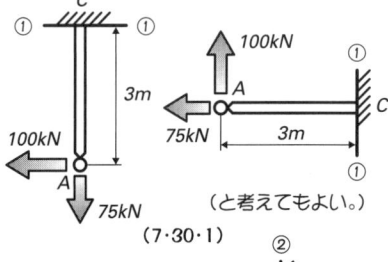

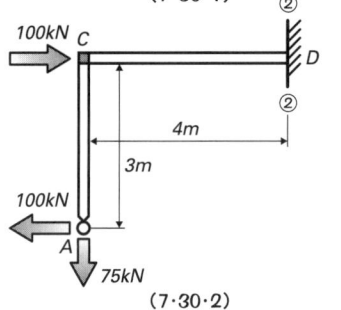

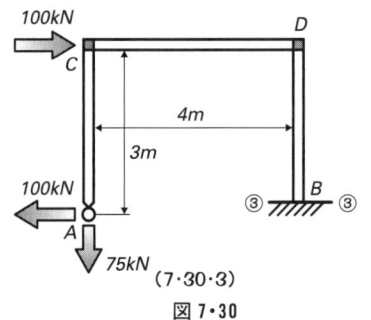

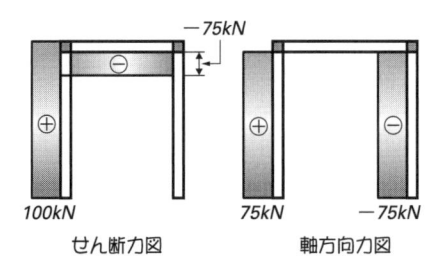

図 7・31

（2） 3ヒンジ門型ラーメンの計算例

【計算例】 図7・32のラーメンの曲げモーメント図，せん断力図，軸方向力図を描け。

解答 ① 反力の計算

$\Sigma M_B = V_A \times 8\,\text{m} - 100 \times 2\,\text{m} = 0$, $V_A = 25\,\text{kN}$

$\Sigma V = V_A - P + V_B = 0$, $V_B = 75\,\text{kN}$

$\Sigma M_E = -H_A \times 6 + V_A \times 4 = -H_A \times 6 + 25 \times 4 = 0$

$H_A = 16.7\,\text{kN}$

$\Sigma H = H_A + H_B = 16.7 + H_B = 0$, $H_B = -16.7\,\text{kN}$

② 曲げモーメントの計算

$M_A = M_E = M_B = 0$

$M_C = -H_A \times 6 = -16.7 \times 6 = -100\,\text{kN·m}$

M_F点の曲げモーメントは，図（7・32・2）の①－①で切断したと考える。

$M_F = -H_A \times 6 + V_A \times 6 = -100 + 25 \times 6$
$= +50\,\text{kN·m}$

$M_D = -H_A \times 6 + V_A \times 8 - 100 \times 2$
$= -100 + 200 - 200 = -100\,\text{kN·m}$

③ せん断力の計算

$S_{\overline{AC}} = -16.7\,\text{kN}$, $S_{\overline{CF}} = 25\,\text{kN}$,

$S_{\overline{FD}} = 25 - 100 = -75\,\text{kN}$, $S_{\overline{DB}} = +16.7\,\text{kN}$

④ 軸方向力の計算

$N_{\overline{AC}} = -25\,\text{kN}$（圧縮）, $N_{\overline{CD}} = 0$,

$N_{\overline{DB}} = -75\,\text{kN}$（圧縮）

これを図示すると，図（7・32・2）～（7・32・4）となる。

演習問題・6

図7・33(1)，(2)の門型ラーメンの，曲げモーメント図，せん断力図，軸方向力図を描け。（解説・解答：p.179～180）

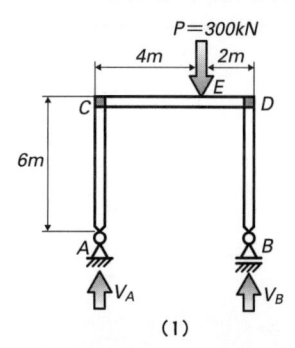

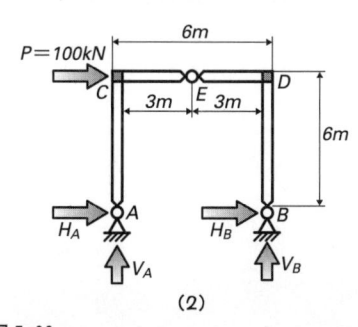

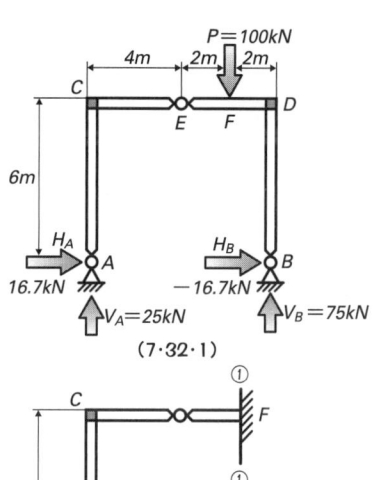

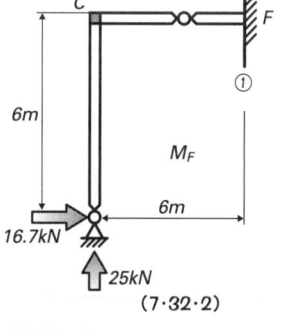

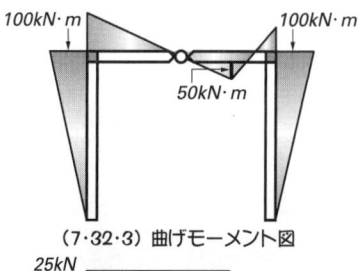

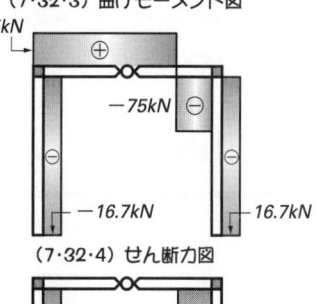

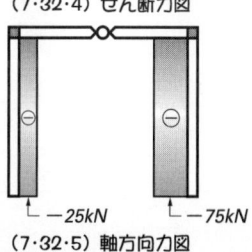

図7・33

図7・32

7・10 ラーメンの部材断面の設計計算

(1) ラーメンの部材に作用する応力度

ラーメンの部材には，曲げモーメント，せん断力および軸方向力が同時に作用するため，部材の設計は，図7・34のように，軸方向に生じる曲げ応力度$\sigma_c=$(曲げモーメント)/(断面係数)$=M/Z_c$と軸方向力による軸方向応力度$\sigma_n=$(軸圧縮力)/(断面積)$=N/A$とは重ね合せて，軸方向の応力度$\sigma=\sigma_c+\sigma_n=M/Z_c+N/A$が許容軸方向圧縮応力度$\sigma_{ca}$より小さくなるようにし，その断面を求め，せん断応力度$\tau \leqq \tau_a$で照査する。

$$\sigma_c = \frac{M}{Z_c} + \frac{N}{A} \leqq \sigma_{ca} \quad \cdots \cdots (7 \cdot 7)$$

$$\tau \leqq \tau_a$$

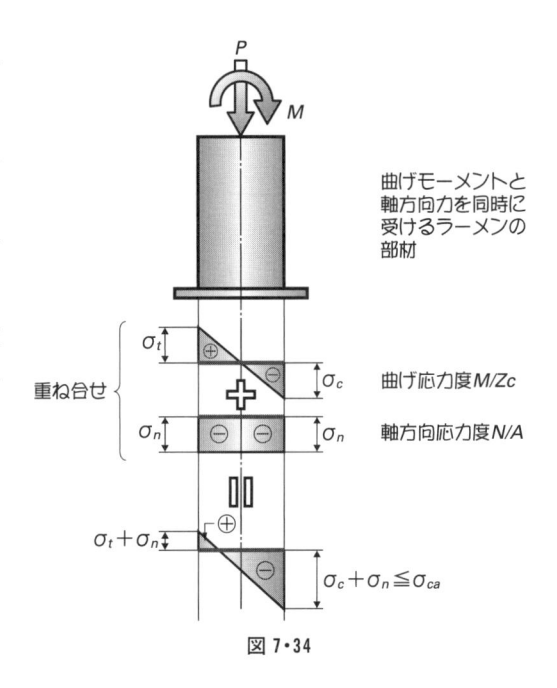

図 7・34

例題・7

図7・35に示す，橋脚3ヒンジラーメンの部材ABに作用する曲げモーメントの最大値$M=600$ kN・m，軸圧縮力$N=450$ kN，せん断力$S=100$ kNが作用する。このとき，ラーメンの柱ABの断面寸法B，H，b，hを設計せよ。ただし，材質はSM 400，許容せん断応力度$\tau_a=80$ N/mm²，許容引張応力度$\sigma_{ta}=140$ N/mm²とする。

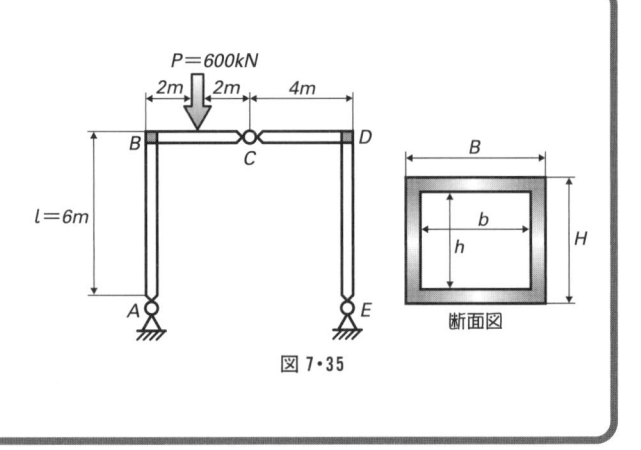

図 7・35

解答 ① 仮定断面として，$B=H=50$ cm，$b=h=46$ cm とし，仮定断面の，断面二次半径rおよび，断面積Aを求める。

$$I_n = \frac{50 \times 50^3}{12} - \frac{46 \times 46^3}{12} = 148000 \text{ cm}^4$$

$$A = 50^2 - 46^2 = 384 \text{ cm}^2$$

$$r = \sqrt{\frac{I_n}{A}} = \sqrt{\frac{148000}{384}} = 19.6 \text{ cm}$$

$$Z_c = \frac{I_n}{y_c} = \frac{148000}{25} = 5920 \text{ cm}^3$$

② 許容軸方向圧縮応力度σ_{ca}の計算（表7・3利用）

ラーメンの部材ABは，A端ヒンジ，B端固定（剛接）と考えるので，換算長lは表7・4より

$0.7l = 0.7 \times 6 = 4.2$ m となり，細長比$\frac{l}{r}$は，

$$\text{細長比} = \frac{l}{r} = \frac{4.2 \text{ m}}{19.6 \text{ cm}} = \frac{420 \text{ cm}}{19.6 \text{ cm}} = 21$$

許容軸方向圧縮応力度σ_{ca}は，表7・3 SS 400の欄から，$18 < \frac{l}{r} \leq 92$ より

$$\sigma_{ca} = 140 - 0.82\left(\frac{l}{r} - 18\right) = 138 \text{ N/mm}^2$$

③ 応力度の照査

圧縮曲げ応力度　$\sigma_c = \frac{M}{Z} + \frac{N}{A} = \frac{600 \text{ kN·m}}{5920 \text{ cm}^3} + \frac{450 \text{ kN}}{384 \text{ cm}^2} = \frac{600000000}{5920000} + \frac{450000}{38400}$

　　　　　　　　$= 101.4 + 11.7 = 113 \text{ N/mm}^2 \leq \sigma_{ca}$ (138 N/mm²)

よって，安全

引張側曲げ応力度　$\sigma_t = \frac{M}{Z} - \frac{N}{A} = 101.4 - 11.7 = 90 \text{ N/mm}^2 \leq \sigma_{ta}$ (140 N/mm²)

せん断応力度　$\tau = \frac{S}{A} = \frac{100 \text{ kN}}{384 \text{ cm}^2} = \frac{100000}{38400} = 2.6 \text{ N/mm}^2 \leq \tau_a$ (80 N/mm²)

図7・36

演習問題・7

図7・35の3ヒンジラーメンの部材BCに作用する曲げモーメント，せん断力，軸方向力を求め，BC部材の設計をせよ。ただし，SM 400を用い，$\tau_a = 80$ N/mm²，$\sigma_a = 140$ N/mm²とする。

（解説・解答：p.180～181）

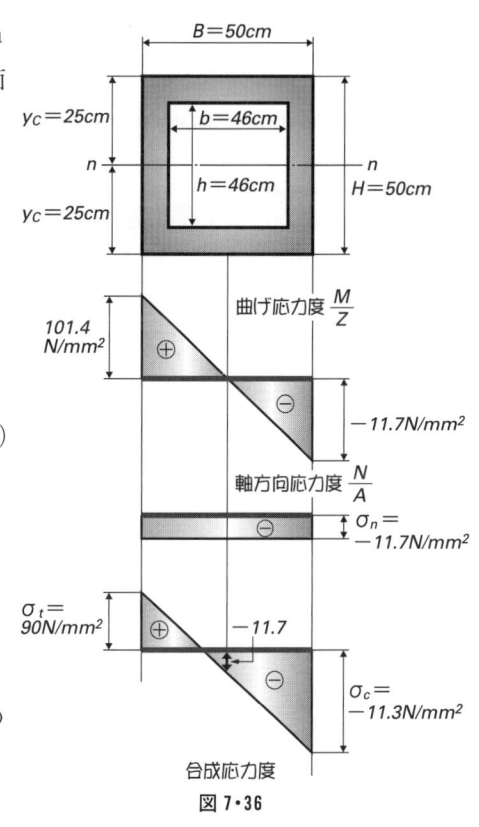

第7章演習問題の解説・解答

演習問題・1　節点法によるトラスの部材力の計算 (p.159)

① 反力の計算 $V_A = V_B = 3P/2 = 3 \times 200/2 = 300$ kN

$$\sin\theta = \frac{h}{\sqrt{\lambda^2+h^2}} = \frac{4}{\sqrt{3^2+4^2}} = \frac{4}{5} = 0.8, \quad \cos\theta = \frac{\lambda}{\sqrt{\lambda^2+h^2}} = \frac{3}{5} = 0.6$$

② 節点つりあい図を，節点A→C→D→Eの順に描き，トラスの部材力を $\Sigma V = 0$，$\Sigma H = 0$ の両式から求める．

節点	節点つりあい図	$\Sigma V = 0$（上向き正） $\sin\theta = 0.8$	$\Sigma H = 0$（右向き正） $\cos\theta = 0.6$	部材力〔kN〕
A		$\Sigma V = +D_1\sin\theta + 300 = 0$ $D_1 = \dfrac{-300}{0.8} = -375$	$\Sigma H = L_1 + D_1\cos\theta = 0$ $L_1 + (-375) \times 0.6 = 0$ $L_1 = +225$	$D_1 = -375$ $L_1 = +225$
D		$\Sigma V = V_1 - 200 = 0$ $V_1 = +200$	$\Sigma H = -L_1 + L_2 = 0$ $L_2 = L_1 = +225$	$V_1 = +200$ $L_2 = +225$
C		$\Sigma V = -D_1\sin\theta - V_1$ $\quad -D_2\sin\theta = 0$ $D_2 = -D_1 - V_1 \div \sin\theta$ $\quad = (+375) - \dfrac{200}{0.8} = +125$	$\Sigma H = -D_1\cos\theta + U_1$ $\quad + D_2\cos\theta$ $U_1 = D_1\cos\theta - D_2\cos\theta$ $\quad = (-375) \times 0.6 - 125$ $\quad \times 0.6 = -300$	$D_2 = +125$ $U_1 = -300$
E		$\Sigma V = -V_2 = 0$ $V_2 = 0$	$\Sigma H = -U_1 + U_2 = 0$ $U_2 = U_1 = -300$	$V_2 = 0$ $U_2 = -300$

荷重，構造が共に対称なので，

$D_1 = D_4 = -375$ kN, $D_2 = D_3 = +125$ kN, $V_1 = V_3 = 200$ kN, $V_2 = 0$,

$U_1 = U_2 = -300$ kN, $L_1 = L_4 = +225$ kN, $L_2 = L_3 = +225$ kN

演習問題・2　断面法によるトラスの部材力の計算 (p.161)

$U = -M/h$, $L = +M/h$, $D = \pm S/\sin\theta$, $V = \pm S$ の公式を用いる．

①－①断面：$U_1 = \dfrac{-M_F}{h} = -\dfrac{1200}{4} = \underline{-300\text{ kN}}$, $L_3 = +\dfrac{M_E}{h} = +\dfrac{1200}{4} = \underline{+300\text{ kN}}$, $V_2 = -S_{FH} = \underline{-50\text{ kN}}$

②-②断面：$U_4 = -\dfrac{M_J}{h} = -\dfrac{1200}{4} = \underline{-300 \text{ kN}}$, $L_5 = +\dfrac{M_K}{h} = +\dfrac{750}{4} = \underline{+188 \text{ kN}}$,

$D_5 = -\dfrac{S_{JL}}{\sin\theta} = -\dfrac{-150}{0.8} = \underline{+188 \text{ kN}}$

演習問題・3　トラスの部材力の計算　(p.163)

① トラスABをはりABとみなし，$P_1 = 19.6$ kNをD点，$P_2 = 78.4$ kNをF点に作用させ，はりを解く。

$V_A = 19.6 \times \dfrac{12}{16} + 78.4 \times \dfrac{8}{16}$

$\quad = 53.9$ kN

$V_B = 19.6 \times \dfrac{4}{16} + 78.4 \times \dfrac{8}{16}$

$\quad = 44.1$ kN

せん断力図，曲げモーメント図は，図7・37のようになる。

② 部材力の計算：$h = 8$ m，$\sin\theta = 0.9$

$U_1 = -\dfrac{M_F}{h} = -\dfrac{325.8}{8}$

$\quad = \underline{-44.1 \text{ kN}}$

$L_2 = +\dfrac{M_C}{h} = +\dfrac{215.6}{8}$

$\quad = \underline{+26.95 \text{ kN}}$

$D_2 = +\dfrac{S_{DF}}{\sin\theta} = +\dfrac{34.3}{0.9}$

$\quad = \underline{+38.11 \text{ kN}}$

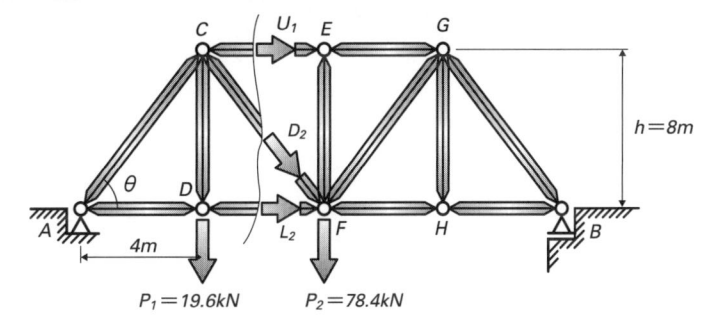

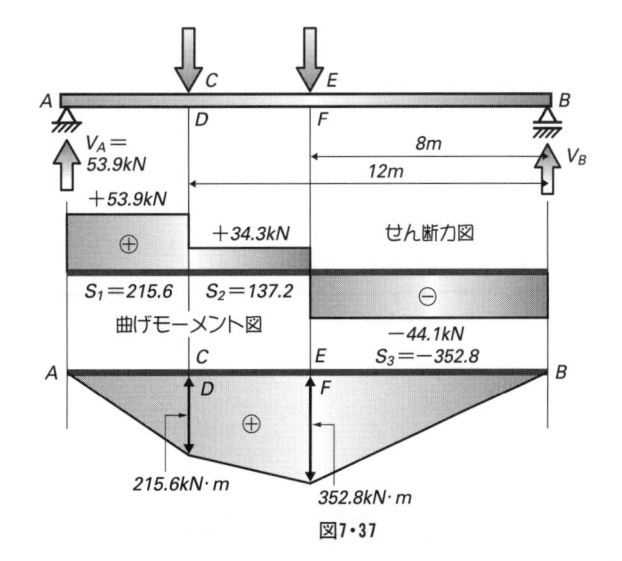

図7・37

演習問題・4　影響線によるトラスの部材力の計算 (p.165)

① $\lambda=3\,\text{m}$, $h=4\,\text{m}$, $\sin\theta=0.8$ として影響線に数値を代入し，縦距を計算すると，図7・38のようになる。①－①断面のDの影響線，②－②断面のVの影響線について符号の変化点を計算する。

$$3\times\frac{0.833}{0.833+0.208}=2.4\,\text{m}$$

$$3\times\frac{0.50}{0.333+0.50}=1.8\,\text{m}$$

② 部材力は，UとLは満載したときで，DおよびVは最大となるほうにだけ載荷する。

部材力＝荷重×面積 であるから，

上弦材：$U=6\times18\times\dfrac{-1}{2}=\underline{-54\,\text{kN}}$

下弦材：$L=6\times18\times\dfrac{0.625}{2}$
　　　　　$=\underline{+33.75\,\text{kN}}$

斜　材：$D=6\times14.4\times\dfrac{0.833}{2}$
　　　　　$=\underline{+35.99\,\text{kN}}$

垂直材：$V=6\times10.8\times\dfrac{-0.5}{2}$
　　　　　$=\underline{-16.20\,\text{kN}}$

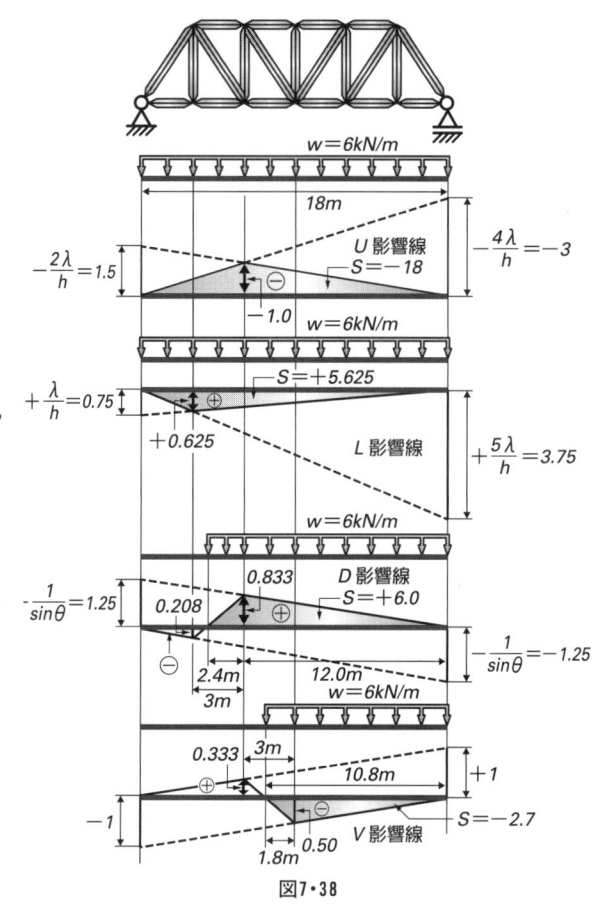

図7・38

演習問題・5　はり型ラーメンの計算 (p.171)

① 外力として，$M=-10\times4=-40\,\text{kN}\cdot\text{m}$
軸方向力10 kNを図7・39のように作用させる。

② 反力の計算
$\Sigma H=H_\text{A}-10\,\text{kN}=0$, $H_\text{A}=10\,\text{kN}$, $\Sigma M_\text{B}=V_\text{A}\times8-40=0$, $V_\text{A}=5\,\text{kN}$
$\Sigma V=V_\text{A}+V_\text{B}=0$, $V_\text{B}=-5\,\text{kN}$

③ 曲げモーメントの計算
$M_\text{A}=0$, $M_\text{B}=5\times8=40\,\text{kN}\cdot\text{m}$, $M_\text{C}=0$

④ せん断力の計算
$S_{\overline{\text{AB}}}=V_\text{A}=5\,\text{kN}$, $S_{\overline{\text{CB}}}=-10\,\text{kN}$

⑤ 軸方向力の計算
$N_{\overline{\text{AB}}}=-H_\text{A}=-10\,\text{kN}$

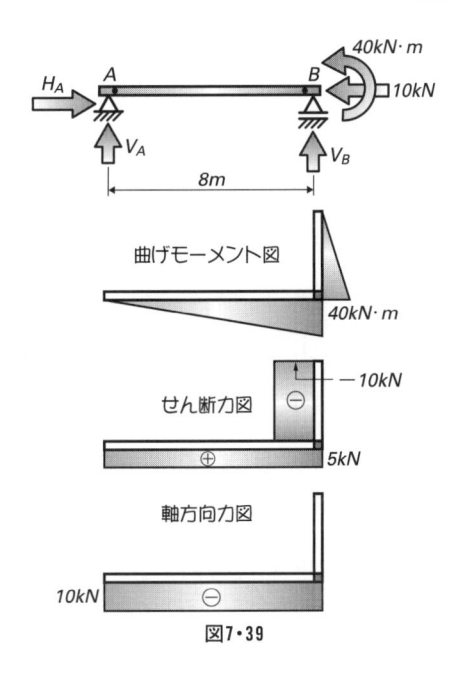

第 7 章演習問題の解説・解答　179

図7・39

演習問題・6　門型ラーメンの計算　(p.173)

(1)図について

① 反力の計算：$V_A = 100$ kN, $V_B = 200$ kN

② 曲げモーメント：$M_A = 0$, $M_B = 0$, $M_C = 0$, $M_E = 100 \times 4 = 400$ kN·m, $M_D = 0$

③ せん断力：$S_{\overline{CE}} = 100$ kN, $S_{\overline{ED}} = -200$ kN

④ 軸方向力：$N_{\overline{AC}} = -100$ kN, $N_{\overline{CD}} = 0$, $N_{\overline{DB}} = -200$ kN

図7・40

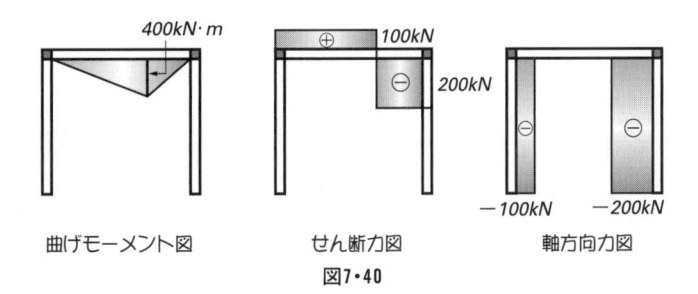

(2)図について

① 反力の計算

$\Sigma M_B = V_A \times 6 + 100 \times 6 = 0$, $V_A = -100$ kN

$\Sigma V = V_A + V_B = 0$, $V_B = +100$ kN

$\Sigma M_E = -H_A \times 6 + V_A \times 3 = 0$, $H_A = -50$ kN

$\Sigma H = H_A + H_B = -50 + H_B = 0$, $H_B = 50$ kN

② 曲げモーメントの計算

$M_A = 0$, $M_B = 0$, $M_C = -H_A \times 6 = -(-50) \times 6 = 300$ kN·m

$M_E = 0$, $M_D = -H_A \times 6 + V_A \times 6 = 50 \times 6 + (-100) \times 6 = -300$ kN·m

③ せん断力の計算

$S_{\overline{AC}} = -H_A = -(-50) = 50$ kN, $S_{\overline{CD}} = V_A = -100$ kN, $S_{\overline{BD}} = 100 + H_A = 50$ kN

④ 軸方向力の計算

$N_{\overline{AC}} = +100$ kN（引張）, $N_{\overline{CD}} = -(100 + H_A) = -50$ kN（圧縮）

$N_{\overline{DC}} = -V_B = -100$ kN（圧縮）

図7・41

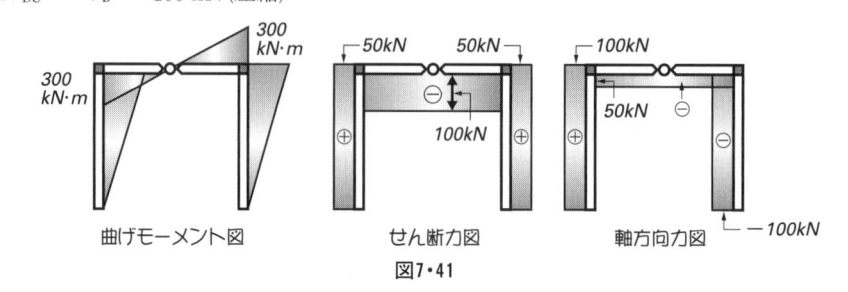

演習問題・7　ラーメンの部材断面の設計計算 (p.175)

① 反力の計算

$\Sigma M_E = V_A \times 8 - 600 \times 6 = 0$,　$V_A = 450$ kN

$\Sigma V = V_A + V_B - 600 = 0$,　$V_B = 150$ kN

$\Sigma M_C = -6H_A + V_A \times 4 - P \times 2 = 0$

　　$-6H_A + 450 \times 4 - 600 \times 2 = 0$,　$H_A = 100$ kN

$\Sigma H = H_A + H_B = 0$,　$H_B = -100$ kN

② 曲げモーメントの計算

$M_A = M_E = M_C = 0$,　$M_B = M_D = -H_A \times 6 = -600$ kN·m

$M_F = -H_A \times 6 + V_A \times 2 = -100 \times 6 + 450 \times 2 = +300$ kN·m

③ せん断力の計算

$S_{\overline{AB}} = -H_A = -100$ kN

$S_{\overline{BF}} = V_A = 450$ kN

$S_{\overline{CD}} = V_A - P = -150$ kN

$S_{\overline{DE}} = H_B = 100$ kN

④ 軸方向力の計算

$N_{\overline{AB}} = -450$ kN,　$N_{\overline{DE}} = -150$ kN

$N_{\overline{BC}} = N_{\overline{CD}} = 0$

以上から，部材BCに作用する外力は

　　曲げモーメント　$M = 600$ kN·m

　　せん断力　$S = 450$ kN,　$N = 0$

⑤ 部材BC断面の仮定と，断面性状Z, Aの計算

部材BCは，$B = H = 50$ cm, $b = h = 47$ cmと仮定すると，

$I_n = \dfrac{50 \times 50^3}{12} - \dfrac{47 \times 47^3}{12} = 114200$ cm⁴

$Z = \dfrac{I_n}{(H/2)} = 114200 \div 25 = 4568$ cm³

$A = 50^2 - 47^2 = 291$ cm²

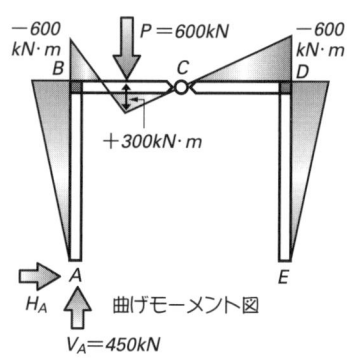

図7・42

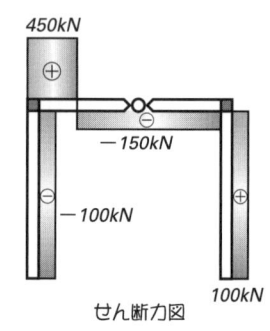

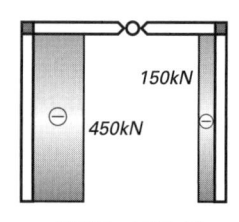

図7・43

⑥　応力度の判定

曲げ応力度　$\sigma = \dfrac{M}{Z} = \dfrac{600 \text{ kN·m}}{4568 \text{ cm}^3} = \dfrac{600000000}{4568000} = 131 \text{ N/mm}^2 \leqq \sigma_{ta}(140 \text{ N/mm}^2)$

せん断応力度　$\tau = \dfrac{S}{A} = \dfrac{450 \text{ kN}}{291 \text{ cm}^2} = \dfrac{450000}{29100} = 15 \text{ N/mm}^2 < \tau_a(80 \text{ kN/mm}^2)$

よって，安全。

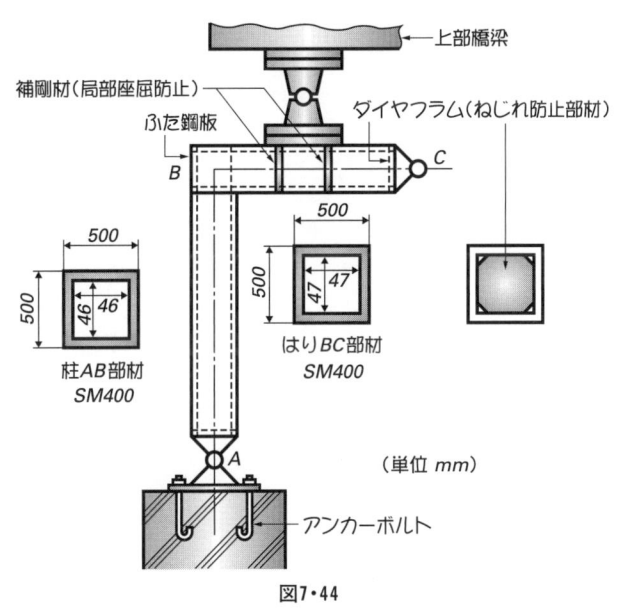

図7・44

第 8 章
土木構造物の解析

8・1　モールの定理 ……………………………………………… *184*

8・2　モールの定理による単純ばりのたわみ角と
　　　　たわみの計算 ……………………………………………… *186*

8・3　モールの定理による片持ばりのたわみ角と
　　　　たわみの計算 ……………………………………………… *188*

8・4　モールの定理によるたわみ・たわみ角
　　　　の計算演習 ………………………………………………… *190*

8・5　微分方程式により求めるはりの弾性曲線の式 ……… *192*

8・6　微分方程式により求める片持ばりの弾性曲線
　　　　の計算 ……………………………………………………… *194*

8・7　微分方程式により求める単純ばりの弾性曲線
　　　　の計算 ……………………………………………………… *196*

8・8　重ね合せの原理による不静定構造物の計算手順 …… *198*

8・9　片持ばり静定基本系の不静定ばりの計算 ………………… *200*

8・10　単純ばり静定基本系の不静定ばりの計算 ………………… *202*

8・11　重ね合せの原理による不静定ばりの計算演習 ……… *204*

第 8 章演習問題の解説・解答 ……………………………………… *206*

8・1 モールの定理

> ・はりに生じるせん断力と曲げモーメントの計算方法を用いて，はりに生じるたわみとたわみ角を求める方法をモールの定理という。

(1) たわみ角とたわみ

図 8・1 の単純ばりに外力 P が作用すると，はりは変形する。このとき，はり上の任意点 C の**たわみ角**は，変形後の C′ 点における接線とはりの元の材軸との交角 θ をいい，時計回りに回転するものを正とする。また，C 点の鉛直方向の変位 y 〔mm〕を**たわみ**という。たわみは下方に変位するものを正とする。

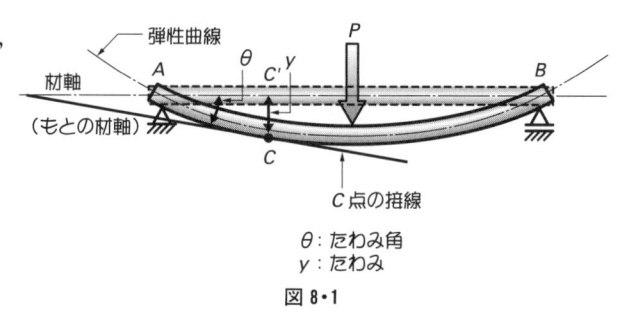

図 8・1

(2) モールの定理

はりの部材の弾性係数を E，はりの部材断面の断面二次モーメントを I とするとき，この部材の弾性係数と断面二次モーメントの積 EI をこの部材の**曲げ剛性**という。いま，はりに生じる曲げモーメント M をその部材の曲げ剛性 EI で割った M/EI 〔1/m〕を荷重とみなすとき，これを**弾性荷重**という。この弾性荷重をはり A′B′ の共役ばり AB に作用させたとき，弾性荷重によるはり AB のせん断力がたわみ角を，弾性荷重による曲げモーメントがたわみを表すというのが**モールの定理**である。

(3) 共役ばり

はり A′B′ に作用する荷重 P により生じる曲げモーメント M を曲げ剛性 EI で割って求めた弾性荷重 M/EI を載荷するはり AB は，元のはり A′B′ の**共役ばり**といい，その関係は表 8・1 のようである。

表 8・1 から，単純ばりは両方がヒンジ支点なので，共役ばり AB と元のはり A′B′ とは同じ支点条件である。片持ばりは，元のはり A′B′ の固定支点を自由端に，自由端を固定端に入れ替えて計算する必要がある。

表 8・1

	元のはり	共役ばり
荷　重	荷重　P	弾性荷重　M/EI
計算量	たわみ角　θ	せん断力　S
	たわみ　y	曲げモーメント　M
境界条件	ヒンジ支点（$y=0$）	ヒンジ支点（$M=0$）
	固定支点 $\begin{pmatrix}\theta=0\\y=0\end{pmatrix}$	自由端 $\begin{pmatrix}S=0\\M=0\end{pmatrix}$

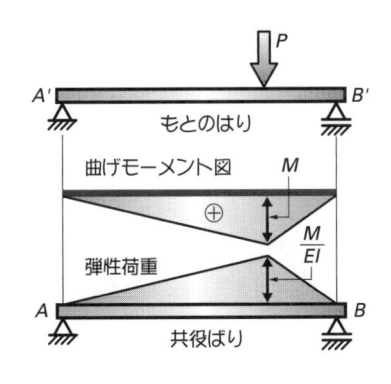

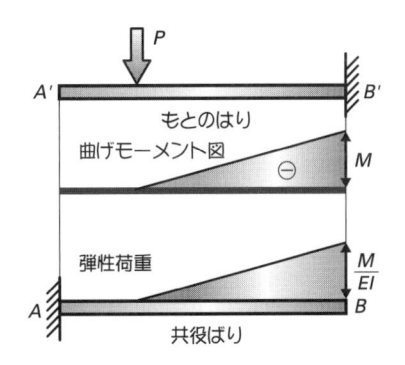

（8・2・1）単純ばりの共役ばり　　　（8・2・2）片持ばりの共役ばり

図 8・2

モールの定理は、共役ばりについてのせん断力が元のはりのたわみ角を表し、共役ばりの曲げモーメントが元のはりのたわみを表すということである。

（4）弾性荷重の表し方

片持ばりA′B′の先端A′に荷重$P=10$ kNが作用するとき、B′点の曲げモーメントは$M=-P\times l=-10\times 6=-60$ kN·mとなる。

次に、共役ばりに作用する弾性荷重はB点で、$M/EI=60$ kN·m/10 kN·m²$=6$〔1/m〕となる三角分布荷重となる。

三角分布換算荷重は、$\boldsymbol{P}=\dfrac{1}{2}\times l\times \dfrac{M}{EI}=\dfrac{1}{2}\times 6\text{ m}\times 6$〔1/m〕$=18$（単位なし）となる。

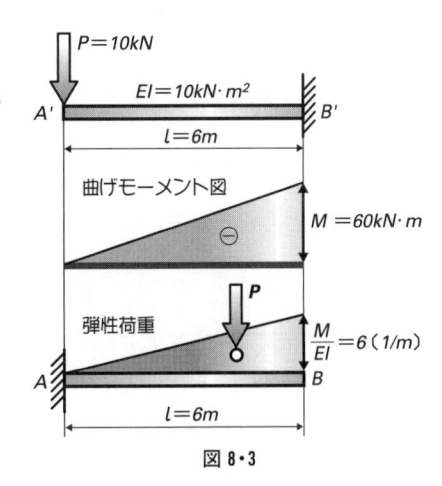

図 8・3

8・2 モールの定理による単純ばりのたわみ角とたわみの計算

- 単純ばりの中央に集中荷重が作用したときの中央点のたわみ $y_{max}=Pl^3/48EI$ と等分布荷重が満載されたときのはりの中央点のたわみ $y_{max}=5wl^4/384EI$ を求める。

(1) 集中荷重を受けるたわみとたわみ角の計算

図 8・4 のように，たわみ剛性 EI が一定な単純ばりの中央に，集中荷重 P が作用する場合の中央点のたわみ y_C を求めてみよう。

① 曲げモーメント図を描くと，図(8・4・2)のように，C点において，$M_C=Pl/4$ となる三角形となる。

② この，曲げモーメント M を EI で割った弾性荷重を求め，共役ばりABを単純ばりとして，弾性荷重 M/EI を図(8・4・2)のように作用させる。

③ 共役ばりABの反力計算

換算荷重 $\boldsymbol{P}=\triangle ACC'=\triangle BCC'=$ 三角形の面積

弾性荷重 $\boldsymbol{P}=\dfrac{1}{2}\times\dfrac{l}{2}\times\dfrac{Pl}{4EI}=\dfrac{Pl^2}{16EI}$

これより，反力 $V_A=V_B=\boldsymbol{P}=Pl^2/16EI$ となる。

④ 共役ばりABのせん断力(たわみ角 θ)の計算

$\theta_A=V_A=\dfrac{Pl^2}{16EI}$

$\theta_C=V_A-\boldsymbol{P}=0$ 共役ばりのせん断力$=0$でC点のたわみ y_C は最大となる。

$\theta_B=V_A-\boldsymbol{P}-\boldsymbol{P}=-\boldsymbol{P}=-\dfrac{Pl^2}{16EI}$

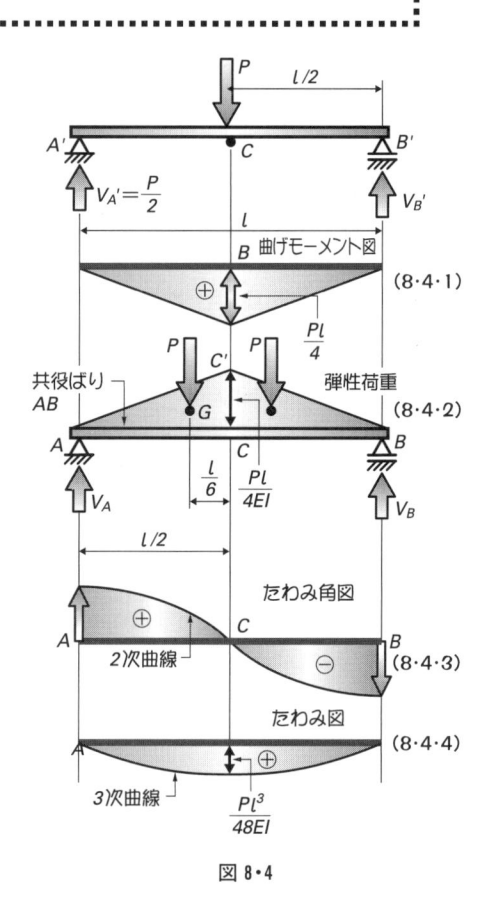

⑤ 共役ばりABの曲げモーメント(たわみ y)の計算

$y_A=0,\quad y_B=0,\quad y_C=V_A\times\dfrac{l}{2}-\boldsymbol{P}\times\dfrac{l}{6}=\dfrac{Pl^2}{16EI}\times\dfrac{l}{2}-\dfrac{Pl^2}{16EI}\times\dfrac{l}{6}=\dfrac{Pl^3}{32EI}-\dfrac{Pl^3}{96EI}=\dfrac{Pl^3}{48EI}$

以上のように，弾性荷重 M/EI を共役ばりに作用させて，せん断力を計算すれば，たわみ角 θ，共役ばりの曲げモーメントがたわみ y を表している。

単純ばりの中央に集中荷重が生じたとき，支点たわみ角とはり中央のたわみは式(8・1)のようになる。

$$\left. \theta_A=\dfrac{Pl^2}{16EI},\quad \theta_B=\dfrac{-Pl^2}{16EI},\quad y_C=y_{max}=\dfrac{Pl^3}{48EI} \right\} \quad\quad (8・1)$$

図 8・4

(2) 等分布荷重を受けるたわみとたわみ角の計算

等分布荷重による曲げモーメントは，2次放物線となり，辺 a，b とする図形の面積とその図心位置は，図8・5のようである。

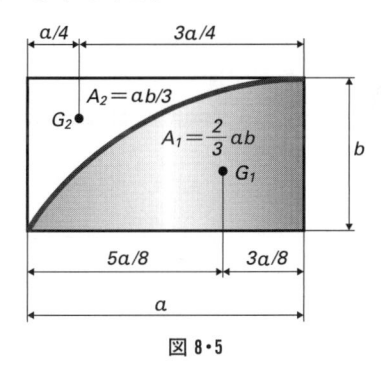

図8・5

例題・1

図8・6のように，等分布荷重が満載された単純ばりの中央のたわみ y_C と A 点のたわみ角 θ_A を求めよ。

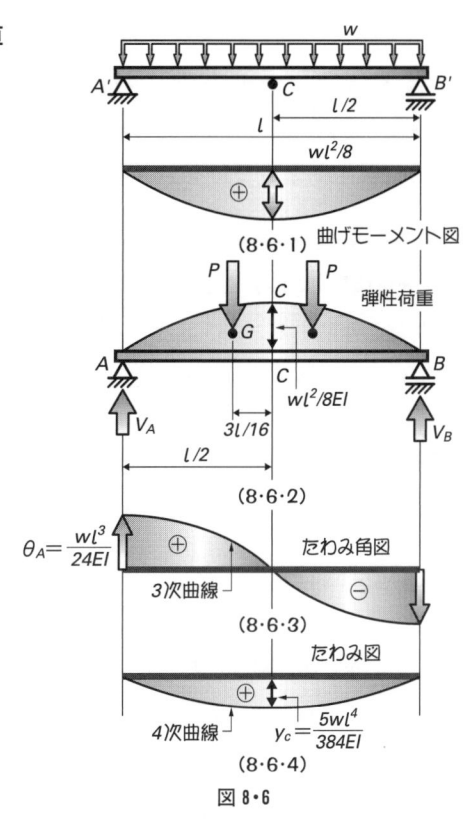

図8・6

解答

① 単純ばり A′B′ の曲げモーメント図は図(8・6・1)のように，中央点 $M_C = wl^2/8$ となる。

② 弾性荷重として，M/EI を図(8・6・2)のように共役ばり AB に作用させた，弾性荷重 P の計算をする。

$$P = \frac{2}{3} \times \frac{wl^2}{8EI} \times \frac{l}{2} = \frac{wl^3}{24EI}$$

③ 共役ばり AB の反力は，$V_A = V_B = P = wl^3/24EI$ となる。

④ 共役ばり AB のせん断力（たわみ角 θ）の計算

$$\theta_A = V_A = \frac{wl^3}{24EI}, \quad \theta_C = V_A - P = 0 \text{（このとき，C点で最大たわみとなる）},$$

$$\theta_B = V_A - P - P = -P = -\frac{wl^3}{24EI}$$

⑤ 共役ばり AB の曲げモーメント（たわみ y）の計算

$$y_A = 0, \quad y_B = 0, \quad y_C = V_A \times \frac{l}{2} - P \times \frac{3l}{16} = \frac{wl^3}{24EI} \times \frac{l}{2} - \frac{wl^3}{24EI} \times \frac{3l}{16} = \frac{5wl^4}{384EI}$$

単純ばりに，荷重 w が満載されたときのたわみ角 θ_A と中央点のたわみ y_C は，式(8・2)のようになる。

$$\left. \begin{array}{l} \theta_A = \dfrac{wl^3}{24EI}, \quad \theta_B = -\dfrac{wl^3}{24EI} \\ y_C = \dfrac{5wl^4}{384EI} \end{array} \right\} \quad \cdots (8 \cdot 2)$$

8・3 モールの定理による片持ばりのたわみ角とたわみの計算

(1) 集中荷重を受ける片持ばりのたわみとたわみ角の計算

【計算例】 図8・7のように，片持ばりの先端に集中荷重が作用するとき，はりの自由先端A点のたわみ y_A およびたわみ角 θ_A を求めてみよう。

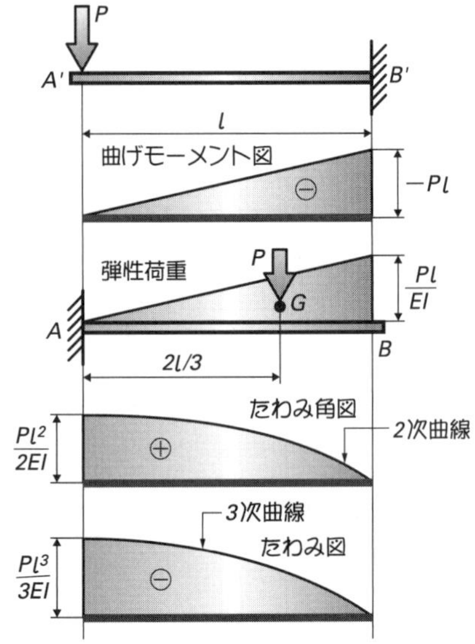

解答

① 片持ばりA′B′の曲げモーメント図を描く。

② 片持ばりの共役ばりとして，固定点と自由端と入れ替えてA点固定端，B点自由端とする片持ばりABとする。

③ 弾性荷重 $P = \dfrac{1}{2} \times \dfrac{Pl}{EI} \times l = \dfrac{Pl^2}{2EI}$

を共役ばりABに作用させる。

④ A点におけるせん断力（たわみ角 θ_A）

$$\theta_A = P = \dfrac{Pl^2}{2EI}$$

⑤ A点における曲げモーメント（たわみ y_A）

$$y_A = P \times \dfrac{2l}{3} = \dfrac{2l}{3} \times \dfrac{Pl^2}{2EI} = \dfrac{Pl^3}{3EI}$$

片持ばりの先端に集中荷重が作用するときの，先端のたわみ角とたわみは，次のようである。

$$\left. \begin{array}{l} \theta_A = \dfrac{Pl^2}{2EI} \\ y_A = \dfrac{Pl^3}{3EI} \end{array} \right\} \quad \cdots\cdots (8\cdot3)$$

図 8・7

(2) 等分布荷重を受ける片持ばりのたわみとたわみ角の計算

【計算例】 図8・8に示すように，等分布荷重が満載した片持ばりの先端A点のたわみ角 θ_A とたわみ y_A を求めてみよう。

解答

① 片持ばりA′B′のB′点の曲げモーメントを$wl^2/2$として，曲げモーメント図を描く。

② 共役ばりABとし，A点を固定端と考え，共役ばりに弾性荷重M/EIを作用させる。

③ 弾性荷重Pと，A点からの作用位置

$$P = \frac{1}{3} \times l \times \frac{wl^2}{2EI} = \frac{wl^3}{6EI},$$

Pの作用点，A点より $\dfrac{3l}{4}$

④ A点のたわみ角θ_Aは，A点のせん断力として求める。

$$\theta_A = P = \frac{wl^3}{6EI}$$

⑤ A点のたわみy_Aは，A点の曲げモーメントとして求める。

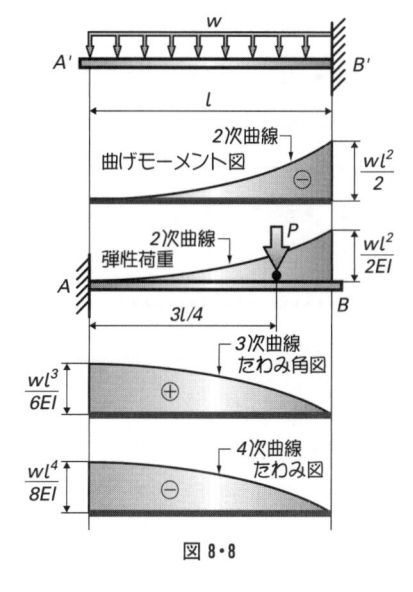

$$y_A = P \times \frac{3}{4}l = \frac{wl^3}{6EI} \times \frac{3l}{4} = \frac{wl^4}{8EI}$$

よって，片持ばりの等分布荷重の満載時の先端のたわみ角とたわみは式(8・4)である。

$$\left. \begin{array}{l} \theta_A = \dfrac{wl^3}{6EI} \\ y_A = \dfrac{wl^4}{8EI} \end{array} \right\} \quad\quad\quad (8 \cdot 4)$$

図8・8

演習問題・1

1. 支間$l = 8$ mの単純ばりの中央に集中荷重$P = 100$ kNの荷重が作用するとき，曲げ剛性$EI = 10^5$ kN·m^{2}とする。中央点のたわみy_{max}を求めよ。

2. 支間$l = 10$ mの単純ばりに等分布荷重$w = 10$ kN/mが満載されているとき，曲げ剛性$EI = 5 \times 10^4$ kN·m^{2}とする。はり中央点のたわみy_{max}を求めよ。

3. 支間$l = 4$ mの片持ばりの先端Aに集中荷重$P = 20$ kNの荷重が作用するとき，片持ばりの先端のたわみy_{max}とたわみ角θ_Aを求めよ。ただし，$EI = 4 \times 10^4$〔kN·m〕とする。

(解説・解答：p.206)

8・4 モールの定理によるたわみ・たわみ角の計算演習

• 鋼げたの形式によっても異なるが，橋梁の最大たわみは，支間の1/500以下となっているため，橋の設計ではたわみの計算をする必要がある。

例題・2

図8・9のように，単純ばりの支間$l=10$ mの橋を2本のI形鋼で支えている。総重量20 tの自動車がこの橋を通行するとき，はりの活荷重による最大たわみを求め，たわみの制限値$l/500$について照査せよ。ただし，自動車は両輪で20 tの集中荷重を考えて計算し，使用する鋼材の弾性係数は$E=2.0\times 10^5$ N/mm$^2=2.0\times 10^8$ kN/m^2，許容曲げ応力度$\sigma_a=140$ N/mm^{2}とする。

解答

① 活荷重の計算

$$P'=mg=20\text{ t}\times 9.8\text{ m/s}^2$$
$$=20000\text{kg}\times 9.8=196000\text{ N}=196\text{ kN}$$

この活荷重を2本のけたで支えるので，1本あたり$P=98$ kNが作用する。

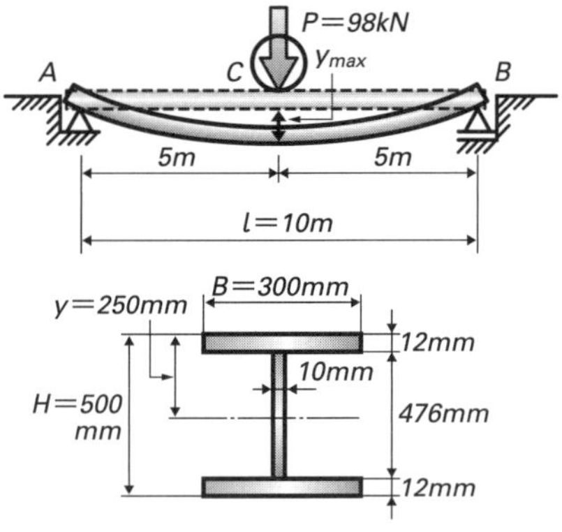

② I形鋼断面の断面二次モーメントと断面係数の計算

$$I=\frac{30\times 50^3}{12}-\frac{29\times 47.6^3}{12}=312500-260600$$
$$=51900\text{ cm}^4=5.19\times 10^{-4}$$

$$Z=\frac{I}{y}=\frac{51900}{25}=2076\text{ cm}^3$$

④ はり中央点の曲げモーメントの計算

$$M=\frac{Pl}{4}=\frac{98\times 10}{4}=245\text{ kN}\cdot\text{m}$$

⑤ はり中央点の曲げ応力度の照査

$$\sigma=\frac{M}{Z}=\frac{245\text{ kN}\cdot\text{m}}{2076\text{ cm}^3}=\frac{245\times 1000\times 1000\text{ N}\cdot\text{mm}}{2076\times 1000\text{ mm}^3}=118\text{ N/mm}^2<\sigma_a=140\text{ N/mm}^2$$

よって，安全。

⑥ はりの中央点のたわみの照査

$$y_C=y_{\max}=\frac{Pl^3}{48EI}=\frac{98\times 10^3}{48\times 2.0\times 10^8\times 5.19\times 10^{-4}}=0.0197\text{ m}<\frac{l}{500}=0.02\text{ m}$$

よって，安全。

図8・9

例題・3

図 8·10 のように，単純ばりが両端にモーメント荷重 M_A, M_B を受ける場合，A′B′の支点のたわみ角 θ_A, θ_B を求めよ。EI は一定とする。

解答　EI は，計算結果の最後に付与する。

① 弾性荷重の計算（図 8·10）

$$P_1 = M_A \times l, \quad \text{作用点} \frac{l}{2}$$

$$P_2 = \frac{1}{2}(M_B - M_A) \times l, \quad \text{作用点} \frac{l}{3}$$

② 共役ばりABの反力計算

$$V_A = P_1 \times \frac{1}{2} + P_2 \times \frac{1}{3} = \frac{M_A l}{2} + \frac{(M_B - M_A) l}{6} = \frac{(2M_A + M_B) l}{6}$$

$$V_B = P_1 \times \frac{1}{2} + P_2 \times \frac{2}{3} = \frac{M_A l}{2} + \frac{2(M_B - M_A) l}{3} = \frac{(M_A + 2M_B) l}{6}$$

③ 両端に曲げモーメントを受けるはりの支点のたわみ角 $\theta_A = V_A$, $\theta_B = -V_B$ より

$$\theta_A = \frac{(2M_A + M_B) l}{6EI}, \quad \theta_B = -\frac{(M_A + 2M_B) l}{6EI} \quad\quad\quad (8·5)$$

演習問題・2

[1] 図 8·11 のように，片持ばりに荷重 P が作用するとき，片持ばり先端のたわみ y_A が，

$$y_A = y_C + a\theta_C = \frac{Pb^3}{3EI} + \frac{Pb^2 a}{2EI}$$

であることを確かめよ。

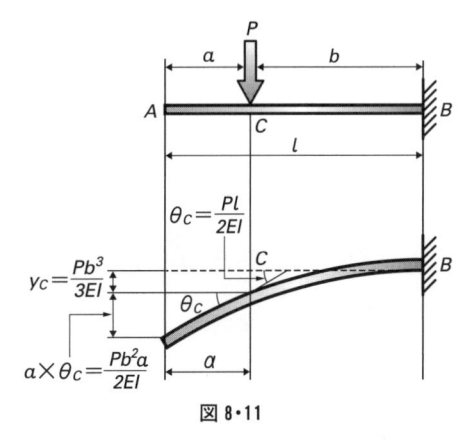

図 8·11

[2] 図 8·12 の単純ばりのB′点にモーメント荷重 M が作用するとき，各点のたわみおよびたわみ角をモールの定理により求めよ。いずれも EI は一定とする。

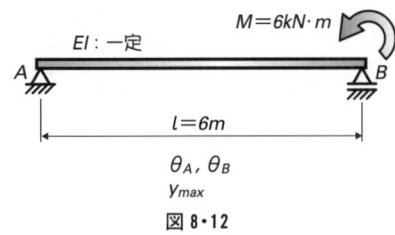

図 8·12

（解説・解答：p.206）

8・5 微分方程式により求めるはりの弾性曲線の式

> ● モールの定理で求めたたわみ角とたわみを，数値処理による方法として微分方程式を用いて求める。モールの定理に比較して実用的といえないが，構造計算を理論的に整理するのに役立つ。

（1） はりの荷重を受けたのちの弾性曲線

はりの曲率半径ρ（ロー）と曲げモーメントの関係は，第6章はりの設計の公式（6・3）において，$1/\rho = -M/EI$を導いた。次に，曲率半径ρとたわみyの関係を求める。

いま，図8・13に，荷重を受けたはりの材軸が変形した状態を示している。このとき，微小三角形abcについて，斜辺acは曲率半径ρと微小角$d\theta$の積$\rho d\theta$で表され，ピタゴラスの定理から，

$$\rho d\theta = \sqrt{dx^2 + dy^2} = dx\sqrt{1+\left(\frac{dy}{dx}\right)^2}$$

$\left(\dfrac{dy}{dx}\right)^2$は微小項として省略すると，$\rho d\theta = dx$となる。

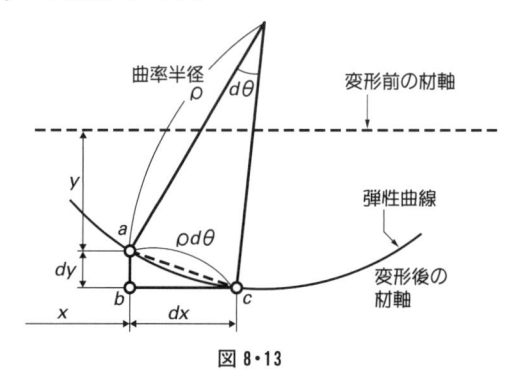

$$\rho = \frac{dx}{d\theta} \quad \text{または} \quad \frac{1}{\rho} = \frac{d\theta}{dx} \quad \text{①}$$

また，$\dfrac{dy}{dx} = \tan\theta$の接線の勾配の式の両辺を$x$で微分すると，$\left\{\dfrac{d\tan\theta}{dx} = \dfrac{d^2y}{dx^2} = (1+\tan^2\theta)\dfrac{d\theta}{dx}\right\}$の関係から，

$$\frac{d^2y}{dx^2} = (1+\tan^2\theta)\frac{d\theta}{dx} = \left\{1+\left(\frac{dy}{dx}\right)^2\right\}\frac{d\theta}{dx}$$

$\left(\dfrac{dy}{dx}\right)^2$は微小で省略すると，

$$\frac{d^2y}{dx^2} = \frac{d\theta}{dx} \quad \text{②}$$

式①と式②とから，$\dfrac{1}{\rho} = \dfrac{d\theta}{dx} = \dfrac{d^2y}{dx^2}$となり，正の曲げモーメントに対して曲率は負（曲線が下に凸）となるので，式①および公式（6・3）の式$1/\rho = -M/EI$とから，微分方程式（8・7）が求まる。

$$\frac{d^2y}{dx^2} = -\frac{M}{EI} \quad (8・6)$$

はりのたわみ角θは，式（8・6）を1回積分して，積分定数Cとすると，EI一定として，式（8・7）となる。

$$\theta = \int \frac{d^2y}{dx^2}dx = \frac{dy}{dx} = \frac{1}{EI}\int -Mdx + C \quad \cdots\cdots(8\cdot7)$$

さらに，式(8・7)のθを積分して，たわみyを求める．このときの積分定数をDとする．

$$y = \int \theta dx = \int \frac{dy}{dx}dx = \frac{1}{EI}\iint -Mdxdx + Cx + D \quad \cdots\cdots(8\cdot8)$$

微分方程式において，積分定数CとDは，はりの支点等における変形条件によって求める．

たとえば，片持ばりの固定支点Aでは，$\theta_A=0$，$y_A=0$，単純ばりの支点AおよびBでは$y_A=0$，$y_B=0$のように，2つの条件でCとDを定めることで，たわみ角曲線式θおよび弾性曲線式yが求まる．

この方法は，モールの定理のように共役ばりを考慮する必要がなく，組織的に計算できる．

（2） 微分方程式の積分定数を定める条件式

表 8・2

位 置	図　示	境 界 条 件・連 続 条 件 式
固定端		$y=0$,　$\dfrac{dy}{dx}=\theta=0$
ヒンジ		$y=0$,　$\dfrac{d^2y}{dx^2}=M=0$
自由端		$\dfrac{d^2y}{dx^2}=M=0$,　$\dfrac{d^3y}{dx^3}=S=0$
荷重集中点		$y_1=y_2$ $\theta_1=\theta_2\left(\dfrac{dy_1}{dx_1}=\dfrac{dy_2}{dx_2}\right)$ $M_1=M_2\left(\dfrac{d^2y_1}{dx_1^2}=\dfrac{d^2y_2}{dx_2^2}\right)$ $S_1-S_2=P\left(\dfrac{d^3y_1}{dx_1^3}-\dfrac{d^3y_2}{dx_2^3}=P\right)$

演習問題・3

1. 図8・14の単純ばりABに等分布荷重が満載されるとき，境界条件・連続条件式を求めよ．
2. 図8・15の片持ばりABの先端に集中荷重を受けるはりの支点の境界条件式を求めよ．

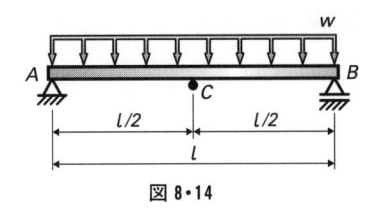

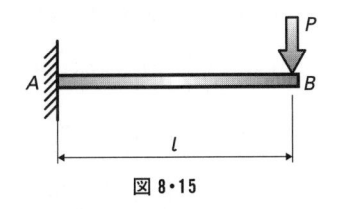

図 8・14

図 8・15

（解説・解答：p.207）

8・6 微分方程式により求める片持ばりの弾性曲線の計算

(1) 等分布荷重を受ける片持ばりの弾性曲線の方程式

例題・4

図8・16に示す片持ばりの弾性曲線の方程式を求め、片持ばりの先端のたわみとたわみ角を求めよ。

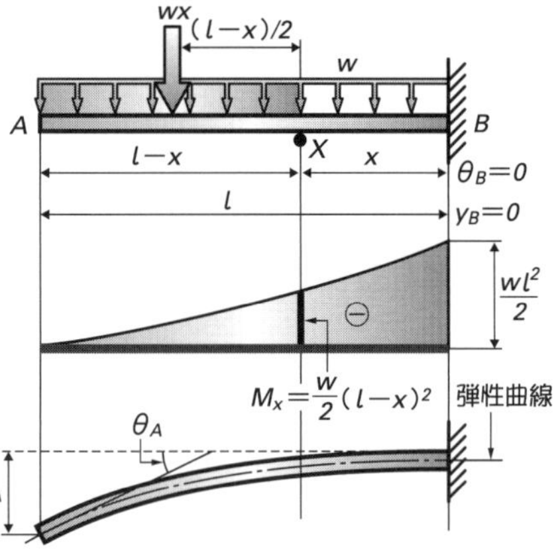

解答

① 曲げモーメントの一般式 $M = \dfrac{-w(l-x)^2}{2}$

② たわみ角曲線 θ は公式(8・6)より、その積分定数を C とすると、

$$\theta = \frac{dy}{dx} = \frac{1}{EI}\int (-M)\,dx + C$$

$$= \frac{1}{EI}\int -\left\{-\frac{w}{2}(l-x)^2\right\}dx + C$$

$$= \frac{w}{2EI}\int (l^2 - 2xl + x^2)\,dx + C = \frac{w}{2EI}\left[l^2 x - lx^2 + \frac{x^3}{3}\right] + C$$

ここで、支点Bの固定端のたわみ角 $\theta_B = 0$ であるから、θ の式に $x=0$ を代入して求めると、$\theta_B = [\theta]_{x=0} = \dfrac{w}{2EI}\left[l^2 \cdot 0 - l \cdot 0^2 + \dfrac{0^3}{3}\right] + C = 0$ より、$C = 0$ となる。

したがって、たわみ角曲線 θ の式の中の C は $C = 0$ となる。

$$\theta = \frac{dy}{dx} = \frac{wx}{2EI}\left[l^2 - lx + \frac{x^2}{3}\right] \quad \cdots\cdots (8・9)$$

ここに、式(8・9)に $x = l$ を代入すると、A点のたわみ角 θ_A が求まる。

$$\theta_A = [\theta]_{x=0} = \frac{wl}{2EI}\left[l^2 - l^2 + \frac{l^2}{3}\right] = \frac{wl^3}{6EI}$$

③ たわみ曲線（弾性曲線）y は、公式(8・8)より求まる。積分定数を $C = 0$ と D として、

$$y = \int \theta\,dx = \int \frac{wx}{2EI}\left(l^2 - lx + \frac{x^2}{3}\right)dx + D = \frac{w}{2EI}\left[\frac{l^2 x^2}{2} - \frac{lx^3}{3} + \frac{x^4}{12}\right] + D$$

ここで支点Bのたわみ $y_B = 0$ であるから、y の式に $x = 0$ を代入すると、

$$y_B = [y]_{x=0} = \frac{w}{2EI}\left[\frac{l^2 \cdot 0^2}{2} - \frac{l \cdot 0^3}{3} + \frac{0^4}{12}\right] + D = 0 \quad \text{より、} D = 0 \text{ となる。}$$

したがって、y の式に $D = 0$ を代入すると、弾性曲線 y は、

$$y = \frac{wx^2}{24EI}[6l^2 - 4lx + x^4] \quad \cdots\cdots (8・10)$$

式(8・10)に $x = l$ として、A点のたわみ y_A を求めると、

$$y_A = [y]_{x=l} = \frac{wl^2}{24EI}[6l^2 - 4l^2 + l^2] = \frac{wl^4}{8EI}$$

図8・16

例題・5

集中荷重を受ける図8・17の片持ばりのたわみ角・たわみ曲線の方程式を求めよ。

図8・17

解答

① X点の曲げモーメント　$M = -P(l-x)$

② たわみ角曲線は，式（8・7）の積分定数をCとすると，

$$\theta = \frac{1}{EI}\int -M\,dx + C = \frac{1}{EI}\int P(l-x)\,dx + C$$

$$= \frac{P}{EI}\int (l-x)\,dx + C = \frac{P}{EI}\left[lx - \frac{x^2}{2}\right] + C$$

固定点Bのたわみ角$\theta_B = 0$だから，$x = 0$とすると，$\theta_B = [\theta]_{x=0} = \frac{P}{EI}\left[l\cdot 0 - \frac{0^2}{2}\right] + C = 0$

より，$C = 0$となる。$C = 0$をθの式に代入すると，

$$\theta = \frac{Px}{2EI}[2l - x] \quad\quad\quad (8\cdot 11)$$

ここで，$x = l$として，A点のたわみ角θ_Aを求めると，

$$\theta_A = [\theta]_{x=l} = \frac{Pl}{2EI}[2l - l] = \frac{Pl^2}{2EI}$$

③ たわみ曲線は，式（8・11）の両辺を積分する。積分定数をDとすると，

$$y = \int \theta\,dx = \int \frac{Px}{2EI}(2l-x)\,dx + D = \frac{P}{2EI}\left[lx^2 - \frac{x^3}{3}\right] + D$$

固定端Bのたわみ$y_B = 0$だから，$x = 0$とすると，$y_B = [y]_{x=0} = \frac{P}{2EI}\left[l\cdot 0^2 - \frac{0^3}{3}\right] + D = 0$

より，$D = 0$となる。

$D = 0$をyの式に代入すると，たわみ曲線（弾性曲線）は次の式となる。

$$y = \frac{Px^2}{6EI}[3l - x] \quad\quad\quad (8\cdot 12)$$

ここで$x = l$として，A点のたわみy_Aを求めると，

$$y_A = [y]_{x=l} = \frac{Pl^2}{6EI}[3l - l] = \frac{Pl^3}{3EI}$$

演習問題・4

EIを一定とするとき，次の片持ばりの先端のたわみ角θ_Aとたわみy_Aを求めよ。

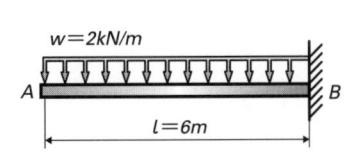

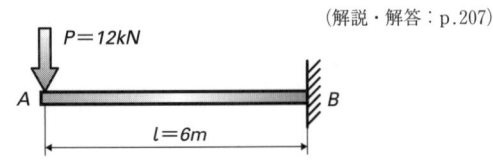

（解説・解答：p.207）

図8・18

8・7 微分方程式により求める単純ばりの弾性曲線の計算

(1) 等分布荷重を受ける単純ばりの弾性曲線の方程式

例題・6

図8・19に示す，単純ばりのたわみ角曲線および，弾性曲線の方程式を求め，θ_A, θ_Bおよびy_{max}を求めよ。

解答

① X点の曲げモーメント

$$M_X = \frac{wl}{2}x - \frac{w}{2}x^2$$

図8・19

② たわみ角曲線θの積分定数をC，弾性曲線yの積分定数をDとすると，

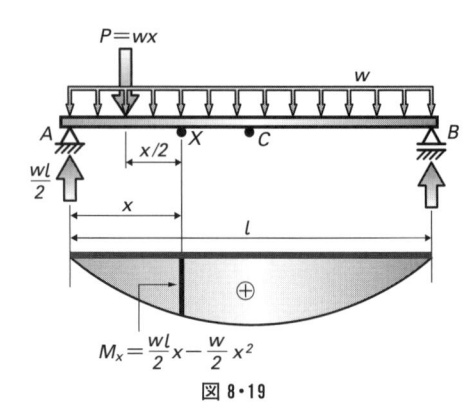

$$\theta = \frac{dy}{dx} = \frac{1}{EI}\int -\left(\frac{wl}{2}x - \frac{w}{2}x^2\right)dx = \frac{w}{2EI}\int(-lx+x^2)dx$$

$$= \frac{w}{2EI}\left[-\frac{lx^2}{2} + \frac{x^3}{3} + C\right] \quad \text{①}$$

$$y = \int \theta dx = \frac{w}{2EI}\int\left(-\frac{lx^2}{2} + \frac{x^3}{3} + C\right)dx = \frac{w}{2EI}\left[-\frac{lx^3}{6} + \frac{x^4}{12} + Cx + D\right] \quad \text{②}$$

③ 積分定数を求めるため，両支点のたわみが0であるから$[y]_{x=0} = y_A = 0$と$[y]_{x=l} = y_B = 0$となるように，支点のたわみ$y_A = 0$, $y_B = 0$の2式を連立してCとDを定める。

$$y_A = [y]_{x=0} = \frac{w}{2EI}\left[-\frac{l \cdot 0^3}{6} + \frac{0^4}{12} + C \times 0 + D\right] = 0 \quad \therefore \quad D = 0$$

$$y_B = [y]_{x=l} = \frac{w}{2EI}\left[-\frac{l^4}{6} + \frac{l^4}{12} + Cl\right] = 0 \quad \therefore \quad C = +\frac{l^3}{12}$$

④ たわみ角曲線と両支点のたわみ角θ_A, θ_Bの計算

式①に$C = +l^3/12$を代入してたわみ角曲線を求めると，

$$\theta = \frac{w}{2EI}\left[-\frac{lx^2}{2} + \frac{x^3}{3} + \frac{l^3}{12}\right] \quad (8 \cdot 13)$$

$$\theta_A = [\theta]_{x=0} = \frac{w}{2EI}\left[\frac{l^3}{12}\right] = \frac{wl^3}{24EI}$$

$$\theta_B = [\theta]_{x=l} = \frac{w}{2EI}\left[-\frac{l^3}{2} + \frac{l^3}{3} + \frac{l^3}{12}\right] = -\frac{wl^3}{24EI}$$

⑤ 弾性曲線とはり中央の最大たわみy_{max}の計算

式②に$D = 0$と$C = l^3/12$を代入してたわみ曲線を求めると，

$$\left.\begin{array}{l} y = \dfrac{w}{2EI}\left[-\dfrac{lx^3}{6} + \dfrac{x^4}{12} + \dfrac{xl^3}{12}\right] = \dfrac{wx}{24EI}[x^3 - 2lx^2 + l^3] \\ y_{max} = [y]_{x=l/2} = \dfrac{w \cdot (l/2)}{24EI}\left[\dfrac{l^3}{8} - \dfrac{2l^3}{4} + l^3\right] = \dfrac{5wl^4}{384EI} \end{array}\right\} \quad (8 \cdot 14)$$

（2） モーメント荷重を受ける単純ばりの弾性曲線の方程式

例題・7

図8・20のように，B点に曲げモーメントMが作用するとき，たわみ角θ_A，θ_Bおよび最大たわみy_{max}を求めよ。

解答

① X点の曲げモーメント　$M_X = M_0 \dfrac{x}{l}$

② たわみ角曲線 θ は，積分定数をCとして

$$\theta = \frac{1}{EI}\int -M_0\frac{x}{l}dx = \frac{M_0}{EIl}\int -x\,dx$$

$$= \frac{M_0}{EIl}\left[-\frac{x^2}{2} + C\right]$$

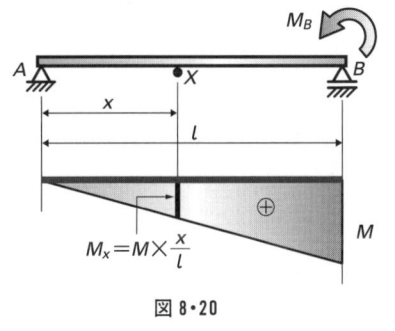

③ たわみ曲線 y は，積分定数をDとして

$$y = \int \theta\,dx = \frac{M_0}{EIl}\int \left(-\frac{x^2}{2} + C\right)dx = \frac{M_0}{EIl}\left[-\frac{x^3}{6} + Cx + D\right]$$

④ $y_A = [y]_{x=0} = 0$，$y_B = [y]_{x=l} = 0$ より，積分定数C，Dを定める。

$$y_A = [y]_{x=0} = \frac{M_0}{EIl}[-0 + 0] + D = 0 \qquad \therefore\ D = 0$$

$$y_B = [y]_{x=l} = \frac{M_0}{EIl}\left[-\frac{l^3}{6} + Cl + 0\right] = 0 \qquad \therefore\ C = \frac{l^2}{6}$$

よって，たわみ角曲線と弾性曲線の方程式は次のようである。

$$\theta = \frac{M_0}{EIl}\left[-\frac{x^2}{2} + \frac{l^2}{6}\right] = \frac{M_0}{6EIl}(l^2 - 3x^2) \quad\cdots\cdots (8\cdot15)$$

$\theta_A = [\theta]_{x=0}$ より　　$\theta_A = \dfrac{M_0 l}{6EI}$，$\theta_B = [\theta]_{x=l}$ より　　$\theta_B = -\dfrac{M_0 l}{3EI}$

$\theta = 0$ となる点で，たわみは最大となるから，$x = l/\sqrt{3}$ として

$$y_{max} = [y]_{x=l/\sqrt{3}} = \frac{M_0}{EIl}\left[-\frac{x^3}{6} + \frac{xl^2}{6}\right]_{x=l/\sqrt{3}} = \frac{\sqrt{3}M_0 l^2}{27EI}$$

演習問題・5

1. 図（8・21・1）の単純ばり中央点のたわみを求めよ。ただし，EIは一定とする。

2. 図（8・21・2）のたわみ角θ_Aとθ_Bを求めよ。ただし，EIは一定とする。

（解説・解答：p.207～208）

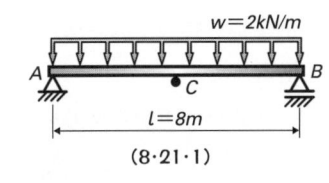

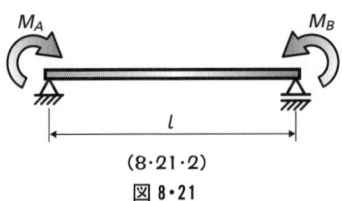

8・8 重ね合せの原理による不静定構造物の計算手順

- 不静定反力による変形量y_Aと不静定反力を取り除いた荷重による変形量$-y_A$との合計は0である条件を用いて，不静定反力を求める。求められた不静定反力は一つの荷重として考え，通常の静定ばりの計算をする。

(1) 不静定次数

不静定構造物は，つりあいの3式$\Sigma H=0$, $\Sigma V=0$, $\Sigma M=0$で，反力を求めることができない構造物をいう。不静定構造物で，不静定反力数からつりあいの式で解ける3個を差し引いた数を**不静定次数**という。図(8・22・1)の連続ばりは，1次の不静定，図(8・22・2)の両端固定ばりは3次の不静定である。

不静定次数の数だけ不静定反力があり，境界条件$y=0$, $\theta=0$などの変形条件を用いて，不静定次数の数だけ未知数とする連立方程式を解いて求める。なお，3ヒンジアーチや3ヒンジラーメン，ゲルバーばりのように，ヒンジを有する構造は，ヒンジでモーメントのつりあい$\Sigma M=0$が成立するので，ヒンジの数だけ不静定次数は減少する。図(8・22・3)にそれを示す。

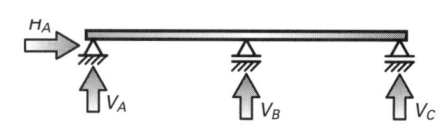

反力数 4－3＝1次の不静定
(8・22・1)

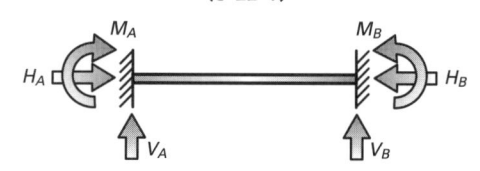

反力数 6－3＝3次の不静定
(8・22・2)

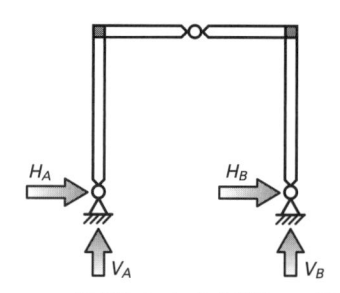

反力数 4－3－ヒンジ数1＝0次
となり，静定構造である。
(8・22・3)

図 8・22

(2) 不静定構造物の不静定反力の計算方法

図8・23に示す連続ばりの不静定反力V_Bを求めてみよう。

不静定構造物の不静定反力を求めるため，次の手順で計算する。

① 求めたい不静定反力を仮想的に取り除き，荷重2つのP_0を作用させ自由に変形させて，不静定反力点の下向きの変位y_0を求める。

② 次に，不静定反力として単位荷重1を上向きに作用させy_0と反対方向のたわみy_1を計算し，これをV_B倍して上向きの変位$V_B \times y_1$とする。

③ 下向きの変位量y_0と上向きの変位量$y_1 \times V_B$は等しい

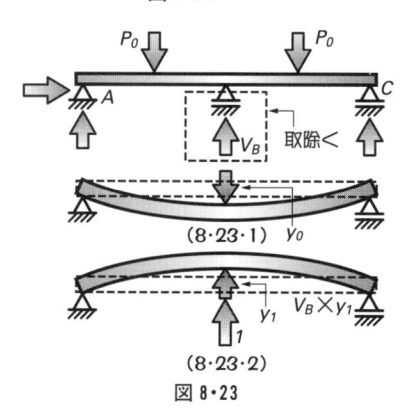

図 8・23

ので，$y_0 + V_B \times y_1 = 0$ の関係から V_B を求め，V_B も1つの荷重としてはりを解く。

このとき，不静定反力を取り除いた構造を**静定基本系**という。こうした荷重 P_0 による変形 y_0 と単位荷重による変位量を V_B 倍して y_1 を求め，$y_B = y_0 + V_B \times y_1 = 0$ とすると，不静定反力は $V_B = -y_0/y_1$ となる。こうした変位しない支点Bに，不静定反力の向きに，単位荷重1を作用させて仮想変位 y_1 を求める方法は，仮想仕事の原理と重ね合せの原理に基づくもので，すべての不静定構造物に適用する技法である。

例題・8

図8・24のように，等分布荷重の作用する連続ばりの不静定反力 V_C を求め，連続ばりのせん断力図，曲げモーメント図を求めよ。EI は一定とする。

解答 不静定反力を $V_C = 1$ とし，静定基本系を単純ばりABとする。

① 荷重 w によるC点の下へのたわみ y_0 の計算は，公式 (8・2) より

$$y_0 = \frac{5wl}{385EI} \quad \text{①}$$

② 単位荷重1によるC点の上へのたわみ y_1 の計算は，公式 (8・1) より

$$y_1 = \frac{-l^3}{48EI} \quad \text{②}$$

③ $y_C = y_0 + y_1 \times V_C = 0$ より

$$V_C = -\frac{y_0}{y_1} = \left(\frac{5wl^2}{385EI}\right) \Big/ \left(\frac{l^3}{48EI}\right)$$

$$\therefore \quad V_C = \frac{5}{8}wl \quad (8 \cdot 16)$$

④ 静定基本系の単純ばりACの計算

等分布荷重 w と上向きに $\frac{5}{8}wl$ の荷重作用を受ける単純ばりを解く。

ⓐ 反力の計算，対称なので

$$V_A = V_B = \frac{wl}{2} - \frac{1}{2} \cdot \frac{5}{8}wl = \frac{3wl}{16}$$

ⓑ せん断力図は左側から順に描き，せん断力の各区間の面積 $M_1 = 9wl/512$，$M_2 = 25wl/512$ を求める。

ⓒ M_1，M_2 を集積して曲げモーメント図を描く。

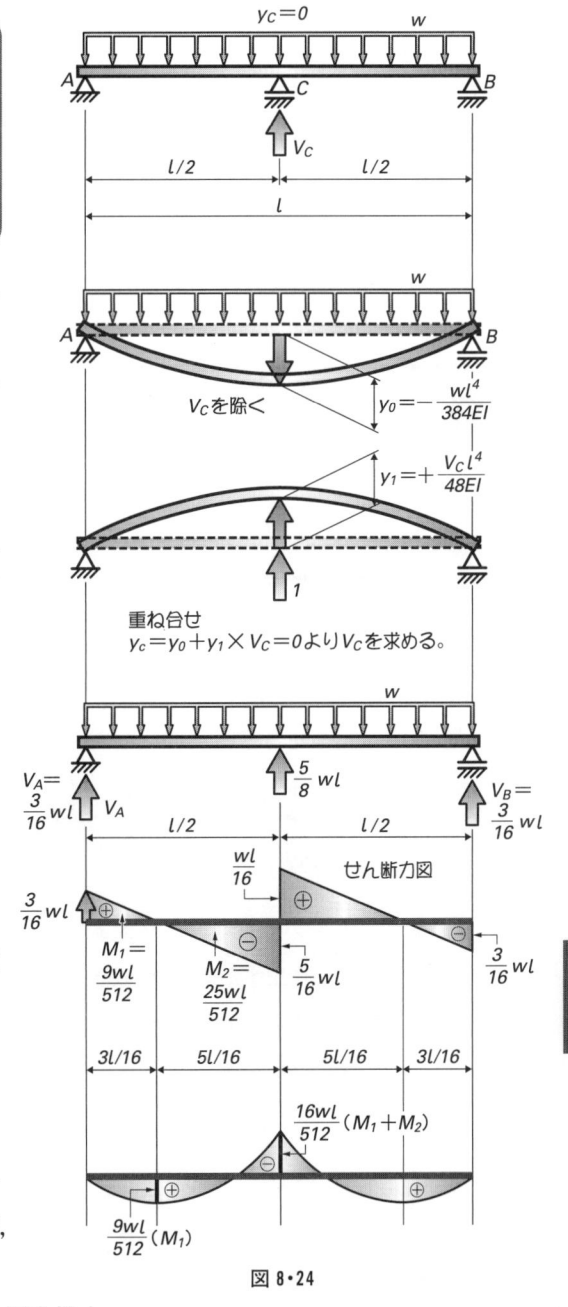

図8・24

8・9 片持ばり静定基本系の不静定ばりの計算

(1) 片持ばり静定基本系解法に用いるたわみ・たわみ角

片持ばりを静定基本系とするときの不静定ばりを解くときは，表8・3に示すたわみ・たわみ角を利用して求める。

(2) プロップドサポートばりの計算例

【計算例】 図8・25に示す，プロップドサポートばりの不静定反力V_Aを求め，プロップドサポートのせん断力図と曲げモーメント図を描け。

表8・3 たわみ・たわみ角表（EI：一定）

No.	片持ばり	たわみ・たわみ角
①	P、l	$y_A = \dfrac{Pl^3}{3EI}$ $\theta_A = \dfrac{Pl^2}{2EI}$
②	a, P, b, l	$y_A = \dfrac{Pb^2(2b+3a)}{6EI}$ $\theta_A = \dfrac{Pb^2}{2EI}$
③	w, l	$y_A = \dfrac{wl^4}{8EI}$ $\theta_A = \dfrac{wl^3}{6EI}$
④	M, l	$y_A = \dfrac{Ml^2}{2EI}$ $\theta_A = \dfrac{Ml}{EI}$

解答

① 荷重wによる片持ばり先端のたわみy_0は，表8・2の③より

$$y_0 = \frac{wl^4}{8EI}$$

② 不静定反力$V_A=1$による上向きのたわみy_1は，表8・2の①より

$$y_1 = -\frac{Pl^3}{3EI} = -\frac{1 \times l^3}{3EI}$$

③ 重ね合せの原理より，$y_A = y_0 + V_A \times y_1 = 0$

$$V_A = -\frac{y_0}{y_1} = -\left(\frac{wl^4}{8EI}\right) / \left(-\frac{l^3}{3EI}\right)$$

$$= \frac{3wl}{8} \quad\quad\quad (8・17)$$

このあとの計算では，V_Aを荷重と考える。

④ A点に作用する荷重$3wl/8$と荷重wの作用する片持ばりをA点から順次B点に向けてニューマーク法で解く。

(8・25・1) 自由変位

(8・25・2) 単位変位

せん断力図

$M_1 = \dfrac{9wl^2}{128}$, $M_2 = -\dfrac{25wl^2}{128}$, $\dfrac{5wl^2}{8}$

$\dfrac{9wl^2}{128}$, 2次曲線, $-\dfrac{16}{128}wl^2$

曲げモーメント図

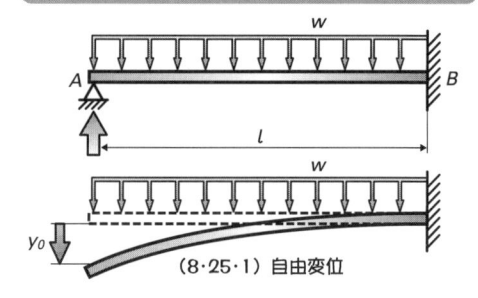

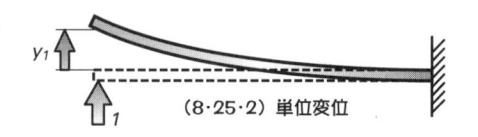

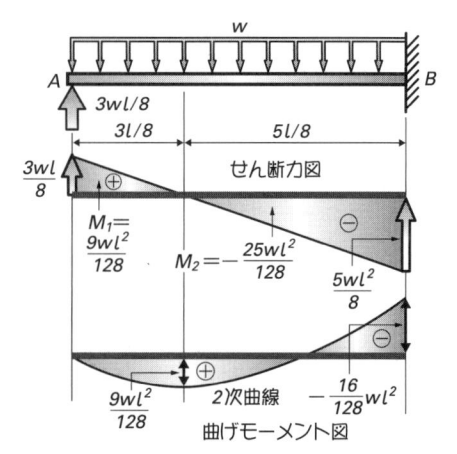

図8・25

（３） 両端固定ばりの計算

【計算例】 図8・26に示すように，両端固定ばりに等分布荷重が満載されるとき，不静定反力 V_A, M_A を求めよ。また，せん断力図，曲げモーメント図を描け。ただし，水平方向の荷重がないので，$H_A = 0$である。

解答 ① 荷重 w による片持ばり先端A点の自由変位でのたわみ・たわみ角は，表8・2の③より

$$\theta_0 = \frac{wl^3}{6EI}, \quad y_0 = \frac{wl^4}{8EI} \quad \cdots\cdots ①$$

② 不静定反力 $V_A = 1$ によるたわみとたわみ角は，表8・2の①より

$$\theta_1 = \frac{-l^2}{2EI}, \quad y_1 = \frac{-l^3}{3EI} \quad \cdots\cdots ②$$

③ 不静定モーメント $M_A = 1$ によるたわみとたわみ角は，表8・2の④より

$$\theta_2 = \frac{-l}{EI}, \quad y_2 = \frac{-l^2}{2EI} \quad \cdots\cdots ③$$

④ 荷重 w による変位は，不静定反力 V_A と M_A の2つの力による変形で押し戻してつりあう。

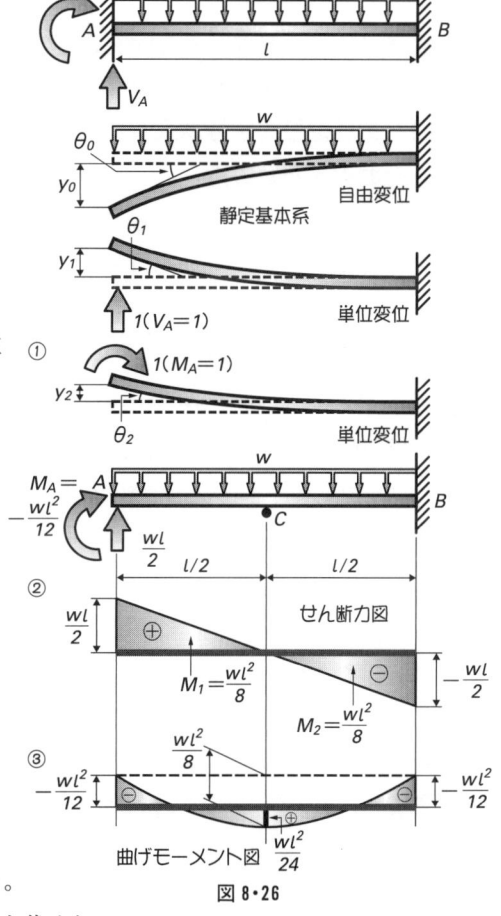

$\theta_0 + \theta_1 \times V_A + \theta_2 \times M_A = 0$ に式①，②，③を代入して，

$$\frac{wl^3}{6EI} + V_A \times \left(\frac{-l^2}{2EI}\right) + M_A \times \left(\frac{-l}{EI}\right) = 0 \text{ より} \qquad 3V_A l + 6M_A = wl^2 \quad \cdots\cdots ④$$

$y_0 + y_1 \times V_A + y_2 \times M_A = 0$ に式①，②，③を代入して，

$$\frac{wl^4}{8EI} + V_A \times \left(\frac{-l^3}{3EI}\right) + M_A \times \left(\frac{-l^2}{2EI}\right) = 0 \text{ より} \qquad 8V_A l + 12M_A = 3wl^2 \quad \cdots\cdots ⑤$$

⑤ 連立方程式④と⑤を解いて，不静定反力を求める。

$$V_A = \frac{wl}{2}, \quad M_A = -\frac{wl^2}{12}$$

ここで，不静定反力 V_A と M_A は，荷重と考える。

⑥ 片持ばりのA点に荷重 $V_A = wl/2$ および，モーメント荷重 $M_A = -wl^2/12$ を作用させ，等分布荷重 w を受ける，片持ばりのせん断力図を描き，各区間のせん断力の面積

$$M_1 = \frac{1}{2} \times \frac{l}{2} \times \frac{wl}{2} = \frac{wl^2}{8}, \quad M_2 = -\frac{wl^2}{8} \text{ を求め，曲げモーメントは次のようになる。}$$

$$M_A = -\frac{wl^2}{12}, \quad M_C = -\frac{wl^2}{12} + M_1 = -\frac{wl^2}{12} + \frac{wl^2}{8} = \frac{wl^2}{24}, \quad M_B = M_A + M_1 + M_2 = \frac{-wl^2}{12}$$

$$\cdots\cdots (8\cdot 18)$$

8・10 単純ばり静定基本系の不静定ばりの計算

(1) 単純ばり静定基本系解法に用いる たわみ・たわみ角

単純ばりを静定基本系とするとき，不静定反力を求めるのに用いるたわみ・たわみ角の関係は表8・4のようである。

(2) 連続ばりの計算

【計算例】 図8・27に示す連続ばりは，一般に不静定反力として，連続ばりの支点上のモーメントM_Bをとり，支点上のたわみ角の連続性$\theta_{Bl}=\theta_{Br}$の関係から，不静定反力M_Bを求める。M_Bが求まれば，単純ばりとして曲げモーメント図が描ける。その後，逆算してせん断力図を求める。

表8・4

No.	単純ばり	たわみ・たわみ角	
①		$y_c = \dfrac{Pl^3}{48EI}$	
		$\theta_A = \dfrac{Pl^2}{16EI}$	$\theta_B = -\dfrac{Pl^2}{16EI}$
②		$y_c = \dfrac{5wl^4}{384EI}$	
		$\theta_A = \dfrac{wl^3}{24EI}$	$\theta_B = -\dfrac{wl^3}{24EI}$
③		$\theta_A = \dfrac{Pb}{6EIl}(l^2-b^2)$	
		$\theta_B = -\dfrac{Pa}{6EI}(l^2-a^2)$	
④		$\theta_A = \dfrac{Ml}{6EI}$	$\theta_B = -\dfrac{Ml}{3EI}$
⑤		$\theta_A = \dfrac{Ml}{6EI}$	$\theta_B = -\dfrac{Ml}{3EI}$

解答 連続ばりの支点Bの不静定反力の取り方には，V_BとM_Bの2つがあるが，一般には，単純ばり基本系では，不静定反力としてM_Bをとり，2つの単純ばりに分けることが多い。

① 荷重Pによる，B点の左右の自由変形によるたわみ角は，表8・3の①より，

$$\theta_{0l} = -\dfrac{Pl^2}{16EI}, \quad \theta_{0r} = 0 \quad \text{……①}$$

② 単位荷重1（$M_B=1$）による，B点の左右のたわみ角は，表8・3の④と⑤より，

$$\theta_{1l} = -\dfrac{l}{3EI}, \quad \theta_{1r} = +\dfrac{l}{3EI} \quad \text{……②}$$

③ はりの連続条件から，$\theta_{Bl}=\theta_{Br}$

$$\theta_{0l} + \theta_{1l} \times M_B = \theta_{0r} + \theta_{1r} \times M_B$$

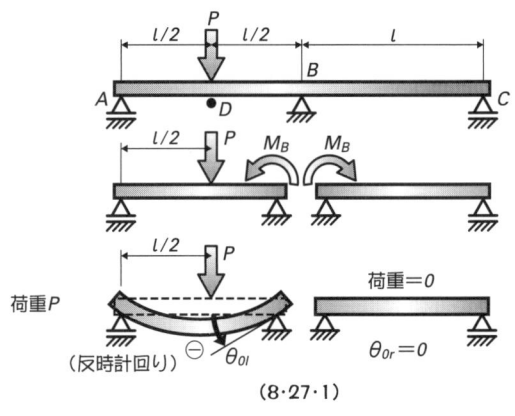

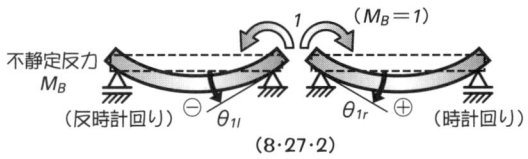

図8・27

$$-\frac{Pl^2}{16EI} - \frac{l}{3EI} \times M_B = 0 + \frac{l}{3EI} \times M_B$$

$$M_B = -\frac{3Pl}{32} \quad \cdots\cdots\cdots\cdots (8\cdot19)$$

④ モーメント図の描画

$$M_A = 0, \quad M_B = -\frac{3Pl}{32}, \quad M_C = 0$$

となり，荷重 P は，単純ばり AB 間の中央に作用するので，単純ばり中央の曲げモーメント $(-1/2)\cdot(3Pl/32)$ に $Pl/4$ だけ加算し，

$$-\frac{1.5Pl}{32} + \frac{Pl}{4} = \frac{6.5Pl}{32}$$

となる。また，単純ばり BC には荷重が作用しないので，曲げモーメントは M_B による値だけである。

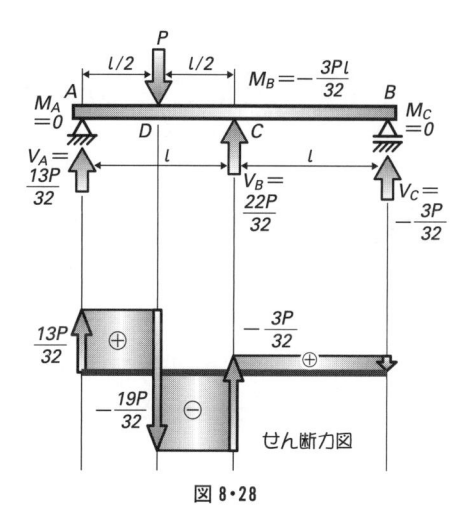

したがって，曲げモーメント図は，$M_A = 0$，$M_D = 6.5Pl/32$，$M_B = -3Pl/32$，$M_C = 0$ となり，図（8・27・3）のようになる。

⑤ せん断力図の描画

不静定反力を曲げモーメント M_B とすることで，先に曲げモーメント図が描ける。そして，曲げモーメントを基準に，反力 V_A，V_B，V_C をつりあいの式より求める。

$$M_B = V_A \times l - P \times \frac{l}{2} = -\frac{3Pl}{32} \text{ より} \qquad V_A = \frac{13P}{32}$$

$$M_B = V_C \times l = -\frac{3Pl}{32} \text{ より} \qquad V_C = -\frac{3P}{32}$$

$$\Sigma V = V_A + V_B + V_C - P = 0 \text{ より} \qquad V_B = \frac{22P}{32}$$

以上から，せん断力図は図 8・28 のようになる。

図 8・28

演習問題・6

図 8・29 に示す単純ばりについて，B 点の支点曲げモーメント M_B を不静定反力として，曲げモーメント M_B を求め，曲げモーメント図とせん断力図を描け。ただし，EI は一定とする。

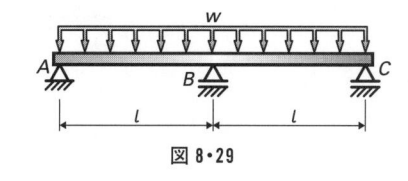

図 8・29

（解説・解答：p.208）

8・11 重ね合せの原理による不静定ばりの計算演習

演習問題・7

1. 図8・30の各はりに示す片持ばり静定基本系の不静定反力を求め，せん断力図，曲げモーメント図を描け。

   (1) $w=4\text{kN/m}$, $l=6\text{m}$，不静定反力 V_A

   (2) $P=12\text{kN}$，$4\text{m}+4\text{m}$，不静定反力 M_A, V_A

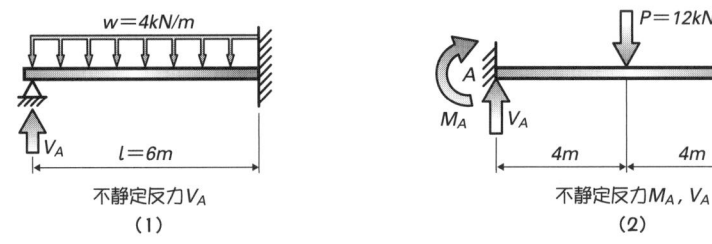

   図8・30

2. 図8・31の各はりに示す単純ばり静定基本系の不静定反力を求め，せん断力図と曲げモーメント図を描け。

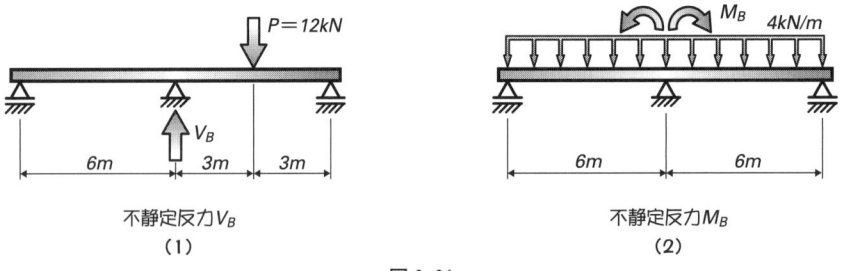

   (1) $P=12\text{kN}$，$6\text{m}+3\text{m}+3\text{m}$，不静定反力 V_B

   (2) M_B，$w=4\text{kN/m}$，$6\text{m}+6\text{m}$，不静定反力 M_B

   図8・31

3. 連続ばりの不静定反力として V_B，V_C とするとき，V_B，V_C を求め，せん断力図と曲げモーメント図を描け。

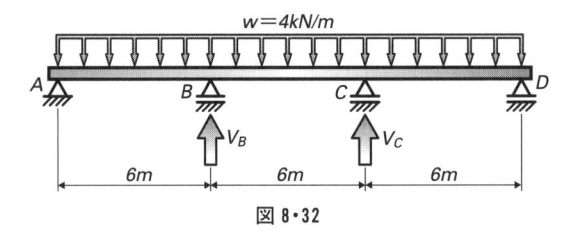

   $w=4\text{kN/m}$，A-B-C-D，$6\text{m}+6\text{m}+6\text{m}$

   図8・32

（解説・解答：p.209〜213）

4 連続ばりの不静定反力としてM_B, M_Cを用いるとき，不静定反力M_B, M_Cを求め，曲げモーメント図を描け。

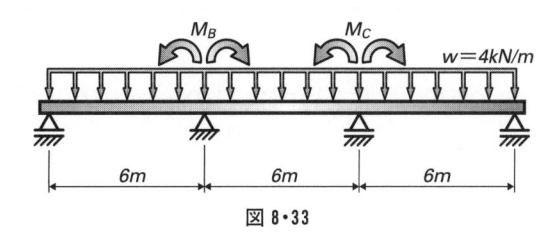

図8・33

5 両端固定ばりの，曲げモーメントを不静定反力M_A, M_Bとするとき，不静定反力を求めよ。

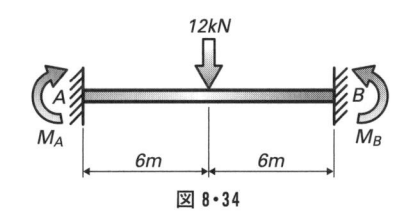

図8・34

(解説・解答：p.213〜214)

第8章演習問題の解説・解答

演習問題・1　モールの定理による片持ばりのたわみ角とたわみの計算 (p.189)

1. $y_{max} = \dfrac{Pl^3}{48EI}$ より，$P = 100$ kN，$l = 8$ m，$EI = 10^5$ kN·m^2 を代入して，

$$y_{max} = \dfrac{100 \times 8^3}{48 \times 10^5} = 0.011 \text{ m} = \underline{1.1 \text{ cm}}$$

2. $y_{max} = \dfrac{5wl^4}{384EI}$ より，$w = 10$ kN/m，$l = 10$ m，$EI = 5 \times 10^4$ kN·m^2 を代入して，

$$y_{max} = \dfrac{5 \times 10 \times 10^4}{384 \times 5 \times 10^4} = 0.026 \text{ m} = \underline{2.6 \text{ cm}}$$

3. $l = 4$ m，$P = 20$ kN，$EI = 4 \times 10^4$ kN·m^2 とすると，片持ばりの先端の変位は，

$$y_A = \dfrac{Pl^3}{3EI} = \dfrac{20 \times 4^3}{3 \times 4 \times 10^4} = 0.011 \text{ m} = \underline{1.1 \text{ cm}}, \quad \theta_A = \dfrac{Pl^2}{2EI} = \dfrac{20 \times 4^2}{2 \times 4 \times 10^4} = \underline{0.004 \, (0°13'45'')}$$

演習問題・2　モールの定理によるたわみ・たわみ角の計算 (p.191)

1. 図8·11において，C点のたわみは，公式 (8·3) より，$y_C = Pb^3/3EI$ である。そしてたわみ角は，$\theta_C = Pb^2/2EI$ である。AC間は角 θ_C と距離 a の積 $a \times \theta_C$ だけ変位するから，点Aのたわみ y_A は，$y_C + a \times \theta_C$ となる。

$$y_A = y_C + \theta_C \times a = \dfrac{Pb^3}{3EI} + \dfrac{Pb^2}{2EI} \times a = \dfrac{Pb^3}{3EI} + \dfrac{Pb^2 a}{2EI}$$

2. ① 弾性荷重（EI はあとで付与する）

$$P_1 = \dfrac{1}{2} \times 6 \times 6 = 18$$

② 共役ばりの反力計算

$$V_A = P_1 \times \dfrac{2}{6} = 18 \times \dfrac{2}{6} = 6$$

③ たわみ角の計算

$$\theta_A = \dfrac{V_A}{EI} = \dfrac{6}{EI}$$

$$\theta_B = \dfrac{V_A - P_1}{EI} = \dfrac{6 - 18}{EI} = \dfrac{-12}{EI}$$

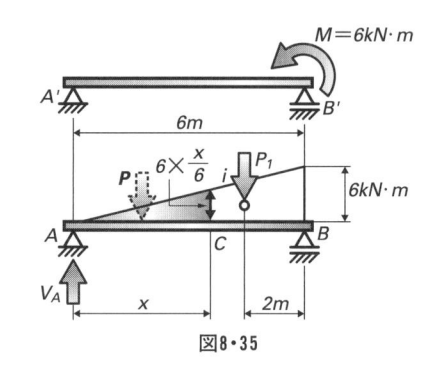

④ 最大たわみ y_{max} の計算

$\theta = 0$ となる x の値，$P = \triangle ACC'$ となる $V_A = P = 6$ より

$$V_A = P = \dfrac{1}{2} \times \left(6 \times \dfrac{x}{6}\right) \times x = 6 \text{ より} \quad \dfrac{x^2}{3} = 6 \quad x = 4.2 \text{ m}$$

$$y_{max} = \dfrac{\left(V_A \times 4.2 - P \times \dfrac{4.2}{3}\right)}{EI} = \dfrac{6 \times 4.2 - 6 \times \dfrac{4.2}{3}}{EI} = \dfrac{16.8}{EI} \text{ [m]}$$

演習問題・3　微分方程式により求めるはりの弾性曲線の式　(p.193)

1　図8・36

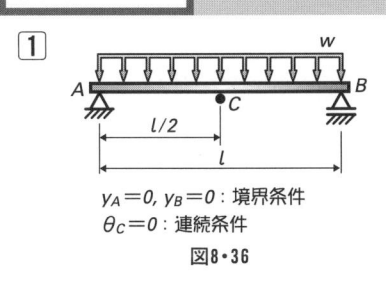

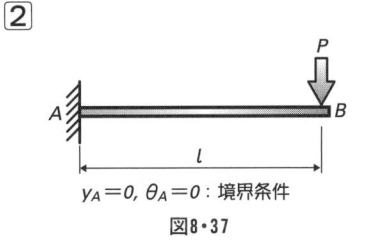

$y_A=0$, $y_B=0$：境界条件
$\theta_C=0$：連続条件

2　図8・37

$y_A=0$, $\theta_A=0$：境界条件

演習問題・4　微分方程式により求める片持ばりの弾性曲線の計算　(p.195)

① 等分布荷重を受ける場合，EI を一定とすると，

$w=2\,\mathrm{kN/m}$, $l=6\,\mathrm{m}$

公式（8・9）$\theta=\dfrac{wx}{2EI}\left(l^2-lx+\dfrac{x^2}{3}\right)$，公式（8・10）$y=\dfrac{wx^2}{24EI}(6l^2-4lx-x^2)$ を用いることができるが，

一般にこの式から求めた $\theta=\dfrac{wl^3}{6EI}$，$y=\dfrac{wl^4}{8EI}$ の式を用いることが多い。

$\theta_A=\dfrac{wl^3}{6EI}=\dfrac{2\times 6^3}{6EI}=\dfrac{72}{EI}$，　　$y_A=\dfrac{wl^4}{8EI}=\dfrac{2\times 6^4}{8EI}=\dfrac{324}{EI}$

② 集中荷重を先端Aに受ける場合，EI を一定とすると，

$P=12\,\mathrm{kN/m}$, $l=6\,\mathrm{m}$ として，$\theta_A=\dfrac{Pl^2}{2EI}$，$y_A=\dfrac{Pl^3}{3EI}$ を用いる。

$\theta_A=\dfrac{Pl^2}{2EI}=\dfrac{12\times 6^2}{2EI}=\dfrac{216}{EI}$，　　$y_A=\dfrac{Pl^3}{3EI}=\dfrac{12\times 6^3}{3EI}=\dfrac{864}{EI}$

演習問題・5　微分方程式により求める単純ばりの弾性曲線の計算　(p.197)

1　単純ばりに等分布荷重が満載されたときの中央点のたわみ $y_{\max}$ は，次の式で求める。ここで，$w=2\,\mathrm{kN/m}$, $l=8\,\mathrm{m}$ とする。

$y_{\max}=\dfrac{5wl^4}{384EI}=\dfrac{5\times 2\times 8^4}{384EI}=\dfrac{320}{3EI}$

2　弾性荷重

$P_2=\dfrac{\frac{1}{2}(M_B-M_A)l}{EI}$，　$P_1=\dfrac{M_A l}{EI}$

弾性荷重
$P_2=\dfrac{1}{2}(M_B-M_A)l/EI$
$P_1=M_A l/EI$

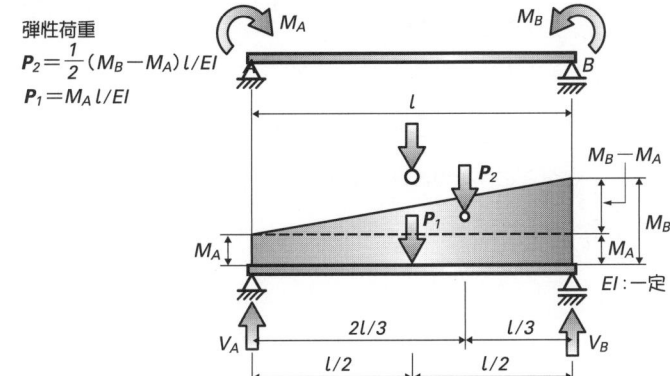

図8・38

$$\theta_A = \left[\frac{P_1 \times \frac{l}{2}}{l} + \frac{P_2 \times \frac{l}{3}}{l}\right] = \frac{M_A l}{2EI} + \frac{(M_B - M_A) l}{6EI} = \frac{(2M_A + M_B) l}{6EI}$$

$$\theta_B = -V_B = -\left[\frac{P_1 \times \frac{l}{2}}{l} + \frac{P_2 \times \frac{2l}{3}}{l}\right] = -\left[\frac{M_A l}{2EI} + \frac{2(M_B - M_A) l}{6EI}\right] = -\frac{(2M_B + M_A) l}{6EI}$$

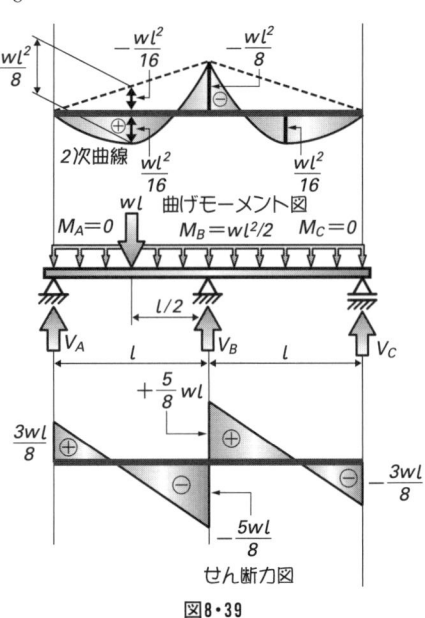

演習問題・6　単純ばり静定基本系の不静定ばりの計算　(p.203)

① 不静定反力M_BによるB点のたわみ角θ_{B1l}, θ_{B1r}, $M_B=1$として,

表8・2の④より　　　$\theta_{1l} = -\dfrac{l}{3EI}$　　　$\theta_{1r} = +\dfrac{l}{3EI}$

② 荷重wによる, B点のたわみ角θ_{0l}, θ_{0r}として,

表8・2の②より　　　$\theta_{0l} = -\dfrac{wl^3}{24EI}$　　　$\theta_{0r} = +\dfrac{wl^3}{24EI}$

③ 重ね合せの原理と連続の関係より

$M_B \times \theta_{1l} + \theta_{0l} = \theta_{1r} \times M_B + \theta_{0r}$

$-\dfrac{M_B l}{3EI} - \dfrac{wl^3}{24EI} = \dfrac{M_B l}{3EI} + \dfrac{wl^3}{24EI}$ より　　　$M_B = -\dfrac{wl^2}{8}$

④ 曲げモーメント図の描画

$M_A = 0$,　$M_B = -\dfrac{wl^2}{8}$,　$M_C = 0$

単純ばりの中央の曲げモーメントは, $\dfrac{wl^2}{8}$だから, $-\dfrac{wl^2}{16}$に$+\dfrac{wl^2}{8}$を加えて, $+\dfrac{wl^2}{16}$とすると,

曲げモーメント図は図8・39のようになる。

⑤ せん断力図の描画

$M_B = V_A \times l - wl \times \dfrac{l}{2} = -\dfrac{wl^2}{8}$

$\therefore\ V_A = \dfrac{3wl}{8}$,　　$V_C = V_A = \dfrac{3wl}{8}$

$\Sigma V = V_A + V_B + V_C = wl + wl$ より

$V_B = 2wl - 2 \cdot \dfrac{3}{8}wl = \dfrac{10}{8}wl$　　$\therefore\ V_B = \dfrac{10wl}{8}$

右から左へ力の流れを示せば, せん断力図となる。

図8・39

演習問題・7　重ね合せの原理による不静定ばりの計算　(p.204〜205)

1 (1) 図8·30(1)について，片持ばり系として公式(8·16)より

① $V_A = \dfrac{3wl}{8} = \dfrac{3 \times 4 \times 6}{8} = 9 \text{ kN}$

② $S_A = 9 \text{ kN}, \quad S_B = 9 - 24 = -15 \text{ kN}$

　$S = 0$の点　　$6 \text{ m} \times \dfrac{9}{(9+15)} = 2.25 \text{ m}$

③ せん断力の面積：$M_1 = \dfrac{9 \times 2.25}{2} = 10.1 \text{ kN·m}$

　　　　　　　　　$M_2 = -\dfrac{15 \times 3.75}{2} = -28.1 \text{ kN·m}$

④ $M_A = 0, \quad M = M_1 = 10.1 \text{ kN·m}$

　$M_B = M_1 + M_2 = 10.1 - 28.1 = -18.0 \text{ kN·m}$

(2) 図8·30(2)について，片持ばり系として計算する。

① 12 kNによる片持ばりのA点のたわみは表8·2②より
　$a = b = 4 \text{ m}, \quad P = 12 \text{ kN}$として，

$$y_{0A} = \dfrac{Pb^2(2b+3a)}{6EI} = \dfrac{12 \times 4^2 \times (2 \times 4 + 3 \times 4)}{6EI} = \dfrac{640}{EI} = \dfrac{1920}{3EI},$$

$$\theta_{0A} = \dfrac{Pb^2}{2EI} = \dfrac{12 \times 4^2}{2EI} = \dfrac{96}{EI}$$

② 単位荷重$V_A = 1$によるA点の上向きのたわみは表8·2①より

$$y_{1A} = \dfrac{Pl^3}{3EI} = \dfrac{1 \times 8^3}{3EI} = \dfrac{512}{3EI},$$

$$\theta_{1A} = \dfrac{Pl^2}{2EI} = \dfrac{1 \times 8^2}{2EI} = \dfrac{32}{EI}$$

③ 単位荷重$M_A = 1$によるA点の上向きのたわみは，表8·2④より，

$$y_{2A} = \dfrac{Ml^2}{2EI} = \dfrac{1 \times 8^2}{2EI} = \dfrac{32}{EI} = \dfrac{96}{3EI}$$

$$\theta_{2A} = \dfrac{Ml}{EI} = \dfrac{1 \times 8}{EI} = \dfrac{8}{EI}$$

④ 重ね合せの原理により

$$\begin{cases} \theta_{1A} + \theta_{2A} = \theta_{0A} \\ y_{1A} + y_{2A} = y_{0A} \end{cases} \text{より,}$$

$$\begin{cases} \dfrac{32 V_A}{EI} + \dfrac{8 M_A}{EI} = \dfrac{96}{EI} & \text{①} \\[2mm] \dfrac{512 V_A}{3EI} + \dfrac{96 M_A}{3EI} = \dfrac{1920}{3EI} & \text{②} \end{cases}$$

$$\begin{cases} 4 V_A + M_A = 12 \\ 5.33 V_A + M_A = 20 \end{cases}$$

これより，

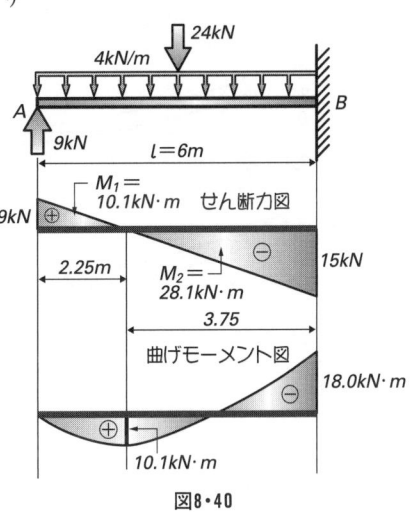

$$V_A = 6 \text{ kN}, \quad M_A = -12 \text{ kN·m}$$

図8·40

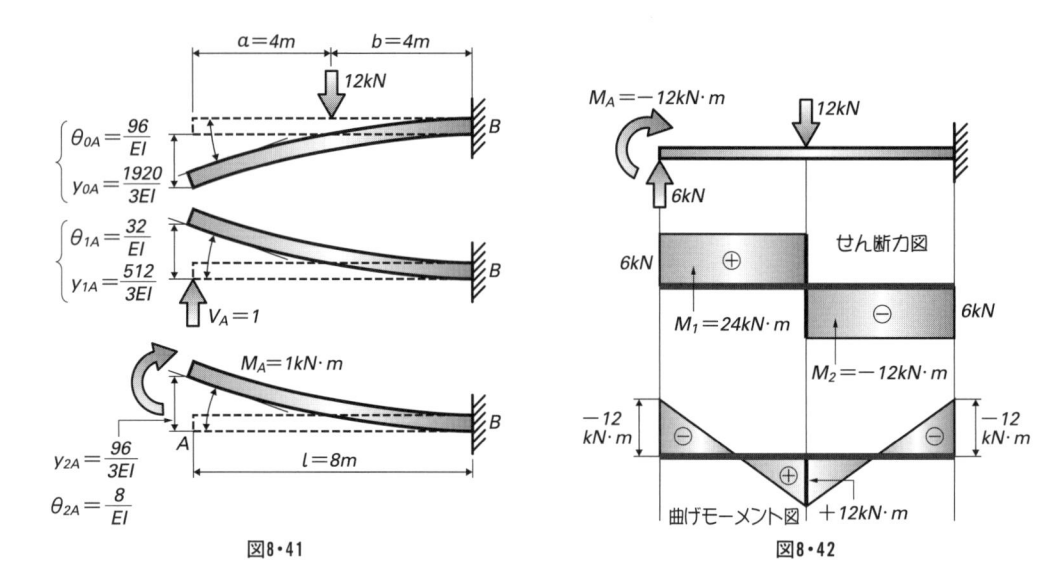

図8・41

$\begin{cases} \theta_{0A} = \dfrac{96}{EI} \\ y_{0A} = \dfrac{1920}{3EI} \end{cases}$

$\begin{cases} \theta_{1A} = \dfrac{32}{EI} \\ y_{1A} = \dfrac{512}{3EI} \end{cases}$

$y_{2A} = \dfrac{96}{3EI}$
$\theta_{2A} = \dfrac{8}{EI}$

図8・42

2 図8・31(1)について

① 単純ばりACとするときのB点の自由変位によるたわみ y_{0B} の計算

図8・43のD点の曲げモーメント $M_D = 3\,\mathrm{kN} \times 9\,\mathrm{m} = 27\,\mathrm{kN \cdot m}$

弾性荷重

$$\triangle \mathrm{CDD}' = P_1 = \frac{1}{2} \times \frac{27}{EI} \times 9 = \frac{243}{2EI}$$

$$\triangle \mathrm{ADD}' = P_2 = \frac{1}{2} \times \frac{27}{EI} \times 3 = \frac{81}{2EI}$$

反力　$\theta_A = \dfrac{P_2 \times 2 + P_1 \times 6}{12}$

$$= \frac{81 \times 2 + 243 \times 6}{24EI} = \frac{67.5}{EI}$$

$$\triangle \mathrm{ABB}' = P = \frac{1}{2} \times \frac{18}{EI} \times 6 = \frac{54}{EI}$$

よって，B点のたわみ y_{0B} は弾性荷重によるB点のモーメントとすると，

$$y_{0B} = \theta_A \times 6 - P \times 2 = \frac{67.5}{EI} \times 6 - \frac{54}{EI} \times 2 = \frac{297}{EI} \quad\quad ①$$

② はりACとするときの $V_B = 1$ による上向きのたわみ y_{1B} の計算

$$y_{1B} = \frac{Pl^3}{48EI} = \frac{1 \times 12^3}{48EI} = \frac{36}{EI}$$

B点の反力 V_B による上向きのたわみは，

$$V_B \times y_{1B} = -\frac{V_B l^3}{48EI} = -\frac{36 V_B}{EI} \quad\quad ②$$

式①，②は重ね合せの原理により不静定力 V_B は，

$$\frac{36 V_B}{EI} = \frac{297}{EI} \text{ より} \quad V_B = 8.25\,\mathrm{kN}$$

図8·43

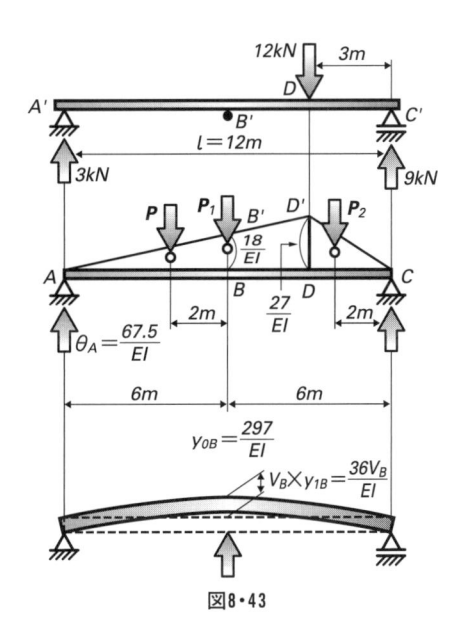

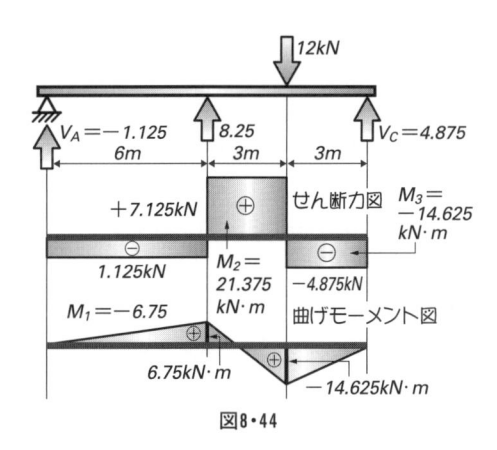

図8·44

③ 反力 V_A, V_C の計算：$V_B=8.25$ kN と 12 kN を荷重として求める。

$$V_A=\frac{1}{12}(12\times 3-8.25\times 6)=-1.125 \text{ kN}$$

$$V_C=-1.125+8.25-12+V_B=0$$

∴ $V_B=4.875$ kN

④ せん断力図，曲げモーメント図は，図8·44のとおりである。

図8·31(2)について

① 実荷重 w による B 点のたわみ角 θ_{0l} と θ_{0r} の計算：表8·2②より，

$$\theta_{0l}=-\frac{wl^3}{24EI}=-\frac{4\times 6^3}{24EI}=-\frac{36}{EI}$$

$$\theta_{0r}=+\frac{wl^3}{24EI}=+\frac{4\times 6^3}{24EI}=+\frac{36}{EI}$$

② 単位荷重 $M=1$ による B のたわみ角 θ_{1l}, θ_{1r} の計算：表8·3④，⑤より，

$$\theta_{1l}=-\frac{Ml}{3EI}=-\frac{1\times 6}{3EI}=-\frac{2}{EI}$$

$$\theta_{1r}=+\frac{Ml}{3EI}=+\frac{1\times 6}{3EI}=+\frac{2}{EI}$$

③ はりの連続条件から，$\theta_l=\theta_r$

$$\theta_l=\theta_{0l}+M_B\times\theta_{1l}$$

$$\theta_r=\theta_{0r}+M_B\times\theta_{1r}$$

図8·45

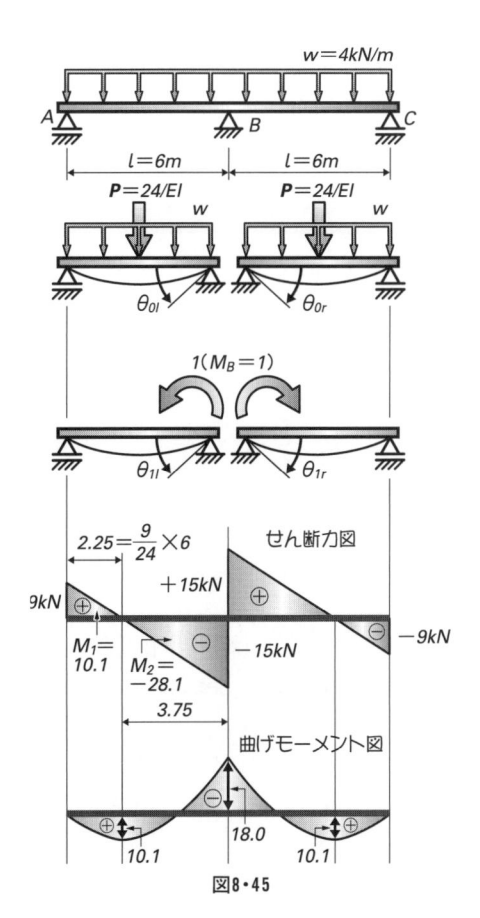

$$-\frac{36}{EI}-\frac{2M_B}{EI}=\frac{36}{EI}+\frac{2M_B}{EI}$$

よって，不静定力は $M_B=-18$ kN·m となる。

④ 反力 V_A，V_C，V_B の計算

B点の曲げモーメントが -18 kN·m だから，左側から V_A を計算すると，

$M_B=V_A\times 6-(4\times 6)\times 3=-18$　　　$V_A=9$ kN

右側から V_C を計算すると，

$M_B=V_C\times 6-(4\times 6)\times 3=-18$　　　$V_C=9$ kN

$\Sigma V=V_A+V_B+V_C-48=0$　　　$V_B=30$ kN

⑤ 以上からせん断力図，曲げモーメント図を求めると図8·45となる。

[3] ① 等分布荷重 w によるB点，C点のたわみ y_{0B} の計算

公式(8·15)の微分方程式のたわみ曲線の式より，$l=18$ m，$x=6$ m とすると，対称なので，

$y_{0B}=y_{0C}$

$$y_{0B}=y_{0C}=\frac{w\times x}{24EI}(x^3-2lx^2+l^3)=\frac{4\times 6}{24EI}(6^3-2\times 18\times 6^2+18^3)=\frac{4752}{EI} \quad \cdots\cdots ①$$

② B点に単位荷重1（$V_B=1$）が作用したときのB点のたわみ y_{1B} とC点のたわみ y_{1C} の計算

(a) 単位荷重1（$V_B=1$）によるA点とD点の反力

$V_{A1}=\dfrac{1\times 12}{18}=\dfrac{2}{3}$，　　$V_{D1}=\dfrac{1\times 6}{18}=\dfrac{1}{3}$

(b) 単位荷重1（$V_B=1$）による弾性荷重は，B点における曲げモーメントが $M_{B1}=\dfrac{1}{EI}\cdot\dfrac{2}{3}\times 6=\dfrac{4}{EI}$

となり，

$P_1=\dfrac{1}{2}\times 6\times\dfrac{4}{EI}=\dfrac{12}{EI}$，作用位置D点より14 m

$P_2=\dfrac{1}{2}\times 12\times\dfrac{4}{EI}=\dfrac{24}{EI}$，作用位置D点より 8 m

(c) 単位荷重1（$V_B=1$）によるB点のたわみ y_{1B} は，弾性荷重の曲げモーメントとして求める。

A点の単位荷重による反力 V_{A1} は，

$V_{A1}=\dfrac{P_1\times 14}{18EI}+\dfrac{P_2\times 8}{18EI}=\dfrac{12\times 14}{18EI}+\dfrac{24\times 8}{18EI}=\dfrac{20}{EI}$

D点の単位荷重による反力 V_{D1} は，

$V_{D1}=\dfrac{P_1\times 4}{18EI}+\dfrac{P_2\times 10}{18EI}=\dfrac{12\times 4}{18EI}+\dfrac{24\times 10}{18EI}=\dfrac{16}{EI}$

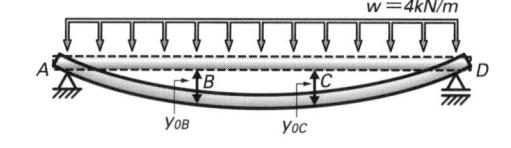

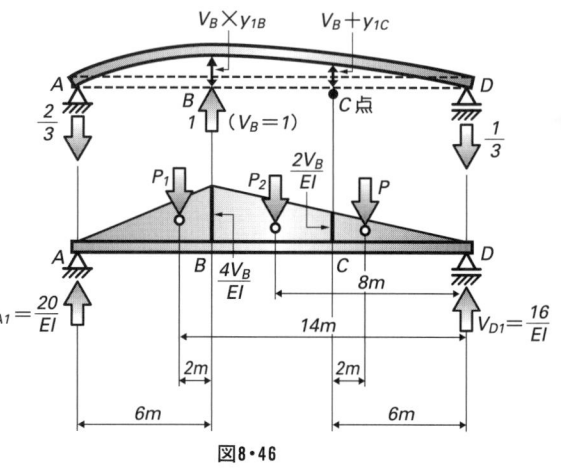

B点の単位荷重1によるB点のたわみ y_{1B} は，$y_{1B}=V_{A1}\times 6-P_1\times 2=\dfrac{20}{EI}\times 6-\dfrac{12}{EI}\times 2=\dfrac{96}{EI}$

B点の単位荷重1によるC点のたわみ y_{1C} は，CD間の弾性荷重 $P=\dfrac{1}{2}\times\dfrac{2}{EI}\times 6=\dfrac{6}{EI}$ として，

図8·46

D点からの曲げモーメントを計算して求める。

$$y_{1C} = V_{D1} \times 6 - P \times 2 = \frac{16}{EI} \times 6 - \frac{6}{EI} \times 2 = \frac{84}{EI}$$

(d) 単位荷重 1 ($V_C=1$) によるB点のたわみ y_{2B} と，C点のたわみ y_{2C} は，構造と荷重が対称なので，次のようになる。

$$y_{2C} = y_{1B} = \frac{96}{EI}, \qquad y_{2B} = y_{1C} = \frac{84}{EI}$$

このことは，$V_B = V_C$ である。

③ 重ね合せの原理により，V_B と V_C の不静定反力を求める。

$$\left.\begin{array}{l} V_B \times y_{1B} + V_C \times y_{2B} = y_{0B} \\ V_C \times y_{1C} + V_C \times y_{2C} = y_{0C} \\ V_C = V_B \end{array}\right\} \text{から} \qquad \frac{96 V_B}{EI} + \frac{84 V_C}{EI} = \frac{4752}{EI}$$

$\dfrac{180 V_B}{EI} = \dfrac{4752}{EI}$ から， ∴ $V_B = V_C = 26.4$ kN

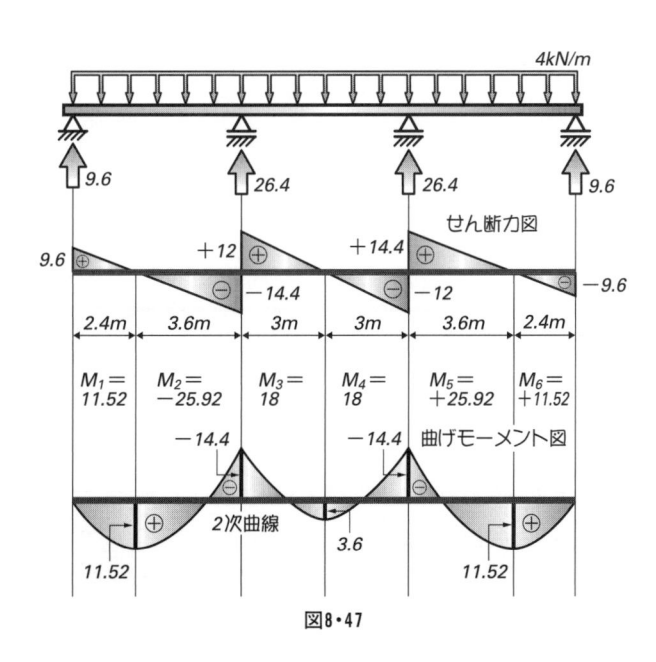

図8・47

④ (3)と同じ問題を，不静定反力 M_B, M_C として解くと，比較的簡単に解くことができる。
不静定反力 $M_B = M_C$ (対称) の計算 (B点の左右のたわみ角を求める。)

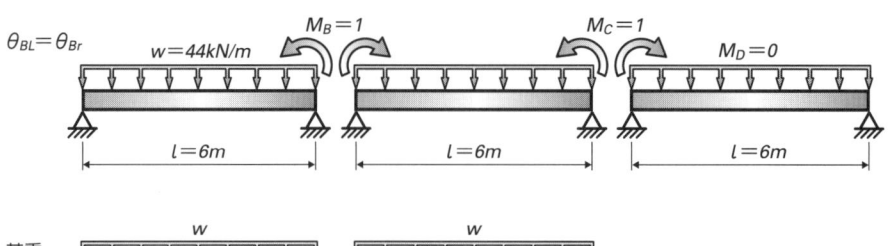

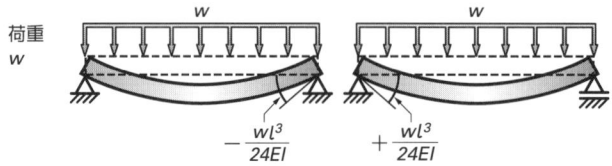

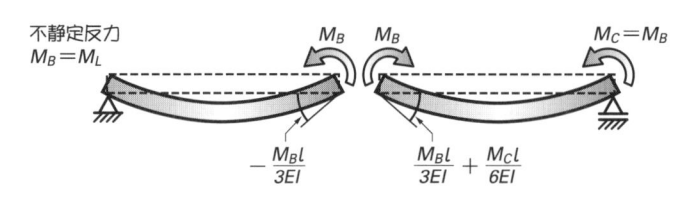

図中:
- $\theta_{BL} = \theta_{Br}$, $w=44\text{kN/m}$, $M_B=1$, $M_C=1$, $M_D=0$, $l=6\text{m}$
- 荷重 w: $-\dfrac{wl^3}{24EI}$, $+\dfrac{wl^3}{24EI}$
- 不静定反力 $M_B = M_L$, $M_C = M_B$: $-\dfrac{M_B l}{3EI}$, $+\dfrac{M_B l}{3EI} + \dfrac{M_C l}{6EI}$
- 重ね合せ ($\theta_{Bl}=\theta_{Br}$): $\left(-\dfrac{wl^3}{24EI} - \dfrac{M_B l}{3EI}\right) = \left(+\dfrac{wl^3}{24EI} + \dfrac{M_B l}{3EI} + \dfrac{M_C l}{6EI}\right)$

図8・48

以上、重ね合せの式から $M_B = M_C$ の不静定反力は次のようになる。

$$-wl^2 - 8M_B = +wl^2 + 8M_B + 4M_B$$
$$20M_B = -2wl^2$$
$$M_B = -\frac{wl^2}{10} = -\frac{4 \times 6^2}{10} = -14.4 \text{ kN·m}$$

せん断力図、曲げモーメント図は、[3]の結果を参照のこと。

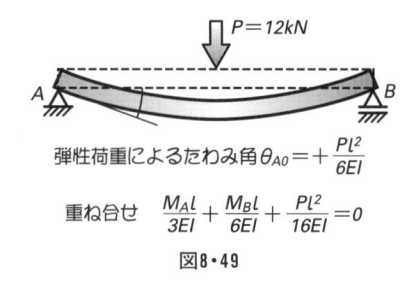

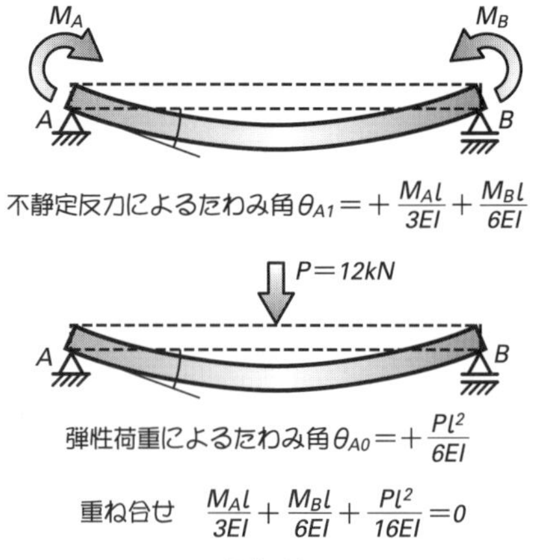

不静定反力によるたわみ角 $\theta_{A1} = +\dfrac{M_A l}{3EI} + \dfrac{M_B l}{6EI}$

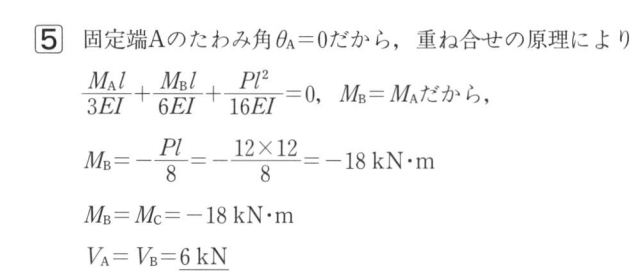

[5] 固定端Aのたわみ角 $\theta_A = 0$ だから、重ね合せの原理により

$$\frac{M_A l}{3EI} + \frac{M_B l}{6EI} + \frac{Pl^2}{16EI} = 0, \quad M_B = M_A だから、$$

$$M_B = -\frac{Pl}{8} = -\frac{12 \times 12}{8} = -18 \text{ kN·m}$$

$$M_B = M_C = -18 \text{ kN·m}$$

$$V_A = V_B = \underline{6 \text{ kN}}$$

弾性荷重によるたわみ角 $\theta_{A0} = +\dfrac{Pl^2}{6EI}$

重ね合せ $\dfrac{M_A l}{3EI} + \dfrac{M_B l}{6EI} + \dfrac{Pl^2}{16EI} = 0$

図8・49

第 9 章
たわみ角法によるラーメンの計算

9・1 たわみ角法の考え方 ……………………………………… 216
9・2 たわみ角法の基本式と節点方程式 …………………… 218
9・3 節点方程式によるラーメンの計算 …………………… 220
9・4 節点方程式による連続ばりの計算 …………………… 222
9・5 節点方程式によるラーメンの計算演習 ……………… 224
9・6 層方程式によるラーメンの計算と
　　　連立方程式の近似解法 ……………………………… 226
9・7 水平荷重を受ける2階ラーメンの計算 ……………… 230
第9章演習問題の解説・解答 ……………………………… 232

9・1 たわみ角法の考え方

> ● たわみ角法は，反力を未知数とするのでなく，変形量のたわみ角を未知数とするもので，たわみ角法は変形法と呼ばれる。

(1) たわみ角法と変形法

いままで，不静定反力 V_A，M_A などを求めるために，たわみやたわみ角を求めて，境界条件である $y_A=0$，$\theta_A=0$ などの式を用いた。こうした力やモーメントを不静定力として力を計算する方法を**応力法**という。**たわみ角法**は，部材に生じるたわみ角を未知数とするもので，変形量のたわみ角から曲げモーメントなどの力を逆算するため，応力法に対して**変形法**といわれている。

変形法は応力法と比較して組織的に計算できるため，特別な考え方やテクニックは必要なく，データの入力さえ間違わなければ容易に解ける特徴がある。たわみ角法は，ラーメンの剛接点のたわみ角 φ (ファイ) を未知数とし，節点におけるつりあい式 $\Sigma M=0$ から φ を求め，断面力の曲げモーメントを求めるものである。高層ラーメンなど複雑な場合には，変形法 (たわみ角法) は適した方法である。

(2) ラーメンの部材の剛比とモーメント分配

図9・1に示すように，固定端B，C，Dのたわみ角は，モーメント荷重 $M=12\,\text{kN}\times 2\,\text{m}=24\,\text{kN}\cdot\text{m}$ の作用の有無にかかわらず，常に0であり，$\varphi_B=\varphi_C=\varphi_D=0$ である。しかし，節点Aはモーメント荷重 M の作用で，φ_A だけ回転してたわみ角を生じる。ラーメンのたわみ角は，節点で剛接されているため，各部材の剛性の大小にかかわらず，接合全部材は共通のたわみ角 φ_A を有する。

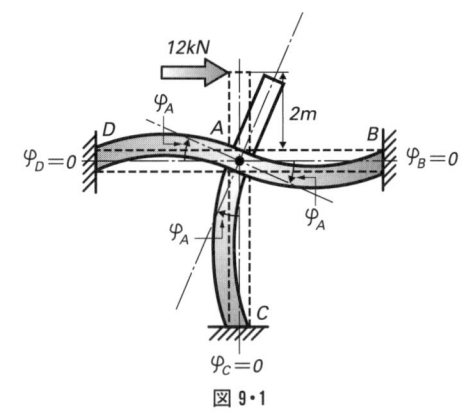

図9・1

いま，部材剛性がまったく同じとき，3部材AB, AC, ADに，それぞれモーメントが均等に $24/3=8\,\text{kN}\cdot\text{m}$ ずつ分配される。

ところで，部材の変形に対する剛度 K は，断面二次モーメント I に比例し，部材の長さ l に反比例するため，部材の剛度は式 (9・1) で表される。

$$K=\frac{I}{l} \tag{9・1}$$

たわみ角法では，一般に構造部材の剛度のうち最小のものを標準剛度 K_0 とし，各部材の剛度の比を剛比とし，1.0より大きい数値で表すことが多い。

たとえば，図9・1において，AB部材 $I_1=10$，$l_1=2$，AC部材 $I_2=5$，$l_2=1$，AD部材 $I_3=5$，$l_3=2$ と

すると，各部材の剛度は，

$$K_1=\frac{I_1}{l_1}=\frac{10}{2}=5, \quad K_2=\frac{I_2}{l_2}=\frac{5}{1}=5, \quad K_3=\frac{I_3}{l_3}=\frac{5}{2}=2.5$$

となり，最小剛度$K_3=2.5$を標準剛度$K_0=K_3$として，剛比kを求める。

$$k_i=\frac{K_i}{K_0} \quad\quad\quad\quad\quad\quad\quad\quad\quad\quad\quad\quad\quad\quad\quad\quad (9\cdot2)$$

$$k_1=\frac{K_1}{K_0}=\frac{5}{2.5}=2, \quad k_2=\frac{K_2}{K_0}=\frac{5}{2.5}=2, \quad k_3=\frac{K_3}{K_0}=1.0$$

図9・1において，モーメント荷重の24 kN・mは，剛比に応じて比例配分されるため，

AB部材には $\quad M_{AB}=\dfrac{k_1}{k_1+k_2+k_3}\times24=\dfrac{2}{2+2+1}\times24=9.6$ kN・m

AC部材には $\quad M_{AC}=\dfrac{k_2}{k_1+k_2+k_3}\times24=\dfrac{2}{2+2+1}\times24=9.6$ kN・m

AD部材には $\quad M_{AD}=\dfrac{k_3}{k_1+k_2+k_3}\times24=\dfrac{1}{2+2+1}\times24=4.8$ kN・m

のように，剛比に比例してモーメントが分配される。

(3) モーメントの他端への伝達

図9・2のように，単純ばりのA端にM_Aを作用させると，A点に$\theta_A=M_Al/3EI$，他端Bに$\theta_B=M_Al/6EI$のたわみ角が生じる。

すなわち，A点に生じた，たわみ角の半分（0.5）だけ，B点に伝達されている。たわみ角と曲げモーメントは比例関係にあるから，A点に作用するモーメントの半分(0.5)がB点に伝達される。

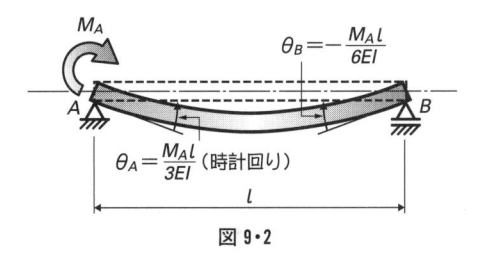

図9・2

(4) 材端モーメントの表示方法

たわみ角法でモーメント図を描くときは，材端モーメント$M_{AB}=+9.6$ kN・mをモーメント図に表示するとき，A点に立ってB点を見たとき，⊕は右側に，⊖は左側に示すので$+9.6$ kN・mは右側に示す。モーメントの符号は記さない。

図9・1のモーメント図の剛比$k_1=k_2=2$，$k_3=1$とするとき，他端への伝達は，

$$M_{BA}=0.5\times M_{AB}=9.6\times(0.5)=4.8 \text{ kN・m}$$
$$M_{CA}=0.5\times M_{CA}=9.6\times(0.5)=4.8 \text{ kN・m}$$
$$M_{DA}=0.5\times M_{AD}=4.8\times(0.5)=2.4 \text{ kN・m}$$

となり，方向に注意して図示すると，図9・3のようになる。

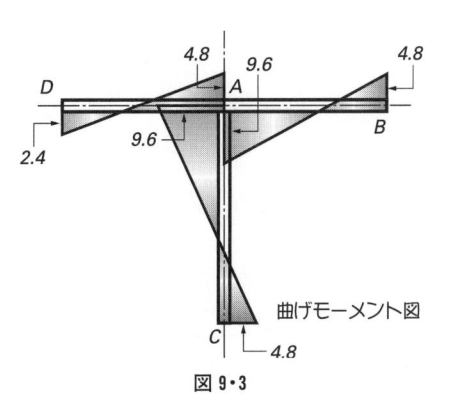

曲げモーメント図

図9・3

9・2 たわみ角法の基本式と節点方程式

- ラーメン構造や高次の不静定構造物の計算は，一般にたわみ角法を用いる。このため，たわみ角法の基本式と節点方程式を取り扱う。

（1） たわみ角の基本式の誘導

部材に生じる材端モーメントと，材端のたわみ角の関係を**たわみ角の基本式**という。部材ABの端部のたわみ角θ_A，θ_Bについて考える。部材ABのたわみ角を生じる原因は，次の3つと考える。① 部材両端の材端モーメントM_{AB}，M_{BA}，② 部材ABに直接載荷された荷重，③ 地盤沈下や地震による不等沈下である。たわみ角法で求めるたわみ角は，時計の回転方向が正，材端モーメントも時計回りを正とする。図9・4において，符号を用いて材端モーメントを表すと次のようになる。

① $M_A = +M_{AB}$，$M_B = -M_{BA}$による（式（8・5）より）。

たわみ角θ_{A1}，θ_{B1}は，

$$\theta_{A1} = \frac{(2M_A + M_B)l}{6EI}, \quad \theta_{B1} = \frac{-(M_A + 2M_B)l}{6EI} \quad ①$$

② 弾性荷重Pによるたわみ角

$$\theta_{A2} = +P \cdot \frac{b}{l}, \quad \theta_{B2} = -P \cdot \frac{a}{l} \quad\cdots\cdots ②$$

③ 不等沈下によるたわみ角

$$\theta_{A3} = +\frac{y}{l}, \quad \theta_{B3} = +\frac{y}{l} \quad\cdots\cdots ③$$

以上から，①+②+③を重ね合せると，

$$\theta_A = \theta_{A1} + \theta_{A2} + \theta_{A3}, \quad \theta_B = \theta_{B1} + \theta_{B2} + \theta_{B3}$$

$M_A = +M_{AB}$，$M_B = -M_{BA}$とすると，

$$\theta_A = \frac{(2M_{AB} - M_{BA})l}{6EI} + P \times \frac{b}{l} + \frac{y}{l}$$

$$\theta_B = -\frac{(M_{AB} - 2M_{BA})l}{6EI} - P \times \frac{a}{l} + \frac{y}{l}$$

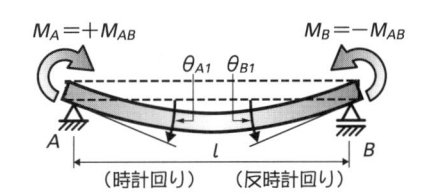

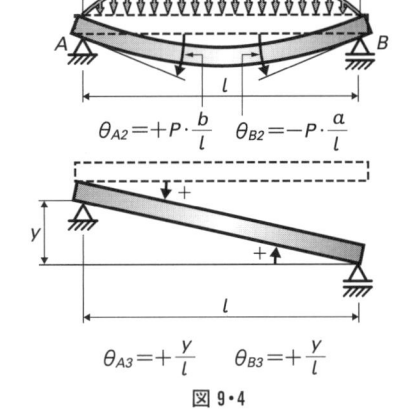

この式を材端モーメントM_{AB}，M_{BA}に関する式とする。ここから上式を変形整理する。両辺に$6EI/l$を掛けて

$$2M_{AB} - M_{BA} = \frac{6EI}{l} \cdot \theta_A + \frac{6EIPb}{l^2} + \frac{6EIy}{l^2} \quad\cdots\cdots ①$$

$$M_{BA} - 2M_{BA} = -\frac{6EI}{l} \cdot \theta_B + \frac{6EIPa}{l^2} - \frac{6EIy}{l^2} \quad\cdots\cdots ②$$

図9・4

M_{AB} について，式①を2倍して式②を引いて求め，M_{BA} については，式②を2倍して式①を引いて求めると，M_{AB} の式と M_{BA} の次の式が求まる。

$$M_{AB} = \frac{2EI}{l} \cdot (2\theta_A + \theta_B - 3yl) - \frac{2EP(2b-a)}{l^2}$$

$$M_{BA} = \frac{2EI}{l} \cdot (\theta_A + 2\theta_B - 3yl) + \frac{2EIP(2a-b)}{l^2}$$

ここで，$I/l = K_i$, $k = K_i/K_0$, $2E\theta_A = \varphi_A$, $2E\theta_B = \varphi_B$, $6Ey/l = \psi$（プサイ），$C_{AB} = -2EIP(2b-a)/l^2$, $C_{BA} = +2EIP(2a-b)/l^2$ とすると，材端モーメントの式は，A, B の両端が剛接点の基本式となる。

$$\left.\begin{array}{l} M_{AB} = k(2\varphi_A + \varphi_B + \psi) + C_{AB} \cdots\cdots\cdots(a) \\ M_{BA} = k(\varphi_A + 2\varphi_B + \psi) + C_{BA} \cdots\cdots\cdots(b) \end{array}\right\} \cdots\cdots (9\cdot3)（剛接基本式）$$

また，図 9·5 のように，A 端が剛接点で，他端 B 点がヒンジのとき，$M_{BA} = 0$ となる。式 (9·3) の φ_B を消去するため，式 (9·3) について式(a)×2−式(b) として，M_{AB} を求めると，他端ヒンジの基本式となる。

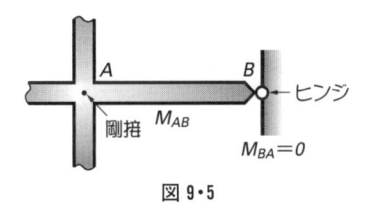

$$M_{BA} = 0, \quad M_{AB} = \frac{k}{2}(3\varphi_A + \psi) + \frac{2C_{AB} - C_{BA}}{2}$$

図 9·5

ここで，$C_{AB} - 0.5 C_{BA} = H_{AB}$ とする。また，逆に A 端がヒンジ，B 端が固定点のときの基本式は，式 (9·3) となる。

$$\left.\begin{array}{l} M_{BA} = 0, \quad M_{AB} = k(1.5\varphi_A + 0.5\psi) + H_{AB} \\ M_{AB} = 0, \quad M_{BA} = k(1.5\varphi_B + 0.5\psi) + H_{BA} \end{array}\right\} \cdots\cdots (9\cdot4)（ヒンジ基本式）$$

ここで，C_{AB}, C_{BA}, H_{AB}, H_{BA} は**荷重項**といい，固定ばりやプロップドサポートばりの固定端の曲げモーメントから求められ，一般に表 9·1 (次ページ) のようなデータとして与えられる。

また，たわみ角 φ_A, φ_B, ψ, C_{AB}, C_{BA}, H_{AB}, H_{BA} は，いずれもその単位はすべてモーメント〔kN·m〕に，整えられている。したがって，たわみ角法というが，単位はモーメントで取り扱う。

たわみ角法では，φ_A, φ_B, ψ の 3 つが未知数で，剛比 k, 荷重項 C_{AB}, C_{BA}, H_{AB}, H_{BA} は，いずれも既知である。ψ は変位する柱の構造に用いる。連続ばりや固定ラーメン等のはり構造は，$\psi = 0$ で考慮しなくてよい。

(2) 節点方程式

節点方程式は，剛接点における材端モーメントのつりあい式で，$\Sigma M_A = 0$ が適用される。たとえば，図 9·6 の節点 A において，仮想的に切断して考えると，材端モーメントのつりあいから

$$\Sigma M_A = -M_{AB} - M_{AC} - M_{AD} = 0$$

こうした，各節点でたてた，材端モーメントのつりあい式を**節点方程式**という。一般に，次式となる。$\Sigma (-M_A) = M_{AB} + M_{AC} + M_{AD} = 0$ となり，

$$\Sigma(-M_i) = 0 \cdots\cdots\cdots\cdots\cdots (9\cdot5)$$

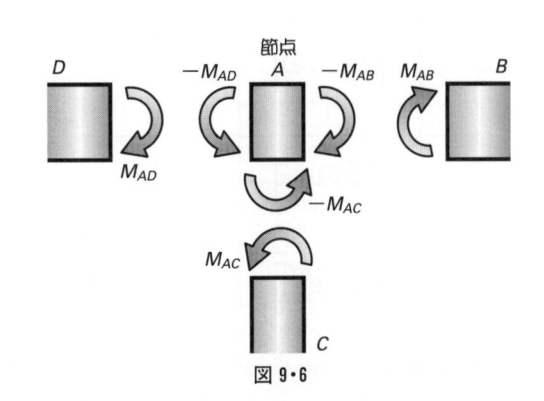

図 9·6

9・3 節点方程式によるラーメンの計算

- 高次の不静定構造物について，節点方程式により組織的に解く手順を理解する。この方法は変形法で，どのような高次のものでも全く同じ手法が機械的に用いられる。

(1) 荷 重 項

基本式に用いる荷重項は，表9・1のようである。荷重項は，両端固定ばりまたはプロップドサポートばりの，固定端の曲げモーメントから求められている。

表9・1 荷 重 項

記号 支持方法 作用図		C_{AB}	C_{BA}	H_{AB}	H_{BA}
①		$-\dfrac{Pl}{8}$	$\dfrac{Pl}{8}$	$-\dfrac{3Pl}{16}$	$\dfrac{3Pl}{16}$
②		$-\dfrac{Pab^2}{l^2}$	$\dfrac{Pa^2b}{l^2}$	$-\dfrac{Pab(l+b)}{2l^2}$	$\dfrac{Pab(l+a)}{2l^2}$
③		$-\dfrac{wl^2}{12}$	$\dfrac{wl^2}{12}$	$-\dfrac{wl^2}{8}$	$\dfrac{wl^2}{8}$
④		$-\dfrac{wl^2}{30}$	$\dfrac{wl^2}{20}$	$-\dfrac{7wl^2}{120}$	$\dfrac{wl^2}{15}$
⑤		$-\dfrac{(3w_a+2w_b)l^2}{60}$	$\dfrac{(2w_a+3w_b)l^2}{60}$	$-\dfrac{(8w_a+7w_b)l^2}{120}$	$\dfrac{(7w_a+8w_b)l^2}{120}$
⑥		$-\dfrac{w}{60}\left\{2a^2+\dfrac{3b}{l}\right.$ $\left.\times(2l^2-b^2)\right\}$	$\dfrac{w}{60}\left\{2b^2+\dfrac{3a}{l}\right.$ $\left.\times(2l^2-a^2)\right\}$	$-\dfrac{w(l+b)}{120l}$ $\times(7l^2-3b^2)$	$\dfrac{w(l+a)}{120l}$ $\times(7l^2-3a^2)$
⑦		$-\dfrac{wa^2}{12l^2}(6l^2$ $-8al+3a^2)$	$\dfrac{wa^3}{12l^2}(4l-3a)$	$-\dfrac{wa^2(2l-a)^2}{8l^2}$	$\dfrac{wa^2(l^2-a^2)}{8l^2}$
⑧		$-\dfrac{1}{l^2}\int_0^l yx$ $\times(l-x)^2 dx$	$\dfrac{1}{l^2}\int_0^l yx^2$ $\times(l-x)dx$	$-\dfrac{1}{2l^2}\int_0^l y(l-x)$ $\times(2l-x)dx$	$\dfrac{1}{2l^2}\int_0^l yx$ $\times(l^2-x^2)dx$

（２） 固定ラーメンの計算例

【計算例】 図 9・7 の固定ラーメンに，荷重 $P=12$ kN が作用するとき，モーメント図を描く。固定端のたわみは 0 である。

解答 未知数は φ_A だけであり，$\varphi_B=\varphi_C=\varphi_D=0$，式（9・4）の基本式を適用する。

① 基本式は部材ごとに適用

(a) AB部材：$k=1$，$\varphi_A=\varphi_A$，$\varphi_B=0$，$\psi=0$ で，表 9・1 より，$C_{AB}=\dfrac{-Pl}{8}=\dfrac{-12\times 6}{8}=-9$ kN·m，$C_{BA}=+9$ kN·m を代入する。

$$M_{AB}=k(2\varphi_A+\varphi_B+\psi)+C_{AB}$$
$$=1(2\varphi_A+0+0)-9$$
$$=2\varphi_A-9$$
$$M_{BA}=k(\varphi_A+2\varphi_B+\psi)+C_{BA}$$
$$=1(\varphi_A+2\times 0+0)+9=\varphi_A+9$$

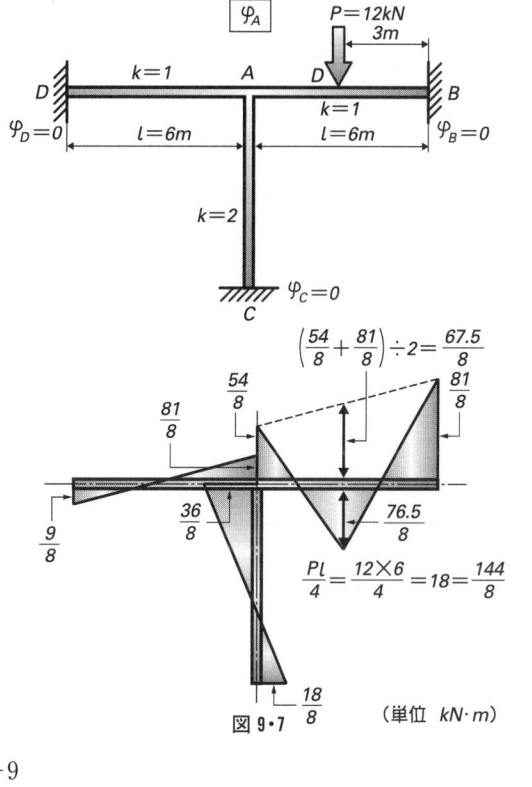

(b) AC部材：$k=2$，$\varphi_A=\varphi_A$，$\varphi_C=0$，$\psi=0$，$C_{AC}=C_{CA}=0$（AC間荷重なし）

$$M_{AC}=k(2\varphi_A+\varphi_C+\psi)+C_{AC}=2(2\varphi_A+0+0)+0=4\varphi_A$$
$$M_{CA}=k(\varphi_A+2\varphi_C+\psi)+C_{CA}=2(\varphi_A+2\times 0+0)+0=2\varphi_A$$

(c) AD部材：$k=1$，$\varphi_A=\varphi_A$，$\varphi_D=0$，$\psi=0$，$C_{AD}=C_{DA}=0$（DA間荷重なし）

$$M_{AD}=k(2\varphi_A+\varphi_D+\psi)+C_{AD}=1(2\varphi_A+0+0)+0=2\varphi_A$$
$$M_{DA}=k(\varphi_A+2\varphi_D+\psi)+C_{DA}=1(\varphi_A+2\times 0+0)+0=\varphi_A$$

② 節点方程式をA点に適用し，φ_A を求める。 $\Sigma(-M_A)=0$ の適用

$\Sigma(-M_A)=M_{AB}+M_{AC}+M_{AD}=0$ より，

$$M_{AB}+M_{AC}+M_{AD}=(2\varphi_A-9)+(4\varphi_A)+(2\varphi_A)=0$$

$8\varphi_A-9=0$ より，　　$\varphi_A=+\dfrac{9}{8}$ kN·m

③ 材端モーメントの計算（単位 kN·m）

$$M_{AB}=2\varphi_A-9=2\times\dfrac{9}{8}-9=\dfrac{-54}{8}, \quad M_{BA}=\varphi_A+9=\dfrac{9}{8}+9=\dfrac{81}{8}$$

$$M_{AC}=4\varphi_A=4\times\dfrac{9}{8}=\dfrac{36}{8}, \quad M_{CA}=2\varphi_A=\dfrac{9}{8}\times 2=\dfrac{18}{8}$$

$$M_{AD}=2\varphi_A=2\times\dfrac{9}{8}=\dfrac{18}{8}, \quad M_{DA}=\varphi_A=\dfrac{9}{8}$$

④ モーメント図の描画（図 9・7）

荷重点Dのモーメントは，　$\dfrac{Pl}{4}-\dfrac{54/8+81/8}{2}=\dfrac{12\times 6}{4}-\dfrac{135}{16}=\dfrac{76.5}{8}$ kN·m

図 9・7

9・4 節点方程式による連続ばりの計算

- 高次の不静定連続ばりの計算を，たわみ角法を用いて解いてみる。

(1) 固定端をもつ連続ばりの計算

例題・1

図9・8に示す連続ばりの曲げモーメント図を描け。支点上のわたみ角を未知数とする。

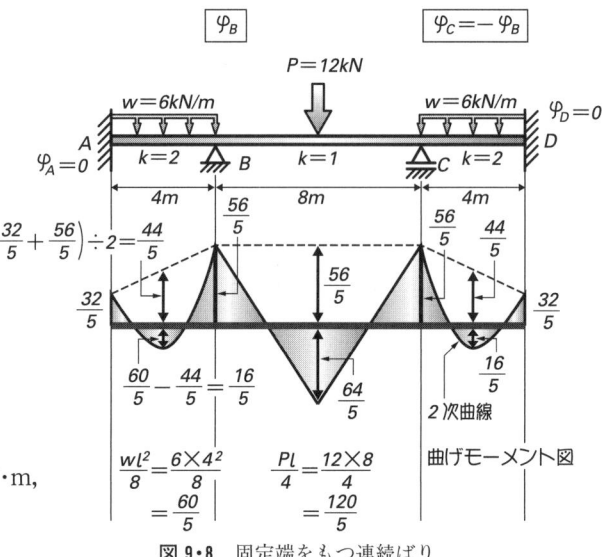

図9・8 固定端をもつ連続ばり

解答 未知数 $\varphi_B, \varphi_C,(\varphi_B=-\varphi_C:$ 対称)

① 基本式の適用

(a) AB部材：$k=2, \varphi_A=0,$
$\varphi_B=\varphi_B, \psi=0, C_{AB}=$
$\dfrac{-wl^2}{12}=\dfrac{-6\times 4^2}{12}=-8\,\text{kN·m},$
$M_{AB}=2(2\times 0+\varphi_B+0)-8$
$\quad = 2\varphi_B-8$
$M_{BA}=2(0+2\varphi_B+0)+8=4\varphi_B+8$

(b) BC部材：$k=1, \varphi_B=\varphi_B, \varphi_C=-\varphi_B, \psi=0, C_{BC}=\dfrac{-Pl}{8}=\dfrac{-12\times 8}{8}$

$=-12\,\text{kN·m}, C_{CB}=+12\,\text{kN·m}$

$M_{BC}=k(2\varphi_B+\varphi_C+\psi)+C_{BC}=1(2\varphi_B+\varphi_C+0)-12=2\varphi_B+\varphi_C-12=\varphi_B-12$

$M_{CB}=k(\varphi_B+2\varphi_C+\psi)+C_{CB}=1(\varphi_B+2\varphi_C+0)+12=\varphi_B+2\varphi_C+12=-\varphi_B+12$

(c) CD部材：$k=2, \varphi_C=\varphi_C, \varphi_D=0, \psi=0, C_{CD}=\dfrac{-wl^2}{12}=\dfrac{-6\times 4^2}{12}=-8\,\text{kN·m},$
$C_{DC}=+8\,\text{kN·m}$

$M_{CD}=k(2\varphi_C+\varphi_D+\psi)+C_{CD}=2(2\varphi_C+0+0)-8=4\varphi_C-8=-4\varphi_B-8$

$M_{DC}=k(\varphi_C+2\varphi_D+\psi)+C_{DC}=2(\varphi_C+2\times 0+0)+8=2\varphi_C+8=-2\varphi_B+8$

② 節点方程式はB点において $\Sigma(-M_B)=0(\varphi_B$が未知数$)$とすると，

$\Sigma(-M_B)=M_{BA}+M_{BC}=0$ から

$(4\varphi_B+8)+(\varphi_B-12)=0, \; 5\varphi_B-4=0$ より $\varphi_B=\dfrac{4}{5}\,\text{kN·m},$

$\varphi_C=-\varphi_B=-\dfrac{4}{5}\,\text{kN·m}$

③ 材端モーメントの計算（単位　kN·m）

9・4 節点方程式による連続ばりの計算 223

$$M_{AB}=2\varphi_B-8=2\times\frac{4}{5}-8=-\frac{32}{5}, \quad M_{BA}=4\varphi_B+8=4\times\frac{4}{5}+8=\frac{56}{5},$$

$$M_{BC}=\varphi_B-12=\frac{4}{5}-12=-\frac{56}{5}, \quad M_{CB}=-\varphi_B+12=-\frac{4}{5}+12=\frac{56}{5},$$

$$M_{CD}=-4\varphi_B-8=-4\times\frac{4}{5}-8=-\frac{56}{5}, \quad M_{DC}=-2\varphi_B+8=-2\times\frac{4}{5}+8=\frac{32}{5}$$

④ 曲げモーメント図は, 図9・8のようである。

(2) ヒンジを有する連続ばりの計算

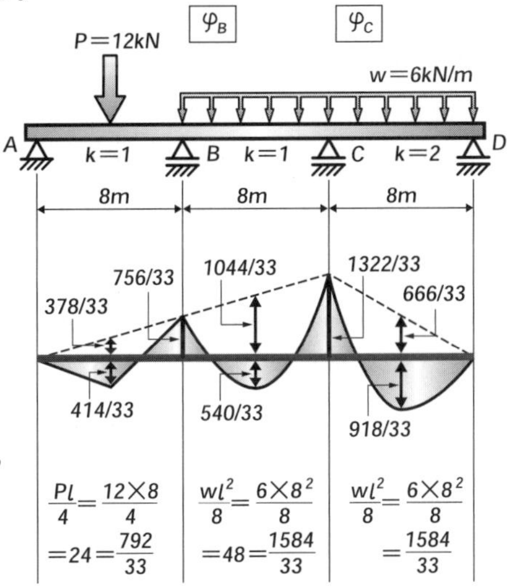

図9・9は, AおよびD点がヒンジの連続ばりで

$$M_A=M_{AB}=0, \quad M_D=M_{DC}=0$$

であり, AB部材, CD部材には基本式として, 1端がヒンジの場合の式(9・4)を適用する。

また対称荷重構造でないため, φ_Bとφ_Cはともに未知数である。このため, 2元連立方程式を解いて求める。

① 基本式の適用

(a) AB部材(ヒンジ基本式(9・4)): $M_{AB}=0, \ k=1,$
$\varphi_B=\varphi_B, \ \psi=0,$

$$H_{BA}=\frac{+3Pl}{16}=3\times12\times\frac{8}{16}=+18\ \text{kN}\cdot\text{m}$$

$$M_{BA}=k(1.5\varphi_B+0.5\psi)+H_{BA}=1(1.5\varphi_B+0)+18=1.5\varphi_B+18$$

(b) BC部材: $k=1, \ \varphi_B=\varphi_B, \ \varphi_C=\varphi_C, \ \psi=0, \ C_{BC}=\frac{-wl^2}{12}=\frac{-6\times8^2}{12}=-32\ \text{kN}\cdot\text{m},$

$C_{CB}=+32\ \text{kN}\cdot\text{m}$ (剛接基本式(9・3)を適用)

$$M_{BC}=k(2\varphi_B+\varphi_C+\psi)+C_{BC}=1(2\varphi_B+\varphi_C+0)-32=2\varphi_B+\varphi_C-32$$

$$M_{CB}=k(\varphi_B+2\varphi_C+\psi)+C_{CB}=1(\varphi_B+2\varphi_C+0)+32=\varphi_B+2\varphi_C+32$$

(c) CD部材: $k=2, \ \varphi_C=\varphi_C, \ \varphi_D=0, \ \psi=0, \ H_{CD}=\frac{-wl^2}{8}=\frac{-6\times8^2}{8}=-48\ \text{kN}\cdot\text{m}$

D点ヒンジだから (ヒンジ基本式(9・4)を適用),

$$M_{DC}=0, \quad M_{CD}=k(1.5\varphi_C+0.5\psi)+H_{CD}=2(1.5\varphi_C+0)-48=3\varphi_C-48$$

② 節点方程式: φ_Bとφ_Cが未知数だから, $\Sigma(-M_B)=0, \Sigma(-M_C)=0$を連立して$\varphi_B, \varphi_C$を求める。

$$\Sigma(-M_B)=M_{BA}+M_{BC}=(1.5\varphi_B+18)+(2\varphi_B+\varphi_C-32)=0, \quad 3.5\varphi_B+\varphi_C=14 \cdots\cdots ①$$

$$\Sigma(-M_C)=M_{CB}+M_{CD}=(\varphi_B+2\varphi_C+32)+(3\varphi_C-48)=0, \quad \varphi_B+5\varphi_C=16 \cdots\cdots ②$$

方程式①, ②を連立して, $\varphi_B=108/33, \ \varphi_C=84/33$ となる。

③ 材端モーメントの計算 (単位 kN・m)

$$M_{AB}=0, \quad M_{BA}=1.5\times\frac{108}{33}+18=\frac{756}{33}, \quad M_{BC}=2\times\frac{108}{33}+\frac{84}{33}-32=-\frac{330}{33},$$

$$M_{CB}=\frac{108}{33}+2\times\frac{84}{33}+32=\frac{1332}{33}, \quad M_{CD}=3\times\frac{84}{33}-48=-\frac{1332}{33}, \quad M_{DC}=0$$

④ 曲げモーメント図は, 図9・9のようである。

図9・9 ヒンジをもつ連続ばり

9・5 節点方程式によるラーメンの計算演習

- ここでは，節点方程式で解けるラーメン構造についての練習を行う。

例題・2

図9・10のラーメン橋の曲げモーメント図を描け。点C，点Eはヒンジであり，モーメント $M_{CB}=M_{ED}=0$ である。また，未知数は φ_B，φ_C である。

解答 ① 基本式の適用（公式（9・3），（9・4））

$$\text{AB}\begin{cases} M_{AB}=1(2\times 0+\varphi_B+0)-6\times\dfrac{6^2}{12} \\ \qquad =\varphi_B-18 \\ M_{BA}=1(0+2\varphi_B+0)+18 \\ \qquad =2\varphi_B+18 \end{cases}$$

$$\text{BD}\begin{cases} M_{BD}=2(2\varphi_B+\varphi_D+0)-18 \\ \qquad =4\varphi_B+2\varphi_D-18 \\ M_{DB}=2(\varphi_B+2\varphi_D+0)+18 \\ \qquad =2\varphi_B+4\varphi_D+18 \end{cases}$$

$$\text{DF}\begin{cases} M_{DF}=1(2\varphi_D+0+0)-0=2\varphi_D \\ M_{FD}=1(\varphi_D+2\times 0+0)+0=\varphi_D \end{cases}$$

$$\text{BC}\ \{M_{BC}=3(1.5\varphi_B+0)-0=4.5\varphi_B,\ M_{CB}=0$$

$$\text{DE}\ \{M_{DE}=3(1.5\varphi_D+0)-0=4.5\varphi_D,\ M_{ED}=0$$

② 節点方程式：未知数 φ_B，φ_D なので，$\Sigma(-M_B)=0$，$\Sigma(-M_D)=0$ の連立方程式を解く。

$$\Sigma(-M_B)=M_{BA}+M_{BC}+M_{BD}=(2\varphi_B+18)+(4.5\varphi_B)+(4\varphi_B+2\varphi_D-18)=0$$

$$\Sigma(-M_D)=M_{DB}+M_{DE}+M_{DF}=(2\varphi_B+4\varphi_D+18)+(4.5\varphi_D)+(2\varphi_D)=0$$

$$\left.\begin{array}{l} 10.5\varphi_B+2\varphi_D=0 \quad\cdots\cdots①\\ 2\varphi_B+10.5\varphi_D=-18 \quad\cdots\cdots② \end{array}\right\} \text{より}\quad \varphi_B=+\dfrac{144}{425},\ \varphi_D=-\dfrac{756}{425}$$

③ 材端モーメントの計算（単位 kN・m）

$$M_{AB}=\dfrac{144}{425}-18=-\dfrac{7506}{425},\quad M_{BA}=2\times\dfrac{144}{425}+18=+\dfrac{7938}{425},$$

$$M_{BD}=4\times\dfrac{144}{425}-2\times\dfrac{756}{425}-18=-\dfrac{8586}{425},$$

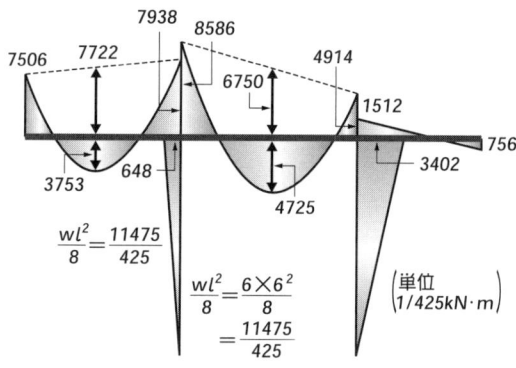

図9・10 ラーメン橋モーメント図

$$M_{DB} = 2 \times \frac{144}{425} - 4 \times \frac{756}{425} + 18 = +\frac{4914}{425},$$

$$M_{DF} = -2 \times \frac{756}{425} = -\frac{1512}{425}, \quad M_{FD} = -\frac{756}{425}, \quad M_{BC} = 4.5 \times \frac{144}{425} = +\frac{648}{425},$$

$$M_{CB} = 0, \quad M_{DE} = -4.5 \times \frac{756}{425} = -\frac{3402}{425}, \quad M_{ED} = 0$$

④ 曲げモーメント図を図9・10に描く。

演習問題・1

1. 次の連続ばりの曲げモーメント図を描け。

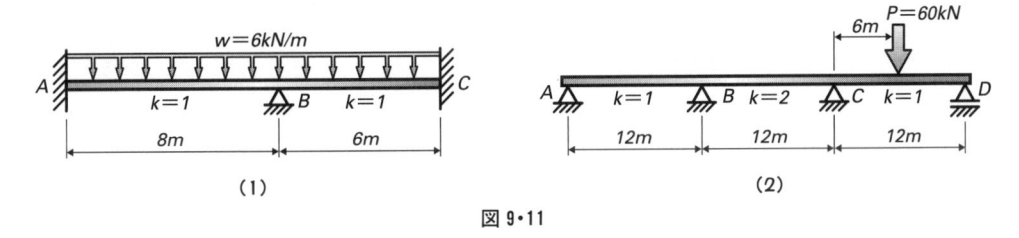

図 9・11

2. 次のラーメンの曲げモーメント図を描け。

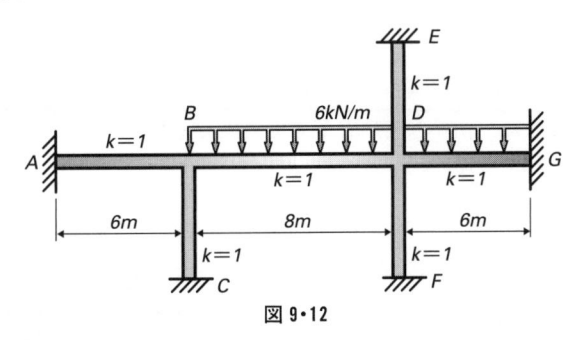

図 9・12

(解説・解答：p.232〜233)

9・6 層方程式によるラーメンの計算と連立方程式の近似解法

- 階層をもつラーメン構造では，節点方程式と各階層ごとに一つの未知数として層方程式が加わるので，節点方程式と層方程式とを連立して階層をもつラーメン構造が解ける。

(1) 層方程式の考え方

ラーメン構造で，柱の水平変位を考慮する場合，節点方程式 $\Sigma(-M_i)=0$ と合わせて一層に1つの水平方向のつりあい式として**層方程式** $\Sigma H=0$ をたてる。このことで，水平方向の柱の回転角 ψ（プサイ）を決定する必要がある。水平変位する1階建では，1つの層方程式を10階建なら10個の層方程式 $\Sigma H_i=0$ を求め，節点方程式 $\Sigma(-M_i)=0$ と合わせて連立方程式を求めて解く必要がある。

回転角 ψ は，柱について考慮するが，一般にはり部材には考慮しない。

図9・13

(2) 層方程式

層方程式は，各階ごとに考える。たとえば，建物の n 階部分の層方程式は，図(9・14・1)のように，n 階の天井直下で仮想的に切断し，その上部に作用する水平力 Q の合計 ΣQ と，図(9・14・2)のように，n 階の各柱上端に生じる材端モーメントがつくる水平反力 H の合計 ΣH とがつりあうことから求める。

$$\Sigma H + \Sigma Q = 0$$

$$\Sigma Q + \Sigma \frac{M_{mn}+M_{nm}}{h_n}=0$$

n 階の柱の全材端モーメントの合計

$$\Sigma(M_{mn}+M_{nm})$$

は，n 階より上部の水平力の合計 ΣQ に n 階の柱の高さを掛けたものとつりあうことで層方程式が求まる。

$$\Sigma(M_{mn}+M_{nm})=-h_n \times \Sigma Q \quad \cdots (9 \cdot 6)$$

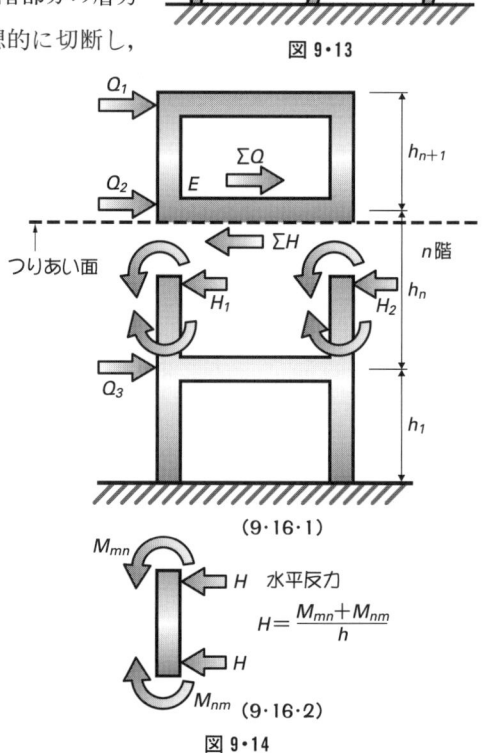

(9・16・1)

水平反力
$$H=\frac{M_{mn}+M_{nm}}{h}$$

(9・16・2)

図9・14

9・6 層方程式によるラーメンの計算と連立方程式の近似解法

例題・3

図9・15に示すように，水平荷重を受けるラーメンの曲げモーメント図を描け。

解答

① 基本式（未知数 φ_B, φ_C, ψ）

$M_{AB}=1(2\times0+\varphi_B+\psi)-0=\varphi_B+\psi$

$M_{BA}=1(2\varphi_B+0+\psi)+0=2\varphi_B+\psi$

（注） はりには，ψ（プサイ）は生じない。

$M_{BC}=2(2\varphi_B+\varphi_C+0)-0$
$=4\varphi_B+2\varphi_C$

$M_{CB}=2(\varphi_B+2\varphi_C+0)+0$
$=2\varphi_B+4\varphi_C$

$M_{CD}=2(2\varphi_C+0+\psi)-0=4\varphi_C+2\psi$

$M_{DC}=2(\varphi_C+2\times0+\psi)+0=2\varphi_C+2\psi$

② 節点方程式

$\Sigma(-M_B)=M_{BA}+M_{BC}$
$=(2\varphi_B+\psi)+(4\varphi_B+2\varphi_C)$
$=6\varphi_B+2\varphi_C+\psi=0$ ……①

$\Sigma(-M_C)=M_{CB}+M_{CD}$
$=(2\varphi_B+4\varphi_C)+(4\varphi_C+2\psi)$
$=2\varphi_B+8\varphi_C+2\psi=0$ ……②

③ 層方程式

$\Sigma Q=100$ kN（右向き正），$h=4$ m

$\Sigma(M_{mn}+M_{nm})$
$=(M_{AB}+M_{BA})+(M_{CD}+M_{DC})$
$=(\varphi_B+\psi)+(2\varphi_B+\psi)+(4\varphi_C+2\psi)$
$+(2\varphi_C+2\psi)=3\varphi_B+6\varphi_C+6\psi$

よって，式（9・6）から，層方程式は，

$\Sigma(M_{mn}+M_{nm})=-h\times\Sigma Q$

$3\varphi_B+6\varphi_C+6\psi=-4\times100$ ……③

④ 連立方程式の解法

$\begin{cases} 6\varphi_B+2\varphi_C+\psi=0 & \cdots\cdots ① \\ 2\varphi_B+8\varphi_C+2\psi=0 & \cdots\cdots ② \\ 3\varphi_B+6\varphi_C+6\psi=-400 & \cdots\cdots ③ \end{cases}$

これを解いて，$\varphi_B=\dfrac{50}{6}$, $\varphi_C=\dfrac{125}{6}$, $\psi=-\dfrac{550}{6}$

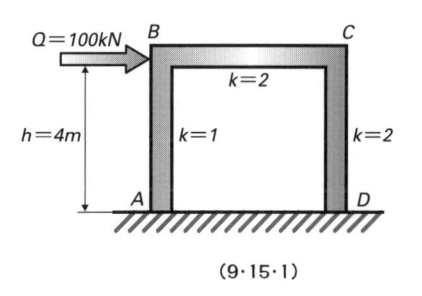

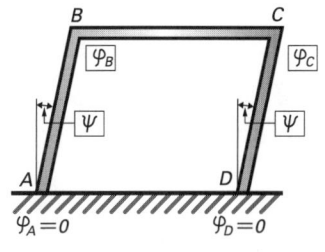

（9・15・1）

（9・15・2）未知数

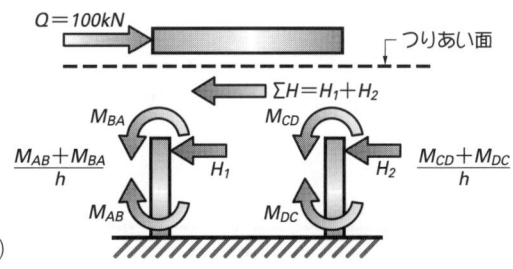

（9・15・3）層方程式つりあい図

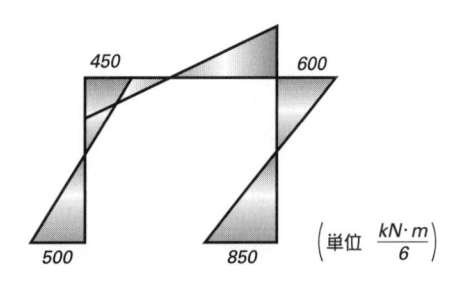

（単位 $\dfrac{kN\cdot m}{6}$）

（9・15・4）曲げモーメント図

図 9・15

⑤ 材端モーメントの計算（単位 kN・m）

$$M_{AB} = \varphi_B + \psi = \frac{50}{6} - \frac{550}{6} = -\frac{500}{6}, \quad M_{BA} = 2\varphi_B + \psi = 2 \times \frac{50}{6} - \frac{550}{6} = -\frac{450}{6}$$

$$M_{BC} = 4\varphi_B + 2\varphi_C = 4 \times \frac{50}{6} + 2 \times \frac{125}{6} = \frac{450}{6}, \quad M_{CB} = 2\varphi_B + 4\varphi_C = 2 \times \frac{50}{6} + 4 \times \frac{125}{6} = \frac{600}{6}$$

$$M_{CD} = 4\varphi_C + 2\psi = 4 \times \frac{125}{6} - 2 \times \frac{550}{6} = -\frac{600}{6}$$

$$M_{DC} = 2\varphi_C + 2\psi = 2 \times \frac{125}{6} - 2 \times \frac{550}{6} = -\frac{850}{6}$$

⑥ 曲げモーメント図は，図9・15のようになる。

（3） 多元連立方程式の解き方

図9・15に示す程度のラーメンの解法では，3元連立方程式で解けるが，実務的な計算では，多元連立方程式となり，パソコンにより解くことになる。しかし，次に示す近似法により解いても，十分に電卓だけで精度よく解けるため，広く用いられる。たとえば，例題3の連立方程式を数値計算してみよう。一般に，4～5回の繰返し計算で所要の精度の解が求められる。

［手順］ ① 式の変形として，対角線要素の未知数で表現する。

$$\begin{cases} \varphi_B = -\dfrac{2\varphi_C + \psi}{6} & \cdots\cdots ① \\ \varphi_C = -\dfrac{2\varphi_B + 2\psi}{8} & \cdots\cdots ② \\ \psi = -\dfrac{3\varphi_B + 6\varphi_C + 400}{6} & \cdots\cdots ③ \end{cases}$$

② 第1近似：φ_Bを求めるとき，φ_C，ψは未知数なので0と仮定すると，$\varphi_B = 0$

φ_Cを求めるとき，$\varphi_B = 0$とし，ψは未知数なので，0すると，$\varphi_C = 0$

ψを求めるとき，$\varphi_B = 0$，$\varphi_C = 0$なので，$\psi = -\dfrac{3 \times 0 + 6 \times 0 + 400}{6} = -67$

第2近似：φ_Bを求めるとき，$\varphi_C = 0$，$\psi = -67$とすると，$\varphi_B = -\dfrac{2 \times 0 - 67}{6} = 11$

φ_Cを求めるとき，$\varphi_B = 11$，$\psi = -67$とすると，$\varphi_C = -\dfrac{2 \times 11 - 2 \times 67}{8} = 14$

ψを求めるとき，$\varphi_B = 11$，$\varphi_C = 14$とすると，$\psi = -\dfrac{3 \times 11 + 6 \times 14 + 400}{6} = -86$

近 似	$\varphi_B = -(2\varphi_C + 4)/6$	$\varphi_C = -(2\varphi_B + 2\psi)/8$	$\psi = -(3\varphi_B + 6\varphi_C + 400)/6$
第1	0	0	−67
第2	11	14	−86
第3	9.7	19.1	−91
第4	8.8	20.6	−91.7 (550/6)
第5	8.42	20.82	−91.70

9・6 層方程式によるラーメンの計算と連立方程式の近似解法   229

第3近似：φ_Bを求めるとき，$\varphi_C=14$，$\psi=-86$とすると，$\varphi_B=-\dfrac{2\times14-86}{6}=9.7$

φ_Cを求めるとき，$\varphi_B=9.7$，$\psi=-86$とすると，$\varphi_C=-\dfrac{2\times9.7-2\times86}{8}=19.1$

ψを求めるとき，$\varphi_B=9.7$，$\varphi_C=19.1$とすると，$\psi=-\dfrac{3\times9.7+6\times19.1+400}{6}=-91$

第4近似：$\varphi_B=-\dfrac{2\times19.1-91}{6}=+8.8$, $\quad \varphi_C=-\dfrac{2\times8.8-2\times91}{8}=20.6$

$\psi=-\dfrac{3\times8.8+6\times20.6+400}{6}$

$=\dfrac{550}{6}=91.7$（消去法の解と一致する。）

第5近似：$\varphi_B=8.42$，$\varphi_C=20.82$，$\psi=-91.70$

こうした近似解の計算は，最初は整数程度の精度で，第3回〜4回目では小数以下第2位程度となるようにする。

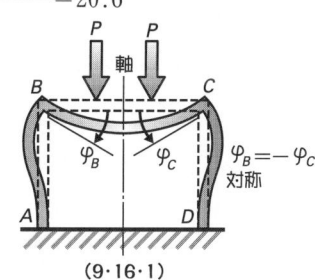

（4） 構造の対称性，逆対称性

① 構造，荷重がともに対称の場合

構造物が対称で，かつ荷重も対称であるとき，図（9・16・1）のように，対称軸に対してたわみ角は，$\varphi_B=-\varphi_C$で大きさ等しく，符号は反対となる。このときは，柱の回転角ψは生じないので，層方程式は必要でなく，節点方程式だけで解ける。

② 構造対称，荷重逆対称の場合

図（9・16・2）のように，対称軸に構造が対称で荷重が逆対称のとき，対称軸に対する節点のたわみ角$\varphi_B=\varphi_C$となる。柱の回転角ψ（プサイ）は生じる。

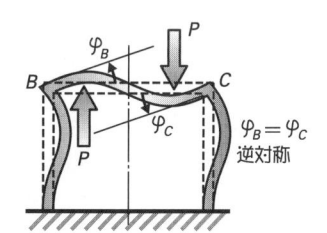

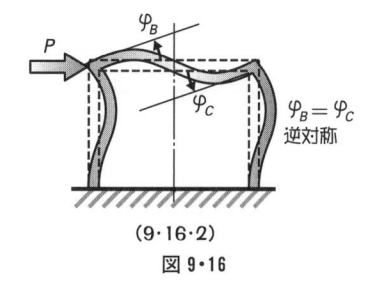

図9・16

演習問題・2

1. 構造，荷重ともに対称な図9・17のラーメンの曲げモーメント図を描け。
2. 構造対称，荷重逆対称の図9・18のラーメンの曲げモーメント図を描け。

（解説・解答：p.234）

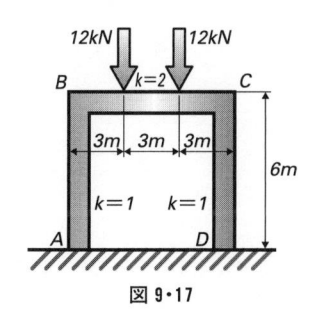

図9・17

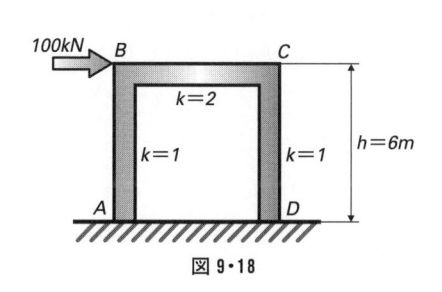

図9・18

9・7 水平荷重を受ける2階ラーメンの計算

> ● 二層構造のラーメンについて層方程式の利用法を学び，多層ラーメンの計算手順を理解する。

例題・4
図9・19に示す，2階のラーメンの曲げモーメント図を描け。

解答 未知数，φ_B, φ_C, φ_D, φ_E, ψ_1, ψ_2の連立方程式をつくり，これを解いてモーメント図を描く。ただし，逆対称構造で$\varphi_B=\varphi_E$, $\varphi_C=\varphi_D$である。

① 基本式

$M_{AB} = \varphi_B + \psi_1$

$M_{BA} = 2\varphi_B + \psi_1$

$M_{BC} = 2\varphi_B + \varphi_C + \psi_2$

$M_{CB} = \varphi_B + 2\varphi_C + \psi_2$

$M_{BE} = 2\varphi_B + \varphi_E = 3\varphi_B$

$M_{EB} = \varphi_B + 2\varphi_E = 3\varphi_B$

$M_{CD} = 2\varphi_C + \varphi_D = 3\varphi_C$

$M_{DC} = \varphi_C + 2\varphi_D = 3\varphi_C$

$M_{ED} = 2\varphi_E + \varphi_D + \psi_2 = 2\varphi_B + \varphi_C + \psi_2$

$M_{DE} = \varphi_E + 2\varphi_D + \psi_2 = \varphi_B + 2\varphi_C + \psi_2$

$M_{FE} = \varphi_E + \psi_1 = \varphi_B + \psi_1$

$M_{EF} = 2\varphi_B + \psi_1$

② 節点方程式

$\Sigma(-M_B) = M_{BA} + M_{BE} + M_{BC}$
$\qquad = (2\varphi_B+\psi_1)+(3\varphi_B)+(2\varphi_B+\varphi_C+\psi_2)$
$\qquad = 7\varphi_B+\varphi_C+\psi_1+\psi_2=0$ ……………………①

$\Sigma(-M_C) = M_{CB}+M_{CD} = (\varphi_B+2\varphi_C+\psi_2)+(3\varphi_C)$
$\qquad = \varphi_B+5\varphi_C+\psi_2=0$ ……………………②

図9・19
(9・19・1)
(9・19・2) 未知数

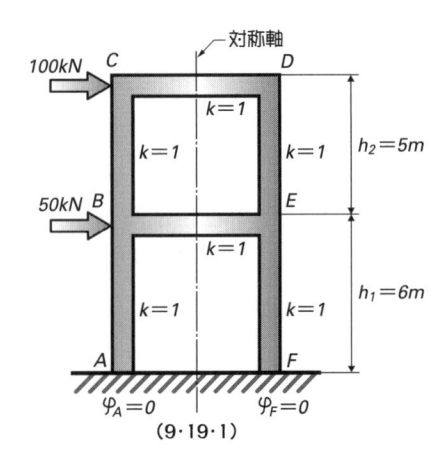

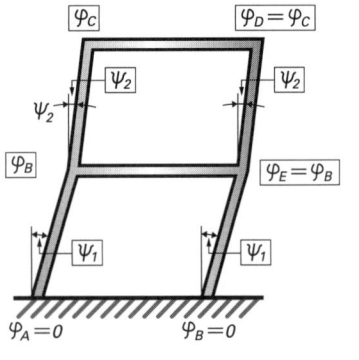

③ 層方程式

図9·20についてのつりあい面を考える。

2階の層方程式で，公式(9·7)より

$\Sigma Q = 100$ kN, $h_2 = 5$ m

$\Sigma(M_{mn} + M_{nm})$
$= (M_{CB} + M_{BC}) + (M_{DE} + M_{ED})$
$2(3\varphi_B + 3\varphi_C + 2\psi_2) = -5 \times 100$
$3\varphi_B + 3\varphi_C + 2\psi_2 = -250$ ········③

1階の層方程式 $\Sigma Q = 100 + 50$
$= 150$ kN, $h_1 = 6$ m

$\Sigma(M_{mn} + M_{nm})$
$= (M_{AB} + M_{BA}) + (M_{EF} + M_{FE})$
$2(3\varphi_B + 2\psi_1) = -6 \times 150$
$3\varphi_B + 2\psi_1 = -450$ ·················④

④ 連立方程式の解法

$\begin{cases} 7\varphi_B + \varphi_C + \psi_1 + \psi_2 = 0 & \cdots\cdots① \\ \varphi_B + 5\varphi_C + \psi_2 = 0 & \cdots\cdots② \\ 3\varphi_B + 3\varphi_C + 2\psi_2 = -250 & \cdots③ \\ 3\varphi_B + 2\psi_1 = -450 & \cdots④ \end{cases}$

これを解いて，$\varphi_B = 93.6$, $\varphi_C = 49.1$,
$\psi_1 = -365$, $\psi_2 = -339$

⑤ 材端モーメントの計算（単位 kN·m）

$M_{AB} = -271$, $M_{BA} = -178$

$M_{BC} = -103$, $M_{CB} = -147$

$M_{BE} = +281$, $M_{EB} = +281$

$M_{CD} = +147$, $M_{DC} = +147$

$M_{DE} = -147$, $M_{ED} = -103$

$M_{EF} = -178$, $M_{FE} = -271$

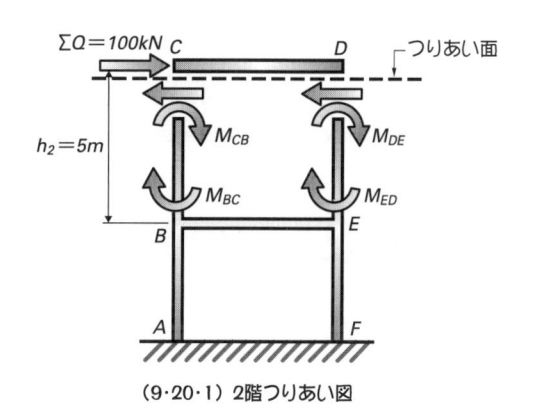

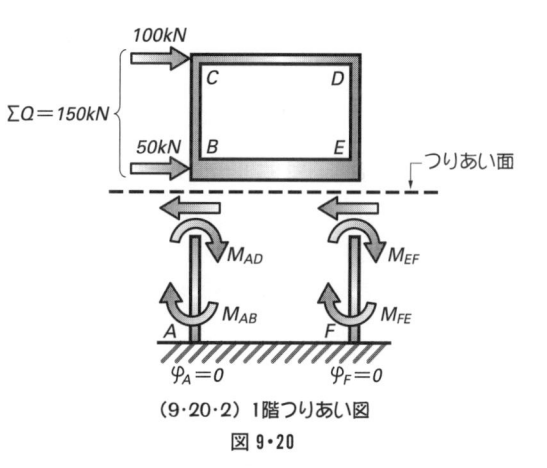

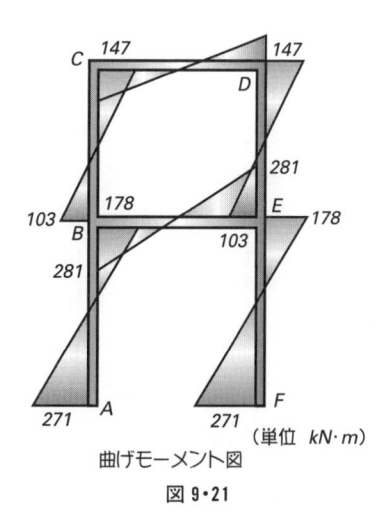

(9·20·1) 2階つりあい図

(9·20·2) 1階つりあい図

図 9·20

曲げモーメント図
図 9·21

第9章演習問題の解説・解答

演習問題・1　節点方程式によるラーメンの計算　(p.225)

1

(1) 両端固定端連続ばり

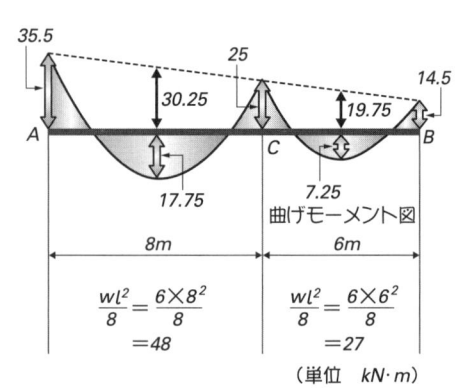

① 剛接基本式（未知数 φ_B）： $\varphi_A = \varphi_C = 0$

$M_{AB} = 1(2 \times 0 + \varphi_B + 0) - 6 \times \dfrac{8^2}{12} = \varphi_B - 32$

$M_{BA} = 1(0 + 2\varphi_B + 0) + 32 = 2\varphi_B + 32$

$M_{BC} = 1(2\varphi_B + 0 + 0) - 6 \times \dfrac{6^2}{12} = 2\varphi_B - 18$

$M_{CB} = 1(\varphi_B + 2 \times 0 + 0) + 18 = \varphi_B + 18$

② 節点方程式 φ_B より　$\Sigma - M_B = 0$

$\Sigma(-M_B) = M_{BA} + M_{BC}$
$= (2\varphi_B + 32) + (2\varphi_B - 18) = 0$

∴　$4\varphi_B = -14$　　よって，$\varphi_B = -3.5\,\text{kN·m}$

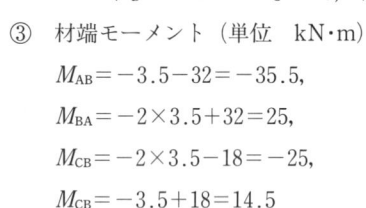

③ 材端モーメント（単位　kN·m）

$M_{AB} = -3.5 - 32 = -35.5$,

$M_{BA} = -2 \times 3.5 + 32 = 25$,

$M_{CB} = -2 \times 3.5 - 18 = -25$,

$M_{CB} = -3.5 + 18 = 14.5$

④ モーメント図は，図9·22のようである。

(2) 両端ヒンジ連続ばり

① 基本式（未知数 φ_B, φ_C）

ヒンジ基本式から，$M_{AB} = 0$, $M_{BA} = 1(1.5\varphi_B + 0) + 0 = 1.5\varphi_B$

剛接基本式から，$\begin{cases} M_{BC} = 2(2\varphi_B + \varphi_C + 0) + 0 = 4\varphi_B + 2\varphi_C \\ M_{CB} = 2(\varphi_B + 2\varphi_C + 0) + 0 = 2\varphi_B + 4\varphi_C \end{cases}$

ヒンジ基本式から，$\begin{cases} M_{CD} = 1(1.5\varphi_C + 0) - 3 \times 60 \times \dfrac{12}{16} = 1.5\varphi_C + 135 \\ M_{DC} = 0 \end{cases}$

② 節点方程式

$\Sigma(-M_B) = (1.5\varphi_B) + (4\varphi_B + 2\varphi_C) = 5.5\varphi_B + 2\varphi_C = 0$ ……………①

$\Sigma(-M_C) = (2\varphi_B + 4\varphi_C) + (1.5\varphi_C - 135) = 2\varphi_B + 5.5\varphi_C - 135 = 0$ ……………②

①，②の連立方程式を解いて，　$\varphi_B = -\dfrac{72}{7}$,　$\varphi_C = +\dfrac{198}{7}$

③ 材端モーメント（単位　kN·m）

$M_{AB} = 0$,　$M_{BA} = 1.5 \times \left(-\dfrac{72}{7}\right) = -\dfrac{108}{7}$

図9·22

35.5　25　14.5
30.25　19.75
A　　　　C　　　B
17.75　7.25
曲げモーメント図
8m　　　6m

$\dfrac{wl^2}{8} = \dfrac{6 \times 8^2}{8} = 48$　　$\dfrac{wl^2}{8} = \dfrac{6 \times 6^2}{8} = 27$

（単位　kN·m）

$$M_{BC}=4\times\left(-\frac{72}{7}\right)+2\times\frac{198}{7}=+\frac{108}{7}$$

$$M_{CB}=2\times\left(-\frac{72}{7}\right)+4\times\frac{198}{7}=+\frac{648}{7}$$

$$M_{CD}=1.5\times\frac{198}{7}-135=-\frac{648}{7}, \quad M_{DC}=0$$

④ 曲げモーメント図は，図9・23のようになる。

曲げモーメント図 （単位 1/7kN·m）

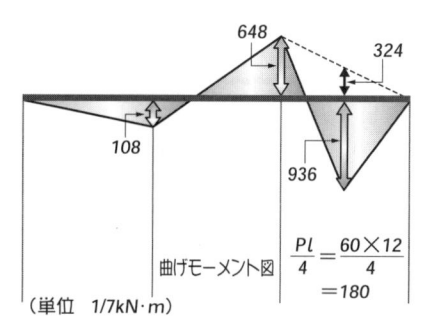

$\dfrac{Pl}{4}=\dfrac{60\times12}{4}=180$

図9・23

[2] 固定ラーメン

① 剛接基本式（未知数 φ_B, φ_C）： $\varphi_A=\varphi_C=\varphi_E=\varphi_F=\varphi_G=0$

$M_{AB}=\varphi_B$, $M_{BA}=2\varphi_B$, $M_{BC}=2\varphi_B$, $M_{CB}=\varphi_B$

$M_{BD}=2\varphi_B+\varphi_C-6\times\dfrac{8^2}{12}=2\varphi_B+\varphi_C-32$

$M_{DB}=\varphi_B+2\varphi_D+32$, $M_{DE}=2\varphi_D$, $M_{ED}=\varphi_D$

$M_{DG}=2\varphi_D-6\times\dfrac{6^2}{12}=2\varphi_D-18$

$M_{GD}=\varphi_D+18$, $M_{DF}=2\varphi_D$, $M_{FD}=\varphi_D$

② 節点方程式

$\Sigma(-M_B)=M_{BA}+M_{BC}+M_{BD}=(2\varphi_B)+(2\varphi_B)+(2\varphi_B+\varphi_C-32)=6\varphi_B+\varphi_C-32=0$

$\Sigma(-M_D)=M_{DB}+M_{DE}+M_{DG}+M_{DF}=(\varphi_B+2\varphi_D+32)+(2\varphi_D)+(2\varphi_D-18)+(2\varphi_D)$
$\qquad\qquad=\varphi_B+8\varphi_C+14=0$

$\begin{cases}6\varphi_B+\varphi_C=32\ \cdots\cdots①\\ \varphi_B+8\varphi_C=-14\ \cdots\cdots②\end{cases}$ を連立して解く。 $\varphi_B=\dfrac{270}{47}$, $\varphi_C=-\dfrac{116}{47}$

③ 材端モーメント（単位 kN·m）

$M_{AB}=\dfrac{270}{47}$, $M_{BA}=2\times\dfrac{270}{47}=\dfrac{540}{47}$, $M_{BC}=2\times\dfrac{270}{47}=\dfrac{540}{47}$

$M_{CB}=\dfrac{270}{47}$, $M_{BD}=2\times\dfrac{270}{47}-\dfrac{116}{47}-\dfrac{1504}{47}=-\dfrac{1080}{47}$

$M_{DB}=\dfrac{270}{47}-2\times\dfrac{116}{47}+\dfrac{1504}{47}=\dfrac{1542}{47}$

$M_{DE}=-2\times\dfrac{116}{47}=-\dfrac{232}{47}$

$M_{FD}=-\dfrac{116}{47}$

$M_{DG}=-2\times\dfrac{116}{47}-\dfrac{846}{47}=-\dfrac{1078}{47}$

$M_{GD}=-\dfrac{116}{47}+\dfrac{846}{47}=\dfrac{730}{47}$

$M_{DF}=-2\times\dfrac{116}{47}=-\dfrac{232}{47}$

$M_{FD}=-\dfrac{116}{47}$

$\dfrac{wl^2}{8}=\dfrac{6\times8^2}{8}=48=\dfrac{2256}{47}$

$\dfrac{wl^2}{8}=\dfrac{6\times6^2}{8}=27=\dfrac{1269}{47}$

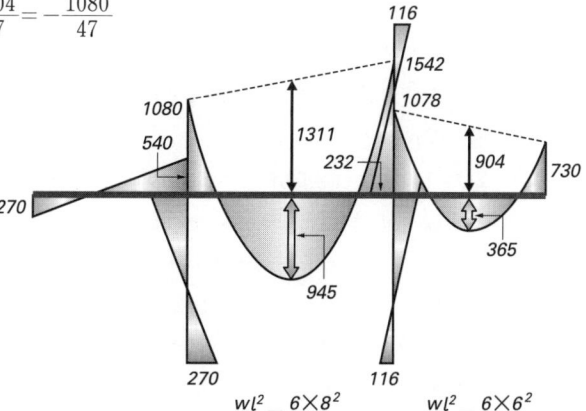

曲げモーメント図 （単位 $\dfrac{kN\cdot m}{47}$）

図9・24

演習問題・2　層方程式によるラーメンの計算と連立方程式の近似解法 (p.229)

1 軸対称なので，$\varphi_B = -\varphi_C$ となり，柱の回転角 $\psi = 0$ となる。未知数は φ_B だけであり，$\Sigma(-M_B) = 0$ より解くことができる。

① 基本式（未知数 φ_B）　　荷重項は，表9・1②の2の式を2回用いる。

$M_{AB} = \varphi_B$, $M_{BA} = 2\varphi_B$,

$M_{BC} = 4\varphi_B + 2\varphi_C - \dfrac{12\times3\times6^2}{9^2} - \dfrac{12\times3^2\times6}{9^2} = 4\varphi_B + 2\varphi_C - 24 = 2\varphi_B - 24$

$M_{CB} = 2\varphi_B + 4\varphi_C + 24 = -2\varphi_B + 24$, $M_{CD} = 2\varphi_C = -2\varphi_B$, $M_{DC} = \varphi_C = -\varphi_B$

② 節点方程式

$\Sigma(-M_B) = M_{BA} + M_{BC} = (2\varphi_B) + (2\varphi_B - 24) = 0$　　∴　$\varphi_B = 6$

③ 材端モーメント（単位　kN・m）

$M_{AB} = 6$, $M_{BA} = 12$, $M_{BC} = -12$, $M_{CB} = 12$, $M_{CD} = -12$, $M_{DC} = -6$

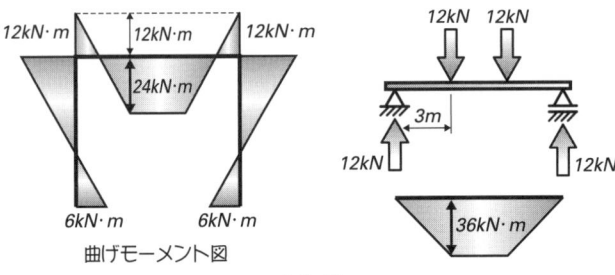

図9・25

2 構造対称で，荷重逆対称であり，$\varphi_B = \varphi_C$，柱には回転角 ψ が生じる。

① 基本式（未知数 φ_B, $\varphi_C = \varphi_B$, $\psi = \psi$）

$M_{AB} = \varphi_B + \psi$, $M_{BA} = 2\varphi_B + \psi$, $M_{BC} = 4\varphi_B + 2\varphi_C = 6\varphi_B$

$M_{CB} = 2\varphi_B + 4\varphi_C = 6\varphi_B$, $M_{CD} = 2\varphi_C + \psi = 2\varphi_B + \psi$, $M_{DC} = \varphi_C + \psi = \varphi_B + \psi$

② 節点方程式

$\Sigma(-M_B) = M_{BA} + M_{BC} = 2\varphi_B + \psi + 6\varphi_B = 8\varphi_B + \psi = 0$ ……………… ①

③ 層方程式

$\Sigma Q = 100$ kN，$h = 6$ m

$\Sigma(M_{mn} + M_{nm}) = (M_{AB} + M_{BA}) + (M_{CD} + M_{DC})$

$\qquad = (\varphi_B + \psi + 2\varphi_B + \psi) + (\varphi_B + \psi + 2\varphi_B + \psi) = 6\varphi_B + 4\psi$

これより

$6\varphi_B + 4\psi = -600$ ……………… ②

①，②を連立して解くと　　$\varphi_B = +23$, $\psi = -184$

④ 材端モーメント（単位　kN・m）

$M_{AB} = -161$, $M_{BA} = -138$, $M_{BC} = +138$, $M_{CB} = +138$,

$M_{CD} = -138$, $M_{DC} = -161$

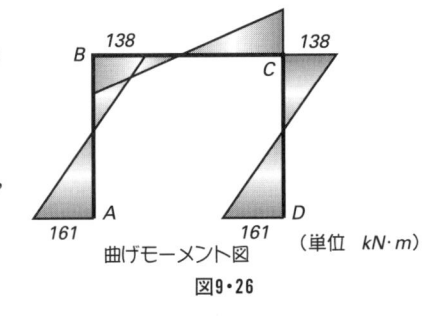

曲げモーメント図
図9・26

付 録

付録 1	本書出題順変数記号一覧	236
付録 2	ギリシア文字	239
付録 3	本書で取り上げた公式一覧	239
付録 4	本書で用いた数学の基礎の要点	245
付録 5	三角関数表	253

付録1　本書出題順変数記号一覧

変数・記号	単位	用途・意味
P	N，kN	力，荷重，比例限界点
k	N/cm，kN/cm	バネ定数
k	——	剛比
y	mm，cm	たわみ，変形量，影響線の縦距
θ（シータ）	度	力の作用する角度
θ	ラジアン	たわみ角
V	——	鉛直方向
H	——	水平方向
R	N，kN	合力，つりあい力
V	N，kN	鉛直反力
H	kN，m	水平反力，高さ
ΣV	N，kN	鉛直方向の力の合計
ΣH	N，kN	水平方向の力の合計
ΣP	N，kN	力の合計
M	N·m，kN·m	モーメント，曲げモーメント
ΣM	N·m，kN·m	モーメントの合計
x	cm，m	起点と力の作用位置までの距離
w	N/cm，kN/m	分布荷重
b	cm	幅
h	cm	高さ
B	cm	幅
l	cm，m	距離，支間，長柱の高さ
γ（ガンマ）	kN/m³	土の単位重量
p	kN/m²	水圧，土圧
g	m/s²	重力の加速度（9.8 m/s²）
P_V	kN/m²	鉛直方向の土圧，水圧（鉛直成分）
P_H	kN/m²	水平方向の土圧，水圧（水平成分）
K	cm³，m³	剛度
K	——	土圧係数
K	cm，mm	核点
σ（シグマ）	N/mm²	応力度
A	mm²，cm²	断面積
ε（イプシロン）	——	ひずみ度
E	N/mm²	ヤング率，縦弾性係数，弾性限界点
α（アルファ）	——	線膨張係数
t	℃	温度
U	N/mm²	鋼材の引張強さ
U	kN，N	上弦材の部材力

付録1　本書出題順変数記号一覧

変数・記号	単位	用途・意味
m	——	ポアソン数
As	cm², mm²	鉄筋断面積
D	——	異形棒鋼
Ec	N/mm²	コンクリートのヤング率
O	——	原点
Ac	mm², cm²	コンクリート断面積
Ac'	mm², cm²	コンクリートへの換算断面積
As'	mm², cm²	鉄筋への換算断面積
As	mm², cm²	鉄筋断面積
Es	N/mm²	鋼材のヤング率（$2.0×10^5$ N/mm²）
n	——	鉄筋のコンクリートへの換算比，長柱の座屈係数
Ps	N, kN	鉄筋分担荷重
Pc	N, kN	コンクリート分担荷重
N	N, kN	軸方向力，断面力
a	mm, cm, m	幅，荷重間距離
e	mm, cm	偏心距離，合力と荷重の距離
T	N, kN	断面力，はり断面に生じる引張応力
S	N, kN	せん断力，断面力
M_{max}	N·cm, kN·m	最大曲げモーメント
w_{mean}	N/cm, kN/m	平均分布荷重
d	cm, m	列車の車両間隔
S_{imax}	N, kN	i 点の最大せん断力
w_n	N/cm, kN/m	換算分布荷重
ΣP	N, kN	荷重の分力の合計
M_{abmax}	N·cm, kN·m	絶対最大曲げモーメント
Q	cm³, m³, kN, N	断面一次モーメント，水平荷重
x_0	cm	図心位置
y_0	cm	図心位置
dA	cm², m²	微小面積
dx	cm, mm	微小幅
dy	cm, mm	微小高さ
I	cm⁴, m⁴	断面二次モーメント
I_{xy}	cm⁴, m⁴	断面相乗モーメント
I_n	cm⁴, m⁴	図心軸に関する断面二次モーメント
I_{nx}	cm⁴, m⁴	x軸に関する図心軸の断面二次モーメント，最大断面二次モーメント
I_{ny}	cm⁴, m⁴	y軸に関する図心軸の断面二次モーメント，最大断面二次モーメント
I_{nx}'	cm⁴, m⁴	図心軸よりθ度傾いたx軸に関する図心軸の断面二次モーメント
I_{ny}'	cm⁴, m⁴	図心軸よりθ度傾いたy軸に関する図心軸の断面二次モーメント
r	cm	応力円の半径，断面二次半径
Z	cm³, m³	断面係数

変数・記号	単 位	用 途・意 味
d	cm, m	円の直径
D	―	積分定数
D	cm, m	円の直径
D	N, kN	トラスの斜材の部材力
ρ(ロウ)	cm, m	はりの曲がりの曲率半径
C	N, kN	はり断面に生じる圧縮応力
C	―	積分定数
σ_t(シグマティー)	N/mm²	引張応力度
σ_c(シグマシー)	N/mm²	圧縮応力度
Δdx	mm, cm	部材のx軸方向の伸縮量
τ(タウ)	N/mm²	せん断応力度
G	N/mm²	せん断弾性係数
φ(ファイ)	―	せん断ひずみ度
φ	kN·m	ラーメンのはりのたわみ角
τ_{max}	N/mm²	最大せん断応力度
σ_a	N/mm²	許容応力度
M_r	N·cm, kN·m	抵抗モーメント
σ_m	N/mm²	最小主応力度
σ_n	N/mm²	最大主応力度
L	N, kN	トラス下弦材の部材力
λ(ラムダ)	cm, m	トラス格間長，トラス
I_{min}	cm⁴, m⁴	最小断面二次モーメント
P_{cr}	N, kN	長柱の耐荷力
σ_{ca}	N/mm²	コンクリートの許容応力度，鋼材圧縮許容応力度
σ_{ta}	N/mm²	鋼材引張許容応力度
M_{AB}	N·cm, kN·m	材端モーメント
σ_n	N/mm²	柱の軸方向圧縮応力度
σ_t	N/mm²	柱に生じる引張応力度
σ_c	N/mm²	柱に生じる圧縮応力度
τ_a	N/mm²	許容せん断応力度
P	kN·m²	弾性荷重
$d\theta$	ラジアン	微小たわみ角
EI	N·mm²	はりの曲げ剛性
ψ(プサイ)	kN·m	ラーメンの柱のたわみ角
C_{AB}	kN·m	ラーメン荷重項（剛接合）
H_{AB}	kN·m	ラーメン荷重項（ヒンジ接合）
ΣQ	kN	水平力の合計

付録 2　ギリシア文字

大文字	小文字	呼び方	大文字	小文字	呼び方	大文字	小文字	呼び方
A	α	アルファ	I	ι	イオタ	P	ρ	ロー
B	β	ベータ	K	κ	カッパ	Σ	σ	シグマ
Γ	γ	ガンマ	Λ	λ	ラムダ	T	τ	タウ
Δ	δ	デルタ	M	μ	ミュー	Υ	υ	ユプシロン
E	ε	イプシロン	N	ν	ニュー	Φ	φ, ϕ	ファイ
Z	ζ	ジータ	Ξ	ξ	クサイ	X	χ	カイ
H	η	イータ	O	o	オミクロン	Ψ	ψ	プサイ
Θ	θ	シータ	Π	π	パイ	Ω	ω	オメガ

（JIS Z 8202-1985による）

付録 3　本書で取り上げた公式一覧

公式の意味	公式番号	公式
【第1章】		
・力と変形の関係式	（1・1）	$P = k \cdot y$
・力の分解	（1・2）	水平成分　$H = P\cos\theta$ 鉛直成分　$V = P\sin\theta$
・力の成分の合力	（1・3）	水平力の合計　$\Sigma H = H_1 + H_2$ 鉛直力の合計　$\Sigma V = V_1 + V_2$
・力の合成による合力と合力の作用方向	（1・4）	力の合力　$R = \sqrt{(\Sigma H)^2 + (\Sigma V)^2}$ 力の合力Rの作用方向　$\tan\theta = \dfrac{\Sigma V}{\Sigma H}$ $\theta = \tan^{-1}\dfrac{\Sigma V}{\Sigma H}$
・力のモーメント	（1・5）	$M = P \times l$
・合力の作用位置	（1・6）	$x = \dfrac{\Sigma M}{R} = \dfrac{P_1 l_1 + P_2 l_2 + \cdots + P_n l_n}{P_1 + P_2 + \cdots + P_n}$
・力のつりあい式	（1・7）	$\Sigma H = 0,\ \Sigma V = 0,\ \Sigma M = 0$
・水　圧	（1・8）	深さH〔m〕の水圧　$P = w \cdot H = 9.8H$
・土　圧	（1・9）	鉛直土圧　$P_V = \gamma H$ 水平土圧　$P_H = K_0 \gamma H$
・全水圧	（1・10）	$P = \dfrac{w \cdot H^2}{2}$
・応力度と断面積	（1・11）	$\sigma = \dfrac{P}{A},\ A = \dfrac{P}{\sigma}$

公式の意味	公式番号	公式
・ひずみ度とひずみ	(1・12)	$\varepsilon = \dfrac{y}{l}, \quad y = \varepsilon \cdot l$
・フックの法則	(1・13)	$\sigma = E \cdot \varepsilon, \quad y = \dfrac{Pl}{EA}$
・温度応力度	(1・14)	$\sigma = E \cdot \alpha (t_2 - t_1), \quad P = \sigma \cdot A$
・換算断面積	(1・15)	コンクリートへの換算面積 $A_c' = A_c + 15 \times A_s$ 鉄筋への換算面積 $A_s' = A_s + \dfrac{A_c}{15}$
・合成部材の共通ひずみ度	(1・16)	$\varepsilon = \dfrac{P}{A_s E_s + A_c E_c}$
【第2章】		
・弾性支点のたわみ	(2・1)	$y = KV, \quad K = \dfrac{l}{EA}$
【第3章】		
・単純ばりに作用する力Pによる支点反力	(3・1)	$V_A = \dfrac{Pb}{l}, \quad V_B = \dfrac{Pa}{l}$
・単純ばりのせん断力を0とする点	(3・2)	$x = \dfrac{S_C}{S_C + S_D} \times a$
【第4章】		
・単純ばりの反力の影響線	(4・1)	$V_A = 1 - \dfrac{x}{l}, \quad V_B = \dfrac{x}{l}$
・単純ばりのせん断力S_iの影響線	(4・2)	Ai間 $S_i = -\dfrac{x}{l}$
	(4・3)	iB間 $S_i = \dfrac{l-x}{l}$
・単純ばりの曲げモーメントM_iの影響線	(4・4)	Ai間 $M_i = b \cdot \dfrac{x}{l}$
	(4・5)	iB間 $M_i = a \cdot \dfrac{l-x}{l}$
・片持ばりのせん断力S_iの影響線	(4・6)	Ai間 $S_i = -1$
・片持ばりの曲げモーメントM_iの影響線	(4・7)	Ai間 $M_i = -(a-x)$
・最大せん断力を生じる荷重配置	(4・8)	$w_n \geqq w_{\text{mean}}, \quad w_{\text{mean}} = \dfrac{\Sigma P}{l}$ $w_n = \dfrac{P_n}{d_n}$
・最大曲げモーメントを生じる荷重配置	(4・9)	$w_n \leqq w_{\text{mean}}, \quad w_n = \dfrac{\Sigma P_A}{a},$ $w_{\text{mean}} = \dfrac{\Sigma P}{l}$

公式の意味	公式番号	公式
【第5章】 ・断面一次モーメント	(5・1)	$Q_x = \int x dA, \quad Q_y = \int y dA$
・図心の位置	(5・2)	$x_0 = \dfrac{\Sigma A_i y_i}{\Sigma A_i} = \dfrac{Q_y}{A}$ $y_0 = \dfrac{\Sigma A_i x_i}{\Sigma A_i} = \dfrac{Q_x}{A}$
・図心の位置	(5・3)	$x_0 = \dfrac{Q_y}{A} = \dfrac{\int x dA}{\int dA}$ $y_0 = \dfrac{Q_x}{A} = \dfrac{\int y dA}{\int dA}$
・各軸に関する断面二次モーメント	(5・4)	$I_x = \Sigma dA \cdot y^2 = \int y^2 dA$ $I_y = \Sigma dA \cdot x^2 = \int x^2 dA$
・断面相乗モーメント	(5・5)	$I_{xy} = \int x \cdot y \cdot dA$
・長方形断面の図心軸に関する断面二次モーメント	(5・6)	$I_n = \dfrac{bh^3}{12}$
・図心軸からy_0離れたx軸に関する断面二次モーメント	(5・7)	$I_x = I_n + A \cdot y_0^2$
・主軸(対称軸)からθだけ回転させた軸に関する断面二次モーメントと断面相乗モーメント	(5・8)	$I_{nx} = \dfrac{I_{nx} + I_{ny}}{2} + \dfrac{I_{nx} - I_{ny}}{2} \times \cos 2\theta$ $I_{ny} = \dfrac{I_{nx} + I_{ny}}{2} - \dfrac{I_{nx} - I_{ny}}{2} \times \cos 2\theta$ $I_{xy} = \dfrac{I_{nx} - I_{ny}}{2} \times \sin 2\theta$
・断面係数	(5・9)	上縁側断面係数 $\quad Z_c = \dfrac{I}{y_c}$ 下縁側断面係数 $\quad Z_t = \dfrac{I}{y_t}$
・単純図形の断面係数	(5・10)	長方形断面 $\quad Z_c = Z_t = \dfrac{bh^2}{6}$
	(5・11)	円形断面 $\quad Z_c = Z_t = \dfrac{\pi d^3}{32}$
・断面二次半径	(5・12)	$r_x = \sqrt{\dfrac{I_x}{A}}, \quad r_y = \sqrt{\dfrac{I_y}{A}}$
・核点	(5・13)	$K_{cx} = \dfrac{Z_{tx}}{A}, \quad K_{tx} = \dfrac{Z_{cx}}{A}$ $K_{cy} = \dfrac{Z_{ty}}{A}, \quad K_{ty} = \dfrac{Z_{cy}}{A}$

公式の意味	公式番号	公式
・長方形断面の各軸に関する断面二次半径	(5・14)	$r_x = \dfrac{\sqrt{3}h}{6}, \quad r_y = \dfrac{\sqrt{3}b}{6}$
・長方形断面の各軸に関する核点	(5・15)	$K_{cx} = K_{tx} = \dfrac{h}{6}, \quad K_{cy} = K_{ty} = \dfrac{b}{6}$
【第6章】		
・はりの引張力と圧縮力のつくる応力と曲げモーメントの軸方向応力度	(6・1)	$M = C \cdot j = T \cdot j$
	(6・2)	$\sigma = \dfrac{T}{A}$　引張応力度：σ_t，圧縮応力度：σ_c
・はりに生じる曲率	(6・3)	曲率　$\dfrac{1}{\rho} = \dfrac{M}{EI}$
・曲げ応力と曲げ応力度	(6・4)	$\sigma = \dfrac{M}{I} \cdot y$
・最縁部のはりの曲げ応力度	(6・5)	圧縮側最縁部応力度　$\sigma_c = \dfrac{M}{Z_c}$ 引張側最縁部応力度　$\sigma_t = \dfrac{M}{Z_t}$
・せん断応力度	(6・6)	$\tau = G \cdot \varphi$
・はりに生じるせん断応力度	(6・7)	$\tau = \dfrac{S \cdot Q}{I \cdot b}$
・長方形断面の最大せん断応力度	(6・8)	$\tau_{\max} = \dfrac{3}{2} \cdot \dfrac{S}{A}$ $\left(\dfrac{S}{A}:\text{平均せん断応力度}\right)$
・円形断面の最大せん断応力度	(6・9)	$\tau_{\max} = \dfrac{4}{3} \cdot \dfrac{S}{A}$
・はりの設計条件	(6・10)	曲げ応力度　$\sigma_t \leqq \sigma_{ta}, \quad \sigma_c \leqq \sigma_{ca}$ せん断応力　$\tau_{\max} \leqq \tau_a$
・木板の厚さ	(6・11)	$h \geqq \sqrt{\dfrac{6 \times M_{\max}}{b \times \sigma_a}}$
・はりの耐力モーメント	(6・12)	$M_{rc} = Z_c \cdot \sigma_a, \quad M_{rt} = Z_t \cdot \sigma_a$
・はりに生じる主応力度とその方向	(6・13)	$\sigma_n = \dfrac{\sigma}{2} + \sqrt{\left(\dfrac{\sigma}{2}\right)^2 + \tau^2} \leqq \sigma_a$ $\sigma_m = \dfrac{\sigma}{2} - \sqrt{\left(\dfrac{\sigma}{2}\right)^2 + \tau^2} \quad \tan 2\theta = \dfrac{2\tau}{\sigma}$
【第7章】		
・節点法の計算式	(7・1)	$\Sigma H = 0, \quad \Sigma V = 0$
・断面法による上弦材部材力	(7・2)	$U = -\dfrac{M_i}{h}$
・断面法による下弦材部材力	(7・3)	$L = +\dfrac{M_i}{h}$

公式の意味	公式番号	公　　　　式
・断面法による斜材部材力	(7・4)	$D_2 = +\dfrac{S}{\sin\theta}$ （切断面下向き） $D_2 = -\dfrac{S}{\sin\theta}$ （切断面上向き）
・トラスの断面二次半径と細長比	(7・5)	$r_{\min} = \sqrt{\dfrac{I_{\min}}{A}}$ $\dfrac{l}{r}$
・オイラーの柱の耐荷力	(7・6)	$P_{cr} = \dfrac{n\pi^2 EI}{l^2} = \dfrac{\pi^2 EI}{l_r}$　　　l_r：換算長，l：柱の長さ
・ラーメン部材に作用する応力度	(7・7)	$\sigma_c = \dfrac{M}{Z_c} + \dfrac{N}{A} \leq \sigma_{ca}$
【第8章】		
・単純ばりの支点のたわみ角と中央のたわみ	(8・1)	はり支間中央に集中荷重 P が作用するとき， $\theta_A = \dfrac{Pl^2}{16EI}$，$\theta_B = -\dfrac{Pl^2}{16EI}$，$y_C = y_{\max} = \dfrac{Pl^3}{48EI}$
	(8・2)	はりに等分布荷重 w が満載されたとき， $\theta_A = \dfrac{wl^3}{24EI}$，$\theta_B = -\dfrac{wl^3}{24EI}$，$y_C = \dfrac{5wl^4}{384EI}$
・片持ばりの先端のたわみ角とたわみ	(8・3)	先端に集中荷重 P が作用するとき， $\theta_A = \dfrac{Pl^2}{2EI}$，$y_A = \dfrac{Pl^3}{3EI}$
	(8・4)	等分布荷重が満載されたとき， $\theta_A = \dfrac{wl^3}{6EI}$，$y_A = \dfrac{wl^4}{8EI}$
・単純ばりの両端にモーメントの作用を受けるときの支点のたわみ角	(8・5)	$\theta_A = \dfrac{(2M_A + M_B)l}{6EI}$ $\theta_B = \dfrac{(M_A + 2M_B)l}{6EI}$
・はりの微分方程式	(8・6)	$\dfrac{d^2y}{dx^2} = -\dfrac{M}{EI}$
・たわみ角と積分定数	(8・7)	$\theta = \int \dfrac{d^2y}{dx^2}\cdot dx = \int -\dfrac{M}{EI}\cdot dx + C$
・たわみと積分定数	(8・8)	$y = \iint \dfrac{d^2y}{dx^2} dxdx = -\dfrac{1}{EI}\iint M dxdx + Cx + D$
・片持ばりの等分布荷重満載時のたわみ角曲線と弾性曲線	(8・9)	$\theta = \dfrac{wx}{2EI}\left[l^2 - lx + \dfrac{x^2}{3}\right]$
	(8・10)	$y = \dfrac{wx^2}{24EI}\left[6l^2 - 4lx + x^4\right]$
・集中荷重を受ける片持ばりのたわみ角曲線と弾性曲線	(8・11)	$\theta = \dfrac{Px}{2EI}[2l - x]$ $y = \dfrac{P}{2EI}\left[\dfrac{x^3}{3} - l^2x + \dfrac{2l^3}{3}\right]$

公式の意味	公式番号	公　　　　式
・たわみ曲線(弾性曲線)	(8・12)	$y=\dfrac{Px^2}{6EI}[3l-x]$
・単純ばりの等分布荷重満載時のたわみ角曲線と弾性曲線	(8・13)	$\theta=\dfrac{w}{2EI}\left[-\dfrac{lx^2}{2}+\dfrac{x^3}{3}+\dfrac{l^3}{12}\right]$
	(8・14)	$y=\dfrac{wx}{24EI}[x^3-3lx^2-l^3],\ y_{max}=\dfrac{5wl^4}{384EI}$
・単純ばりの支点にモーメント荷重の作用時のたわみ角曲線	(8・15)	$\theta=\dfrac{M_0}{6EIl}(l^2-3x^2)$
・連続ばりの支点反力を求める条件式	(8・16)	$y_C=y_0+V_C\cdot y_1=0$ (支点上のたわみ) $V_c=-\dfrac{y_0}{y_1}=\dfrac{5}{8}wl$
・プロップドサポートばりの反力を求める条件式	(8・17)	$y_A=y_0+V_A\cdot y_1=0$ (支点上のたわみ) $V_A=-\dfrac{y_0}{y_1}=\dfrac{3}{8}wl$
・両端固定ばりに等分布荷重が満載されたときの両端のモーメント	(8・18)	支点上の曲げモーメント $M_A=M_B=-\dfrac{wl^2}{12}$ 中央部の曲げモーメント $M_C=+\dfrac{wl^2}{24}$
・連続ばりの支点上のモーメント M_B を求める条件式	(8・19)	$M_B=-\dfrac{3Pl}{32}$ $\theta_{Bl}=\theta_{Br}$ (たわみ角の連続性)
【第9章】		
・剛　度	(9・1)	$K=\dfrac{I}{l}$
・剛　比	(9・2)	$k_i=\dfrac{K_i}{K_0}$ (K_0：標準剛度)
・たわみ角の基本式 (両端剛接)	(9・3)	$M_{AB}=k(2\varphi_A+\varphi_B+\psi)+C_{AB}$ $M_{BA}=k(\varphi_A+2\varphi_B+\psi)+C_{BA}$
(ヒンジ接合)	(9・4)	$M_{BA}=0,\ M_{AB}=k(3\varphi_A+\psi)+H_{AB}$ $M_{AB}=0,\ M_{BA}=k(3\varphi_B+\psi)+H_{BA}$
・節点方程式	(9・5)	$\Sigma(-M_i)=0$
・層方程式	(9・6)	$\Sigma(M_{mn}+M_{nm})=-h_n\times\Sigma Q$

付録 4 本書で用いた数学の基礎の要点

要点 1 ピタゴラスの定理の無理数

(1) 無理数は定規で正確に測定できる

図 1のように，高さ 1,底辺 1とする三角形の斜辺はピタゴラスの定理により $\sqrt{1^2+1^2}=\sqrt{1+1}=\sqrt{2}$ となる。

この $\sqrt{2}$ をコンパスで底辺となるようにして，高さ 1,底辺 $\sqrt{2}$ とするときの斜辺は，ピタゴラスの定理から，

$$\sqrt{(\sqrt{2})^2+(1)^2}=\sqrt{2+1}=\sqrt{3}$$

同様に $\sqrt{3}$ を底辺とし，高さ 1の斜辺は，

$$\sqrt{(\sqrt{3})^2+(1)^2}=\sqrt{3+1}=\sqrt{4}=\sqrt{2^2}=2$$

また，この 2を底辺とし，高さ 1の斜辺は

$$\sqrt{(\sqrt{2})^2+(1)^2}=\sqrt{4+1}=\sqrt{5}$$

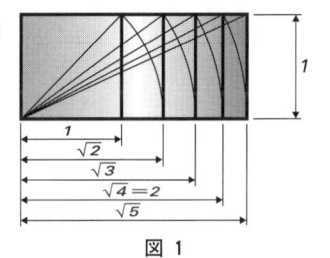

のようになる。このように，$\sqrt{2}$ とか $\sqrt{3}$，$\sqrt{5}$ といった数は定規で正確に測定できるが，$\sqrt{2}=1.4142\cdots\cdots$ と無限に続き，小数点で表現できない。こうした数を**無理数**という。無理数 $\sqrt{2}$ とか π（パイ）は，2とか 3のように，1つの数と考えて取り扱うようにする。

① $\sqrt{6}=\sqrt{2\times 3}=\sqrt{2}\times\sqrt{3}$

② $\sqrt{600}=\sqrt{6\times 100}=\sqrt{100}\times\sqrt{6}=\sqrt{10^2}\times\sqrt{2}\times\sqrt{3}=10\times\sqrt{2}\times\sqrt{3}$

③ $\dfrac{1}{\sqrt{6}}=\dfrac{1\times\sqrt{6}}{\sqrt{6}\times\sqrt{6}}=\dfrac{\sqrt{6}}{\sqrt{6\times 6}}=\dfrac{\sqrt{6}}{\sqrt{6^2}}=\dfrac{\sqrt{6}}{6}=\dfrac{\sqrt{2}\times\sqrt{3}}{6}$

③のように分母に無理数があるとき，分母・分子に同じ無理数を掛けて，分母を有理数（小数点で表現できる数）にすることを**有理化**といい，計算上，必要により行うことがある。

図 1

(2) ピタゴラスの定理

図 2のような直角三角形において，ピタゴラスは，斜辺 c の 2乗が高さ a の 2乗と，底辺 b の 2乗の和に等しいことを発見した。

$$c^2=a^2+b^2$$

この関係式から，斜辺の長さを求めるとき，上式の両辺の数値を1/2乗して求める。このときのルールは，ある数の1/2乗を $\sqrt[2]{}$ と表し，よく使用するため，これを $\sqrt{}$（ルート）と表すように約束する。

$$(c^2)^{\frac{1}{2}}=(a^2+b^2)^{\frac{1}{2}}$$
$$\sqrt[2]{c^2}=\sqrt[2]{a^2+b^2}$$
$$\sqrt{c^2}=\sqrt{a^2+b^2}$$
$$c=\sqrt{a^2+b^2}$$

図 2

たとえば，$a=3$ cm, $b=4$ cmとするとき，斜辺 c の値は，5 cmのように求まる。

$$c=\sqrt{3^2+4^2}=\sqrt{9+16}=\sqrt{25}=\sqrt{5^2}=5$$

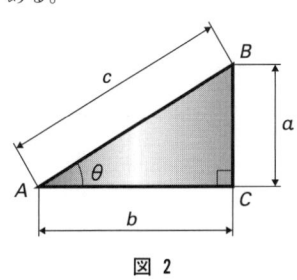

しかし，一般の場合は，$a=3$ cm，$b=5$ cmのように，$c=\sqrt{3^2+5^2}=\sqrt{9+25}=\sqrt{34}=\sqrt{2\times17}=\sqrt{2}\times\sqrt{17}$ のように有理数では表現できない。しかし$\sqrt{34}$も必要な精度で，有理数で表現できると考え，30や26のように，$\sqrt{34}$も同じように考えるとよい。

演習

(1) $a=5$ cm，$b=12$ cmのとき，斜辺cを求めよ。　　　　　　　　　　　　　　　　　**解** 13 cm)

(2) $a=6$ cm，$b=8$ cmのとき，斜辺cを求めよ。　　　　　　　　　　　　　　　　　**解** 10 cm)

(3) $a=7$ cm，$b=7$ cmのとき，斜辺cを求めよ。　　　　　　　　　　　　　　　　　**解** $7\sqrt{2}$ cm)

要点 2　角度の表現

　図3のように，直角座標X，Yの原点をOとし，X軸からY軸方向に反時計回りに∠XOY=直角を90度(90°)とし，90分の1となる角度を1度と定める。土木構造物の計算では，主に60分法を用いる。$1°=60'(分)=3600''(秒)$の関係がある。この他，角度は直角を100グラードとして，1グラードを定める場合もある。一般に航空機の角度はこのグラードで表す。

　図4のように，半径rの円を考え，円周の長さが半径rに等しい角を1ラジアンと定めると，半円の角は$\pi(3.14)$ラジアンとなり，半径rの半円弧長はπrとなる。全円が$2\pi r$となる。

　また，θラジアンのとき弧長lは半径rとθを掛けて求め，$l=r\cdot\theta$となる。

　ラジアンで角を表すものを**弧度法**といい，土木構造物の設計計算では，たわみ角を求めるときに用いることが多い。

　たとえば

(1) 60分法では，角の加減算を行う。

　① $\theta_1+\theta_2=10°20'15''+5°39'45''$
　　　　$=15°59'60''=15°60'0''=16°0'0''$

　② $\theta_1-\theta_2=20°38'45''-6°18'15''=14°20'27''$

(2) 弧度法では，半径rとラジアンを与えて，弧長lが求まる。

　① $r=10$ cm，$\theta=0.01$ラジアンのとき，
　　　弧長$l=r\cdot\theta=10\times0.01=0.1$ cm$=1$ mm

　② $r=100$ cm，$\theta=2\pi/3$ラジアンのとき，
　　　弧長$l=r\cdot2\pi/3=100\times2\times3.14/3=209$ cm

(3) 弧度法では，弧長lと半径rを与えてラジアンが求まる。

　① $l=1$ cm，$r=200$ cmのとき，$\theta=l/r=1/200=0.005$ ラジアン

　② $l=\pi r/2$，$r=100$ cmのとき，$\theta=(\pi r/2)/r=\pi/2=3.14/2=1.57$ ラジアン

(4) ラジアンと度の関係　　$\pi(3.14)=180°$，$\pi/2=90°$，$\pi/3=60°$，$\pi/4=45°$，$2\pi=360°$

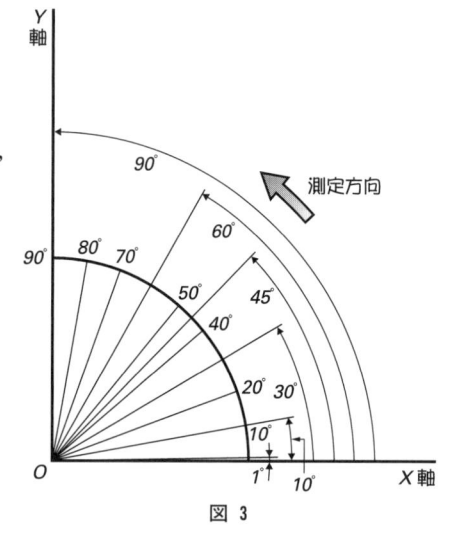

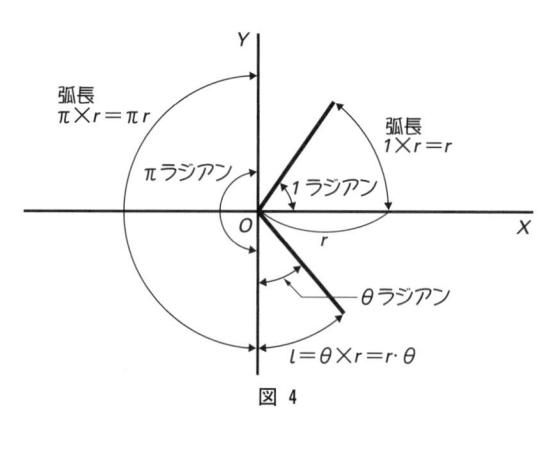

要点 3　三角比と三角関数

（1）　正弦($\sin\theta$)と余弦($\cos\theta$)

三角形ABCにおいて，$\theta°(30°)$で，斜辺$C=2$ m，高さ$A=1$ m，底辺$B=\sqrt{3}$ mとする。角と辺の関係は次のように定める。

① 斜辺に対する高さの比率を**正弦**といい，この比率（単位はもたない）を$\sin\theta$（サインシータ）で表す。

$$\frac{A}{C}=\sin\theta \quad \text{または} \quad A=C\sin\theta$$

② 斜辺に対する底辺の比率を**余弦**という。この比率を$\cos\theta$（コサインシータ）で表す。

$$\frac{B}{C}=\cos\theta \quad \text{または} \quad B=C\cos\theta$$

図 5の例では，正弦$\sin\theta$と余弦$\cos\theta$は次のようになる。

① $\sin\theta°=\dfrac{A}{C}$ より　　$\sin30°=\dfrac{1}{2}=0.5$

② $\cos\theta°=\dfrac{B}{C}$ より　　$\cos30°=\dfrac{\sqrt{3}}{2}=\dfrac{1.732}{2}=0.866$

図 5

（2）　正接($\tan\theta$)

図 5の三角形ABCにおいて，高さと底辺の比率を**正接**という。この比率を$\tan\theta$（タンジェントシータ）で表す。$A=C\sin\theta$，$B=C\cos\theta$の関係から，

$$\tan\theta=\frac{A}{B}=\frac{C\sin\theta}{C\cos\theta}=\frac{\sin\theta}{\cos\theta}$$

となり，$\tan\theta$は，$\sin\theta/\cos\theta$として求めることもできる。

たとえば，図 5の場合，$A=1$ m，$B=\sqrt{3}$ mとして，$\tan\theta$を求めると，

$$\tan\theta=\frac{A}{B}=\frac{1}{\sqrt{3}}=\frac{1}{1.732}=0.5774$$

となる。

ここで$\tan\theta=0.5774$からθを求めるとき，両辺を$\tan$で割って求めて考えると，

$$\frac{\tan\theta}{\tan}=\frac{1}{\tan}\times 0.5774 \text{ から} \qquad \theta=\tan^{-1}0.5774$$

と表す。

電卓により $\boxed{0.5774}$ $\boxed{\text{SHFT}}$ $\boxed{\tan}$ とすると，θの値は30°と求まる。

一般に，直角三角形の内角θと各辺の関係，正弦，余弦，正接の関係を**三角比**といい，$\theta=90°$までの角度を取り扱うことが多い。

$$\sin\theta=\frac{A}{C}, \quad \cos\theta=\frac{B}{C}, \quad \tan\theta=\frac{A}{B}=\frac{\sin\theta}{\cos\theta}$$

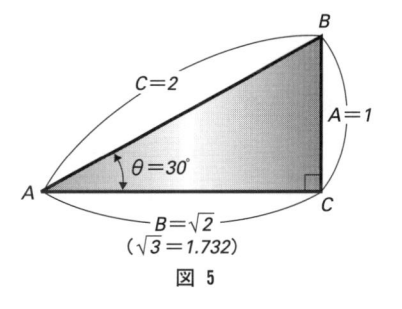

（3） 三 角 関 数

　三角比は，θが$0°\sim 90°$について取り扱ったが，X, Yの座標と関係づけて三角形を取り扱い，$0°\leqq\theta\leqq 360°$までに拡大するとき，三角比の値は変わらないが，符号を考えて取り扱う必要がある。図 6 に示すように，$0°\leqq\theta\leqq 90°$を第1象限，$90°\leqq\theta\leqq 180°$を第2象限，$180°<\theta\leqq 270°$を第3象限，$270°<\theta\leqq 360°$を第4象限といい，正弦$\sin\theta$, 余弦$\cos\theta$, 正接$\tan\theta$の符号を考えて取り扱う。角θを一般化して三角比を取り扱うとき，**三角関数の取扱い**といい，**三角関数には符号がある**。これを表示すると図6のようである。

$\sin\theta$	第1，第2象限で㊢	第3，第4象限で㊰
$\cos\theta$	第1，第4象限で㊢	第2，第3象限で㊰

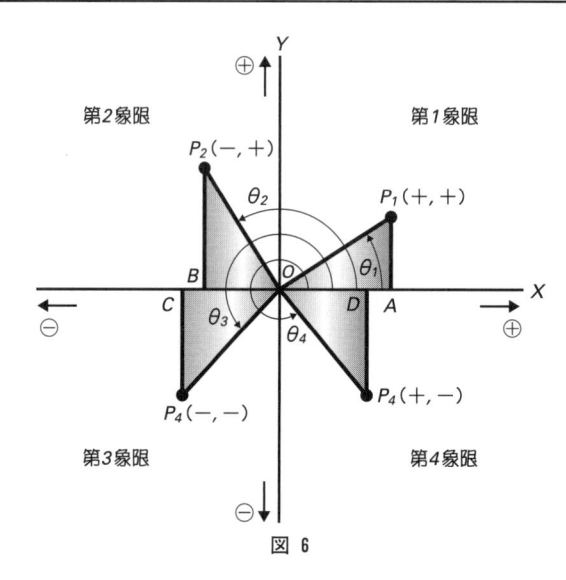

図 6

　角度の出発点はX軸上で，反時計回りに測定し，三角形はどこにあっても，図6のように，X軸を底辺としたOA, OB, OC, ODの上に立つ点P_1, P_2, P_3, P_4の三角形について取り扱うので，**常に考える三角形はX軸に接しており，Y軸に接した三角形は考えない**点に注意しよう。

　たとえば，符号について考えると，

第1象限$0<\theta\leqq 90°$のとき△OAP_1の各辺の符号：高さAP_1──正，底辺OA──正だから

$\sin\theta$──正　　$\cos\theta$──正　　$\tan\theta=\dfrac{\sin\theta}{\cos\theta}=\dfrac{正}{正}$──正

第2象限$90°<\theta\leqq 180°$のとき△OBP_2の各辺の符号：高さBP_2──正，底辺OB──負だから

$\sin\theta$──正　　$\cos\theta$──負　　$\tan\theta=\dfrac{\sin\theta}{\cos\theta}=\dfrac{正}{負}$──負

第3象限$180°<\theta\leqq 270°$のとき△OCP_3の各辺の符号：高さCP_3──負，底辺OC──負だから

$\sin\theta$──負　　$\cos\theta$──負　　$\tan\theta=\dfrac{\sin\theta}{\cos\theta}=\dfrac{負}{負}$──正

第4象限$270°<\theta\leqq 360°$のとき△ODP_4の各辺の符号：高さDP_4──負，底辺OD──正だから

$\sin\theta$──負　　$\cos\theta$──正　　$\tan\theta=\dfrac{\sin\theta}{\cos\theta}=\dfrac{負}{正}$──負

となり，三角関数 $\sin\theta$, $\cos\theta$, $\tan\theta$ は，θ の象限により符号を変える。

たとえば，

$\sin 60°$ は $0<\theta \leqq 90°$ で第 1 象限の角　$\sin 60°=+0.866$

$\sin 120°$ は $90°<\theta \leqq 180°$ で第 2 象限の角　$+\sin(180°-120°)=+\sin 60°=+0.866$

$\sin 240°$ は $180°<\theta \leqq 270°$ で第 3 象限の角　$-\sin(240°-180°)=-\sin 60°=-0.866$

$\sin 300°$ は $270°<\theta \leqq 360°$ で第 4 象限の角　$-\sin(360°-300°)=-\sin 60°=-0.866$

のように，

> 第 2 象限の角を 0°～90°の角に直すときは，180°から差し引いて θ を求める。
> 第 3 象限の角を 0°～90°の角に直すときは，180°を差し引いて θ を求める。
> 第 4 象限の角を 0°～90°の角に直すときは，360°から差し引いて θ を求める。

このように考えると，

$\cos 30°=+0.866$（第 1 象限の角）

$\cos 150°=-\cos(180°-150°)=-\cos 30°=-0.866$（第 2 象限の角）

$\cos 210°=-\cos(210°-180°)=-\cos 30°=-0.866$（第 3 象限の角）

$\cos 330°=+\cos(360°-330°)=+\cos 30°=+0.866$（第 4 象限の角）

演習

(1) $\sin 70°$, $\sin 155°$, $\sin 300°$, $\sin 350°$ の符号を求めよ。　　　　　（**解** +, +, -, -）

(2) $\cos 70°$, $\cos 155°$, $\cos 300°$, $\cos 350°$ の符号を求めよ。　　　　（**解** +, -, -, +）

(3) $\tan 70°$, $\tan 155°$, $\tan 300°$, $\tan 350°$ の符号を求めよ。　　　　（**解** +, -, +, -）

(4) 図 7 のように，原点 O から $\theta=150°$ の方向に $P=100$ kN の力が作用するとき，力の成分 A と B を符号つけて答えよ。

解　$90°<\theta \leqq 180°$ は第 2 象限の角である。

$A=P\times\sin\theta=P\times\sin 150°=P\times\sin(180°-150°)$

　　$=100\times\sin 30°=100\times 0.5=+50$ kN

$B=P\times\cos\theta=P\times\cos 150°=P\times\cos(180°-150°)$

　　$=100\times(-\cos 30°)=100\times(-0.866)=-86.6$ kN

(5) 図 8 のように，ある力の成分が $A=-5$ kN, $B=+12$ kN のとき，合力 P をピタゴラスの定理 $P=\sqrt{A^2+B^2}$ から求め，合力 P の作用するときの角を求めよ。

解　高さ A が $\ominus$ で，底辺 B が $\oplus$ となるのは，$P(-,+)$ であり，図 6 より第 4 象限の角であることがわかる。

合力　$P=\sqrt{(-5)^2+(12)^2}=\sqrt{169}=13$ kN

作用方向　$\tan\theta=\dfrac{A}{B}=\dfrac{-5}{+12}=-0.417$

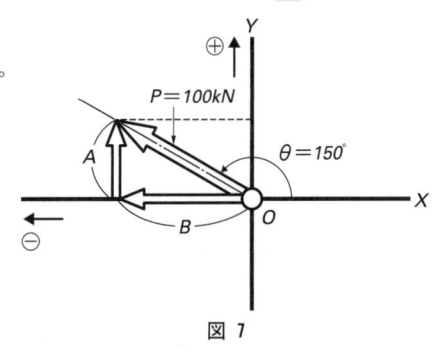

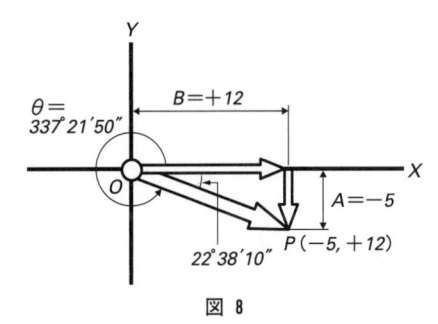

図 7

図 8

電卓を用いて
$$\theta = \tan^{-1}(-0.417) = -22°38'10''$$
よって，第4象限の角 $\theta = 360° - 22°38'10'' = 337°21'50''$

（4） 三角関数の相互関係

ピタゴラスの定理と三角関数

図9において，ピタゴラスの定理から，
$$A^2 + B^2 = C^2$$
$$(C\sin\theta)^2 + (C\cos\theta)^2 = C^2$$
$$C^2(\sin\theta)^2 + C^2(\cos\theta)^2 = C^2$$
$$(\sin\theta)^2 + (\cos\theta)^2 = 1$$

図9

ここで，一般に $(\sin\theta)^2 = \sin^2\theta$，$(\cos\theta)^2 = \cos^2\theta$ と表すので，$\sin^2\theta + \cos^2\theta = 1$ の関係がある。

たとえば，$\sin\theta = 0.2$ のとき，$(0.2)^2 + \cos^2\theta = 1$　$\cos^2\theta = 1 - 0.04 = 0.96$

$\cos\theta = \pm\sqrt{0.96} = \pm 0.980$ のように求める。このように，$\sin\theta$ か $\cos\theta$ のいずれかがわかれば，他のいずれかは計算で求められる。その後，$\tan\theta$ も $\sin\theta/\cos\theta$ から求められる。

要点 4　関数の微分・積分

（1） x^n の微分と積分（定積分とする）

土木構造物の計算では，x^3 を微分すると $3 \times x^{3-1} = 3x^2$ とか，x^3 を積分すると $\dfrac{1}{3+1} \times x^{3+1} = \dfrac{x^4}{4}$ になるということを利用すれば，相当な計算をすることが可能である。一般に x^n を微分したり，積分すると次の関係がある。微分は d/dx，また $(\ )'$ で表し，積分は $\int$（インテグラル）dx で表す。

不定積分をしたときは，最後に積分定数 C を加えておく。

微分　$\dfrac{d}{dx} \cdot x^n \longrightarrow n \times x^{n-1}$，　積分　$\int x^n dx \longrightarrow \dfrac{1}{n+1} x^{n+1} + C$

> 微分すると x の次数が1つ減り，積分すると x の次数が1つ増える。

たとえば，x^4 を微分・積分すると，

① 微分　$x^4 \longrightarrow \dfrac{d}{dx} \cdot x^4 \longrightarrow 4 \times x^{4-1} \longrightarrow 4x^3$

② 積分　$x^4 \longrightarrow \int x^4 dx \longrightarrow \dfrac{1}{4+1} x^{4+1} \longrightarrow \dfrac{x^5}{5} + C$

> 積分する定数をつける。

また，関数 $x^{\frac{3}{2}}$ を微分・積分すると，

③ 微分　$x^{\frac{3}{2}} \longrightarrow \dfrac{d}{dx} \cdot x^{\frac{3}{2}} \longrightarrow \dfrac{3}{2} x^{\frac{3}{2}-1} \longrightarrow \dfrac{3x^{\frac{1}{2}}}{2} \longrightarrow 1.5 x^{\frac{1}{2}} \longrightarrow 1.5\sqrt{x}$

④ 積分　$x^{\frac{3}{2}} \longrightarrow \int x^{\frac{3}{2}} dx \longrightarrow \dfrac{1}{\left(\dfrac{3}{2}+1\right)} \cdot x^{\frac{3}{2}+1} \longrightarrow \dfrac{1}{\left(\dfrac{3+2}{2}\right)} \cdot x^{\frac{5}{2}} = \dfrac{2}{5} x^{\frac{5}{2}} \longrightarrow 0.4\sqrt{x^5} + C$

さらに，関数 x^3+2x^2 を微分するときは，1項ずつ微分して足し合わせる。このとき定数の2は，前に出しておく。

⑤ 微分 $x^3+2x^2 \longrightarrow \dfrac{d}{dx}(x^3+2x^2) \longrightarrow \dfrac{d}{dx}\cdot x^3+\dfrac{d}{dx}\cdot 2x^2 \longrightarrow 3x^{3-1}+2\dfrac{d}{dx}\cdot x^2$

$\longrightarrow 3x^2+2\times 2\times x^{2-1} \longrightarrow 3x^2+4x$ （x^1は単にxとする。）

関数 x^3+2x^2 を積分すると，1項ずつ積分して足し合わせる。このとき定数2は，前に出しておく。

⑥ 積分 $x^3+2x^2 \longrightarrow \displaystyle\int(x^3+2x^2)dx \longrightarrow \displaystyle\int x^3 dx+\int 2x^2 dx \longrightarrow \dfrac{1}{3+1}x^{3+1}+2\displaystyle\int x^2 dx$

$\longrightarrow \dfrac{x^4}{4}+2\times\dfrac{1}{2+1}x^{2+1}=\dfrac{x^4}{4}+\dfrac{2}{3}x^3+C$

（2） 定数の微分と積分

3とか5のような定数だけのものは，$3x^0$, $5x^0$ と考える。数学ではいかなる数の0乗も1と定めている。したがって，$x^0=1$ なので，定数3や5は，$3=3\times 1=3\times x^0$, $5=5\times 1=5\times x^0$ と考えて，微分や積分をする。

⑦ 定数の微分 $3 \longrightarrow 3\times x^0$ と考え，$\dfrac{d}{dx}\cdot 3x^0 \longrightarrow 3\times\dfrac{d}{dx}\cdot x^0$

$\longrightarrow 3\times 0\times x^{0-1} \longrightarrow 3\times 0\times x^{-1} \longrightarrow 0$ となる。

> いかなる定数も微分すると **0** になる。

⑧ 定数の積分 $3 \longrightarrow 3\times x^0$と考え，$\displaystyle\int 3x^0 dx \longrightarrow 3\times\displaystyle\int x^0 dx \longrightarrow 3\times\dfrac{1}{0+1}x^{0+1} \longrightarrow 3x+C$

となり，定数の積分は定数3にxを掛け$3x$となる。

たとえば，x^2+2x+3 の関数を微分し，また積分しよう。

⑨ 微分すると $\dfrac{d}{dx}(x^2+2x+3) \longrightarrow \dfrac{d}{dx}\cdot x^2+\dfrac{d}{dx}\cdot 2x+\dfrac{d}{dx}\cdot 3 \longrightarrow 2\times x^{2-1}+2\times\dfrac{1}{1}x^{1-1}+0$

$\longrightarrow 2x^1+2\times x^0+0 \longrightarrow 2x+2$ （$x^1 \longrightarrow x$, $x^0 \longrightarrow 1$）

⑩ 積分すると $\displaystyle\int(x^2+2x+3)dx \longrightarrow \displaystyle\int x^2 dx+\int 2x dx+\int 3 dx \longrightarrow \dfrac{1}{2+1}x^{2+1}+2\cdot\dfrac{1}{1+1}x^{1+1}+3x$

$\longrightarrow \dfrac{x^3}{3}+x^2+3x+C$

[演習]

次の関数を微分し，かつ積分せよ。

① x^5　　② x^4-x^3　　③ x^4-2x^2+2

④ $x^{\frac{1}{2}}$　　⑤ $x^{-\frac{1}{2}}$　　⑥ $x^{\frac{5}{2}}+x^{-\frac{5}{2}}+3$

解

微分の計算	積分の計算
① $5x^4$	① $\dfrac{x^6}{6}+C$
② $4x^3-3x^2$	② $\dfrac{x^5}{5}-\dfrac{x^4}{4}+C$
③ $4x^3-4x$	③ $\dfrac{x^5}{5}-\dfrac{2x^3}{3}+2x+C$
④ $\dfrac{1}{2}x^{-\frac{1}{2}}\left(=\dfrac{1}{2\sqrt{x}}\right)$	④ $\dfrac{2}{3}x^{\frac{3}{2}}+C$
⑤ $\dfrac{5}{2}x^{\frac{3}{2}}-\dfrac{5}{2}x^{-\frac{7}{2}}$	⑤ $\dfrac{2}{7}x^{\frac{7}{2}}-\dfrac{2}{3}x^{-\frac{3}{2}}+C$

(3) 三角関数の微分と積分

① 微　　分

微分$\sin x \longrightarrow \dfrac{d}{dx}\sin x \longrightarrow \cos x$

微分$\cos x \longrightarrow \dfrac{d}{dx}\cos x \longrightarrow -\sin x$

微分$\tan x \longrightarrow \dfrac{d}{dx}\tan x \longrightarrow 1+\tan^2 x$

② 積　　分

積分$\sin x \longrightarrow \int \sin x\, dx \longrightarrow -\cos x + C$

積分$\cos x \longrightarrow \int \cos x\, dx \longrightarrow \sin x + C$

積分$\tan x \longrightarrow \int \tan x\, dx \longrightarrow \log \dfrac{1}{\cos x}+C$

付録 5 三角関数表

角	正弦 (sin)	余弦 (cos)	正接 (tan)	角	正弦 (sin)	余弦 (cos)	正接 (tan)
0°	0.0000	1.0000	0.0000	45°	0.7071	0.7071	1.0000
1°	0.0175	0.9998	0.0175	46°	0.7193	0.6947	1.0355
2°	0.0349	0.9994	0.0349	47°	0.7314	0.6820	1.0724
3°	0.0523	0.9986	0.0524	48°	0.7431	0.6691	1.1106
4°	0.0698	0.9976	0.0699	49°	0.7547	0.6561	1.1504
5°	0.0872	0.9962	0.0875	50°	0.7660	0.6428	1.1918
6°	0.1045	0.9945	0.1051	51°	0.7771	0.6293	1.2349
7°	0.1219	0.9925	0.1228	52°	0.7880	0.6157	1.2799
8°	0.1392	0.9903	0.1405	53°	0.7986	0.6018	1.3270
9°	0.1564	0.9877	0.1584	54°	0.8090	0.5878	1.3764
10°	0.1736	0.9848	0.1763	55°	0.8192	0.5736	1.4281
11°	0.1908	0.9816	0.1944	56°	0.8290	0.5592	1.4826
12°	0.2079	0.9781	0.2126	57°	0.8387	0.5446	1.5399
13°	0.2250	0.9744	0.2309	58°	0.8480	0.5299	1.6003
14°	0.2419	0.9703	0.2493	59°	0.8572	0.5150	1.6643
15°	0.2588	0.9659	0.2679	60°	0.8660	0.5000	1.7321
16°	0.2756	0.9613	0.2867	61°	0.8746	0.4848	1.8040
17°	0.2924	0.9563	0.3057	62°	0.8829	0.4695	1.8807
18°	0.3090	0.9511	0.3249	63°	0.8910	0.4540	1.9626
19°	0.3256	0.9455	0.3443	64°	0.8988	0.4384	2.0503
20°	0.3420	0.9397	0.3640	65°	0.9063	0.4226	2.1445
21°	0.3584	0.9336	0.3839	66°	0.9135	0.4067	2.2460
22°	0.3746	0.9272	0.4040	67°	0.9205	0.3907	2.3559
23°	0.3907	0.9205	0.4245	68°	0.9272	0.3746	2.4751
24°	0.4067	0.9135	0.4452	69°	0.9336	0.3584	2.6051
25°	0.4226	0.9063	0.4663	70°	0.9397	0.3420	2.7475
26°	0.4384	0.8988	0.4877	71°	0.9455	0.3256	2.9042
27°	0.4540	0.8910	0.5095	72°	0.9511	0.3090	3.0777
28°	0.4695	0.8829	0.5317	73°	0.9563	0.2924	3.2709
29°	0.4848	0.8746	0.5543	74°	0.9613	0.2756	3.4874
30°	0.5000	0.8660	0.5774	75°	0.9659	0.2588	3.7321
31°	0.5150	0.8572	0.6009	76°	0.9703	0.2419	4.0108
32°	0.5299	0.8480	0.6249	77°	0.9744	0.2250	4.3315
33°	0.5446	0.8387	0.6494	78°	0.9781	0.2079	4.7046
34°	0.5592	0.8290	0.6745	79°	0.9816	0.1908	5.1446
35°	0.5736	0.8192	0.7002	80°	0.9848	0.1736	5.6713
36°	0.5878	0.8090	0.7265	81°	0.9877	0.1564	6.3138
37°	0.6018	0.7986	0.7536	82°	0.9903	0.1392	7.1154
38°	0.6157	0.7880	0.7813	83°	0.9925	0.1219	8.1443
39°	0.6293	0.7771	0.8098	84°	0.9945	0.1045	9.5144
40°	0.6428	0.7660	0.8391	85°	0.9962	0.0872	11.4301
41°	0.6561	0.7547	0.8693	86°	0.9976	0.0698	14.3007
42°	0.6691	0.7431	0.9004	87°	0.9986	0.0523	19.0811
43°	0.6820	0.7314	0.9325	88°	0.9994	0.0349	28.6363
44°	0.6947	0.7193	0.9657	89°	0.9998	0.0175	57.2900
45°	0.7071	0.7071	1.0000	90°	1.0000	0.0000	—

索引

あ
アーチ橋の線形化 ……………… 38
圧縮応力 …………………………126
圧縮応力度 ………………………127
圧座 ………………………………… 4

い
1点に作用する3力の合成 ……… 12
1点に作用する2力の合成 ……… 12

え
影響線 ……………………………… 80

お
応力 …………………………………26
応力度 ………………………………26
応力法 ……………………………216
大きさ ……………………………… 5
温度応力度 …………………………26
温度荷重 ……………………………26

か
回転力 ………………………………14
回転支点 ……………………………40
核点 ………………………………118
重ね合せの原理 …………………198
荷重 ……………………………5,20
荷重項 ………………………219,220
片持式トラス ……………………158
片持ばり ……………………………64
片持ばりの影響線 …………………84
片持ラーメン ……………………168
活荷重 ………………………………20
可動支点 ……………………………40
換算荷重 ……………………………20

か
間接荷重ばり ………………………70
間接荷重ばりの影響線 ……………90
外的不静定 …………………………42
外力 ………………………………… 5

き
逆対称性 …………………………229
共役ばり …………………………184
曲率半径 …………………………126
許容応力度 ………………………138

く
偶力 …………………………14,126

け
ゲルバーばり ………………………68
ゲルバーばりの影響線 ……………88

こ
固定支点 ……………………………40
固定ラーメン ……………………221
剛性 …………………………110,216
剛接基本式 ………………………219

さ
最大断面二次モーメント ………114
作用点 ……………………………… 5
三角分布荷重 ………………………60
3ヒンジ門型ラーメン …………173
材軸 ………………………………126
材端モーメント …………………217
座屈 …………………………4,118

し
死荷重 ………………………………20
支点 ……………………………5,40

さ
斜張橋の線形化 ……………………38
集中荷重 ……………………………20
主応力度 …………………………146
主軸 …………………………114,147
軸 …………………………………… 2
軸方向応力 …………………………48
重心 ………………………………104

す
水圧による荷重 ……………………24
垂直せん断応力度 ………………132
垂直せん断力 ……………………132
水平せん断応力度 ………………132
水平せん断力 ……………………132
図心 ………………………………104

せ
静定 …………………………………42
静定基本系 ………………………199
静定構造物 …………………………42
成分の和 ……………………………10
設計 ………………………………… 4
節点 …………………………156,158
節点法 ……………………………157
節点方程式 ………………………219
せん断弾性係数 …………………132
せん断ひずみ ……………………132
せん断応力 …………………………48
せん断力図 …………………………58

そ
層方程式 …………………………226

た
耐荷力 ……………………………… 3
対称性 ……………………………229

索　引

た
たわみ ……………………… 3, 184
たわみ角 …………………… 184
たわみ角の基本式 ………… 218
たわみ角法 ………………… 216
単純ばり …………………… 56
単純ばり形トラス ………… 159
単純ばりの影響線 ……… 80, 82
短柱 ………………………… 4
台形分布荷重 ……………… 60
弾性荷重 …………………… 184
弾性曲線 …………………… 192
弾性係数 …………………… 26
弾性支点 …………………… 40
弾性支点のたわみ ………… 46
弾性支点の反力 …………… 46
断面相乗モーメント ……… 108
断面一次モーメント ……… 104
断面係数 …………………… 116
断面二次半径 ……………… 118
断面二次モーメント ……… 108
断面法 ……………………… 157
断面力 ……………………… 48

ち
力 …………………………… 2, 5
力の大きさ ………………… 8
力の合成 …………………… 10
力の作用 …………………… 5
力の作用点 ………………… 8
力の三要素 ………………… 8
力のつりあい ……………… 2
力のつりあい状態 ………… 8
力の反作用 ………………… 5
力の分解 …………………… 10
力の方向 …………………… 8
力のモーメント …………… 14
長柱 ………………………… 4

つ
つりあいの3式 …………… 18
つりあいの力 …………… 5, 8
吊橋の線形化 ……………… 38

と
トラス …………………… 156, 158
トラスの影響線 …………… 164
トラスの構造 ……………… 156
土圧による荷重 …………… 24

に
ニューマーク法 …………… 62

は
柱 …………………………… 2
腹材 ………………………… 156
はり ………………………… 2
はり型ラーメン …………… 170
張出しばり ………………… 66
張出しばりの影響線 ……… 86
はりの設計 ………………… 138
はりの設計手順 …………… 138
はりの耐力計算 …………… 144
反力 ………………………… 5

ひ
ひずみ ……………………… 26
ひずみ度 …………………… 26
引張応力 …………………… 126
引張応力度 ………………… 127
ヒンジ基本式 ……………… 219
ヒンジ支点 ………………… 40

ふ
不静定 ……………………… 42
不静定構造物 …………… 42, 198
不静定次数 ………………… 198
フックの法則 …………… 8, 26
部材軸 …………………… 48, 126
部材長 ……………………… 158
分布荷重 …………………… 20
プレートガーダ橋の線形化 … 36
プロップドサポートばり …… 200

へ
平行な2力の合成 ………… 14
変形法 ……………………… 216

ほ
方向 ………………………… 5

ま
曲げ応力 ………………… 48, 126
曲げ応力度 ………………… 128
曲げ剛性 …………………… 184
曲げモーメント …………… 48
曲げモーメント図 ………… 58

も
モールの円 ………………… 114
モールの定理 ……………… 184
門型ラーメン ……………… 172

や
ヤング係数 ………………… 26

よ
擁壁構造の線形化 ………… 36

ら
ラーメン構造 ……………… 168

り
立体構造物の線形化 ……… 36
両端固定ばり ……………… 201

れ
連行荷重 …………………… 92
連続ばり …………………… 202

ろ
ローラ支点 ………………… 40

わ
ワーレントラスの影響線 … 164

[編 著 者] 森野 安信　GET建設研究所 所長

（略歴）
1963年　京都大学卒業
1965年　東京都立工業高校教諭
1987年　土木学会関東支部幹事
1991年　建設省中央建設業審議会
　　　　専門委員
1994年　文部省社会教育審議会委員
1998年　東京都立工業高校退職
1999年　GET建設研究所所長

[編修協力]　加藤　光治　社団法人 日本技術士会中部支部
　　　　　　　　　　　　中部建設部会理事
　　　　　　　　　　　　技術士（建設部門）

図解　土木応用力学　── 例題と演習 ──

2005 年 12 月 8 日　初版発行
2010 年 2 月 15 日　初版第 3 刷

編著者　森　野　安　信
発行者　宇　野　修　蔵

（印　刷）廣済堂　（製　本）矢嶋製本
（トレース）丸山図芸社

発行所　株式会社　市ヶ谷出版社
　　　　東京都千代田区五番町5番地
　　　　電話　03－3265－3711（代）
　　　　FAX　03－3265－4008
　　　　http://www.ichigayashuppan.co.jp

© 2005　　　　　ISBN 978-4-87071-155-6